Histologie der Tiere

Heinz Streble · Annegret Bäuerle

Histologie der Tiere

Ein Farbatlas

2., korrigierte Auflage 2017

Heinz Streble
Stuttgart, Deutschland

Annegret Bäuerle
Stuttgart, Deutschland

ISBN 978-3-662-53159-4   ISBN 978-3-662-53160-0   (eBook)
DOI 10.1007/978-3-662-53160-0

Die Deutsche Nationalbibliothek verzeichnet diese Publikation in der Deutschen Nationalbibliografie; detaillierte bibliografische Daten sind im Internet über http://dnb.d-nb.de abrufbar.

Springer Spektrum
© Springer-Verlag Berlin Heidelberg 2007, 2017
Das Werk einschließlich aller seiner Teile ist urheberrechtlich geschützt. Jede Verwertung, die nicht ausdrücklich vom Urheberrechtsgesetz zugelassen ist, bedarf der vorherigen Zustimmung des Verlags. Das gilt insbesondere für Vervielfältigungen, Bearbeitungen, Übersetzungen, Mikroverfilmungen und die Einspeicherung und Verarbeitung in elektronischen Systemen.
Die Wiedergabe von Gebrauchsnamen, Handelsnamen, Warenbezeichnungen usw. in diesem Werk berechtigt auch ohne besondere Kennzeichnung nicht zu der Annahme, dass solche Namen im Sinne der Warenzeichen- und Markenschutz-Gesetzgebung als frei zu betrachten wären und daher von jedermann benutzt werden dürften.
Der Verlag, die Autoren und die Herausgeber gehen davon aus, dass die Angaben und Informationen in diesem Werk zum Zeitpunkt der Veröffentlichung vollständig und korrekt sind. Weder der Verlag noch die Autoren oder die Herausgeber übernehmen, ausdrücklich oder implizit, Gewähr für den Inhalt des Werkes, etwaige Fehler oder Äußerungen.

Planung: Stefanie Wolf

Gedruckt auf säurefreiem und chlorfrei gebleichtem Papier

Springer Spektrum ist Teil von Springer Nature
Die eingetragene Gesellschaft ist Springer-Verlag GmbH Berlin Heidelberg
Die Anschrift der Gesellschaft ist: Heidelberger Platz 3, 14197 Berlin, Germany

Abkürzungen

A.	Arteria; Arterie
ant.	anterior; vorne
B/D	Färbung mit Boraxkarmin und Direktivschwarz
ER	Endoplasmatisches Retikulum
Gom.	Trichomfärbung nach Gomori (Eisenhämatoxylin nach Weigert/Chromotrop 2R und Fast Green)
µm	Mikrometer (ein millionstel Meter; tausendstel Millimeter)
H.E.	Hämalaun-Eosin
K.	Körperchen
K.K.	Kernechtrot-Kombination (-Färbung)
M.	Musculus; Muskel
mRNA	messenger RNA
N.	Nervus; Nerv
nm	Nanometer (ein Milliardstel Meter)
NS	Nervensystem
Ord.	Ordnung
Phako	Phasenkontrast
RES	Retikulo-Endotheliales System
RNA (RNS)	Ribonukleinsäure
RNP	RNA-Protein-Verbindungen
rRNA	ribosomale RNA
Str.	Stratum; Schicht, Lage
SW	Schwarz-Weiß
Symb.	Symbiontisch
Symp.	Sympathicus
TEM	Transmissions-Elektronenmikroskop
Z.	Zelle
ZNS	Zentralnervensystem

Vorwort der Autoren

Besonders während der zweiten Hälfte des vergangenen Jahrhunderts erfuhren die Disziplinen der Histologie und Zytologie innerhalb der Biowissenschaften durch Einführung neuer Geräte und Techniken (Raster- und Transmissionselektronenmikroskopie, Fluoreszenzmikroskopie, Kryomikrotomie etc.) einen außerordentlichen Bedeutungszuwachs insofern, als durch die damit verbundenen Steigerungen der Auflösungsgrenzen sowie durch verbesserte Gewebekonservierungen neuartige Erkenntnisse hinsichtlich der Lokalisation von funktionsmorphologischen Grundphänomenen des Lebendigen gewonnen werden konnten. Hierbei eröffnete speziell auch die klassische lichtmikroskopische Histologie unter Verwendung der Paraffin- sowie der Kunststoffschnitttechnik die Möglichkeit, tiefer in die Natur hineinzusehen und dadurch unser Verständnis zu vertiefen, was die Organismen "in ihrem Inneren zusammenhält".

Mit der *Histologie der Tiere* legen wir einen praxisorientierten Leitfaden zur Bearbeitung zoologischer Dauerpräparate in der universitären Ausbildung von Studierenden der Biologie, Agrarbiologie, Ernährungswissenschaft, Lebenmitteltechnologie und für vorbereitende Grundkurse des Medizinstudiums vor. Darüber hinaus ist dieser Band als nützliches Handbuch und Nachschlagewerk für Dozenten sowie auch „Hobby-Mikroskopiker" gedacht. Es ist als Ergänzung sowie als zusätzliche Informationsquelle zu den gängigen zoologischen Lehr- und Praktikumsbüchern anzusehen. Wir haben daher bewusst auf die sonst üblichen Lehrbuch-Erläuterungen verzichtet und der Schwerpunkt auf die direkte Strichführung zu den abgebildeten Gewebestrukturen gelegt.

Die hier vorgelegten 325 digitalisierten fotografischen Schnittbilder wurden in den Jahren 1999–2000 auf Anregung und mit dankenswerter, vielfältiger – auch finanzieller Mittel von der Fa. Eheim-Aquarientechnik – Unterstützung des damaligen Institutsleiters, Prof. em. Dr. Hinrich Rahmann, anhand der über Jahrzehnte aufgebauten histologischen Präparatesammlung des Instituts für Zoologie der Universität Hohenheim erstellt und anschließend beschriftet. Dabei lag der Schwerpunkt auf den systematischen Gruppen, beginnend mit den Einzellern bis hin zu den Wirbeltieren, wobei die Säugetiere – mit einer Ausnahme – allerdings ausgeklammert wurden, da deren Histologie bereits hinreichend in der human- und veterinärmedizinischen Literatur dokumentiert ist. Im Lauf der Beschriftungsarbeit kristallisierte sich immer mehr der eigentliche ideelle Wert und die Fülle der in den Schnitten beinhalteten Informationen heraus, so dass letztlich die Entscheidung nicht schwer fiel, dieses zusammenfassende Buch zu gestalten.

Bei der Erstellung des „Histologie-Atlas" legten wir besonderen Wert auf die Beschriftungen der Bildausschnitte der Dauerpräparate, um dadurch eine Zuordnung der Einzelstrukturen innerhalb der Gewebe zu ermöglichen, so dass diese dann an den selbst mikroskopierten Schnitten wieder zu erkennen sind. Die in diesem Band beinhalteten Abbildungen dienen insgesamt also als Demonstrationshilfe beim eigenen Mikroskopieren. Diesbezüglich ist zu berücksichtigen, dass jeder Schnitt ein Unikat darstellt und die Beschriftungen für Anschlusspräparate nur richtungsweisenden Charakter haben können. Die eigentliche „Einsicht" in das jeweilige Gewebe erhält man letztlich nur über das direkte Mikroskopieren seines Präparats, durch ein „Spielen mit der Mikrometerschraube" am Mikroskop, durch Wechseln der Vergrößerung sowie durch ein Verschieben der Bildausschnitte. Erst dadurch ergeben sich die für ein funktionsmorphologisches Verständnis eines Organismus unverzichtbaren, dreidimensionalen Eindrücke.

Die als Legenden angeführten „Merksätze" sind dazu gedacht, Anregungen zu weiterem Selbststudium und Nachschlagen zu geben und auf Besonderheiten der behandelten Tiergruppe bzw. des vorgestellten Gewebes – auch manchmal über den eigentlichen Informationsgehalt der jeweiligen Abbildung hinaus – hinzuweisen.

Die Autoren danken allen, die zur Entstehung dieses Buches beigetragen haben, besonders Frau Dr. Marion Beier für ihren unermüdlichen Einsatz bei der digitalen Mikrofotografie. Ebenso danken wir Frau Martina Mechler und Herrn Dr. Ulrich Moltmann von Elsevier/Spektrum Akademischer Verlag für die Betreuung und Realisierung dieses Projekts.

Heinz Streble Im Januar 2007
Annegret Bäuerle

Einführung

Die Lehrinhalte der Biowissenschaften veränderten sich während der letzten Jahrzehnte im Zuge einer gewaltigen Expansion ihrer ursprünglichen „klassischen" Teildisziplinen Zoologie, Botanik, Genetik und Mikrobiologie gravierend. Zahlreiche neue Schwerpunkte etablierten sich. Sie brachten letztlich eine zunehmende Spezialisierung des Biologiestudiums mit sich. An unseren Hochschulen setzt diese Spezialisierung bisher zumeist erst mit der Fächerwahl für die Fortgeschrittenenausbildung ein, während die Grundausbildung mit Pflichtmodulen vor allem allgemeines Basiswissen vermitteln soll, das für alle Biologen als unverzichtbar angesehen wird. Über die Inhalte dieses Basiswissens sind sich die Biologen einig: Neben Grundlagen in der Mathematik, Physik und Chemie bzw. Biochemie sind vor allem fundierte Kenntnisse in der Systematik und Morphologie der Organismen unverzichtbar. Darüber hinaus wird jedoch auch Basiswissen gefordert auf den Gebieten der Zellbiologie, Physiologie, Ökologie sowie der Evolutions- und Verhaltensforschung.

In Anbetracht dieser weiten Palette an biologischen Einzeldisziplinen besteht das Problem, die gewaltige Stofffülle im Rahmen von Basis-Ausbildungsmodulen in relativ kurzer Zeit in ein zusammenhängendes Unterrichtskonzept zu bringen. Darüber hinaus lehrt die Erfahrung, dass die zu Beginn des Studiums erworbenen Kenntnisse nur dann nachhaltig haften bleiben, wenn sie in Fortgeschrittenenkursen eine Vertiefung erfahren. Da ein fundiertes Wissen über die Systematik und Morphologie der Organismen letztlich für alle Spezialisierungsrichtungen der Biologie unverzichtbar ist, behält die Vermittlung hinreichender Kenntnisse von der systematischen Stellung sowie vom strukturellen Aufbau der Organismen vorrangige Bedeutung. Die Ausbildung gerade auch auf diesem Gebiet und die damit einhergehende Bildung sind individuelle empirische Vorgänge, die durch kein Gerät und keinen Computer ersetzt werden können.

Vor diesem Hintergrund ist es ein außerordentliches Verdienst der Autoren der hier vorgelegten *Histologie der Tiere*, eine bisher klaffende Lücke im Spektrum der zoologischen Lehrbücher zu schließen. Ich freue mich besonders darüber, dass meine ehemaligen Mitarbeiter meine Anregung aufgegriffen und die in unserem Stuttgart-Hohenheimer Zoologischen Institut seit vielen Jahrzehnten fundiert praktizierte Histologie der wichtigsten Stämme des Tierreiches in digitalisierter Abbildungsweise zusammengestellt haben. Dabei konnten sie auf eine in Hohenheim selbst erstellte histologische Präparatesammlung zurückgreifen, die sich sowohl im Anfänger- wie auch Fortgeschrittenenunterricht verschiedener Studiengänge (Biologie/Zoologie, Biologie/Lehramt an Gymnasien, Agrarbiologie, Agrarwissenschaften, Lebensmitteltechnologie, Ernährungswissenschaften) bei zahlreichen Generationen von Studierenden bestens bewährt hat. Der Farbatlas zur Histologie der Tiere erweist sich als ideale und dringend benötigte Ergänzung zum Spektrum der übrigen zoologischen Lehrbücher. Darüber hinaus ist er auch zur Verwendung in studienbegleitenden anatomischen Vorbereitungskursen für Mediziner bestens geeignet.

In diesem Zusammenhang sei angemerkt, dass die Herausgabe dieses Histologie-Lehrbuches in der festen Tradition unseres Hohenheimer Zoologischen Instituts insofern steht, als die Histologie als Unterrichtsdisziplin bereits in der zweiten Hälfte des 19. Jahrhunderts in Hohenheim durch den damaligen Direktor des Instituts, Prof. Dr. med. et chir. Gustav Jäger (1832–1916), begründet wurde, der 1867 *Die Wunder der unsichtbaren Welt – enthüllt durch das Mikroskop* herausgab und darin speziell auf die „Beschreibung diverser tierischer und auch pflanzlicher Gewebe" einging und darauf verwies, dass die mit dem Mikroskop zu gewinnenden Kenntnisse von den Bausteinen des Lebens als unverzichtbarer „Berater im täglichen Leben" zu werten seien.

Ich wünsche der *Histologie der Tiere* eine gute Akzeptanz sowohl bei den Lehrenden als auch bei den Studierenden und Hobby-Mikroskopikern, denen die hieraus gewonnenen Erkenntnisse helfen mögen, die sich auch im mikroskopisch Kleinen dokumentierenden Schönheiten in der Welt des Organismischen zu entdecken. Darüber hinaus sollen diese Erkenntnisse den angehenden Biologen/Naturwissenschaftlern/Medizinern ein sicheres Fundament für ihre berufliche Arbeit verleihen.

Professor em. Dr. Hinrich Rahmann   Im November 2006

Färbetechnik für Paraffinschnitte

Färbetechnik für Paraffinschnitte: Die Kernechtrot-Kombinations-Färbung (K.-K.-Färbung)

(Für Details zur Paraffinhistologie vgl.: H. Streble, Frisch- und Dauerpräparate zum Mikroskopieren; siehe Literaturverzeichnis)

Neben einigen nach Gomori gefärbten Schnittpräparaten (Eisenhämatoxylin nach Weigent, Chromatrop 2R-Fast Green) **ist der überwiegende Teil der hier abgebildeten Präparate mit einer Kernechtrot-Kombination (K.-K.)-Färbelösung**, bestehend aus drei Beizen und vier Farbstoffen, behandelt. Soweit nicht anders vermerkt, fand bei allen (Paraffin-) Schnitten in diesem Band die K.-K.-Färbung Anwendung.

Daher soll im Folgenden auf die **Rezeptur und Vorbehandlung der Präparate** näher eingegangen werden. Bereits nach einer halben Stunde erbringt die Alchimie der K.-K.-Färbung farbenprächtige, außerordentlich haltbare und azanähnliche Färbungen: Zellkerne rot, Bindegewebe tief blau, Zytoplasma blaugrau, Erythrozyten orange, Drüsensekrete grünlich bis gelb, rot bis blau, Kutikulae vielfarbig, Muskulatur rötlichbraun. Je nach Fixierung, Schnittdicke, Alter der Farblösung und Differenzierung variiert das Ergebnis (eher blau, eher violett): **Bei den Abbildungen mag zu Unrecht der Eindruck unterschiedlicher Färbungen entstehen, da jeder K.-K.-Ansatz ein etwas anderes Farbspektrum ergibt.**

1. Fixierung in Bouin

Rezeptur:
Mischung aus: 150 ml gesättigte wässrige Pikrinsäure,
                50 ml 36 % Formol,
                10 ml Eisessig.

Bouin ist das Fixierungsmittel der Wahl für zoologische Objekte. Das Mengenverhältnis Bouin : Objekt muß 20–50 : 1 sein. Fixierungsdauer 2 Tage bis Wochen. Bei Tieren sind Kutikulae, Chitinpanzer, Basallamina mit Kollagenfasern und Bindegewebskapseln gravierende Barrieren für Flüssigkeiten. Generell müssen daher alle Tiere/ihre Organkapseln bald nach dem Tod mit einem scharfen Skalpell, einer Einwegklinge oder einem Minutienstift so zerteilt, angeschnitten oder angerissen werden, dass Eintrittspforten für das Fixans entstehen. Ganze Tiere zu fixieren ist für histologische Belange nicht angeraten.

2. Aufarbeitung der Präparate

2.1. 3 x 90 % Alkohol, je 0,5–1 d:
Ethanol oder Isopropanol (Propanol) eignen sich zum Auswaschen der Fixierlösung gleichermaßen. Nach der dritten Stufe Alkohol werden die Teile des dann gehärteten Materials so zurechtgeschnitten, dass eine Fläche im späteren Paraffinblock die obere Schnittebene ausmacht.

Zum Entkalken von Octocoralliern, Cestoden, Schalen, Krebspanzern, Echinodermen, Fischen, Zähnen und Knochen folgen nun 5 x 5 % TCA je 1 Tag und erneut 3 x 90 % Alkohol, wiederum je 0,5–1 d.

2.2. 96 % Alkohol, 0,5–1 d:
Ethanol ist meist nicht völlig wasserfrei; im Unterschied zu Propanol.

2.3. 1 x 100 % Propanol, 1 d
Zur weitgehenden Entwässerung.

2.4. 3 x Butanol, je 0,5–1 d
Butanol ist ein hervorragendes Intermedium und ersetzt Xylol, Toluol u. ä. komplett. In eiligen Fällen kann Butanol selbst auch entfallen, da sich Propanol und flüssiges Paraffin mischen.

2.5. Flüssiges Paraffin (EP 56–58 °C) im Wärmeschrank bei 62–65 °C:
Jeweils nur so viel flüssiges Paraffin in Gefäße füllen, dass die Objekte gerade bedeckt sind. Gewechselt wird das Paraffin bis der Butanolgeruch verschwunden ist – meist nach dem 3. Wechsel.

2.6. Gießen der Paraffinblöckchen und Herstellen von 8–10 μm dicken Schnitten.

3. Kernechtrot-Kombinations-Färbung

Rezeptur der Färbelösung:
- 0,25 g Anilinblau
- 0,4 g   Methylblau
- 0,4 g   Orange G
- 2,8 g   Kernechtrot, Nuclear Fast Red
- 0,8 g   Weinsäure
- 1,6 g   Phosphorwolframsäure
- 8 g   Kalialaun, Kaliumaluminiumsulfat

werden in 740 ml entionisiertes/entmineralisiertes Wasser gegeben.

Nach 30-minütigem Sieden, unter ständigem Rühren auf einem Magnetrührer, Färbelösung abkühlen lassen und durch ein Faltenfilter filtrieren. Die Farbe vor jedem Gebrauch erneut filtrieren.

Schnitte in 40–50 °C warmem Rotihistol entparaffinieren, über eine absteigende Alkoholreihe (100 %, 96 %, 70 %) in entmineralisiertes Wasser transferieren. Danach für mindestens eine halbe Stunde, noch besser über Nacht, in die Farblösung stellen.

Schnitte nach der Färbung kurz mit destilliertem Wasser abspülen und für ca. 5–10 sec. in 96 %igem Alkohol differenzieren, mit Propanol entwässern (5–10 min) und mit Euparal-Harz sowie Deckglas eindecken. Das in Alkohol lösliche Euparal erreicht seinen hohen Brechungsindex nach dem Trocknen; erst dann leuchten mit einem Blaufilter im Strahlengang und offener Kondensorblende die Farben der Strukturen.

Inhalt

Viren, Dinoflagellaten 1
Einzeller – Protozoa 2
Schwämme – Porifera 14
Nesseltiere – Cnidaria 17
Rippenquallen – Ctenophora 23
Plattwürmer – Plathelminthes 24
Schnurwürmer – Nemertini 34
Rundwürmer – Aschelminthes 35
Schnecken – Gastropoda 39
Muscheln – Bivalvia 52
Tintenfische – Cephalopoda 56
Ringelwürmer – Annelidae 60
Spinnentiere – Arachnida 73
Milben – Acari 81
Krebse – Crustacea 89
Hundertfüßer – Chilopoda / Urinsekten – Apterygota 99
Insekten – Hexapoda / Insecta 100
Moostierchen – Bryozoa 126
Stachelhäuter – Echinodermata 128
Eichelwürmer – Enteropneusta 131
Seescheiden – Ascidiae 134
Lanzettfischchen – Acrania 136
Neunaugen – Petromyzonta 139
Knorpelfische – Chondrichthyes 141
Fische – Pisces 143
Lurche – Amphibia 153
Kriechtiere – Reptilia 162
Vögel – Aves 167
Säuger – Mammalia 176

Fortsetzung Legenden 178
Literaturverzeichnis 179
Index 180

Viren – Dinoflagellaten

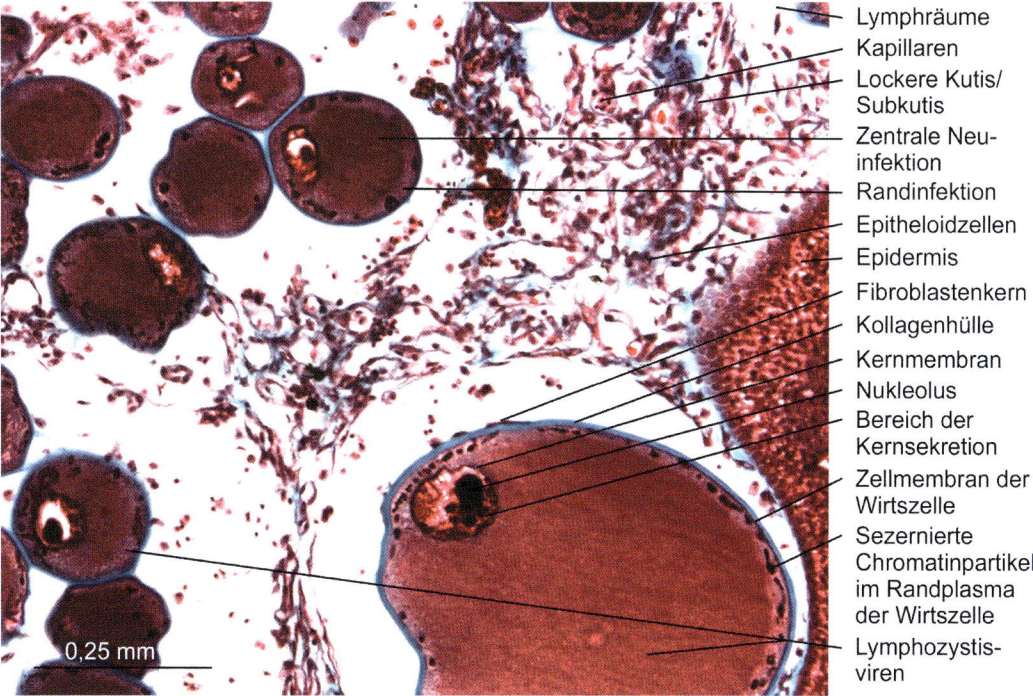

Abb. 1: *Platichthys flexus*, Flunder: Lymphozystisknoten der Haut; Ausschnitt. Die Knoten bestehen aus bis zu 2 mm großen hypertrophierten Bindegewebszellen – das Zellvolumen vergrößert sich durch die DNA-haltigen Irido-, Herpesviren bis um das 130 000-fache. In Ästuararealen mit stark schwankenden Salzgehalten sind Plattfische am häufigsten befallen. Gom.

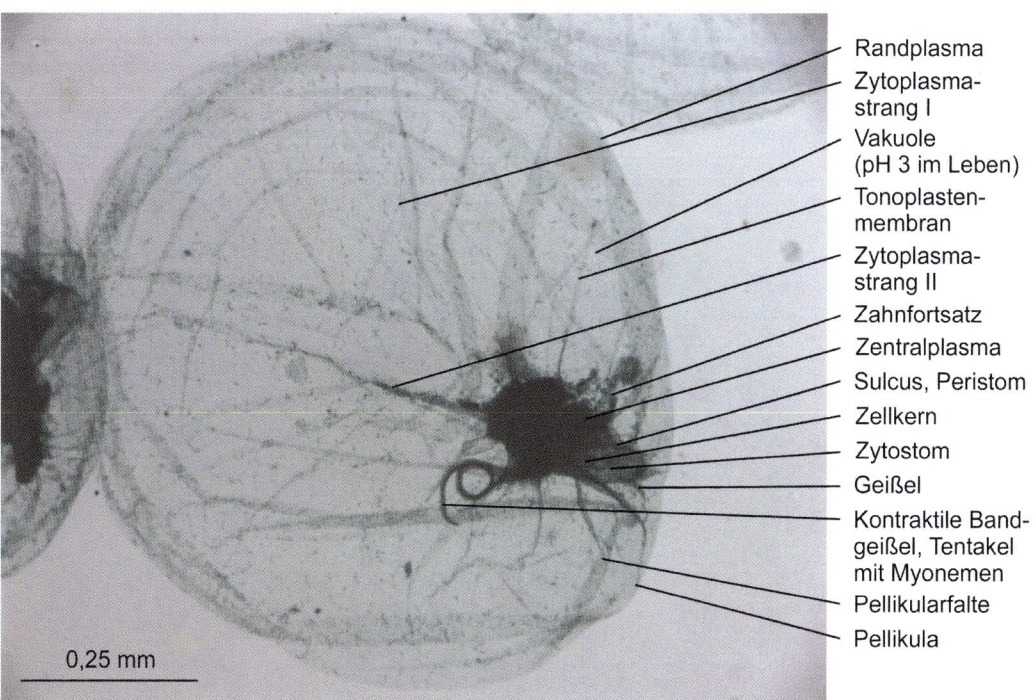

Abb. 2: *Noctiluca scintillans*, Meeresleucht „tierchen": Ein Dinoflagellat. *Noctiluca* lässt sich nur lebend oder – wie hier – flach eingetrocknet fotografieren. Räuber; gefressene Copepoden verformen die Pellikula grotesk; Zellkern diploid; Schwärmerbildung durch Vielteilungen. Die marin lebenden Tiere bilden während ruhiger Perioden Wasserblüten. Alizarinviridin-Chromalaun.

Einzeller – Protozoa

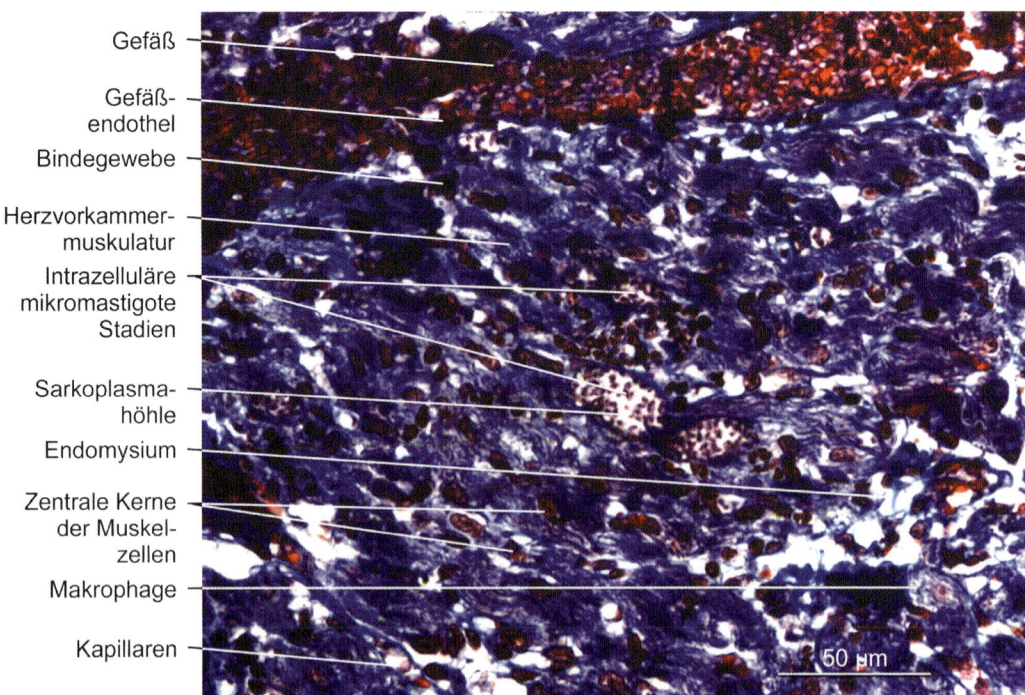

Abb. 3: *Trypanosoma cruzi*: Mikromastigote „Leishmania-Stadien" im Herzvorhof einer Maus; Ausschnitt. Die mikromastigoten Stadien leben in Phagozytosevesikeln der Wirtszellen; bis 40 % des Genoms variieren die 15 nm starke Glykocalyx, um die Antikörper des Wirts zu unterlaufen. Stadien 1,5–3,5 µm groß, der Kinetoplast ist gut sichtbar. Stoffwechselprodukte schädigen die Herzmuskulatur. Trypomastigote im Blut werden von Raubwanzen aufgenommen und über eingekratzten Wanzenkot weitergeleitet. Haustiere sind Erregerreservoire. Jeder fünfte Blutspender in Brasilien ist positiv (ELISA, KBR, Intrakutanreaktion mit Cruzin-Antigen aus Kulturen). Symptome der Chagas-Krankheit: Ödeme, Myokarditis, ZNS-Schäden.

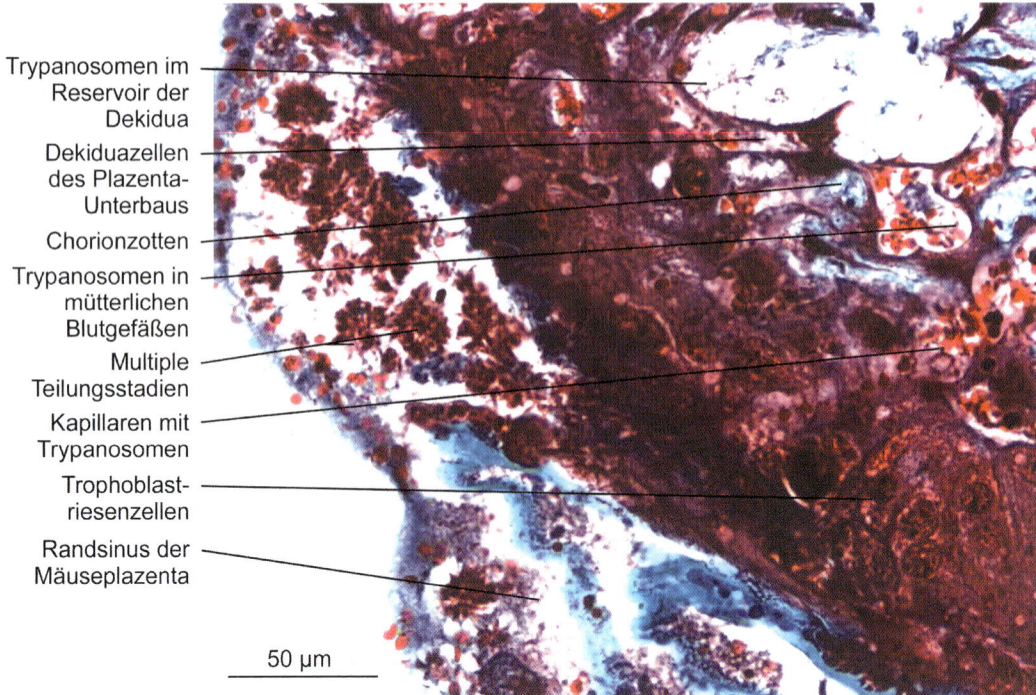

Abb. 4: *Trypanosoma duttoni*: Multiple Teilungen in der Plazenta einer trächtigen Maus; Ausschnitt. Bei den multiplen Teilungsstadien, die nur in den Plazenten und nicht im peripheren Blut auftreten, liegen die Geißeln der 30 µm großen Trypanosomen den Zentren der Teilungshäufchen zugekehrt. Plazenta ist Reservoir, im Blutstrom nur wenige Trypanosomen. Streng mausspezifisch; Flöhe sind Überträger. Gom.

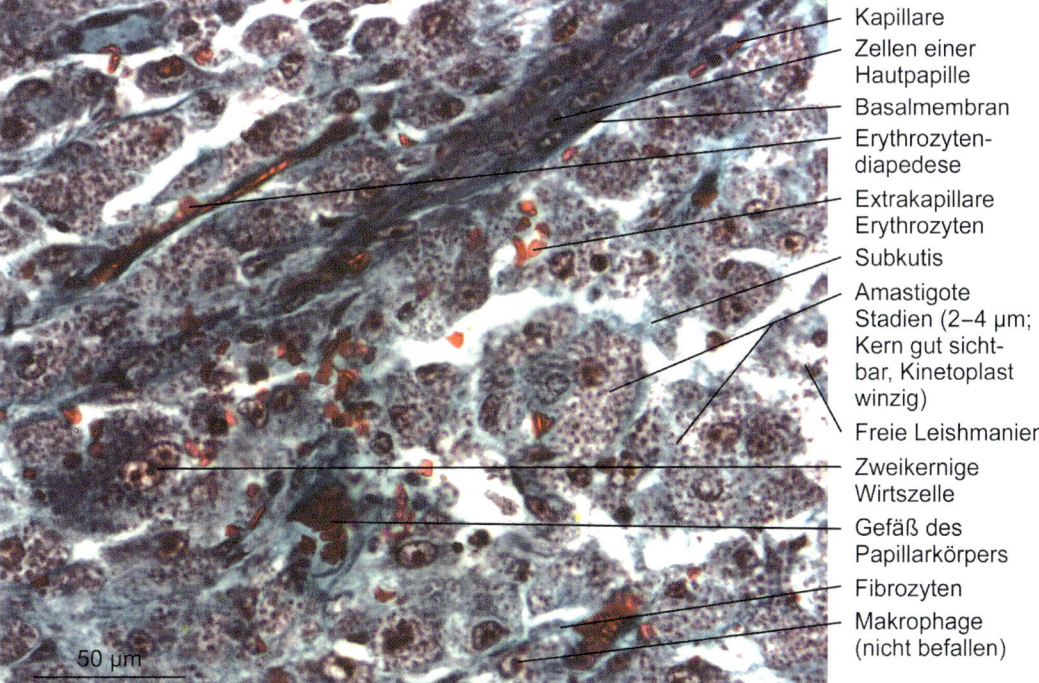

Abb. 5: *Leishmania enrietti* in der Schnauze eines Meerschweinchens, *Cavia cobaya*; Ausschnitt. Wie *L. braziliensis* beim Menschen (Südamerika; Espundia) verursacht *L. enrietti* bei *Cavia* Ulkusläsionen an Nase und Ohren. Die Leishmanien vermehren sich in Histiozyten, Zellen des RES und Monozyten bis zu deren Zerstörung. Überträger menschlicher Leishmanien sind Sandmücken. Therapie: fünfwertige Antimonverbindungen, Amphotericin B. Gom.

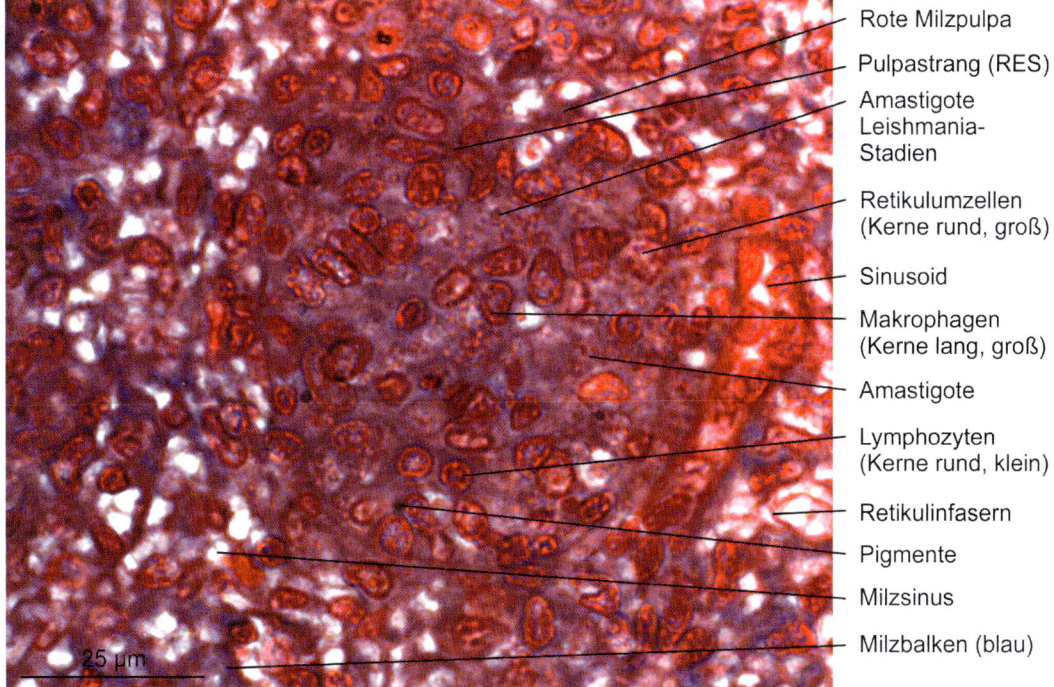

Abb. 6: *Leishmania donovani*, Eingeweideleishmaniase, Kala-Azar in der Milz des Menschen; Ausschnitt. Hauptreservoir sind Hunde; Überträger und Zwischenwirte Sandmücken. Begeißelte, promastigote Stadien aus dem Mückendarm schmelzen im Wirt die Geißeln ein, dringen in Zellen des Monozyten-Makrophagen-Systems vor und vermehren sich dort intrazellulär. Aus platzenden Wirtszellen freigewordene Amastigote werden im Blut wieder promastigot. Frühzeitige Behandlung mit Chemotherapeutika ist Bedingung für mögliche Heilung. Neue, erschwingliche Medikamente sind Impavido-Tabletten und, intramuskulär zu spritzen, Paramomycin.

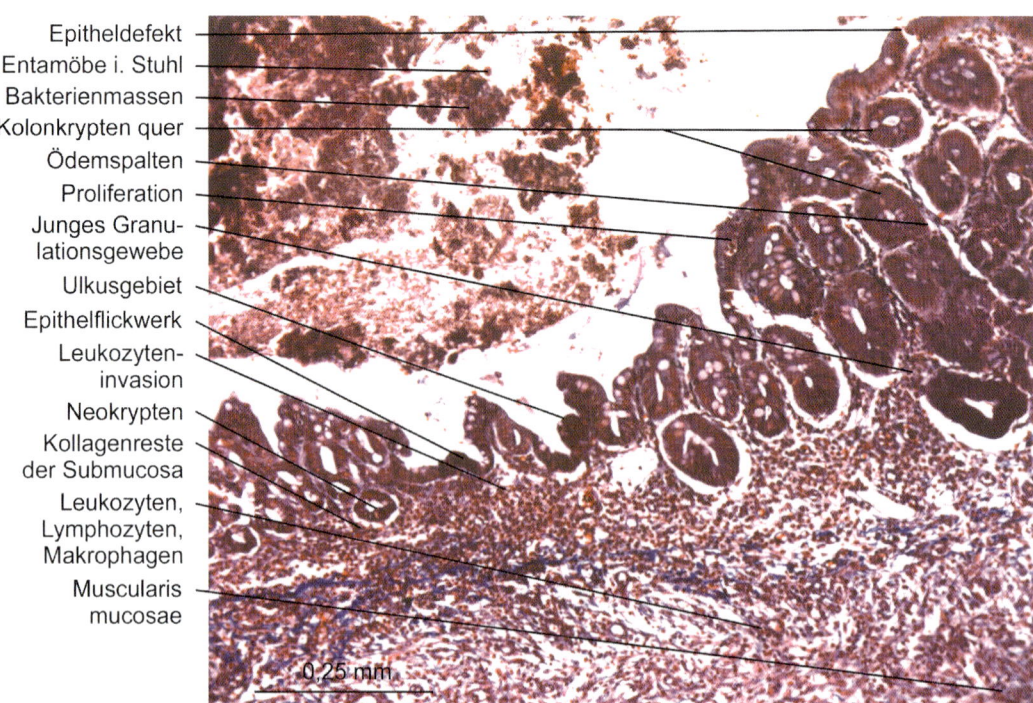

Abb. 7: *Entamoeba histolytica*, Ruhramöbe: Erosion, Ulkus im Kolon eines Meerschweinchens; Ausschnitt. Mensch: Im Unterschied zum Kommensalen *E. coli* (reife Zysten mit acht Kernen) haben die Zysten von *E. histolytica* vier Zellkerne; sie gehen aus apathogenen Minuta-Formen (10–20 μm) hervor, werden ausgeschieden, von Fliegen verschleppt, kommen häufig auf Kirschen und im Wasser vor, finden sich jedoch überall; werden oral aufgenommen. Normaler Kolonschleim wirkt protektiv; gestörte Schleimsekretion begünstigt die *E. histolytica*-Invasion von Magna-Formen (20–30 μm) ins Gewebe; Proteasen der mitochondrienlosen Amöben ermöglichen den Befall.

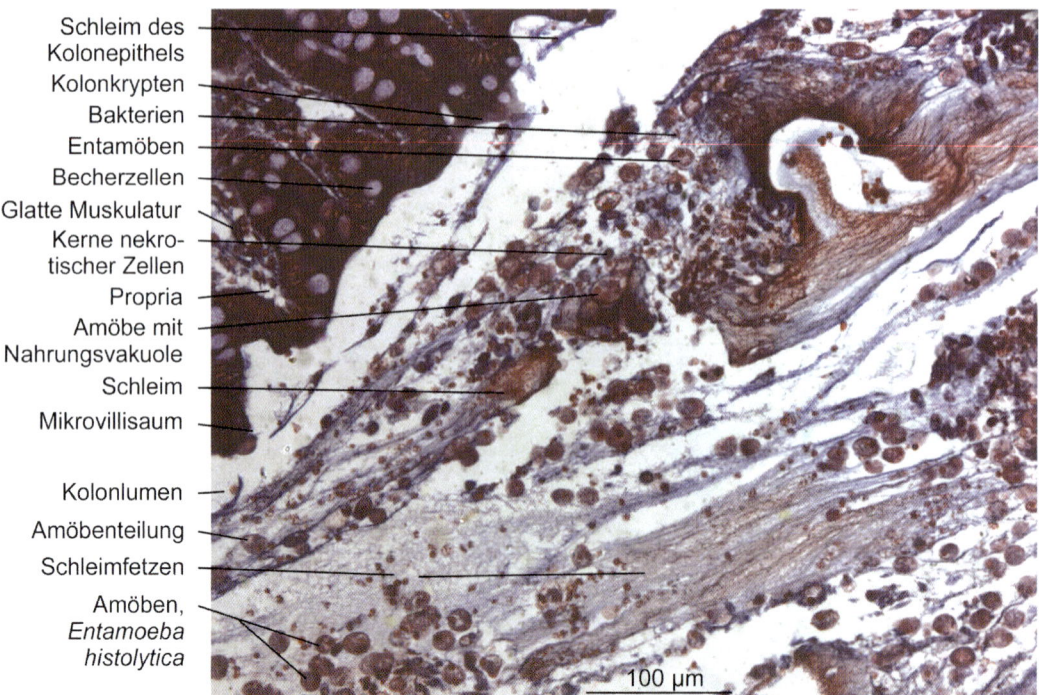

Abb. 8: *Entamoeba histolytica*, Ruhramöbe: Magna-Formen – 20–30 μm, selbst 50 μm groß – im Darmschleim eines ulkuskranken Meerschweinchens; Ausschnitt. Die Trophozoiten leben von Bakterien, Schleim, Gewebsresten und nach Eröffnung von Kapillaren von Erythrozyten. Symptome beim Menschen bei Befall in wärmeren Ländern: schleimig-blutiger Stuhl; abwechselnd Durchfall und Verstopfung mit Fieber und extremer Abgeschlagenheit. Heilung durch Chemotherapeutika. Entamöben und Myxamöben (*Dictyostelium*) sind u. a. zurzeit detailliert untersuchte Arten zu Funktionen und Kooperation des komplexen Systems von Proteinen bei Bewegungsvorgängen im Zytoskelett- und Membranensystem der Zelle.

Einzeller – Protozoa

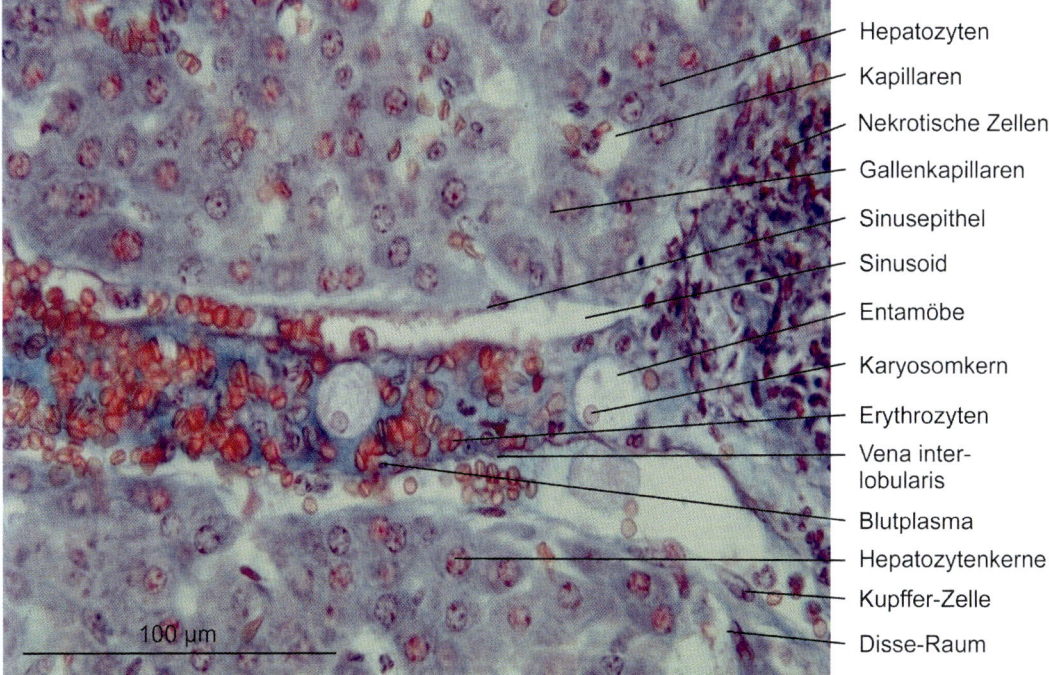

Abb. 9: *Entamoeba histolytica*, Ruhramöbe: Experimentelle Entamöbiasis in der Leber einer Maus; Ausschnitt. Über die Submucosa hinausgelangte Entamöben erreichen über den Blutweg alle inneren Organe, wobei der rechte Leberlappen beim Menschen der bevorzugteste Ansiedlungsort ist. Leberabszesse als Komplikation einer Amöbiasis betreffen vor allem Männer. Therapien: Metronidazol (Imidazolderivat) und Chloroquin.

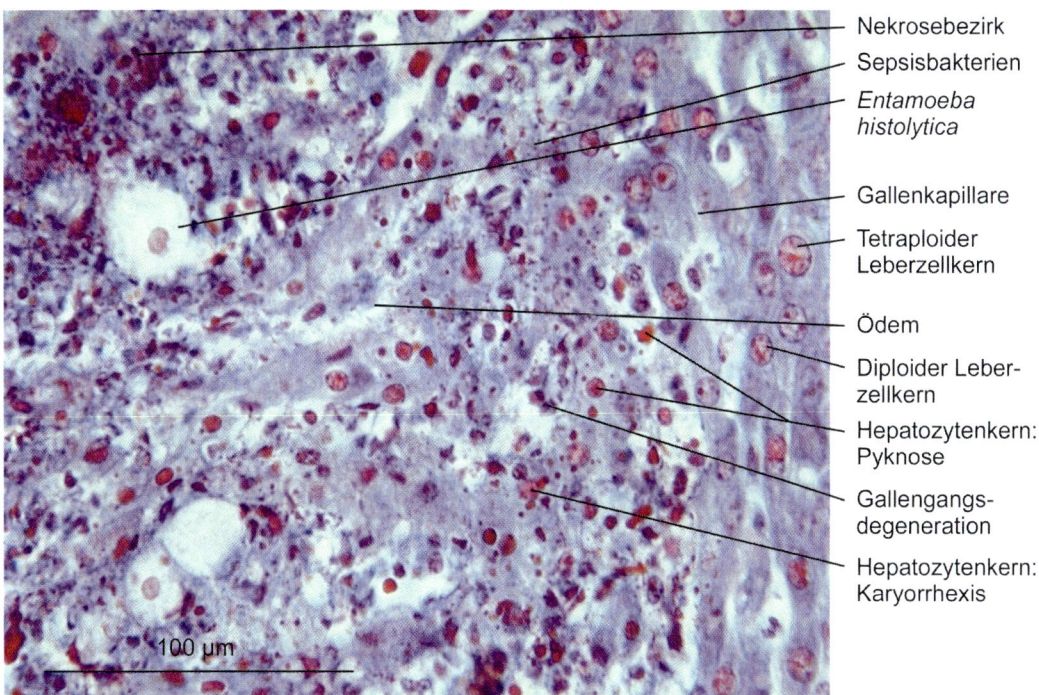

Abb. 10: *Entamoeba histolytica*, Ruhramöbe: Experimentelle Entamöbiasis in der Leber einer Maus; Ausschnitt. Entamöben sind mitochondrienlose Sonderwesen; sie leben mit Mitosomen, Überresten von Mitochondrien. Alle Prozesse des Hauptstoffwechsels laufen im Zytosol ab. Die Amöben werden von der humoralen und zellulären Abwehr nicht erfasst; sie führen zu meist herdförmigen Leberzellnekrosen/Leberabszessen.

Abb. 11: *Monozystis lumbrici*: Syzygie in den Samenblasen eines Regenwurms; Ausschnitt. Die gepaarten Gamonten sezernieren eine gemeinsame Hülle, die Gamontozyste. Erst wenn die Gamonten bei dieser Art mit abgeschnürten Hinterleibssegmenten nach außen gekommen sind, beginnt in den vielkernigen Gamonten die Bildung von Zygoten aus Gameten. Die Sporozysten im Bild gehören zu einer anderen Gregarinenart des Regenwurms, die bereits im Wurm zur Sporogonie übergeht. Das Gleiten der Gamonten kann auf hohe Pellikulafalten mit Aktin, α-Aktinin und Myosin nahe der Zellmembran zurückgeführt werden; die Proteine sind wohl in einen Oberflächenmotor eingespannt, der auf Aktin-Myosin-Interaktionen basiert.

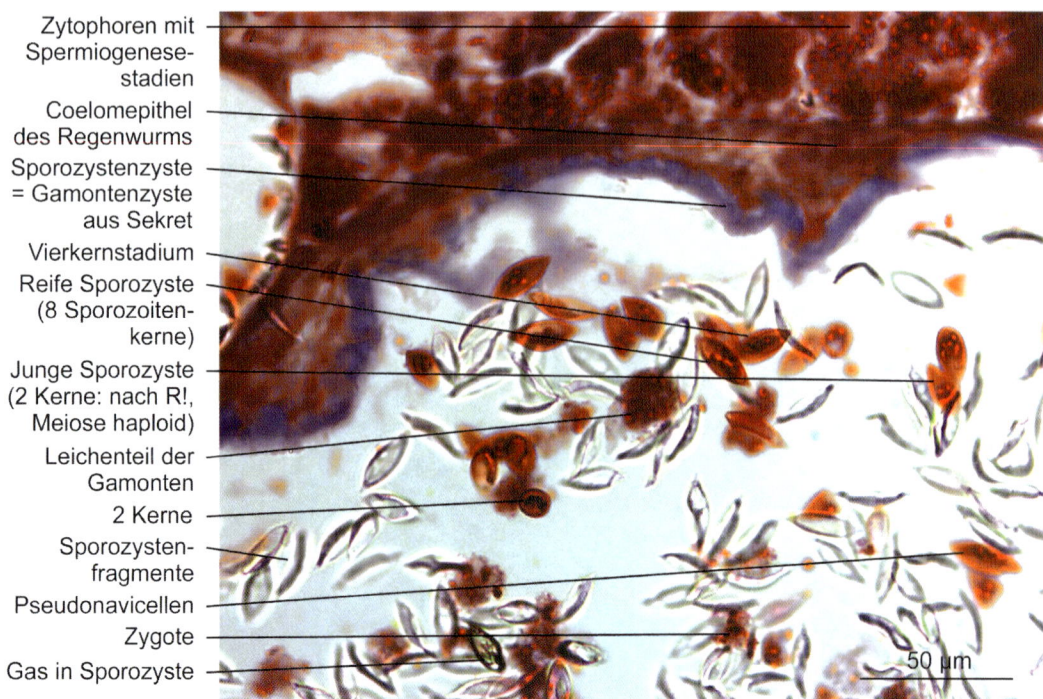

Abb. 12: Gregarinenzyste mit Sporogoniestadien in der Samenblase eines Regenwurms; Ausschnitt. Reife Sporozysten (Pseudonavicellen) haben eine für Fixierlösungen, Alkohole, Paraffin und Einbettharze weitestgehend undurchlässige Hülle; als leere Fragmente dominieren sie das Bild in Schnitten. Glückssache ist die im Bild ablesbare Reihenfolge: Zygote, Zweikernstadium nach Reduktionsteilung noch ohne Hülle (!), Zweikernstadium mit Hülle, Vierkernstadium, reife Sporozyste mit acht haploiden, infektionsbereiten Sporozoiten.

Einzeller – Protozoa

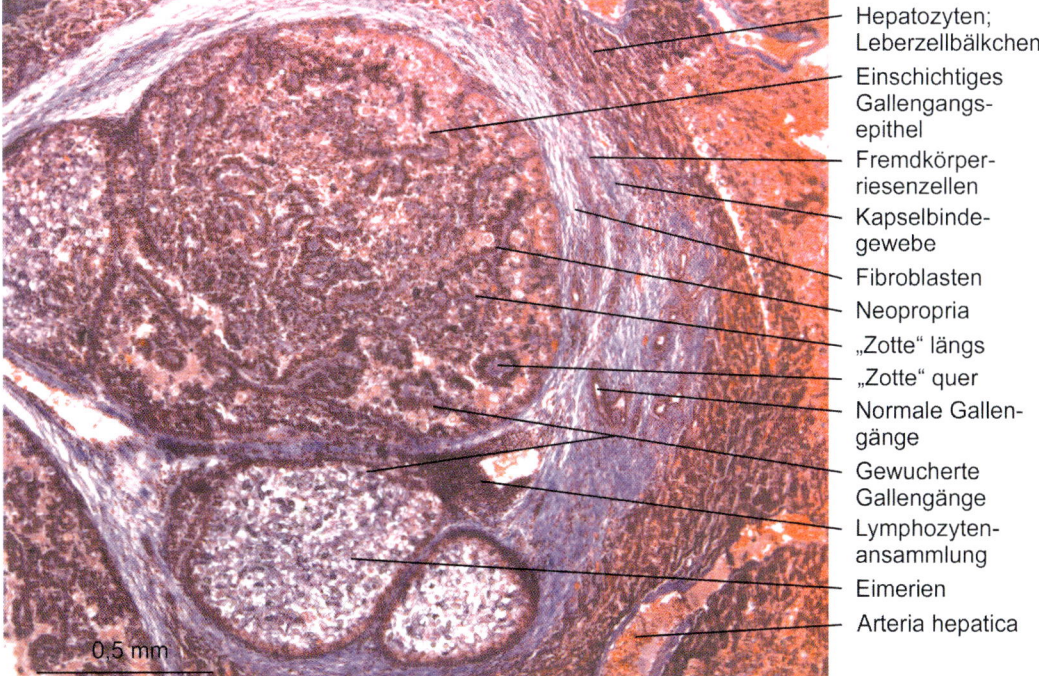

Hepatozyten; Leberzellbälkchen
Einschichtiges Gallengangsepithel
Fremdkörperriesenzellen
Kapselbindegewebe
Fibroblasten
Neopropria
„Zotte" längs
„Zotte" quer
Normale Gallengänge
Gewucherte Gallengänge
Lymphozytenansammlung
Eimerien
Arteria hepatica

Abb. 13: *Eimeria stiedae*, Kaninchenkokzidiose: In einer Kaninchenleber gewucherte Gallengänge mit Parasiten; Übersicht. Die Erreger der Kaninchenkokzidiose, der Trommelsucht, führen beim Befall von einschichtigen Gallengangsepithelien durch Sporozoiten und Merozoiten zu papillomatösen Wucherungen extremer Art: parasitendienliche Vermehrung belegbarer Epithelzellen. Gewucherte Abschnitte leiten keine Galle mehr; die Neopropria enthält weder elastische Fasern noch glatte Muskelzellen. Jungkaninchen erliegen häufig einer Infektion; sie infizieren sich beim Fressen des schleimig-glasigen Erstkots, bei Koprophagie. Weitere *Eimeria*-Arten bei Kaninchen (als Darmkokzidien) sind *E. perforans* und *E. magna*; ebenso wie *E. stiedae* bilden sie sehr kleine Schizonten mit wenigen Merozoiten.

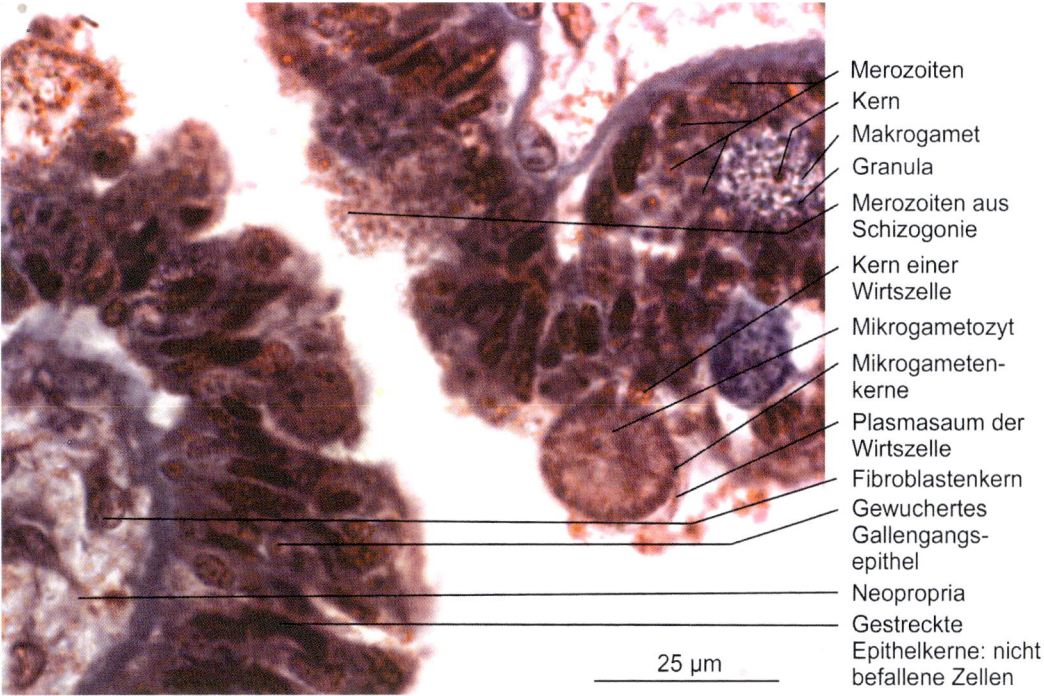

Merozoiten
Kern
Makrogamet
Granula
Merozoiten aus Schizogonie
Kern einer Wirtszelle
Mikrogametozyt
Mikrogametenkerne
Plasmasaum der Wirtszelle
Fibroblastenkern
Gewuchertes Gallengangsepithel
Neopropria
Gestreckte Epithelkerne: nicht befallene Zellen

Abb. 14: *Eimeria stiedae*, Kaninchenkokzidiose: In Gallengängen einer Kaninchenleber; Ausschnitt. Merozoiten können Wachstum und Vielfachteilungen wiederholen, was zu enormen Mengen infektionsfähiger Stadien führt. Einige Zellen werden zu Gamonten statt Schizonten. Damit beginnt die sexuelle Phase. Ein kleinerer Teil der Gamonten, die Mikrogametozyten, produzieren viele winzige Mikrogameten durch Schizogonie – Abb.; der größere Teil, die Makrogamonten, wachsen direkt zu Makrogameten heran.

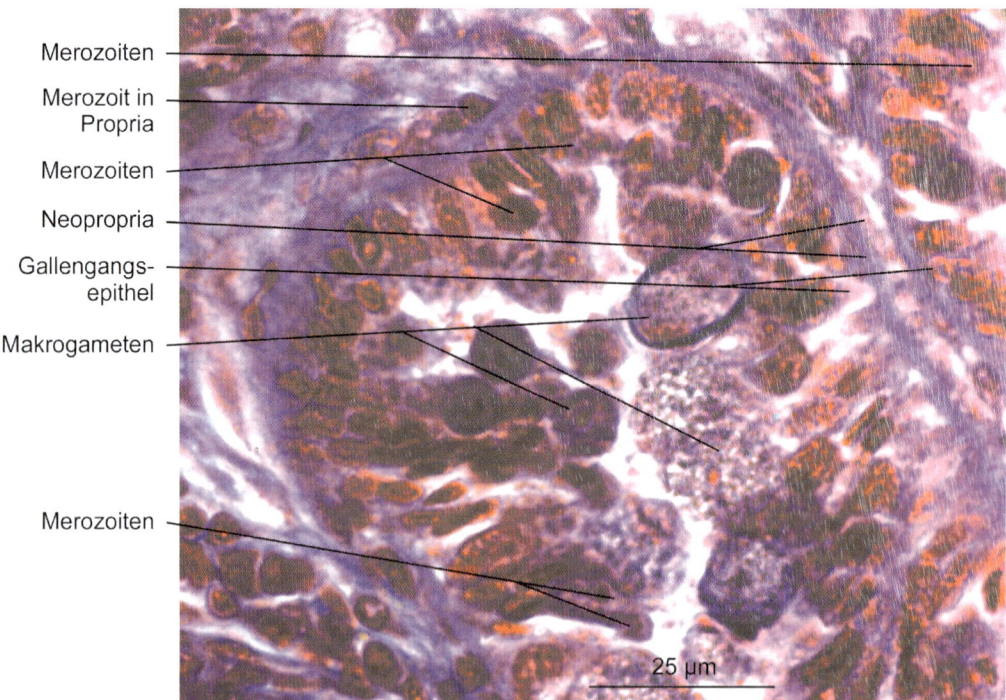

Abb. 15: *Eimeria stiedae*, Kaninchenkokzidiose: Merozoiten – wenigstens 60 sind in der Abbildung zu sehen – und Makrogameten im gewucherten Gallengang eines Jungkaninchens; Ausschnitt. Nicht nur Gallengangsepithelien, auch Zellen der Propria werden von Merozoiten befallen (s. links unten). Die zunächst winzigen Merozoiten wachsen zu Makrogameten heran: Das Volumen steigt stark, Zellkern zentral, Lysosomengranula häuft sich an, die Oozystenwand wird sezerniert. Die gestreckten Kerne der Gallengangsepithelzellen sind weit größer als die Merozoiten vor der Gametenbildung.

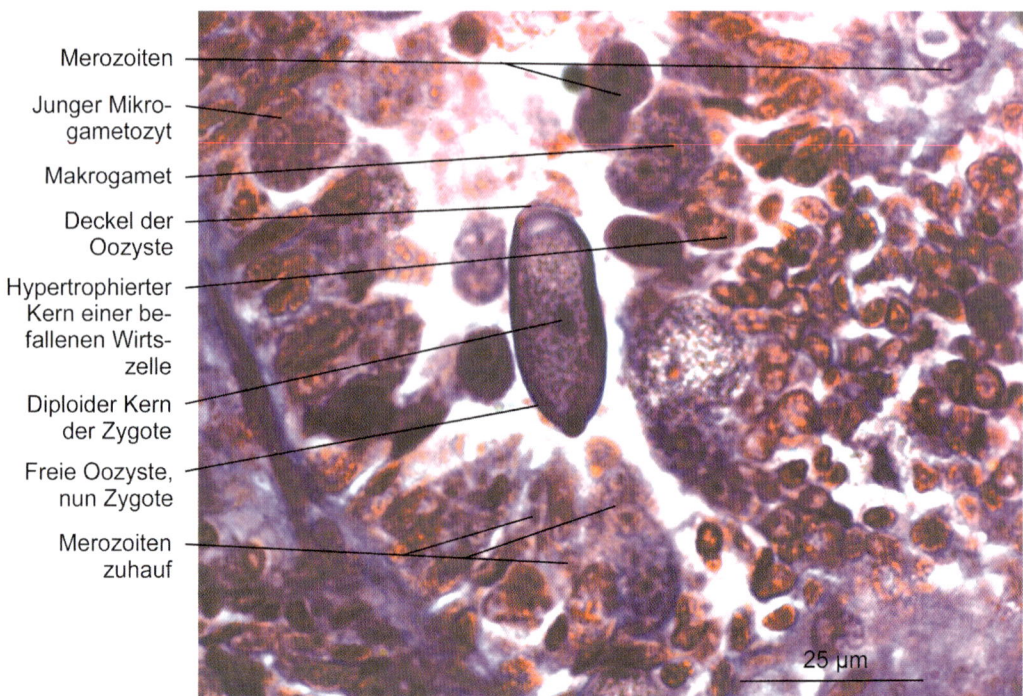

Abb. 16: *Eimeria stiedae*, Kaninchenkokzidiose: Merozoiten und Zygote im Gallengang eines Kaninchens; Ausschnitt. Mit dem Kot ausgeschiedene Zygoten werden bei hoher Feuchtigkeit nach 2–4 Tagen infektiös; Sporogonie mit Sporozysten- und Sporozoitenbildung sind in der Oozysten-, Zygotenhülle dann abgelaufen. Von Darmkokzidiosen und Leberkokzidiose sind Jungtiere im Alter von 4–9 Wochen am schlimmsten betroffen; blähendes Kohlfutter nach dem Abstillen ist unbehandelt tödlich.

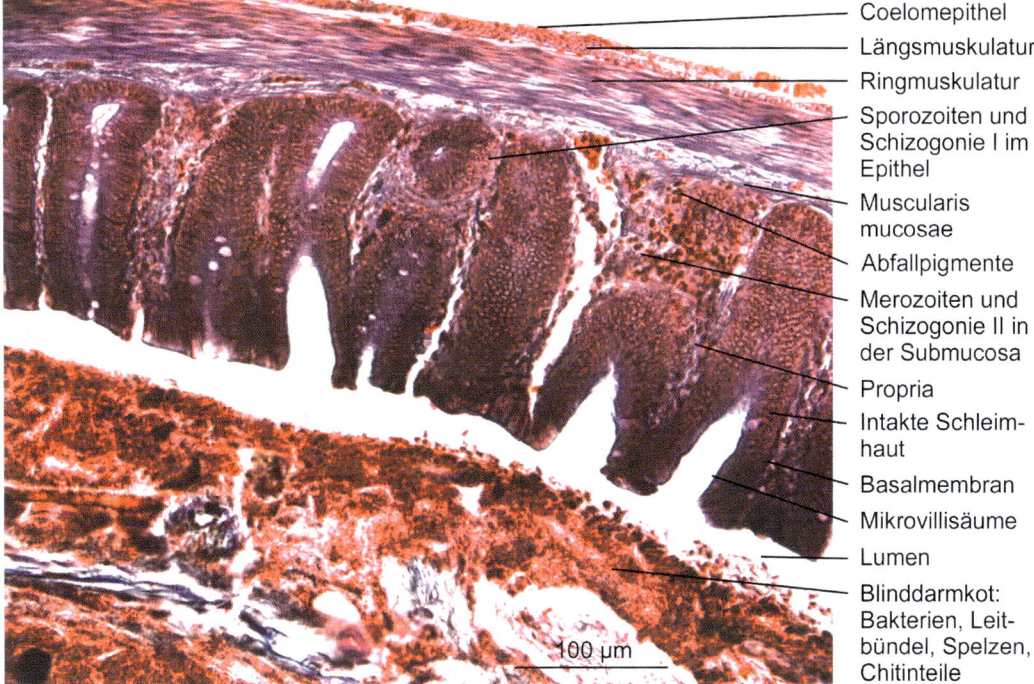

Abb. 17: *Eimeria tenella* im Blinddarm eines Kükens, 3 Tage nach Infektion; Ausschnitt. *E. tenella* ist Erreger der Geflügelkokzidiose, der Roten Kükenruhr. 2–3 Tage benötigt die Sporulation – Sporozysten- und Sporozoitenbildung – außerhalb der Tiere, 6 Tage die Entwicklung im Blinddarm bis zur Oozystenausscheidung. Schizogonie I läuft im Epithel, Schizogonie II in hypertrophen Wirtszellen der Submucosa ab.

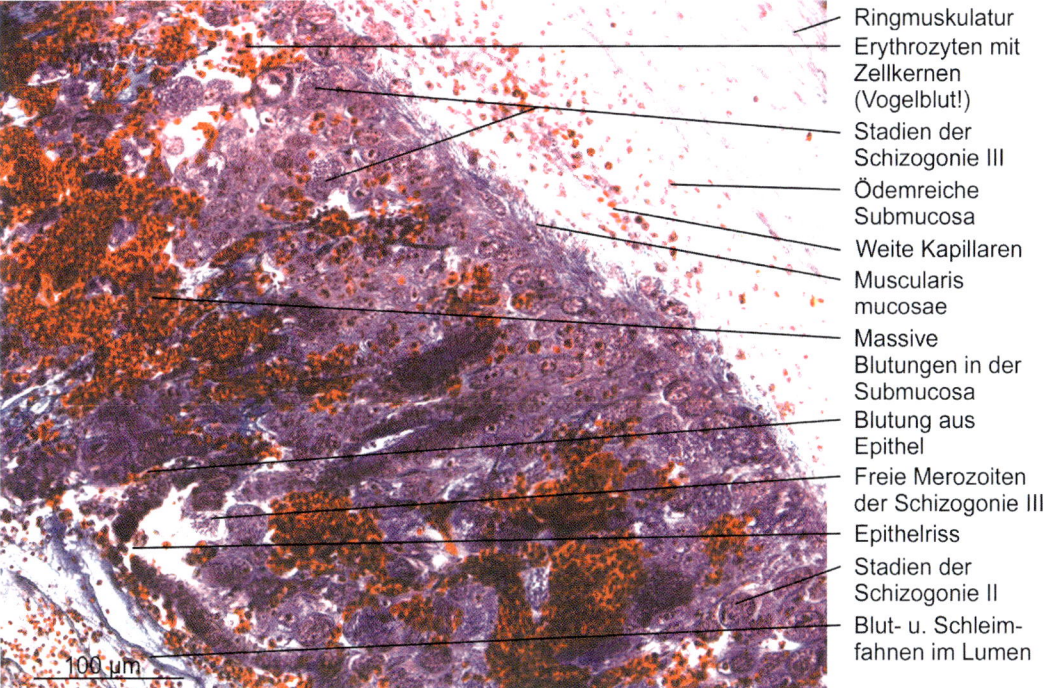

Abb. 18: *Eimeria tenella* im Blinddarm eines Kükens, 4 Tage nach Infektion; Übersicht. Die kugeligen Merozoiten der Schizogonie II und die länglichen Merozoiten der Schizogonie III sind in Abb. **19** detaillierter zu sehen. Ursachen der Roten Kükenruhr sind evident: komplette Besetzung der Submucosa durch Merozoiten und Schizonten; Durchbrüche des Blinddarmepithels; Kapillarerweiterungen, Zerreißungs-, Rhexisblutung; gestörte Schleimproduktion. Ein Teil der Merozoiten bleibt dauerhaft in der Submucosa; Küken, die dieses Stadium überleben, sind lebenslang gegen Kokzidiose immun.

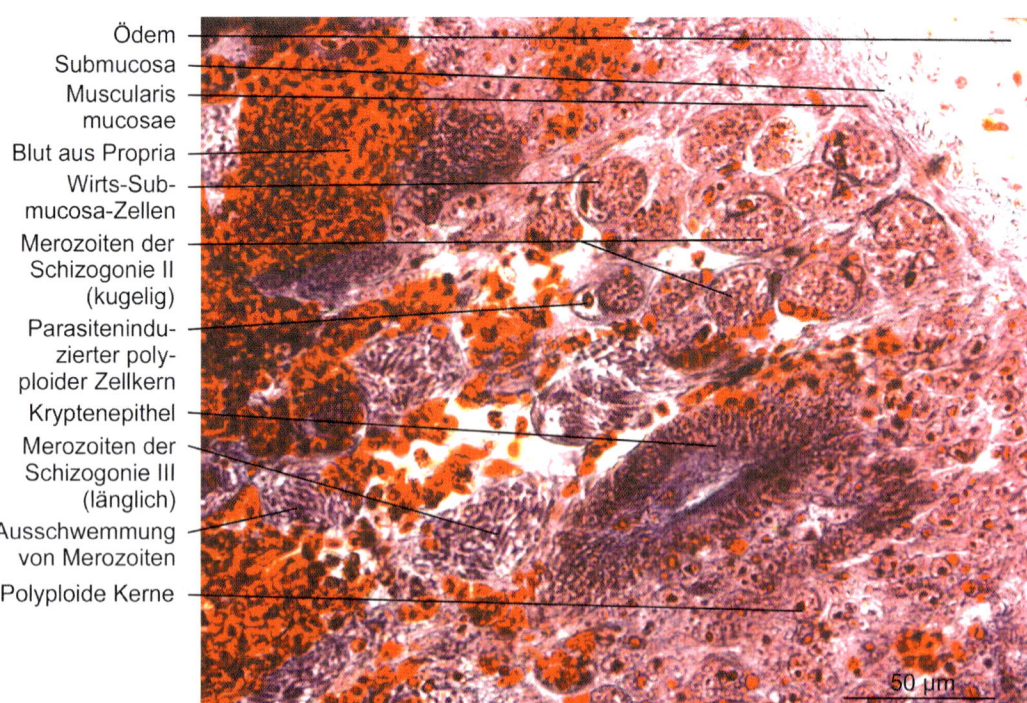

Abb. 19: *Eimeria tenella* im Blinddarm eines Kükens, 4 Tage nach Infektion; Ausschnitt. Die von zwei Schizontengenerationen befallenen Zellen lösen sich aus dem epithelialen Verband und breiten sich im subepithelialen Gewebe aus. Stark erhöhte Permeabilität der Gefäße und ausgedehnte Schleimhautzerstörungen in den Blinddärmen (und auch in Dünn- und Dickdarm) lassen kaum die Regenerationskraft der Gewebe erahnen (s. **Abb. 20)**, sofern das Tier nicht stirbt. Um ein Dutzend *Eimeria*-Arten befallen Nutz- und Ziergeflügel sowie Wasservögel. Etliche Arten sind harmlos; *E. tenella* verursacht die gravierendsten Läsionen.

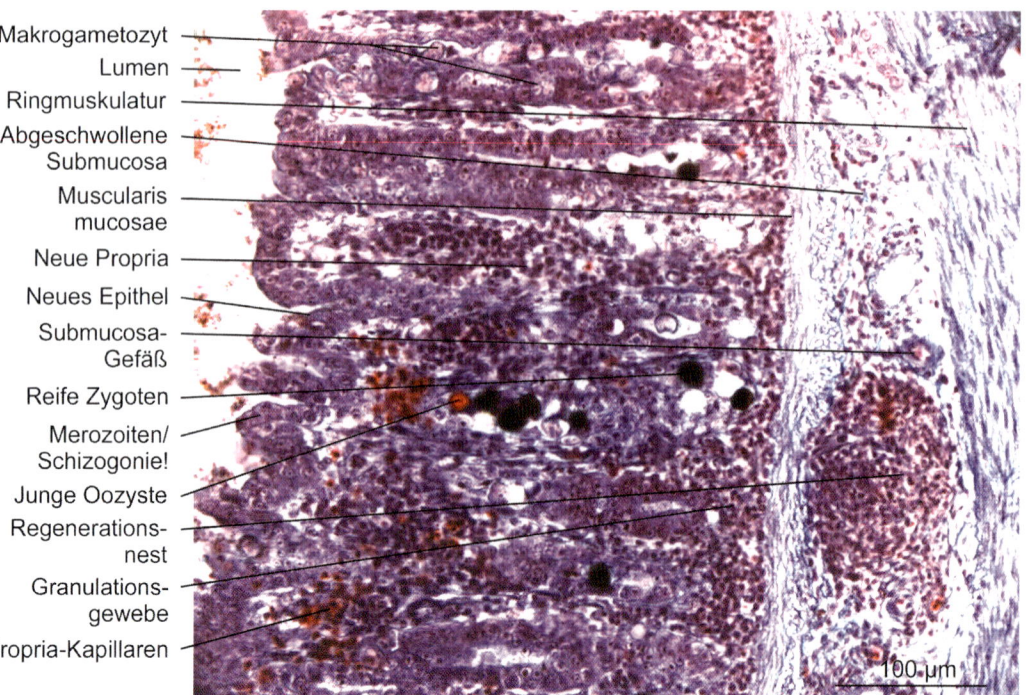

Abb. 20: *Eimeria tenella* im Blinddarm eines Kükens, 7 Tage nach Infektion; Übersicht. Sofern der Wirt die Infektion überlebt hat, differenzieren sich die meisten Merozoiten der dritten Generation zu Gametozyten. Wenige Merozoiten beginnen erneut mit Schizogonie in den erstaunlich rasch neu gebildeten Epithelien. Die Anwesenheit solcher Merozoiten hält lebenslang eine Immunität gegen Neuinfektion aufrecht. Kokzidiostatika zur Therapie werden dem Futter, nicht dem Trinkwasser beigegeben. Bei Resistenzproblemen sind die Futterlieferanten gefordert. Impfungen durch Gesundheitsdienste erfolgen nicht generell; wenn, dann im Rahmen der Impfungen des Nutz- und Ziergeflügels gegen die Virosen Marek'sche Krankheit, Newcastle-Krankheit (Geflügelpest), Bronchitis und Zitterkrankheit der Küken.

Einzeller – Protozoa

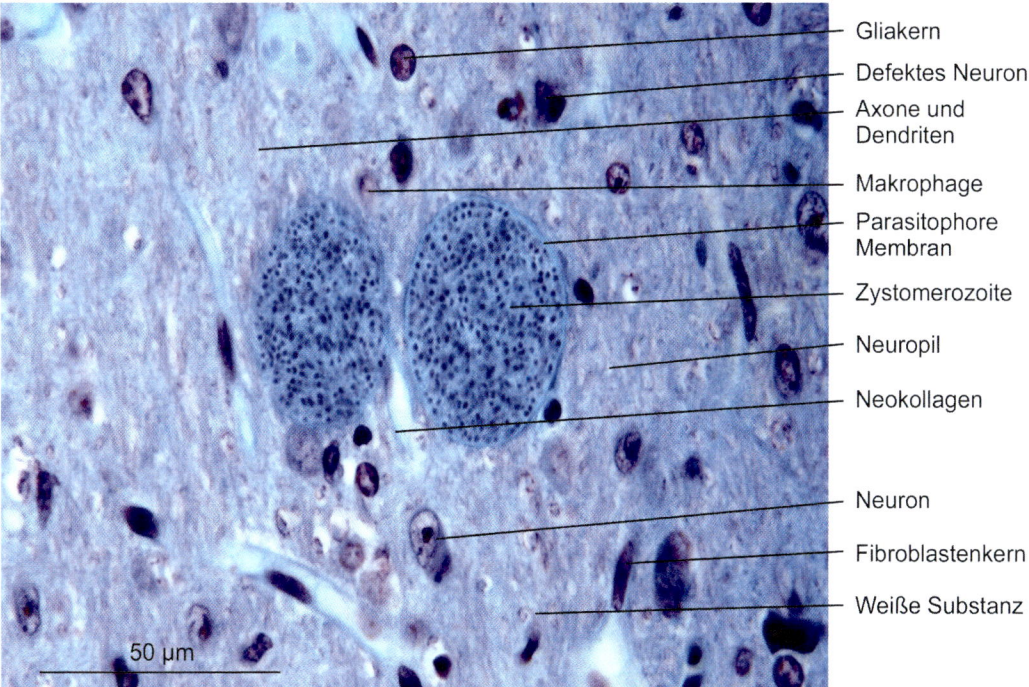

Abb. 21: *Toxoplasma gondii*: Zyste mit Bradyzoiten im Gehirn einer Maus; experimentelle Infektion mit einem avirulenten Stamm; Übersicht. *Toxoplasma* ist ein Parasit von Katzen; in ihren Darmepithelien können Sporogonie, Schizogonie und Gamogonie ablaufen. Doppelte Hüllen von Oozysten und Sporozysten halten diese Stadien außerhalb der Tiere für Monate infektionsfähig. In Fehl- und Zwischenwirten durchbrechen die Sporozoiten Darmepithelien und besiedeln das Lymphsystem, die Muskulatur und das Gehirn. Durch fortgesetzte Zweiteilungen, ohne Wachstumsphasen dazwischen, entstehen innerhalb der parasitophoren Vakuolen (Pseudozysten) sehr viele bananenförmige Bradyzoite, Zystomerozoite. Gom.

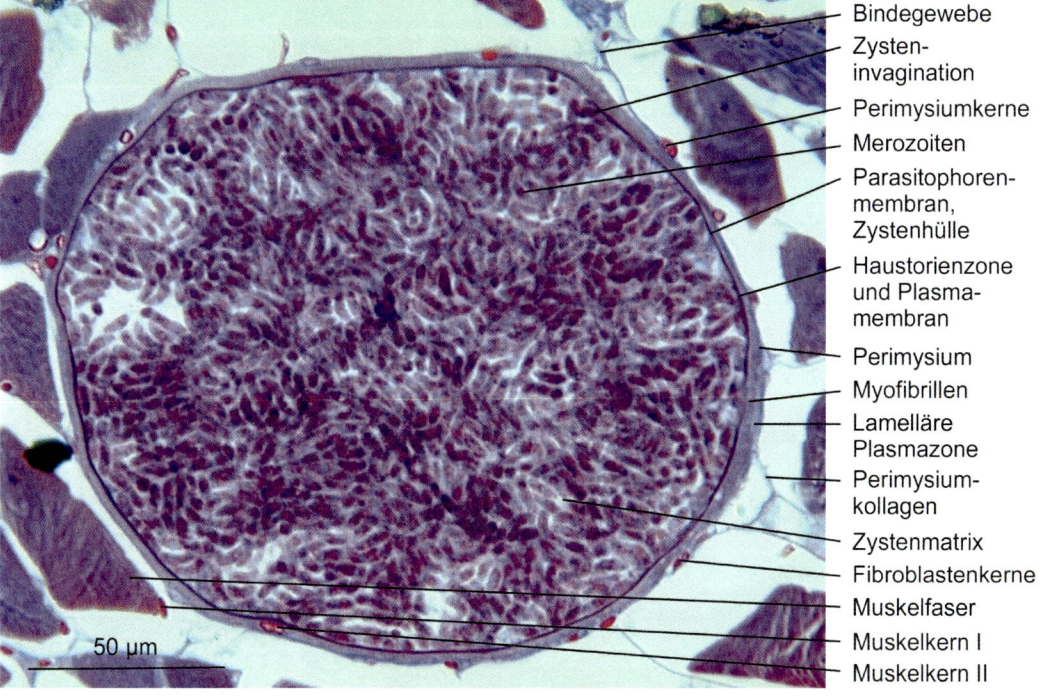

Abb. 22: *Sarcozystis sp.*: Querschnitt durch einen Miescher'schen Schlauch in der Muskulatur einer Schlange; Übersicht. *Sarcozystis*: Gamogonie und Sporogonie laufen nur im Wirt ab und bleiben meist symptomlos. Die Sporozoite entwickeln sich im Zytoplasma ihrer Stammzellen. Zur Weiterentwicklung ist ein Wirtswechsel obligatorisch; Merozoiten der ersten und zweiten Generation entstehen dann durch Vielfachteilungen in Zellen mit polyploiden Riesenkernen (Zysten, Trophonten) innerhalb extrem gedehnter Muskelfasern.

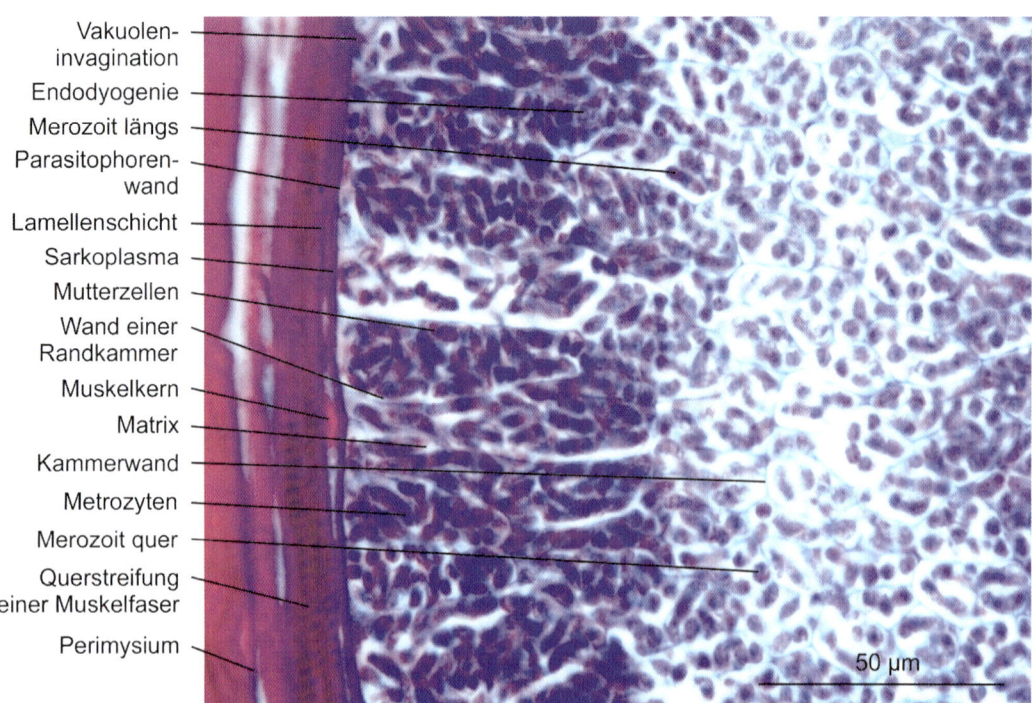

Abb. 23: *Sarcozystis muris*: Längsschnitt durch einen Miescher'schen Schlauch in der Skelettmuskulatur einer Maus; Ausschnitt. Am Rande der Zyste liegen die primären Metrozyten, die Mutterzellen, aus denen durch Endodyogenie die vielen zentralen Merozoiten hervorgehen. Auffällig ist die Kammerung des Zysteninhalts durch zarte Zystenwände.

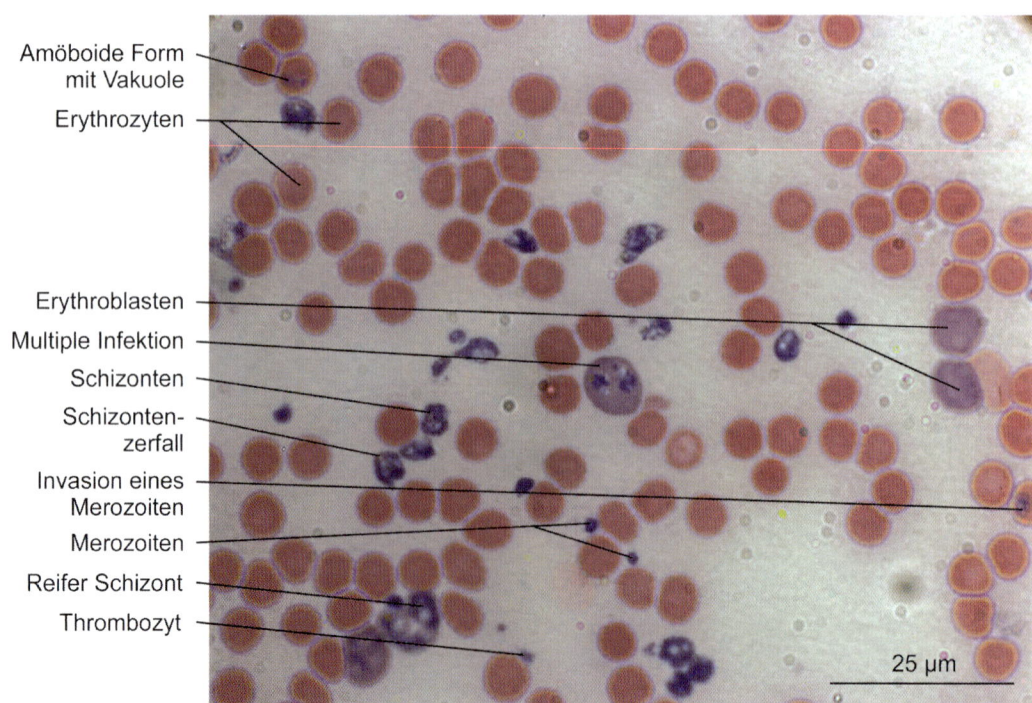

Abb. 24: *Plasmodium berghei*: Blutausstrich einer Maus; Ausschnitt. *P. berghei* ist der Erreger einer leicht übertragbaren Nagermalaria, die früher experimentell gut zugänglich schien. Bei Plasmodien ist wohl der Apikoplast der Wirkungsort von Rifampicin, einer zunächst als Antituberkulotikum erster Wahl bei Tbc eingesetzten Verbindung. Ein hochpotentes, schnell wirksames und gut verträgliches Mittel gegen Malaria ist Artemisinin aus Blüten und Blättern des Chinesischen Beifußes (*Artemisia annua*). Die wild eher seltene Pflanze wird seit 20 Jahren in Vietnam, China und Afrika angebaut; in absehbarer Zeit werden genmanipulierte Hefen das Trioxanringsystem mit einer Peroxidstruktur in ausreichender Menge für die Welt liefern können. Giemsafärbung.

Einzeller – Protozoa 13

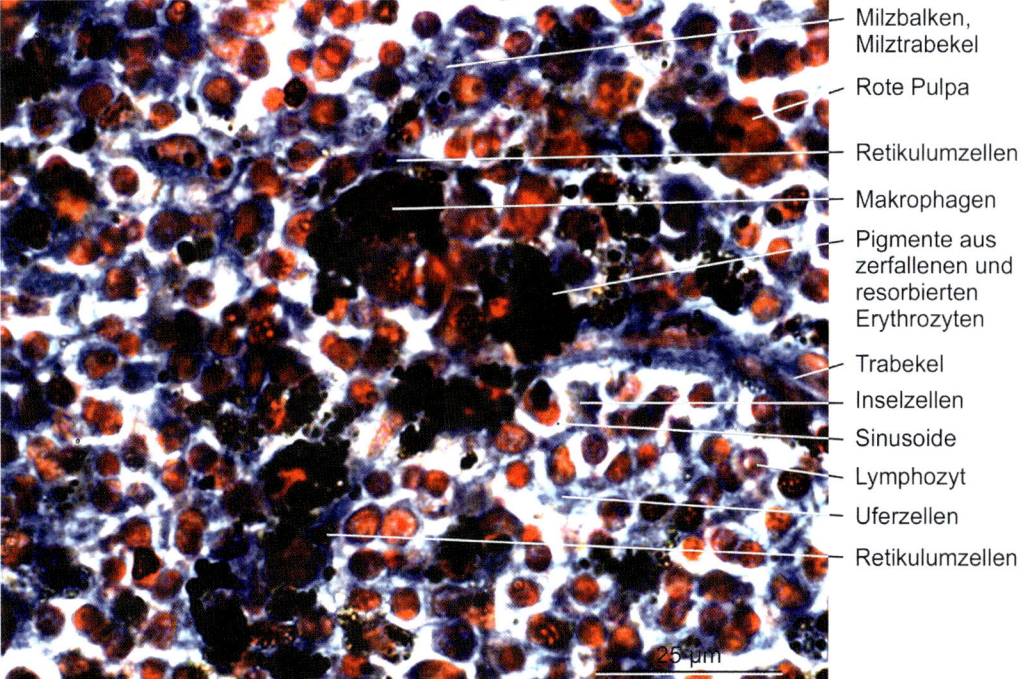

Abb. 25: Malaria: Pigmente in der Milz eines Menschen; Ausschnitt. Pigmentembolien nach Hämolyse bei Malaria lassen die Milz oft gewaltig anschwellen; sie kann einen großen Teil der Leibeshöhle ausfüllen. Bei chronischen Malaria-Infektionen wird in den Trabekelmakrophagen das saure, hämatinartige Pigment Hämozoin abgelagert und festgehalten. Die Bezeichnung Melanämie der Milz bezieht sich auf die schwärzliche Verfärbung des Organs.

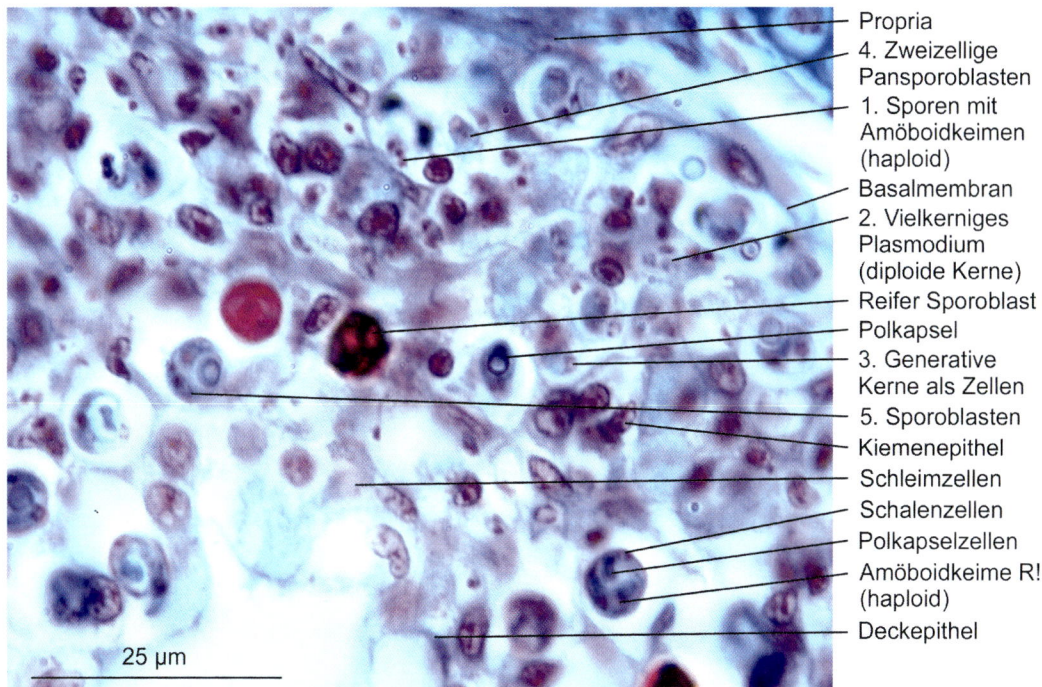

Abb. 26: *Myxozoa* in einer Fischkieme; Ausschnitt. Differenzierung in drei Körperzellen und eine generative Zelle, Septate junctions, Bau der Penetranten/ Glutinanten – nesselkapselähnlichen Polkapseln (komplexeste Lysosomeninhalte im Tierreich) – und Gensequenzen der 18S rDNA machen die *Myxozoa* zu Geschwistern der Narcomedusen. Schizogonie, Gamogonie und erste Sporogonie in Oligochäten (*Tubifex*) führen zu Drillingsankersporen mit drei Polkapseln, drei Hakenzellen und vielkernigem Sporoplasma. Nach Verankerung im Fischepithel beginnen Sporulationen erneut (zur Reihenfolge s. Abb.); *Myxobolus cerebralis* im Knorpel verursacht die Drehkrankheit von Lachsen und Forellen, *M. pfeifferi* die Beulenkrankheit von Barben und Rotaugen.

Schwämme – Porifera

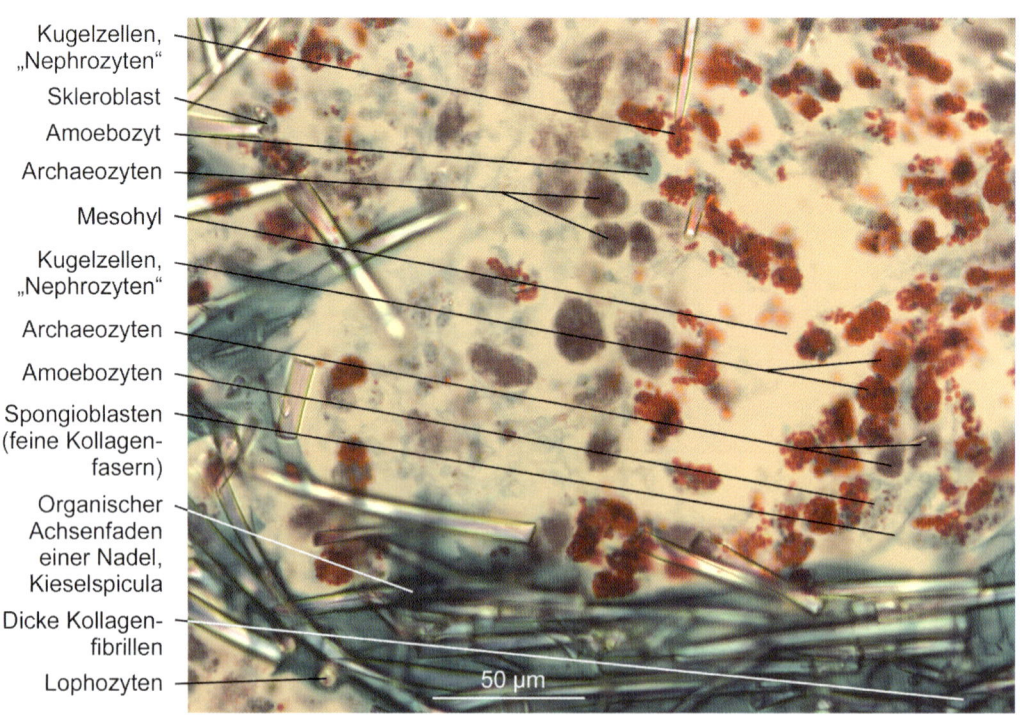

Abb. 27: *Geodia sp.*, Blumenkohlschwamm; Ausschnitt. Schnitte durch Schwämme sind, der Kieselsäure-Elemente wegen, fast unmöglich (Ausnahme: *Verongia*); intakte, kleinräumige Schnittfetzen vermitteln einen Eindruck vom Phänomen Schwamm: Nadeln und Verbundsysteme von Nadeln und Spongin schützen den Schwamm wirkungsvoll vor Feinden. Im Mesohyl, der glykoproteinreichen Grundsubstanz, agieren Archaeozyten, Amoebozyten und Zellen mit Einschlüssen (z. B. Nephrozyten). Spongin ist eine jodreiche, schwammspezifische Variante von Kollagen; die Produzenten: Lophozyten. Nadeln entstehen intrazellulär zwischen einem Axialfilament und der Silicolemma-Membran in Skleroblasten; Kieselsäure macht 90 % einer Nadel aus. Gom.

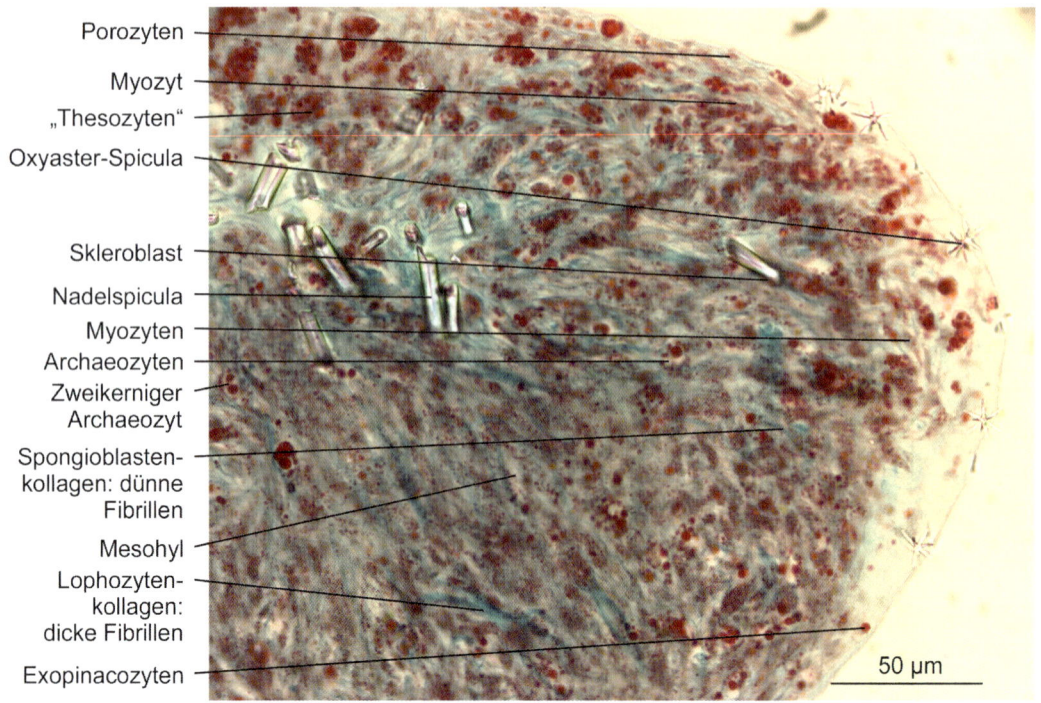

Abb. 28: *Tethya aurantium*, Orangenschwamm: Brutknospe; Ausschnitt. Auf ihrer Oberfläche bildet die Meerorange „Gemmulae", sich ablösende Brutknospen. Mit den Gemmulae der Süßwasserschwämme, die aus dotterhaltigen Zellen (Thesozyten) mit Sponginhüllen und Keimporen bestehen, haben die Brutknospen nichts gemeinsam. Noch ohne Choanoderm mit Choanozyten umschließen die Knospen ein Potpourri aus schwammspezifischen Zellen ohne weitergehende Differenzierungen. Zwei der Schwämmespezifika sind deutlich: Basalmembranen für Epithelien fehlen komplett und ebenso feste Zellkontakte; die Koordination wird u. a. über Ionenkanäle erreicht. Nicht in Zellen liegende Granula im Mesohyl sind wahrscheinlich Mikrosymbionten (Bakterien und Blaualgen). Gom.

Schwämme – Porifera

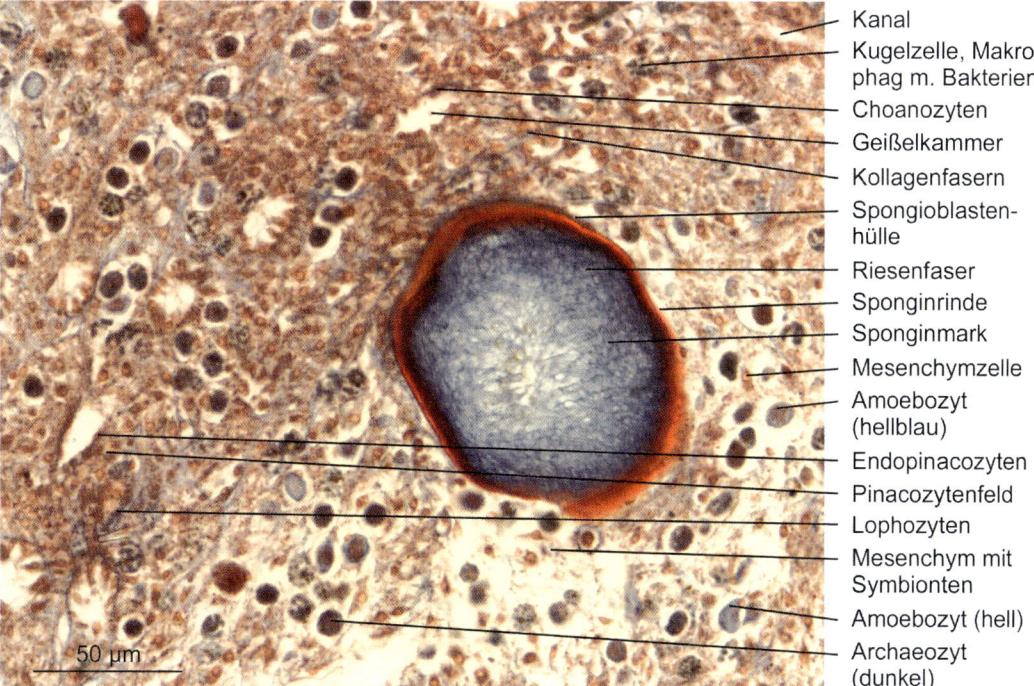

Abb. 29: *Verongia aerophoba*, Schwefelschwamm; Übersicht. Schwefelschwämme bilden kaum Nadeln, Paraffinschnitte sind daher möglich. Mächtige Sponginriesenfasern stabilisieren die Schwammkörper. Im Mesohyl und in Kugelzellen (Nephrozyten) machen Mikrosymbionten 40–60 % der Schwamm-Masse aus. Blaualgen leben in der Peripherie des Schwefelschwammes. Bakterien nehmen gelöste Stoffe auf, Schwammzellen phagozytieren: Von allen weiteren sessilen Strudlern am Meeresgrund – Dornkorallen, Muscheln, Polychaeten mit Tentakeln und Tentakelkronen, Moostierchen, Schlangensternen, Seescheiden – nehmen Schwämme die feinsten Partikel sowie Kolloide und Makromoleküle auf.

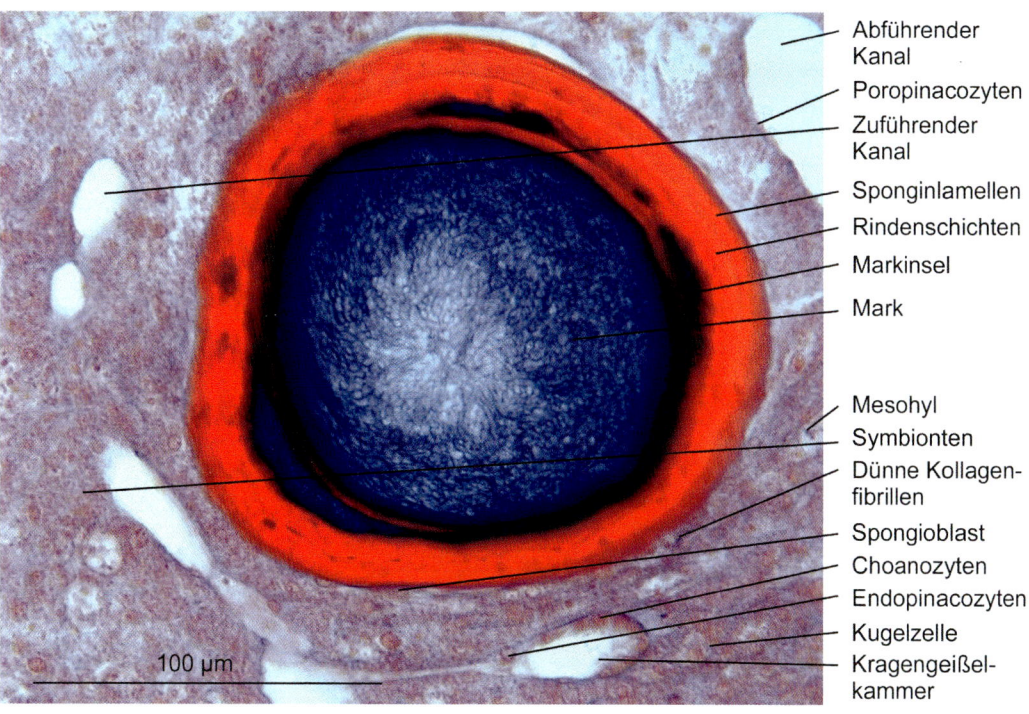

Abb. 30: *Verongia aerophoba*, Schwefelschwamm: Querschnitt durch eine Riesenfaser; Ausschnitt. Im Schwamm sind die Riesenfasern gelbbraun. Die Fasern enthalten keinerlei Zellen; das Mark wird an den Polen fertig gestellt, Rindenlamellen können sekundär dazukommen. Obwohl *Verongia* kaum Spiculae enthält, raspelt im Mittelmeer nur ein Fressfeind an den Schwefelschwämmen: der Flankenkiemen-Opisthobranchier *Tylodina perversa*. Der Schwamm wächst sehr langsam und nimmt im Jahr höchstens 8 % an Gewicht zu. Symbiontische Bakterien (Pseudomonas, Aeromonas) in Zellkernen, intrazellulär und extrazellulär im Mesohyl machen 38 % des Schwammvolumens aus; 41 % sind Grundsubstanz.

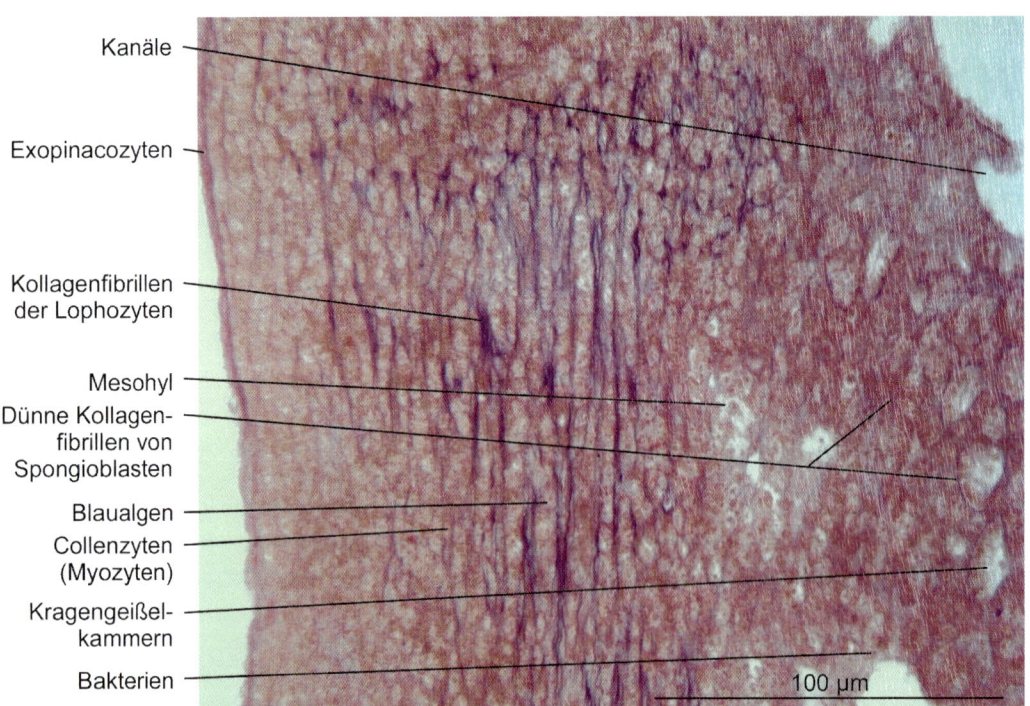

Abb. 31: *Verongia aerophoba*, Schwefelschwamm: Peripherie des Schwamms; Ausschnitt. Im Zentrum des Schwamms und in der Zone der Kragengeißelkammern leben Bakterien als Symbionten; scharf abgegrenzt davon siedeln im peripheren Kollagenfaserbereich Blaualgen der Gattung *Aphanocapsa*. Die extrazellulären Algen liefern dem Schwamm Glykogen. Mit zunehmender Tiefe und Dunkelheit werden die Blaualgen weniger. Photopigmente toter Blaualgen verfärben den Schwamm beim Trocknen oder Faulen schwärzlich.

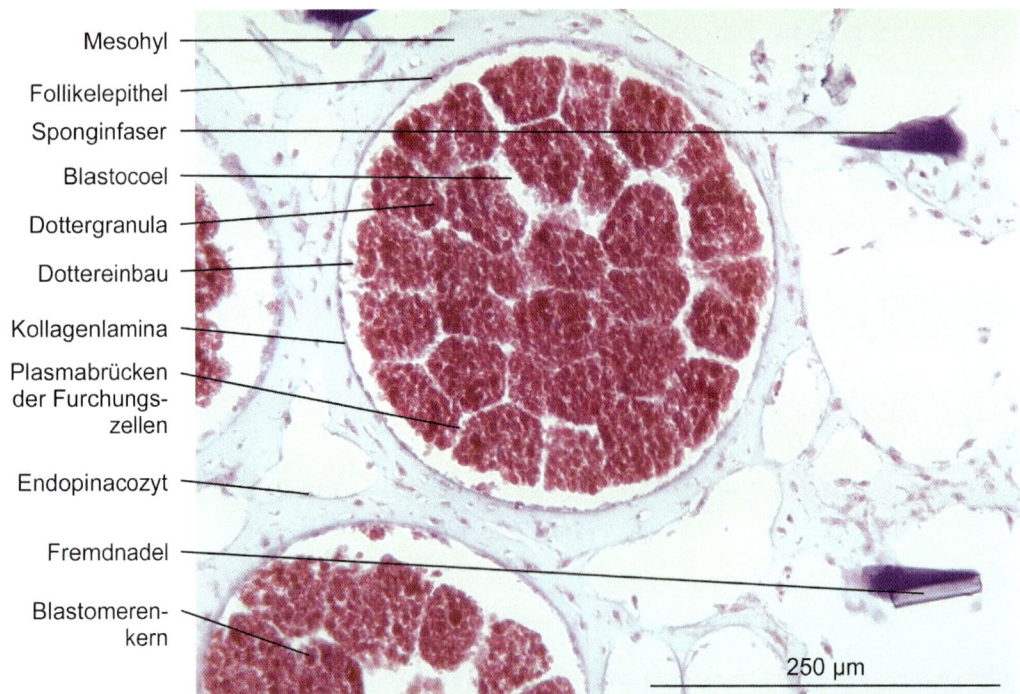

Abb. 32: *Dysidea tupha*, Mittelmeerschwamm: Eientwicklung und Schwammparenchym; Ausschnitt. *Dysidea*, ein naher Verwandter von *Spongia officinalis* und *Hippospongia equina*, Bade- und Pferdeschwamm, hat keine Skleroblasten und eigene Nadeln. Ein Skelett aus Sponginfasern bildet anastomosierende Netzwerke aus primären und sekundären Fasern. Sand, Nadeln fremder Schwämme, Foraminiferen, Polychätenborsten u. a. werden im Kollagen inkorporiert. Kragengeißelkammern sehr groß und lang; im Mesohyl keine Symbionten. Im Juni/Juli reifen die Eier, Furchungen etwas inäqual, ohne Blastomeren-Anarchie. Abb.: Die Morula/Stereoblastula wird zu einer Amphiblastula- oder Parenchymula-Larve werden. „Drugs of the Sea" aus Schwämmen (z. B. aus *Dysidea*) zu gewinnen, ist spannend und tückenreich.

Nesseltiere – Cnidaria

Abb. 33: *Obelia geniculata*, Stöckchen; Ausschnitt. Wie bei den Verwandten *Obelia dichotoma* und *O. longissima* quellen im Sommer aus den Gonangien von *O. geniculata* mit Statozysten ausgestattete Medusen, die als freie Larven fungieren. Fast 60 Arten thecater und 22 Arten athecater Hydrozoen leben marin in Nordwesteuropa. Das vom Ektoderm sezernierte Periderm enthält Chitin. Boraxkarmin.

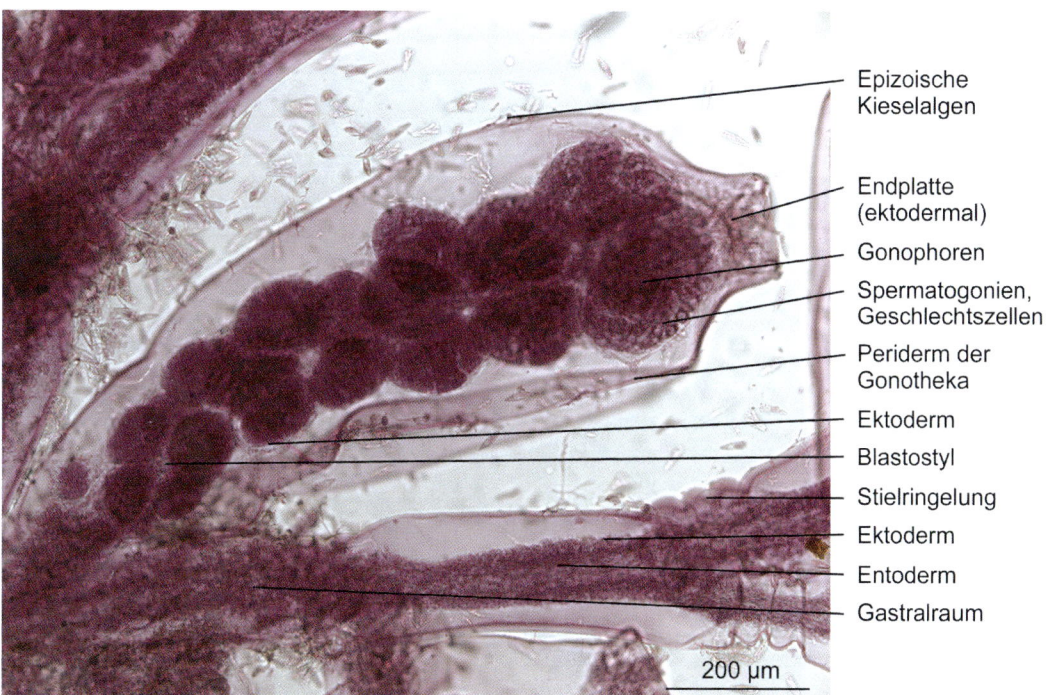

Abb. 34: *Obelia geniculata*, Gonangium einer Stöckchenkolonie; Übersicht. Das unlösliche Chitinperiderm der Hydrozoenstöckchen ist eine ideale Unterlage für Epiphyten und Epizoen: Diatomeen, Glockentierchen, Sauginfusorien (z. B. *Ephelota* mit kronleuchterartigen Riesenkernen), Kelchwürmer. Ohne Aufwuchs sind nur die Gehäuse von Federpolypen (*Plumularia*); bei ihnen reinigen bewegliche Kleinpolypen, Nematokalyzes, die Kolonien. Hauptfeinde der Kolonien: Amphipoden wie *Caprella* und Opisthobranchier-Schnecken. Boraxkarmin.

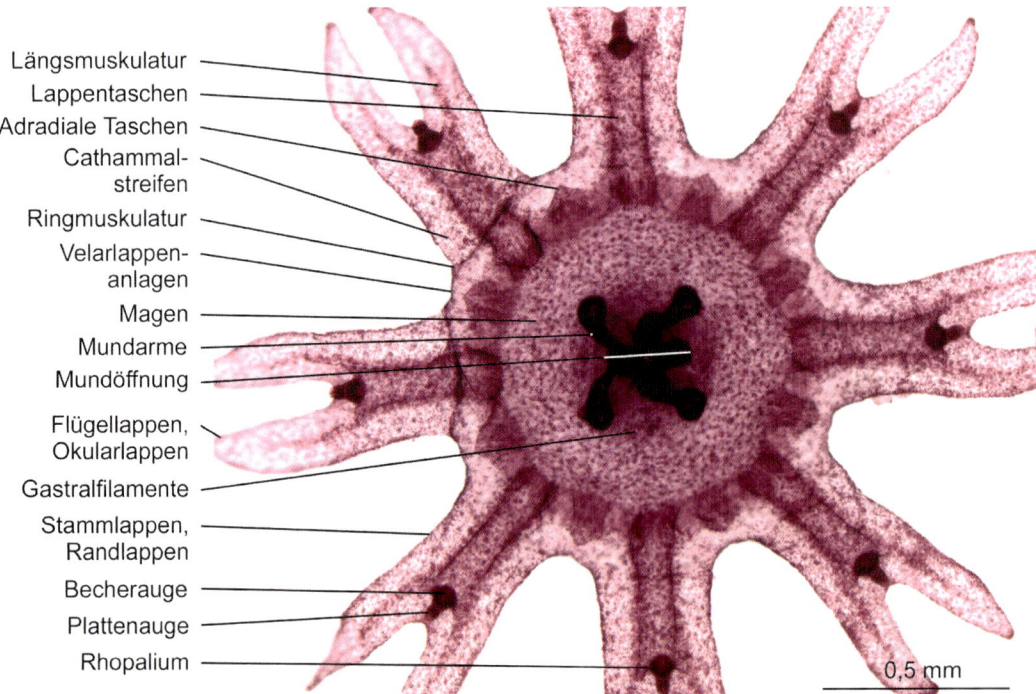

Abb. 35: Ephyra-Larve der Ohrenqualle *Aurelia aurita*. Junge Ephyren schwimmen durch rhythmisches Schlagen der Stammlappen. Dann wachsen zwischen den Stammlappen die Velarlappen aus und werden so lange breiter, bis ein geschlossener Schirm entstanden ist. Die Rhopaliensinneskörper sind kleine Kolben, die von einer Deckplatte überdacht werden; Statolithen aus Entodermzellen, Tastsinneszellen mit Stereocilien, Sinnesgruben, Plattenauge, Becherauge mit ektodermalen Sehzellen und intraepitheliales Nervensystem sind die Komponenten der Randkörper. Boraxkarmin.

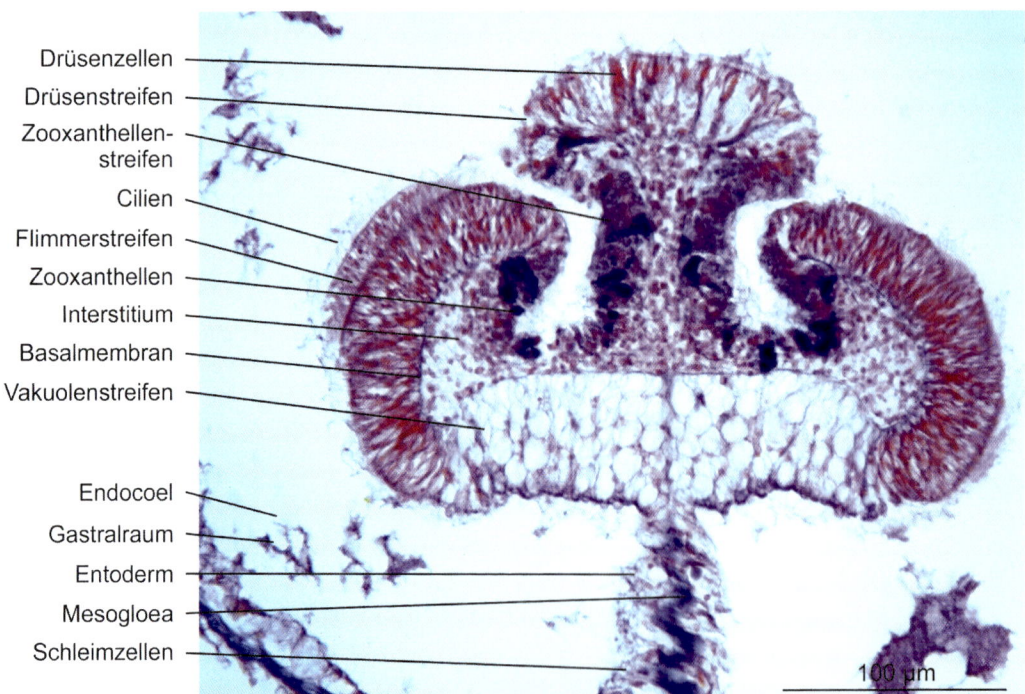

Abb. 36: *Actinia equina*, Purpurrose, Seerose; Querschnitt durch das Mesenterialfilament (Septalfilament) eines juvenilen Tiers; Übersicht. Die „Zoochlorellen" im Entoderm und in den Zooxanthellenstreifen leben in Symbiose mit den Seerosen; die Symbionten sind Dinoflagellaten: *Symbiodinium microadriaticum*. Die Drüsenstreifen der Filamente liefern Enzyme für extrazelluläre Verdauung; die Flimmerstreifen helfen bei Transport und Durchmischung des Nahrungsbreis; die Zellen des Vakuolenstreifens fungieren als Speicher und „Mitteldarmdrüse".

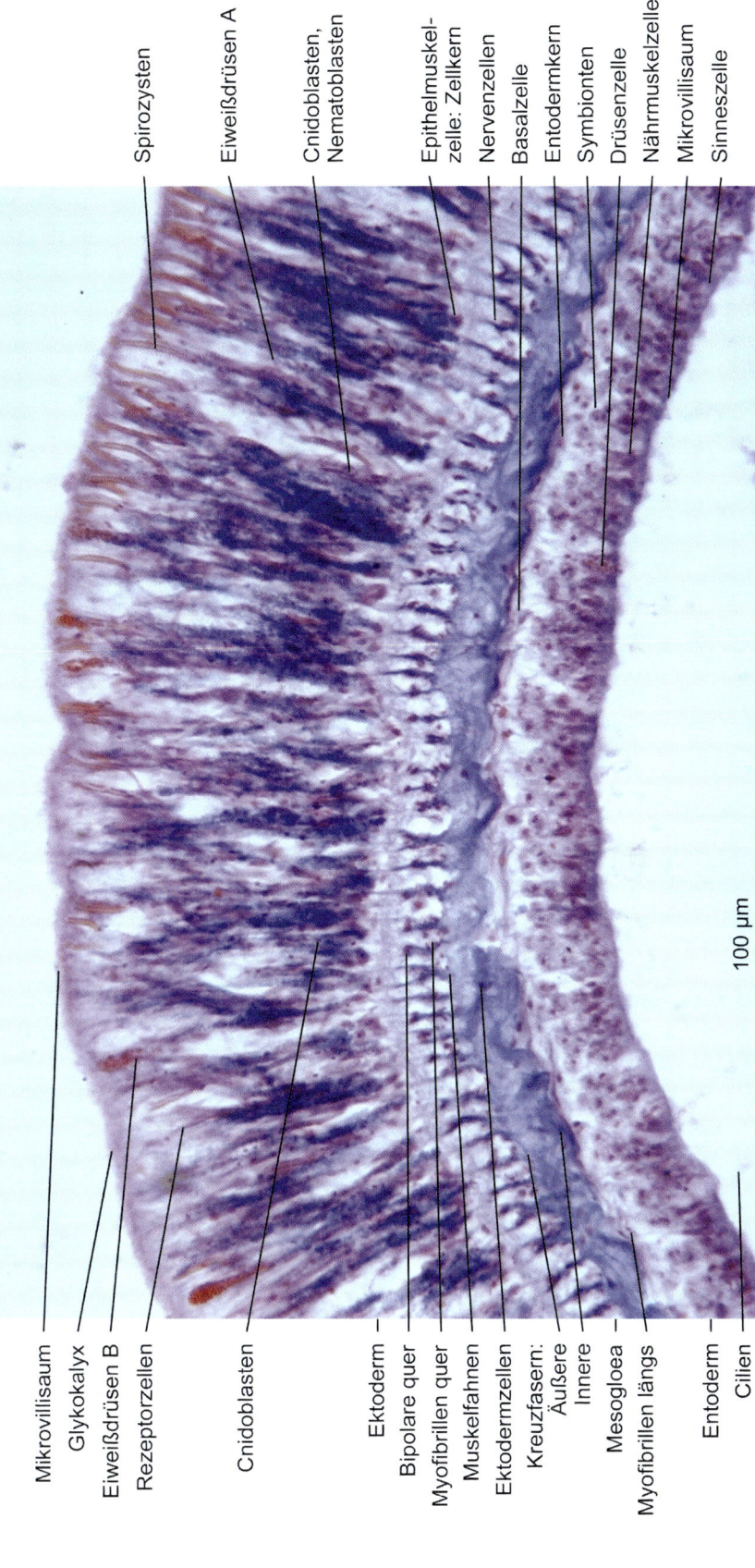

Abb. 37: *Anemonia sulcata*, Wachsrose: Querschnitt durch einen Tentakel; Ausschnitt. Zusammenfassende Informationen in Stichworten: • Im Entoderm haben die Nährmuskelzellen, die Phagozyten, eine Kinocilie und neun Mikrovilli; die Drüsenzellen liefern Zymogengranula u. a. mit Chitinasen zur extrazellulären Verdauung. • Als Symbionten leben in den Entodermzellen in parasitophoren Vakuolen die kugeligen Dinoflagellaten *Symbiodinium microadriaticum*; 40–60 % ihrer Syntheseleistungen gehen an den Partner. • Kollagene, Fibronectin, Laminin, Heparansulfat sind Bauelemente der extrem wasserreichen Mesogloea. • Unterhalb der Epithelien bilden Multipolare und Bipolare netzartige Systeme; bipolare Nervenzellen sind die Grundlage schneller Reaktionen; die Neurone arbeiten bei Seerosen mit unpolarisierten Synapsen (Vesikel beiderseits des synaptischen Spalts) und *gap junctions*. • Die Nesselkapseln sind hier – ganz anders als bei *Hydra* – Stomocniden mit terminaler Öffnung des 0,25 µm dicken, einheitlichen Schlauchs (Haplonemen). Wachsrosen nesseln stark; die Nesselfäden – im Querschnitt mit eckigem Zentrum und drei Schweifen – durchschlagen die menschliche Haut nicht, die Tentakel bleiben aber kleben. • Feinde: Asselspinnen und die Fadenschnecke *Aeolidia*. • „Logiergäste": junge Mönchsfische, kleine Bärenkrebse, kleine Seespinnen, Schwebgarnelen, Partnergarnelen, Anemonengespensterkrabben und Anemonengrundeln.

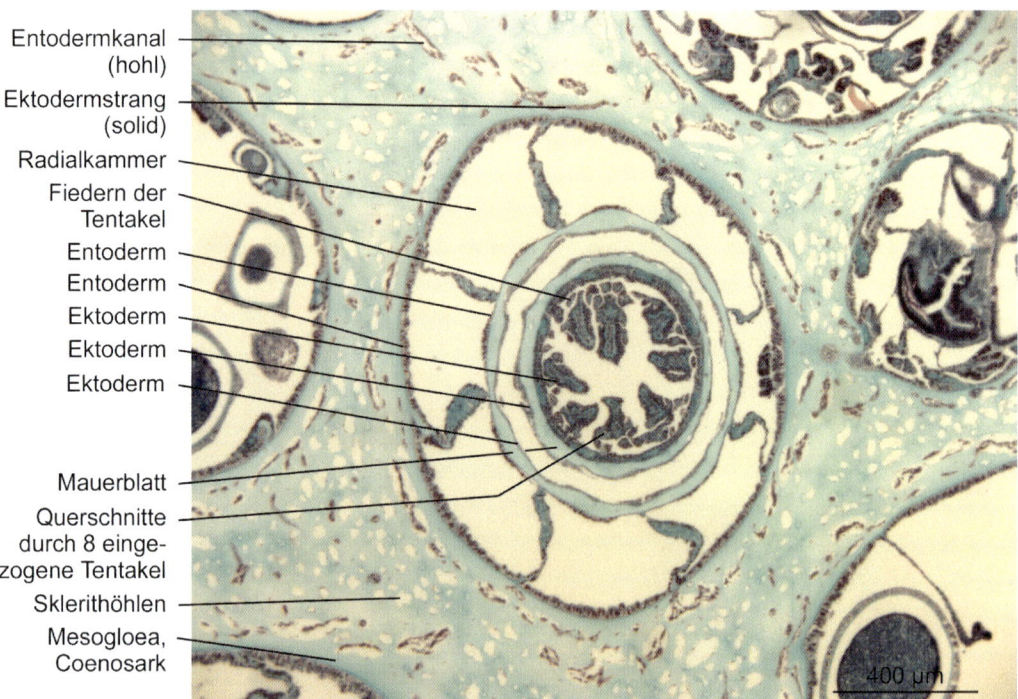

Abb. 38: *Alcyonium digitatum*, Tote Mannshand: Querschnitt durch das Coenosark und einen eingezogenen Oktopolypen; Übersicht. Die Bezeichnung „Tote Mannshand" trifft die Form der fleischigen, weißen, gelben oder rötlichen Gallerteklumpen ganzer Kolonien dieser Leder-/Weichkoralle ziemlich. Beim Fixieren ziehen sich die im Leben weißen, durchscheinenden Polypen ins Innere ein. Zentral im Bild ein oberflächennah geschnittener Polyp. Gom.

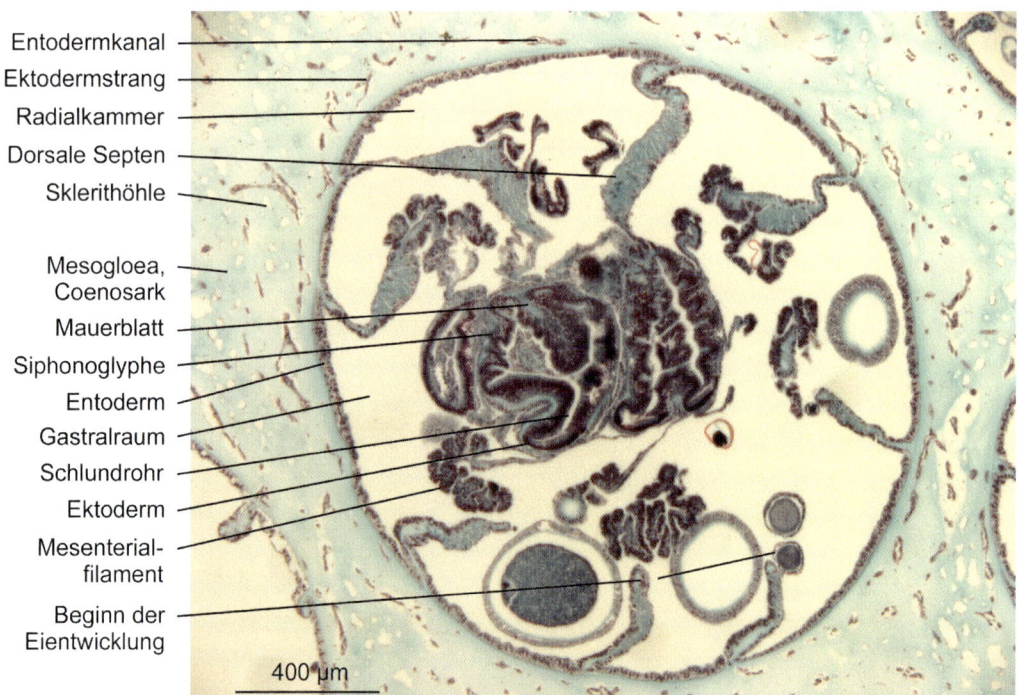

Abb. 39: *Alcyonium digitatum*, Tote Mannshand: Querschnitt durch einen eingezogenen Polypen auf Höhe des Schlundrohrs; Übersicht. Ausgefahrene Polypen sind 6–8 mm groß; sie fangen Copepoden und Cladoceren des Planktons sowie Krebslarven ein. Das Schlundrohr ist ca. 1 mm lang. Die Siphonoglyphe ist eine breite Rinne des Schlundrohrs; ihr Epithel ist dicht begeißelt. Zum Beutefang krümmen die Polypen ihre Tentakel im Takt von wenigen Sekunden zu den Mundscheiben. Gom.

Nesseltiere – Cnidaria

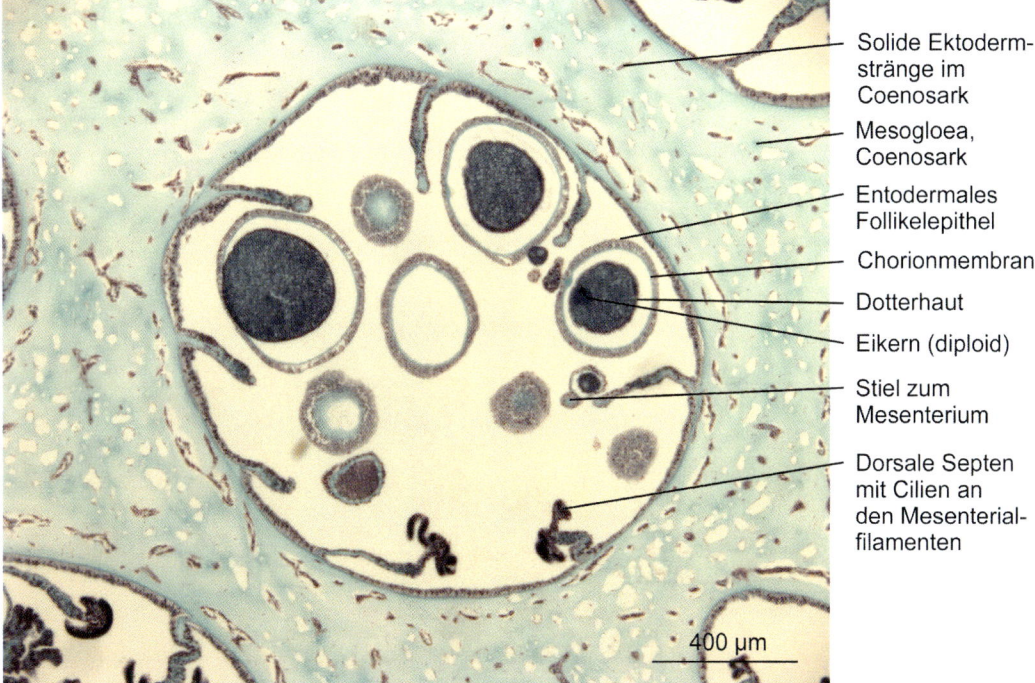

Abb. 40: *Alcyonium digitatum*, Tote Mannshand: Querschnitt durch einen Polypen mit Eizellen an den sechs kürzeren der acht Septen; Übersicht. Die Eier der weiblichen Kolonien sind gelbrot; die Hoden männlicher Klumpen milchweiß. Herbst- und Winterlaicher. Spezialpolypen, Siphonozooide, lassen durch Wasseraufnahme und -abgabe zweimal täglich die Kolonien an- und abschwellen. Gom.

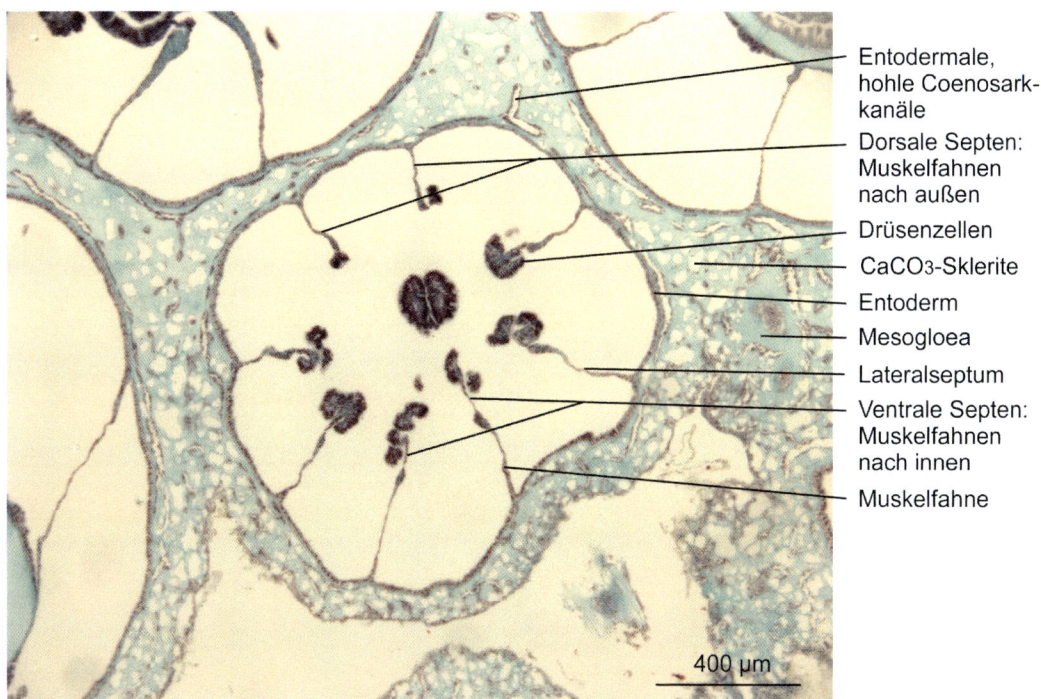

Abb. 41: *Alcyonium digitatum*, Tote Mannshand: Polyp unterhalb der Gonadenzone quer; Übersicht. In der tieferen Mesogloea der Klumpenkolonien sind Ektodermstränge rar; Entodermkanäle bestimmen das Bild. Cilien der beiden langen dorsalen Septen strudeln Wasser zur Mundöffnung hinaus; die vielen Drüsenzellen der sechs kürzeren Septen sezernieren Verdauungsenzyme zur extrazellulären Zerlegung der Beute aus den bodennahen Strömungen. Gom.

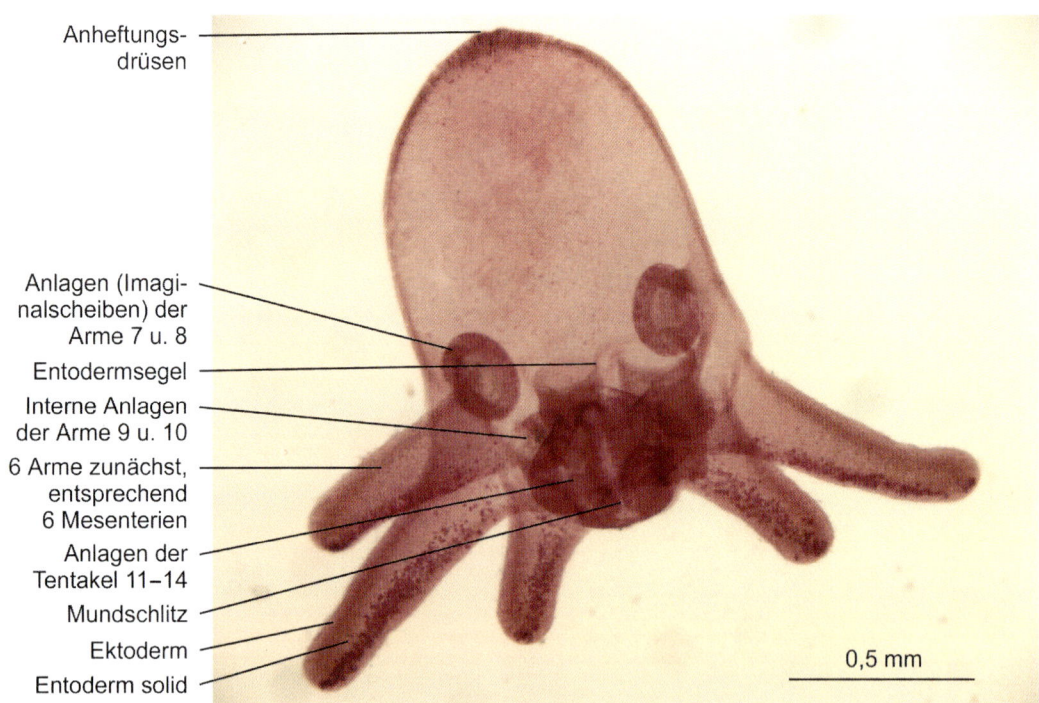

Abb. 42: *Cerianthus*-Larve (Cerinula) von *Cerianthus lloydii*, Zylinderrose; Totalpräparat. Die Larven schwimmen aktiv durch Schlagen der vier ältesten, längsten Tentakel. Vorkommen: Im Plankton der Nordsee, des Nordatlantiks und des Mittelmeers. Erst nach Entwicklung von 14 Tentakeln und Septen setzen sich die Arachnactis-Larven fest, metamorphosieren und bauen eine Wohnröhre aus Matten von Nesselfäden. Frappierend ist die Bilateralsymmetrie der Larven. Boraxkarmin.

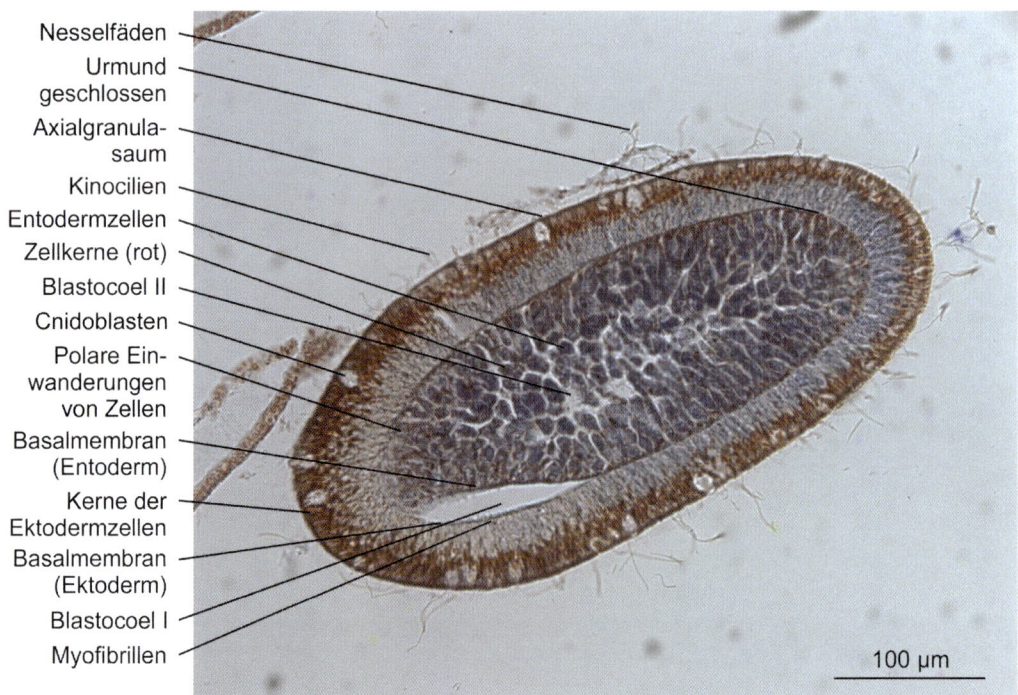

Abb. 43: *Cyanea capillata*, Haarqualle (Feuermann): Planula-Larve im Ovar; Übersicht. Nach innerer Befruchtung der Haarquallenweibchen entwickeln sich aus den Zygoten bereits im Ovar Planula-Larven. Durch ein dichtes Cilienkleid sind die Larven für das pelagische Leben gerüstet. Das Entoderm entsteht hier durch unipolare Einwanderung; andere Möglichkeiten der Entodermbildung sind multipolare Einwanderung, Delamination und Invagination.

Rippenquallen – Ctenophora

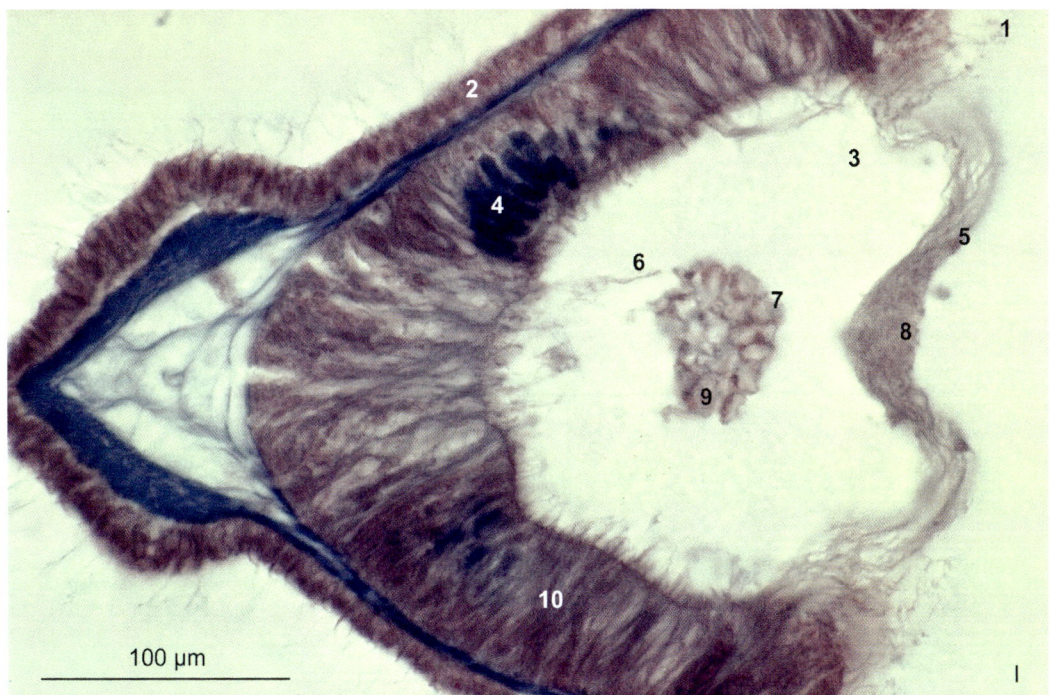

Abb. 44: *Pleurobrachia pileus*, Stachelbeerqualle: Längsschnitt I durch das Statozystenorgan; Übersicht. Die Statozyste der Rippenquallen liegt am aboralen Pol der Tiere über einer eingedellten Blase des Gastrovaskularkanals. Die Blase mündet mit zwei Analporen nach außen. Der Statolith vibriert ständig auf seinen Tragecirren. Die Statozyste nimmt die Schwerkraft wahr, und die Tiere streben in ruhigem Wasser eine senkrechte Gleichgewichtslage an. I und II sind unterschiedliche Schnittebenen. 1. Aboraler Pol; 2. Gastrovaskularsack; 3. Statozyste; 4. Konkrementdrüsen; 5. Kuppelcilien; 6. Cirren; 7. Statolith; 8. Kuppelcilienzentrum; 9. Konkrementkörperchen; Statolithenkügelchen; 10. Wimperepithel der Statozyste.

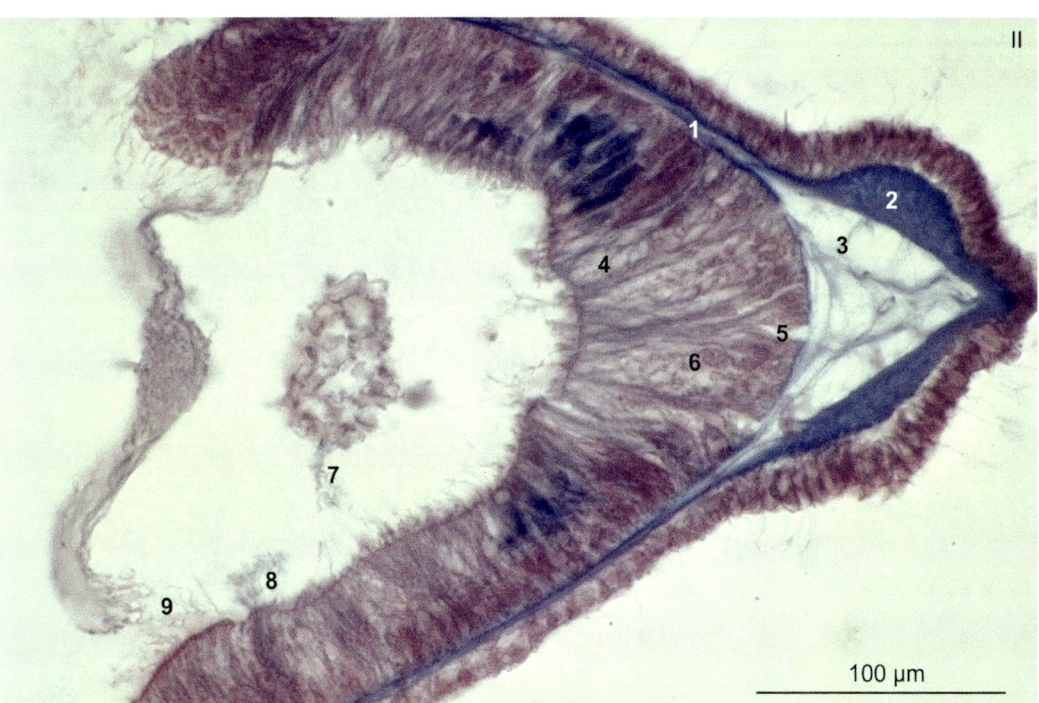

Abb. 45: *Pleurobrachia pileus*, Stachelbeerqualle: Längsschnitt II durch das Statozystenorgan; Übersicht. Ungleicher Druck oder Zug, der dem Statolith und den Cirren über vier Durchlasskanäle in den Kuppelcilien (unten links im Bild) mitgeteilt wird, geht als Information an die acht Wimpernkämme der Körperseiten. Unterschiedliche Schlagfrequenzen der Wimpernplattenreihen balancieren die Seestachelbeeren aus. Den stabilen Funktionsrahmen der Statozyste bildet eine Steckvase aus Mesogloea mit basaler Ringverstärkung und Turgorversteifung. 1. Mesogloea; 2. Ringverdickung; 3. Turgorzellen; 4. Cirrenzellen: dunkel; 5. Sinneszellen: hell; 6. Zellkerne; 7. Seitencilien zum Statolith I; 8. Seitencilien II; 9. Durchlasskanal.

Plattwürmer – Plathelminthes

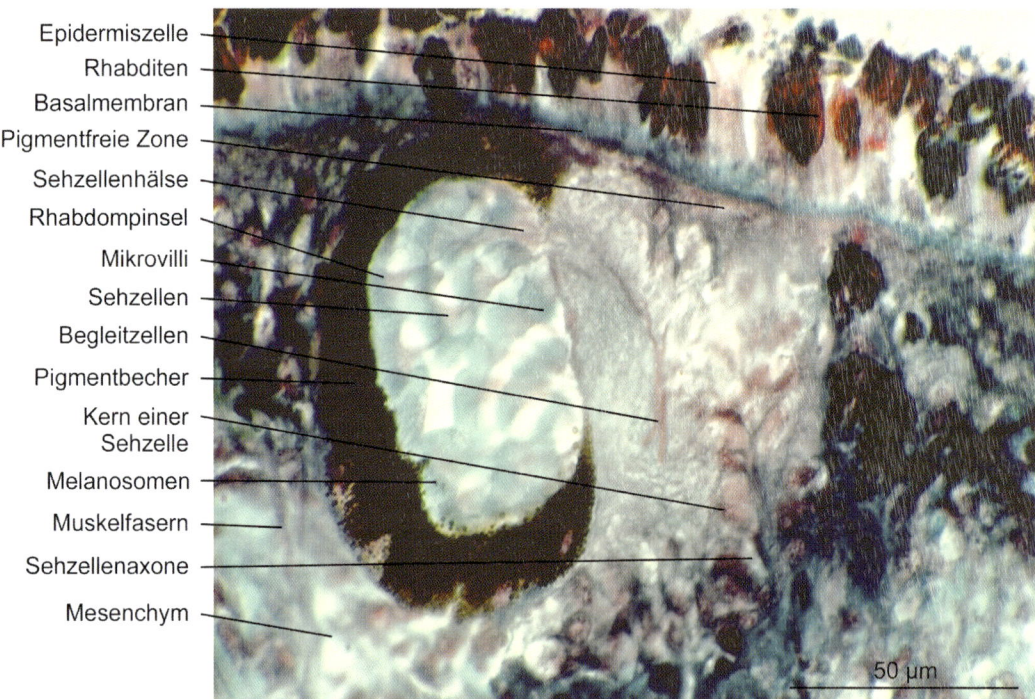

Abb. 46: *Dugesia gonocephala*, Dreieckskopf-Strudelwurm: Schnitt durch ein Becherauge; Übersicht. Augen ziemlich groß, schwarz; als helle Höfe um die Augen schimmert bei lebenden Tieren das darunterliegende Gehirn durch. Durch Muskeln können die Pigmentbecherocellen etwas bewegt werden. Um 150 Sehzellen mit Perikaryen außerhalb des Pigmentbechers ermöglichen ein Richtungssehen. Die Mikrovilli der Sehzellen sind bei Helligkeit geordneter, paralleler als bei Dunkelheit. Gom.

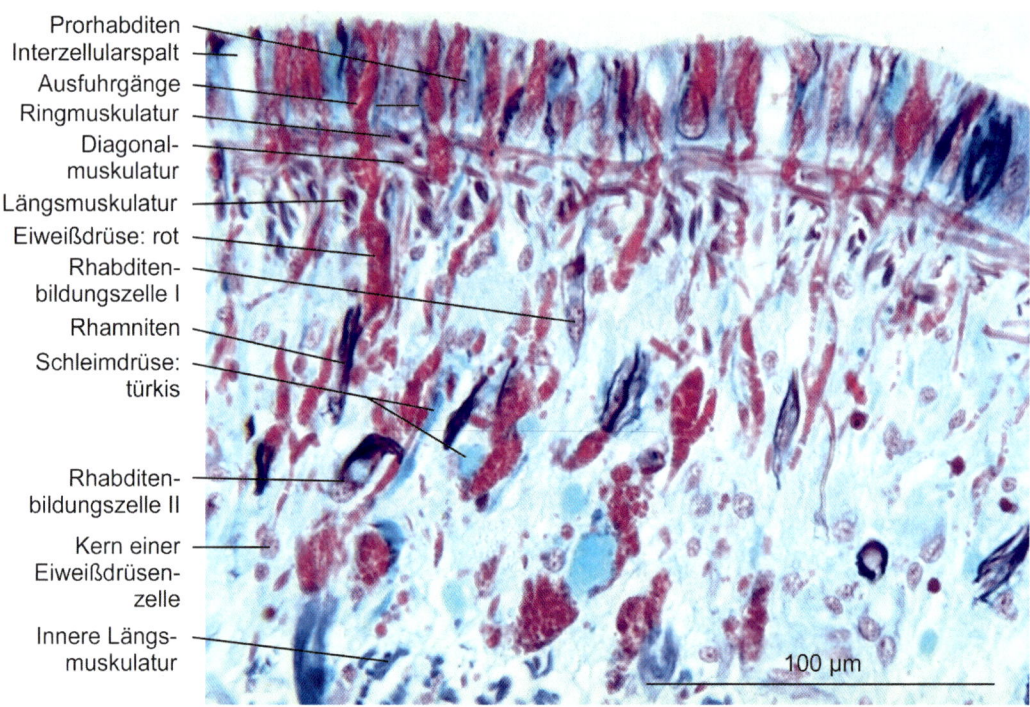

Abb. 47: *Bipalium kewense*, Gewächshausplanarie: Querschnitt; Ausschnitt Epidermis/Drüsen. Als landlebender Strudelwurm hat *Bipalium* nur auf der Kriechsohle Wimpernfelder; sonst schützen sich die Tiere durch Sekrete (s. Bild). Kleinere Rhabditen und längere Rhamniten werden in der Epidermis und in Drüsenkomplexen unter der Haut gebildet. Beide Organellen haben als Lysosomen komplexe Intimstrukturen – erst im EM zu sehen; beim Quellen im Wasser dient ihr klebriger Schleim der sehr wirkungsvollen Abwehr von Feinden, zum Abseilen, zum Vergiften von Beute, als Hautschutz vor Pilzen und Bakterien. Gom.

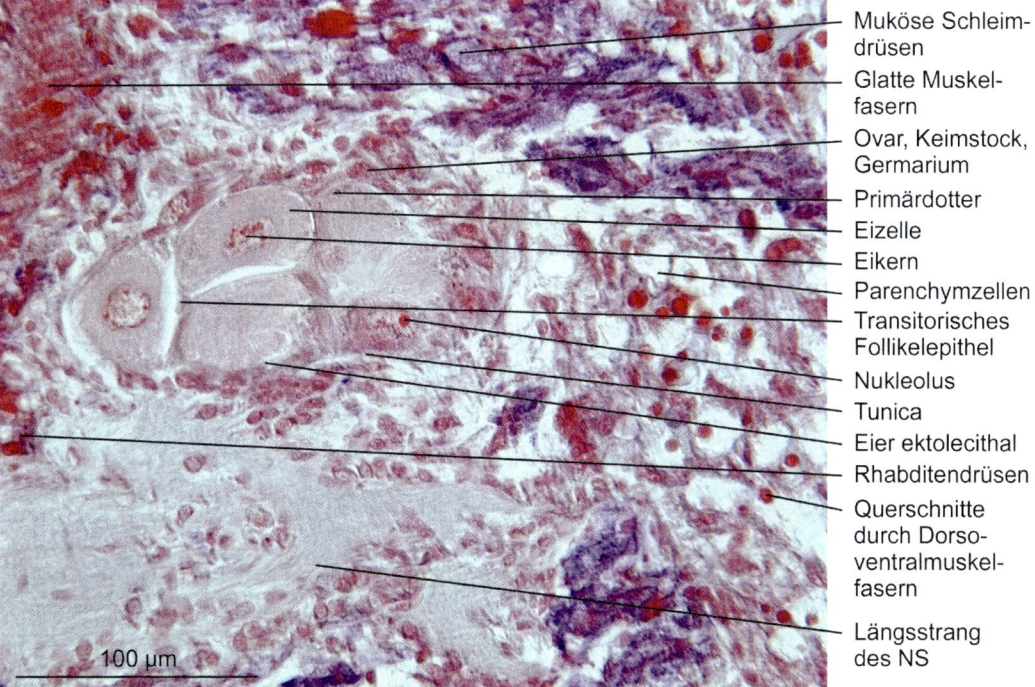

Abb. 48: *Dugesia gonocephala*, Dreieckskopf-Strudelwurm: Horizontalschnitt mit Ovar; Übersicht. Während bei den tricladen Strudelwürmern die Dotterstöcke weit verzweigt im Körper liegen, sind die Keimstöcke der protandrischen Zwitter winzig, paarig und im vorderen Körperteil platziert. In Kokons abgelegt werden beschalte Eier: Die Schale besteht aus Schalendotter und Schalendrüsensekreten; in der Schale sind jeweils einer Oozyte (Eizelle) viele Nährdotterzellen beigegeben. Während der Entwicklung schluckt ein vergänglicher Pharynx des Embryos die Dotterbeigaben.

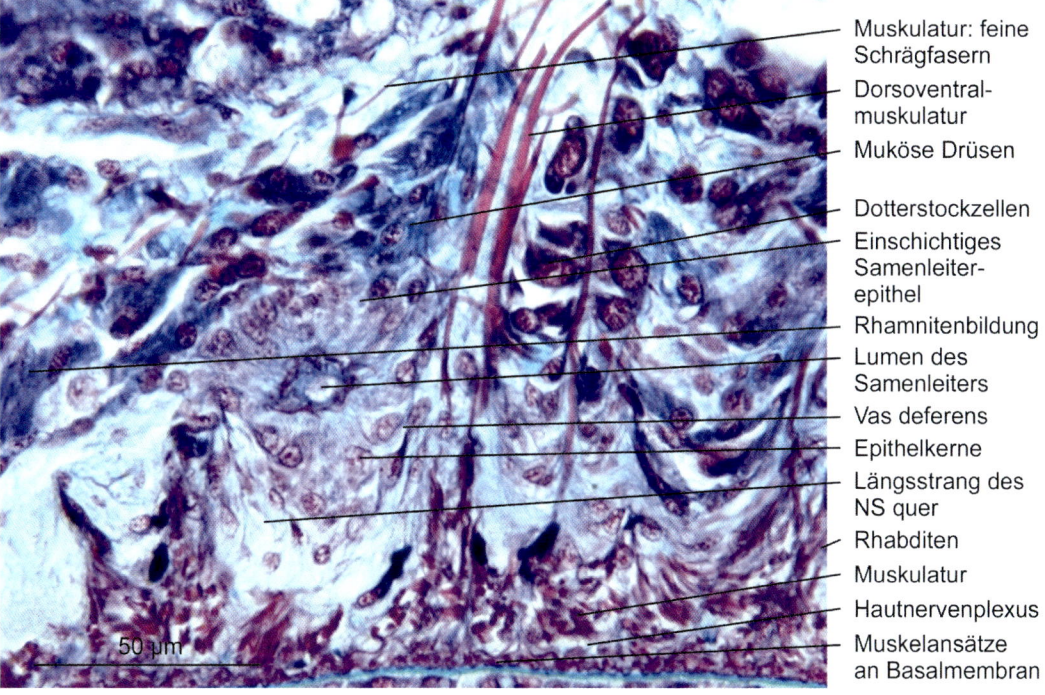

Abb. 49: *Dugesia gonocephala*, Dreieckskopf-Strudelwurm: Querschnitt; Stimmungsbild um das ventral gelegene Vas deferens. Das Bild zeigt einen Miniaturabschnitt des männlichen Geschlechtsapparats, der Hodenfollikel, Samenleiter, Samenblasen, Prostatadrüsen, Penisbulbus, Penisstilette und Genitalatrium umfasst. Gleichzeitig sind in jedem der zwittrigen Tiere zu finden: Keimstöcke, Dotterstöcke, Eileiter, Schalendrüsen, Ootyp, Uterus, Genitalatrium, Receptacula seminis, Bursen und Spermagänge. Gom.

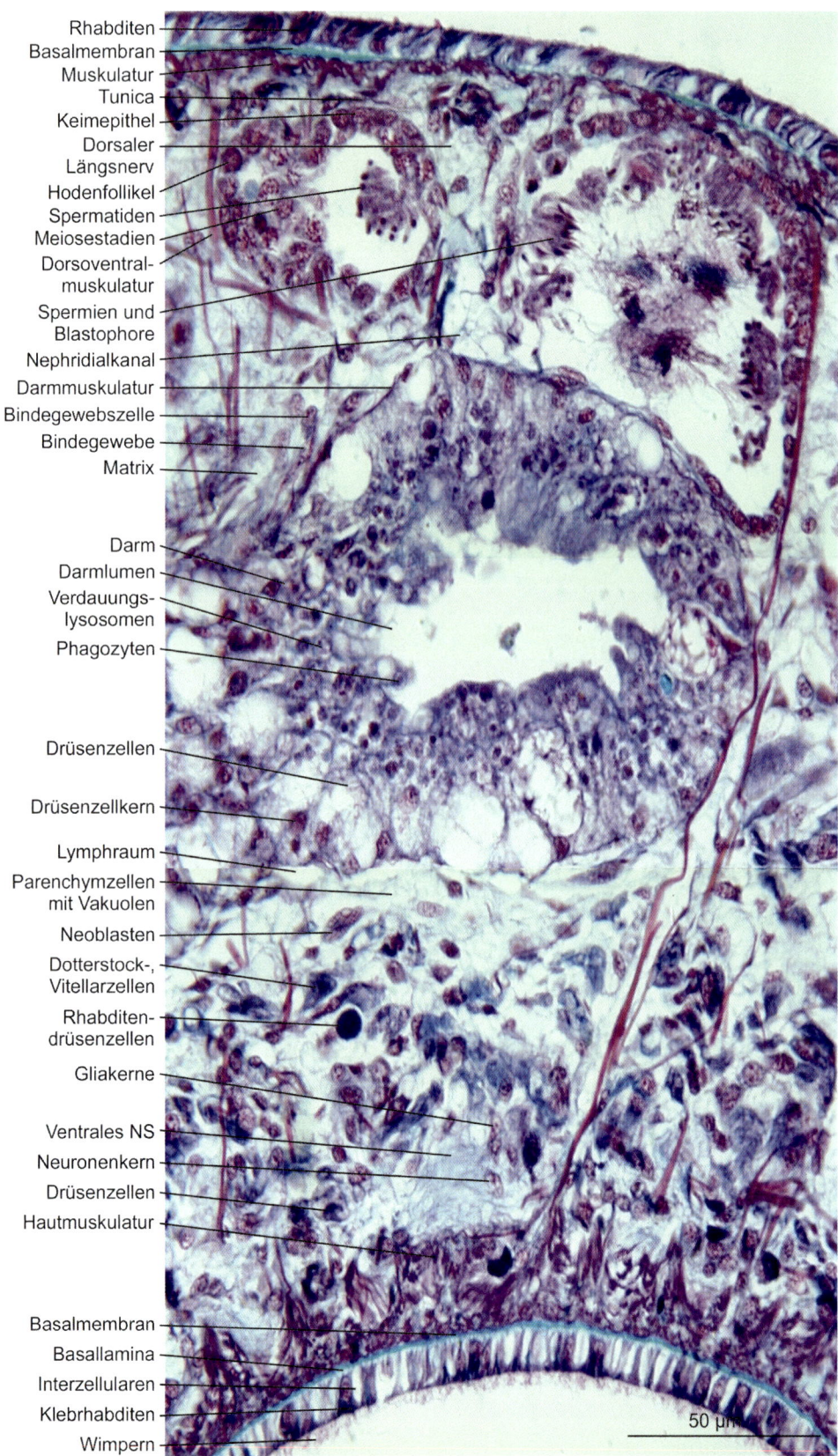

Abb. 50: *Dugesia gonocephala*, Dreieckskopf-Strudelwurm: Querschnitt, Transsekt. Basallamina, Basalmembran und Kollagenmikrofibrillen bilden bei Planarien eine extrem undurchlässige Grenze zwischen innen und außen. Gom.

Plattwürmer – Plathelminthes

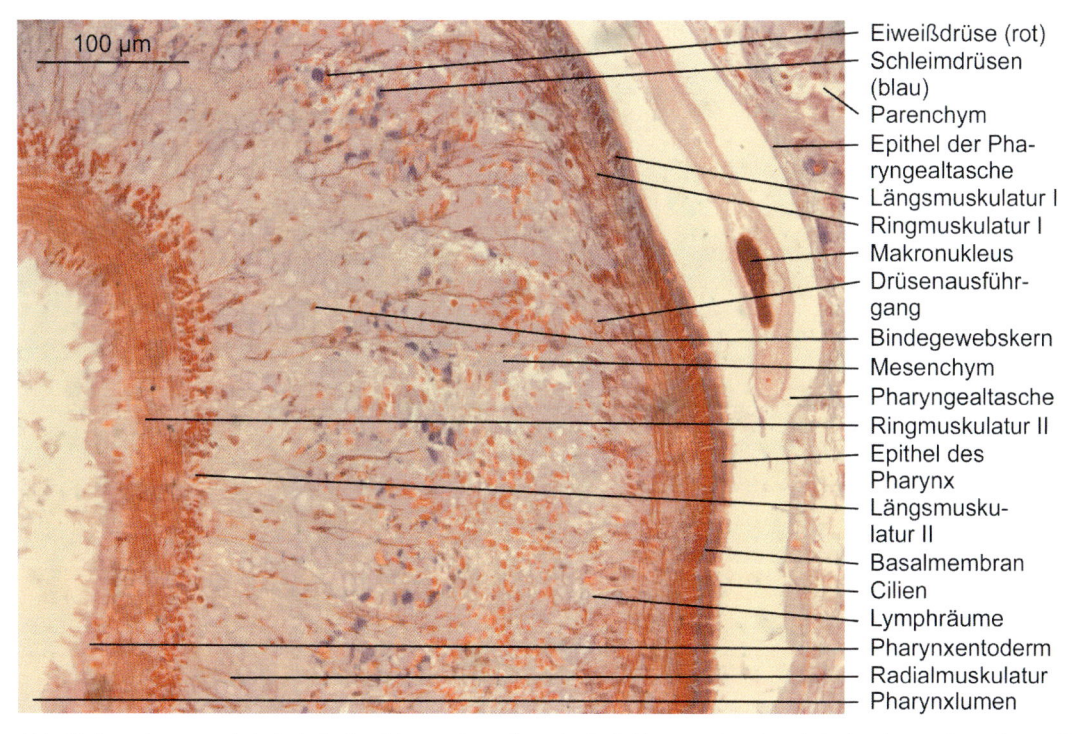

Labels (Abb. 51):
- Eiweißdrüse (rot)
- Schleimdrüsen (blau)
- Parenchym
- Epithel der Pharyngealtasche
- Längsmuskulatur I
- Ringmuskulatur I
- Makronukleus
- Drüsenausführgang
- Bindegewebskern
- Mesenchym
- Pharyngealtasche
- Ringmuskulatur II
- Epithel des Pharynx
- Längsmuskulatur II
- Basalmembran
- Cilien
- Lymphräume
- Pharynxentoderm
- Radialmuskulatur
- Pharynxlumen

Abb. 51: *Dugesia gonocephala*, Dreiecks-Strudelwurm: Querschnitt durch die Pharynxregion; Ausschnitt des Pharynx. Das äußere Epithel des Pharynx ist ektodermal, ohne Rhabditen und Rhabditendrüsen, mit Cilien; das innere, entodermale Epithel des sehr muskulösen und beweglichen Pharynx trägt Fortsätze mit Mikrovilli. Parasiten im Darm, im Gewebe und in der Pharyngealtasche von Planarien sind zwei astome Ciliatenarten: *Steinella uncinata* (um 200 µm, mit zwei Kopfhaken) und *Sieboldiellina planariarum* (bis 700 µm).

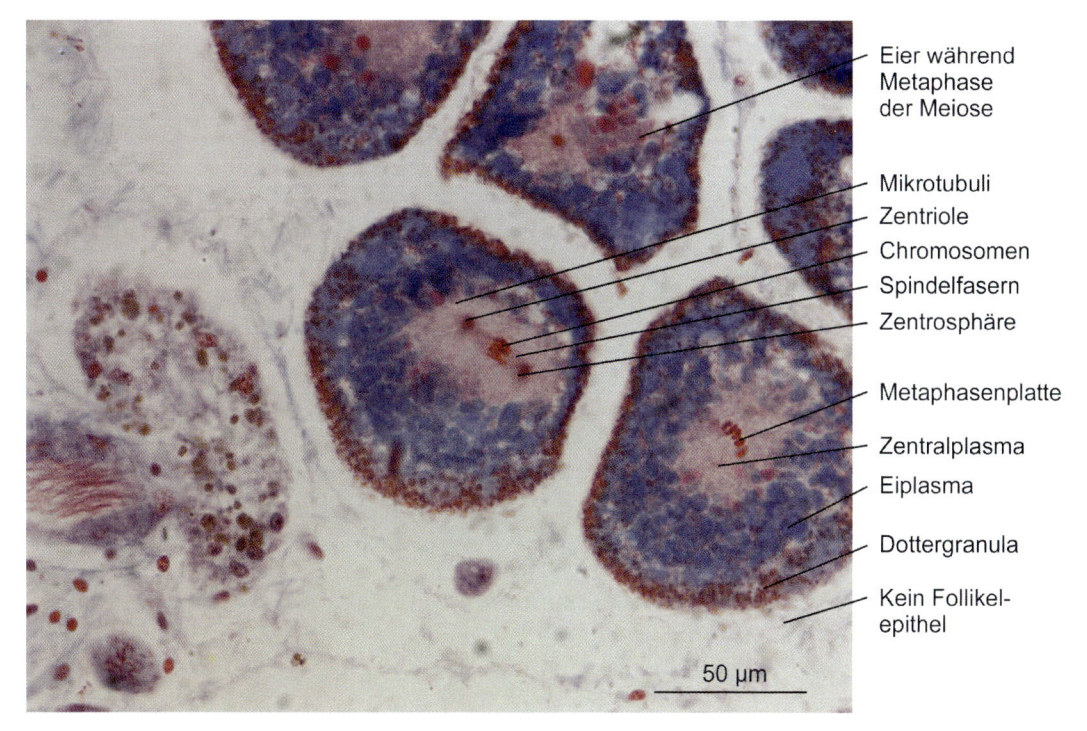

Labels (Abb. 52):
- Eier während Metaphase der Meiose
- Mikrotubuli
- Zentriole
- Chromosomen
- Spindelfasern
- Zentrosphäre
- Metaphasenplatte
- Zentralplasma
- Eiplasma
- Dottergranula
- Kein Follikelepithel

Abb. 52: *Thysanozoon brochii*, Spanische Tänzerin: Eizellen des Ovars während der Metaphase der Meiose; Ausschnitt. Spanische Tänzerin ist hier die deutsche Bezeichnung für die 5 cm großen polycladen Turbellarien des Mittelmeers; denselben Namen haben auch Opisthobranchier-Schnecken tropischer Meere. Einmalig im Tierreich sind wohl die ausgedehnten Zentrosphären; die Sphären enthalten als spezialisierte Zytoplasmabezirke um die Zentriolen nur Mikrotubuli und kleine Vesikel als Organellen.

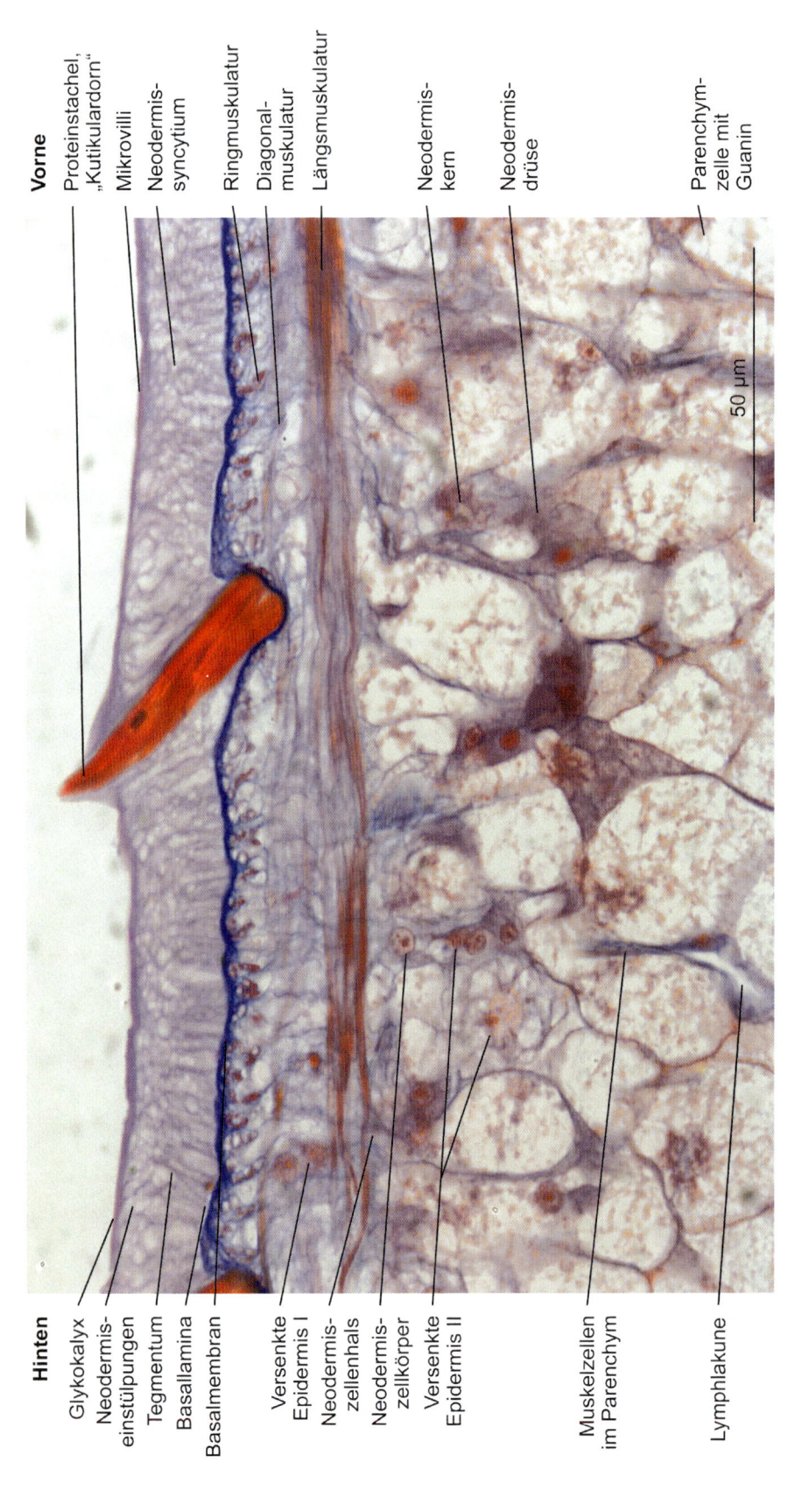

Abb. 53: *Fasciola hepatica*, Großer Leberegel: Längsschnitt durch die Haut; Ausschnitt. Die Neodermisstacheln sind ein Teil des Neodermissyncytiums und als Riesenlysosom lange Zeit vollständig von Zytoplasma umgeben. Mechanisch irritierte Gallengänge des Wirts vernarben durch Wundkollagen; Stoffwechselendprodukte der Würmer entzünden die Gänge weiter; Blut, inkrustierter Kalk und abgestorbene Egel können Gallengänge blockieren. Große Leberegel können zehn, Kleine Leberegel neun Jahre alt werden.

Plattwürmer – Plathelminthes

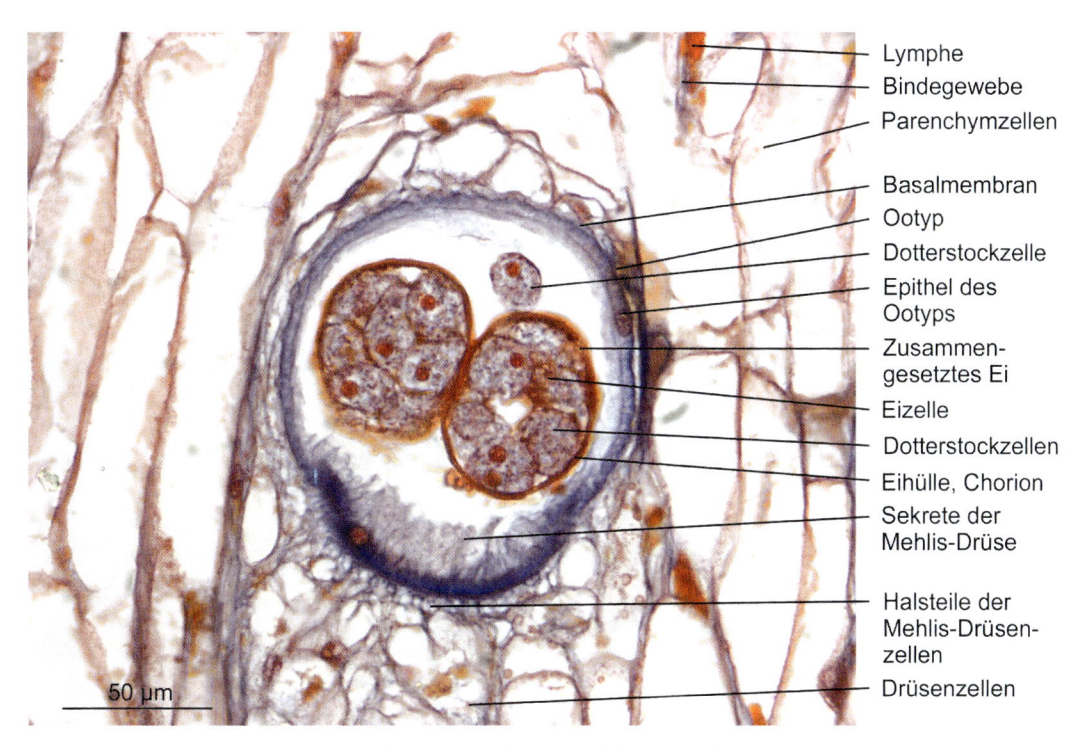

Abb. 54: *Fasciola hepatica*, Großer Leberegel: Flachschnitt durch die weiblichen Geschlechtsorgane mit zwei zusammengesetzten Eiern; Ausschnitt. Dotterstockzellen, aus den Dotterstöcken über die Dottergänge herbeigebracht, werden mit Eizellen (größere Kerne, wenig Zytoplasma) und mit Spermien aus dem Receptaculum seminis zusammengepackt. Die Tröpfchen des Eiweißdotters werden zum Teil zur Schalenbildung verwendet; die verpackten Dotterstockzellen gehen während der Furchungen in den Blastomeren auf.

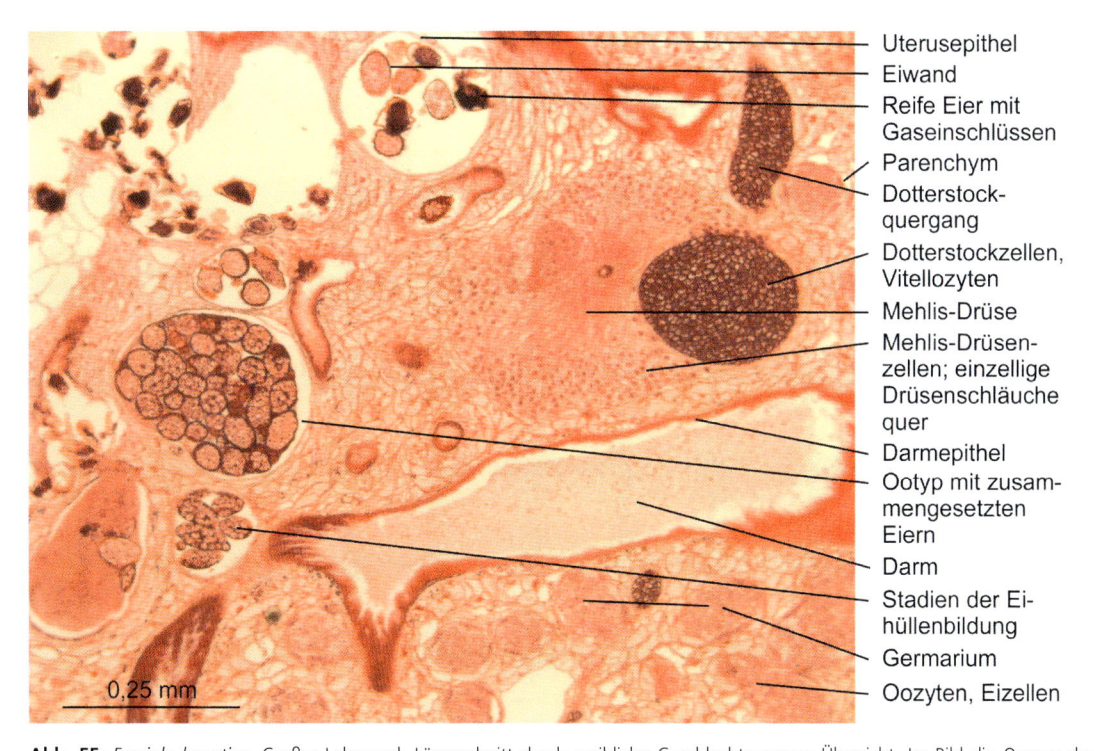

Abb. 55: *Fasciola hepatica*, Großer Leberegel: Längsschnitt durch weibliche Geschlechtsorgane; Übersicht. Im Bild die Organe des Ootyps, der Befruchtungskammer. Der Ovidukt mündet in den kurzen gemeinsamen Abschnitt der beiden Dottergänge. Nach der Befruchtung der Eizellen mit Spermien eines Partners aus den Receptacula kommen die Vitellozyten hinzu. Die Hüllen der Eier formieren sich aus Schalenvesikeln der Dotterzellen, aus Sekreten der Mehlis'schen Drüsen und aus Uterussekreten.

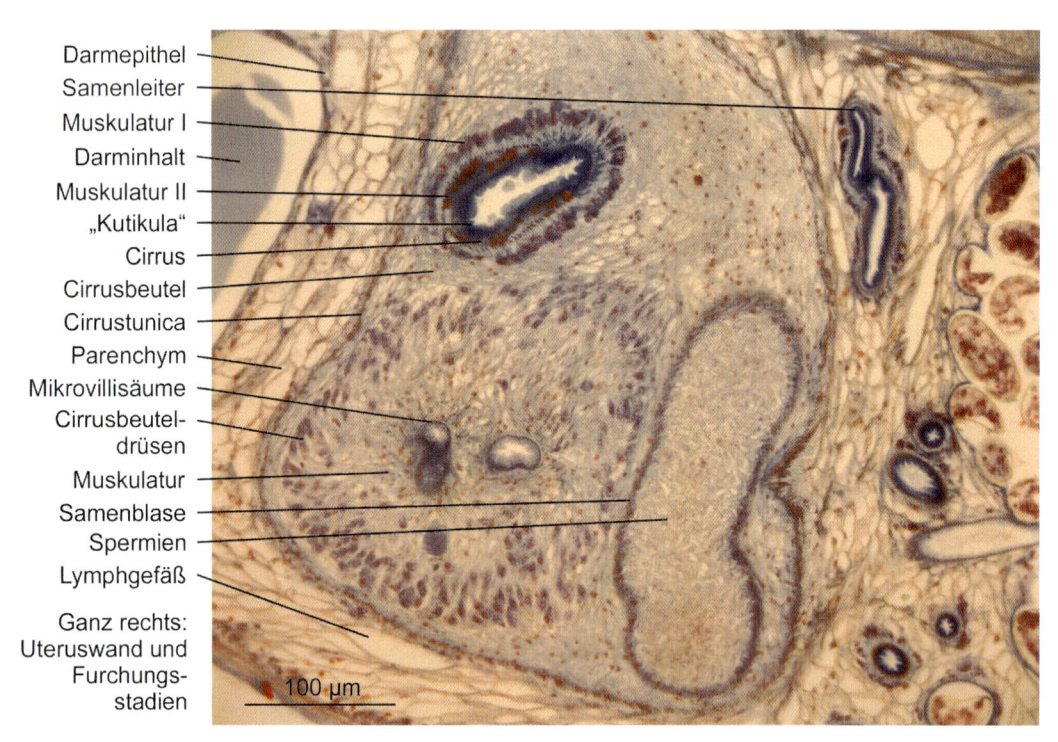

Darmepithel
Samenleiter
Muskulatur I
Darminhalt
Muskulatur II
„Kutikula"
Cirrus
Cirrusbeutel
Cirrustunica
Parenchym
Mikrovillisäume
Cirrusbeutel-
drüsen
Muskulatur
Samenblase
Spermien
Lymphgefäß

Ganz rechts:
Uteruswand und
Furchungs-
stadien

Abb. 56: *Fasciola hepatica*, Großer Leberegel: Längsschnitt durch männliche Organe; Ausschnitt. Wie Strudelwürmer sind Trematoden – die Pärchenegel bilden eine Ausnahme – protandrische Zwitter. Die Begattung erfolgt hier mit dem umstülpbaren Cirrus am Genitalatrium; über den relativ langen Weg durch den gewundenen Uterus gelangen Spermien zum Receptaculum seminis.

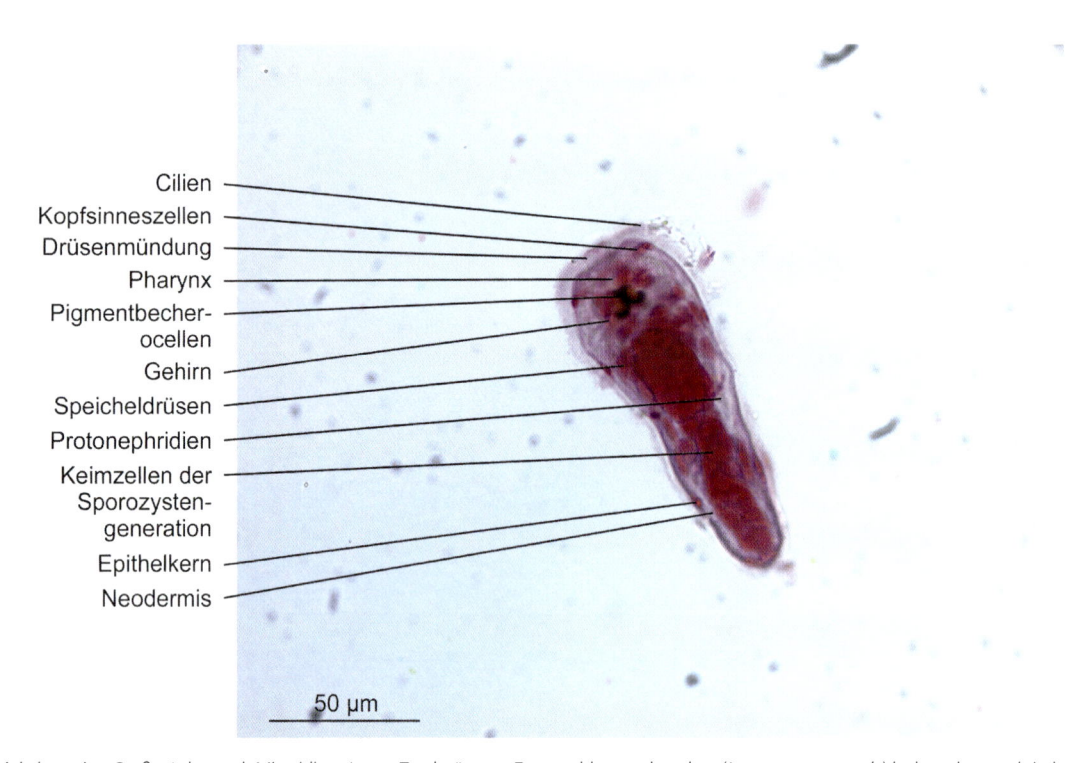

Cilien
Kopfsinneszellen
Drüsenmündung
Pharynx
Pigmentbecher-
ocellen
Gehirn
Speicheldrüsen
Protonephridien
Keimzellen der
Sporozysten-
generation
Epithelkern
Neodermis

Abb. 57: *Fasciola hepatica*, Großer Leberegel: Miracidium-Larve; Totalpräparat. Zwergschlammschnecken (*Lymnaea truncatula*) locken chemotaktisch Miracidien bis auf 15 mm Entfernung an. Nach der Kontaktaufnahme und während des Eindringens in die Schnecke schwimmen die sich ablösenden Epidermiszellen des Miracidiums davon. Nach 2 Tagen ist die Neodermis der Sporozyste ausdifferenziert. Nahrungstransport, Exkretion, Immunabwehr, Verdauungsschutz und Osmoregulation sind die Funktionen der mesodermalen Neodermis.

Plattwürmer – Plathelminthes

Hepatozyten
Monozyten-/
Lymphozytenherd
Kapillaren I
Kapillaren II
Kapselfibro-
blasten
Epitheloid-
fibroblasten
Auffermentierte
Eihülle
Eizahn
Rest des
Miracidiums
Makrophagen-
invasion
Fremdkörper-
riesenzelle
Narbenkollagen
Kupffer-Zelle
mit Bilharzia-
pigment

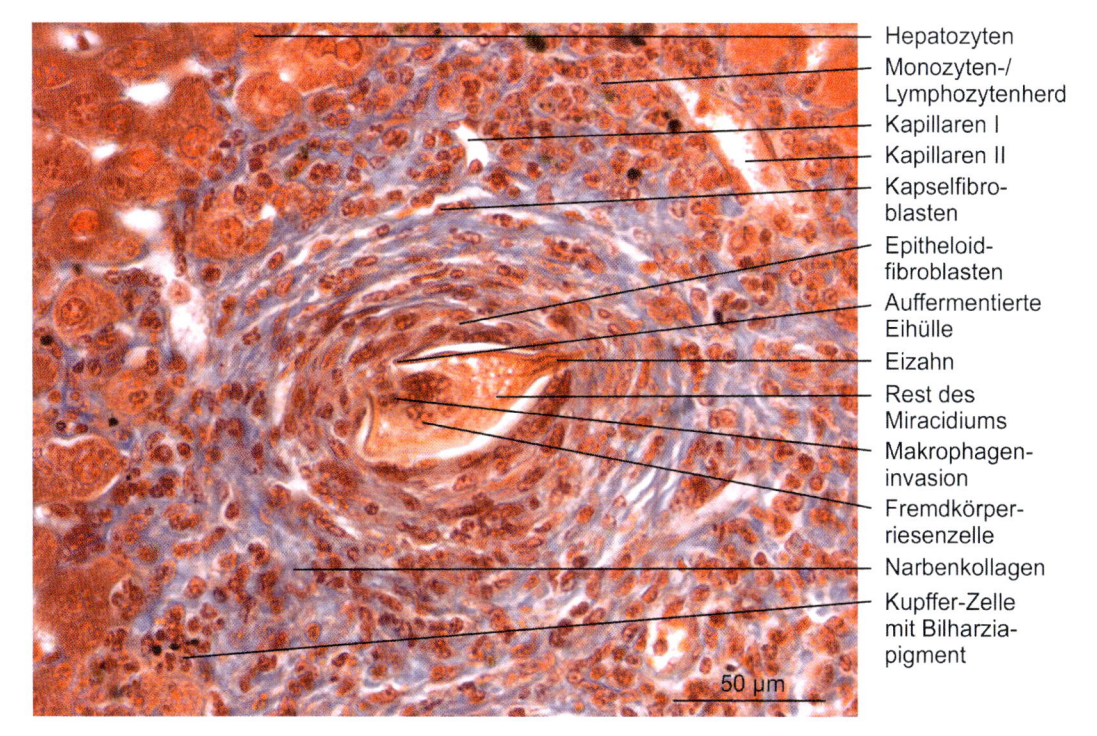

Abb. 58: *Schistosoma mansoni*, Afrika-Südamerika-Pärchenegel: Ei in der Leber einer Maus I; Übersicht. In kleineren Ästen der Pfortader festgehakte Eier fallen der zellulären und humoralen Abwehr anheim. Zunächst führen die Eier zu kleinen Nekroseherden und Abszessen im Leberparenchym. Nach spätestens 4 Wochen sterben die Embryonen in den Eischalen ab; Phagozytose der Makrophagen, Ausweitung des Narbenkollagens, Verschwinden von Mikrophagen und Eosinophilen führen dann zu kleinen Narben.

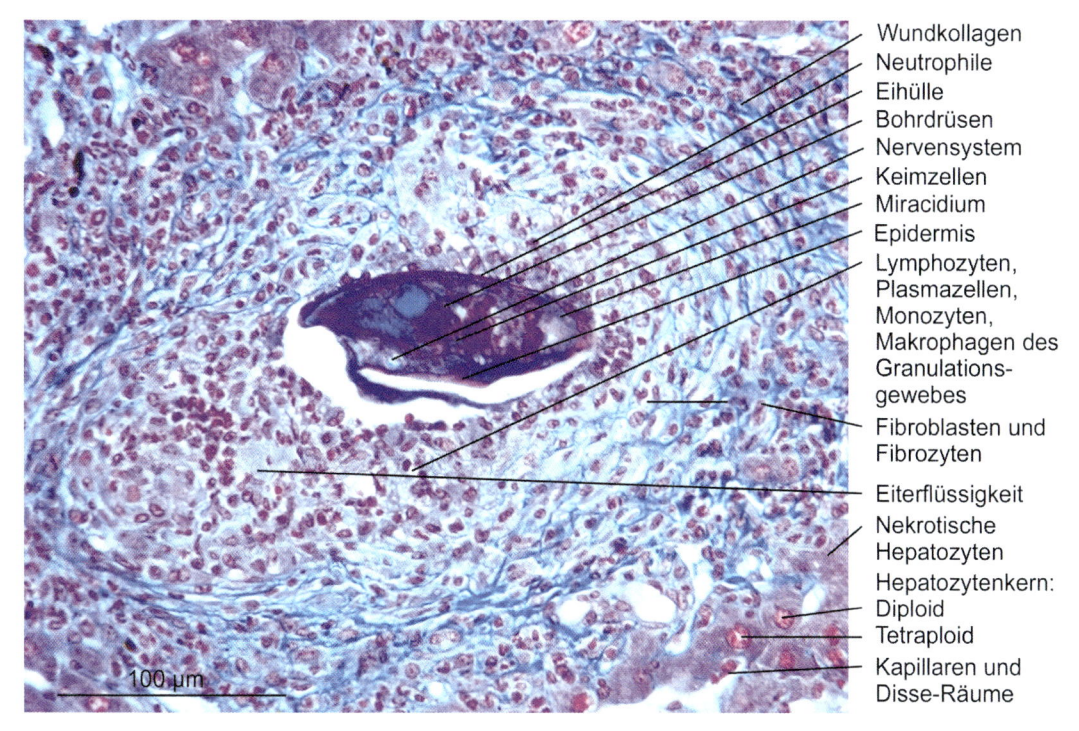

Wundkollagen
Neutrophile
Eihülle
Bohrdrüsen
Nervensystem
Keimzellen
Miracidium
Epidermis
Lymphozyten,
Plasmazellen,
Monozyten,
Makrophagen des
Granulations-
gewebes
Fibroblasten und
Fibrozyten
Eiterflüssigkeit
Nekrotische
Hepatozyten
Hepatozytenkern:
Diploid
Tetraploid
Kapillaren und
Disse-Räume

Abb. 59: *Schistosoma mansoni*, Afrika-Südamerika-Pärchenegel: Ei in der Leber einer Maus II; Übersicht. Im Ei liegt ein noch intakt gewesenes Miracidium. Die Umgebung des Eis ist frisch eitrig entzündet, im Unterschied zum Bild darüber ist das neu sezernierte Bindegewebe um viele Tage jünger. Die rund um das Ei verschwundenen Leberbälkchen enden als bakterienreiche Eiterflüssigkeit. Derart gefangene Eier und Miracidien werden nie mehr frei; sie sind Nahrung von Fremdkörperriesenzellen, die aus Histiozyten entstehen.

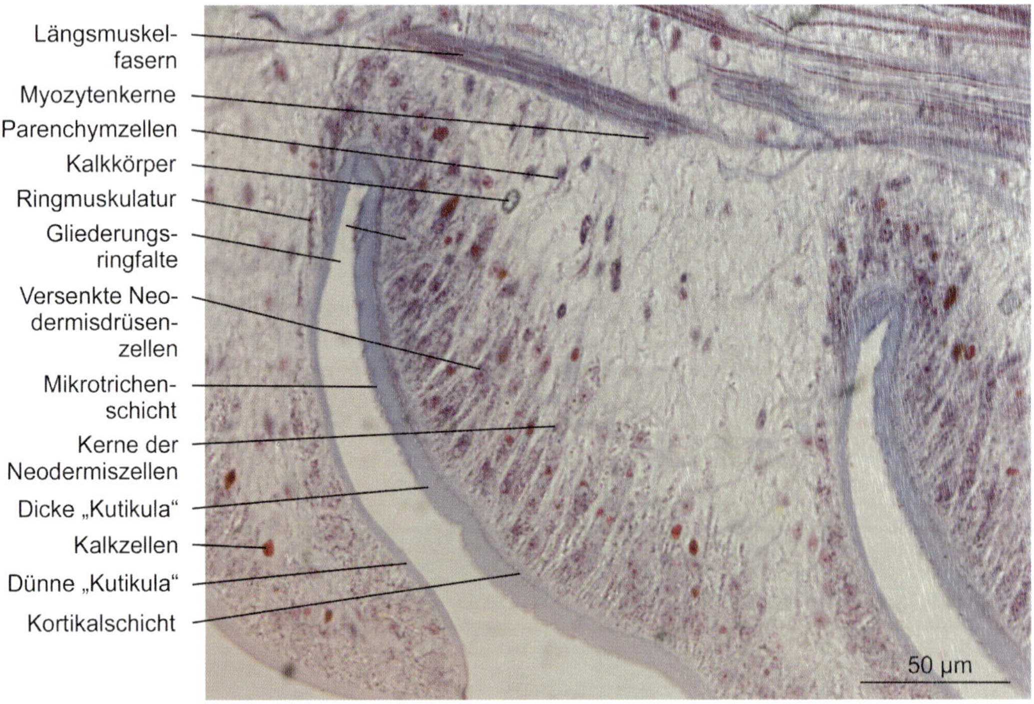
Längsmuskelfasern
Myozytenkerne
Parenchymzellen
Kalkkörper
Ringmuskulatur
Gliederungsringfalte
Versenkte Neodermisdrüsenzellen
Mikrotrichenschicht
Kerne der Neodermiszellen
Dicke „Kutikula“
Kalkzellen
Dünne „Kutikula“
Kortikalschicht
50 µm

Abb. 60: *Bothridium pithonis*, Riesenschlangenbandwurm: Längsschnitt durch die Strobilationszone des Halses; Ausschnitt. Der Halsteil ist schmäler als der eigenartige Schnuller-Skolex und differenziert als Proliferationszone – und gleichzeitig als Hauptbereich der Nahrungsaufnahme – die Proglottidenglieder ab. Die Ringfalten determinieren die Proglottidengrenzen; untereinander sind die Glieder nie durch Trennwände oder Epithelien getrennt. Anlagen von Geschlechtsorganen sind im Halsbereich noch nicht erkennbar.

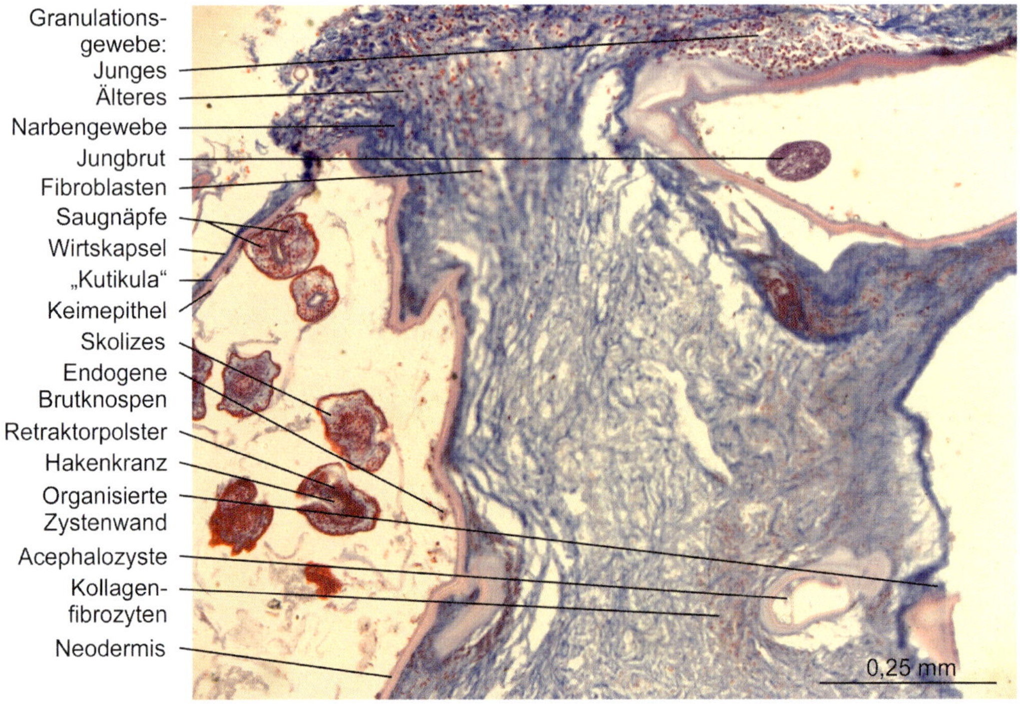
Granulationsgewebe:
Junges
Älteres
Narbengewebe
Jungbrut
Fibroblasten
Saugnäpfe
Wirtskapsel
„Kutikula“
Keimepithel
Skolizes
Endogene Brutknospen
Retraktorpolster
Hakenkranz
Organisierte Zystenwand
Acephalozyste
Kollagenfibrozyten
Neodermis
0,25 mm

Abb. 61: *Echinococcus multilocularis*, Fuchsbandwurm: Alveoläre Zysten und Gewebsreaktionen in der Menschenlunge; Ausschnitt. Ein schwammiges Labyrinth aus Lakunen, hier die Finne, durchwächst Lunge und Leber. Zysten sind nicht operabel; Benzimidazole wirken nicht kurativ, lediglich als Parasitostatika. Hauptzwischenwirte sind Wühlmäuse; Menschen infizieren sich durch mit Fuchskot verunreinigte Beeren oder aufgebrochene Füchse.

Plattwürmer – Plathelminthes 33

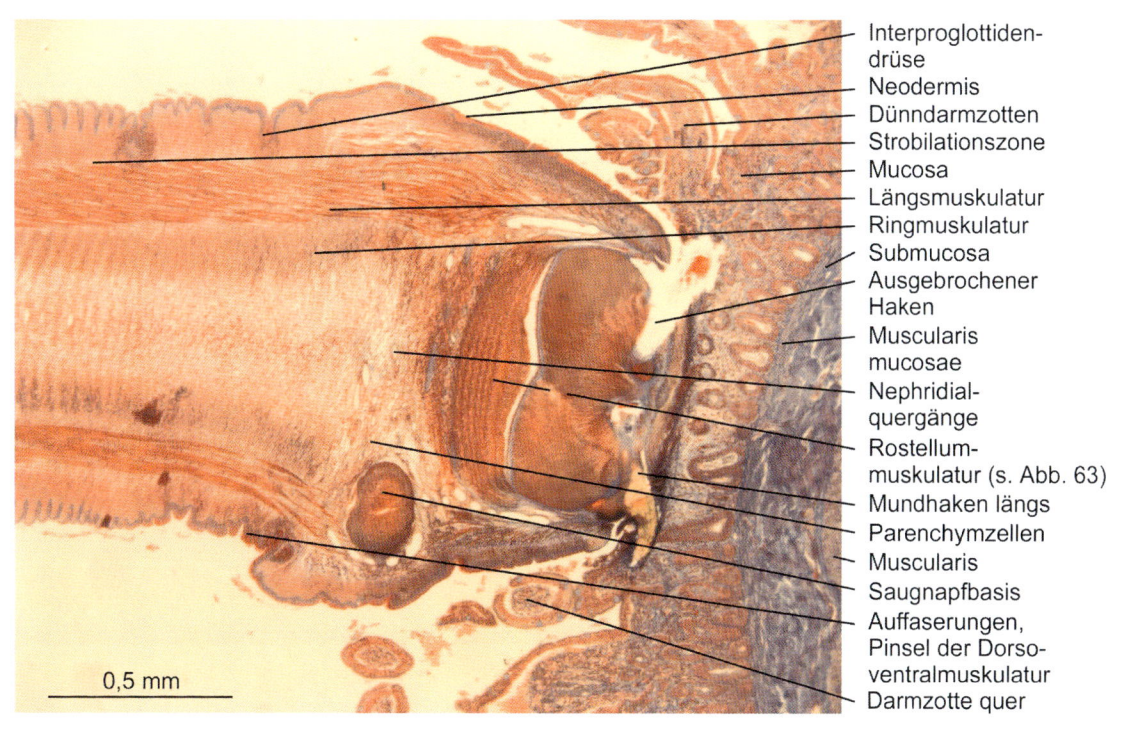

Abb. 62: *Taenia pisiformis*, Gesägter Bandwurm; Schnitt durch den Vorderteil eines im Katzendarm festgehakten Tiers; Übersicht (I). Geschlechtsreife Würmer leben in Fleischfressern, die Cysticercus-Formen in Kaninchen. Die mechanischen Schäden am Darm durch die oft wandernden Würmer sind gering und lokal auf Ödeme in der Submucosa sowie Epithelverluste beschränkt. Die hohe Regenerationsfähigkeit der Darmteile gleicht Defekte umgehend aus.

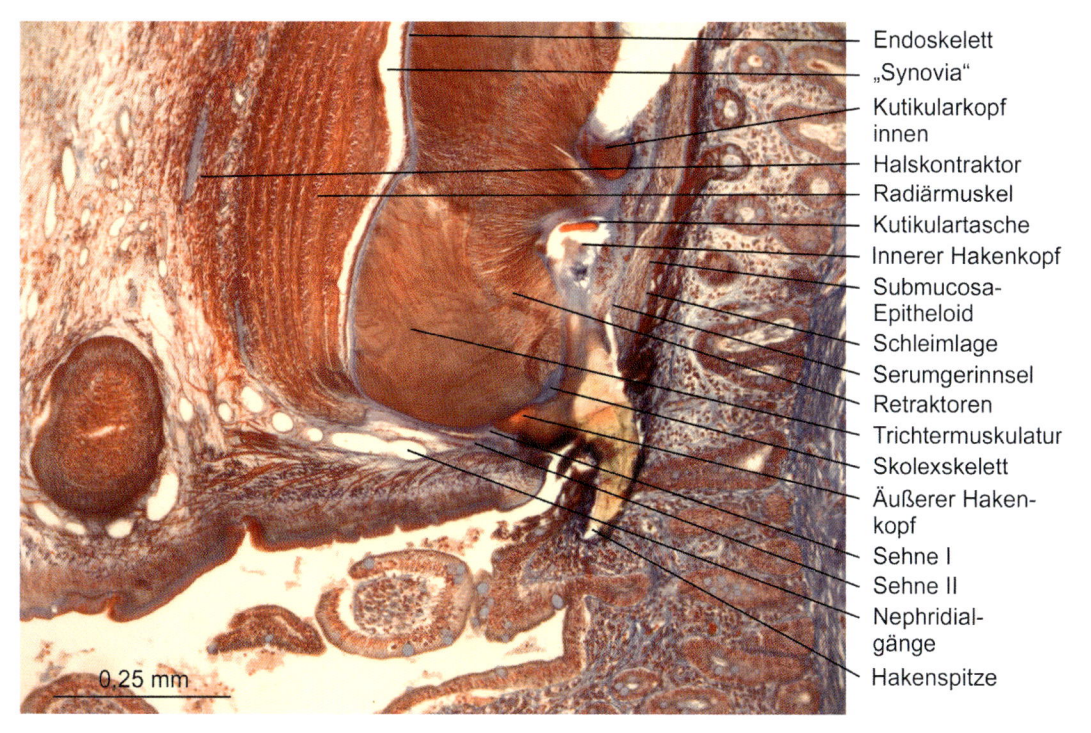

Beschriftungen Abb. 62:
- Interproglottidendrüse
- Neodermis
- Dünndarmzotten
- Strobilationszone
- Mucosa
- Längsmuskulatur
- Ringmuskulatur
- Submucosa
- Ausgebrochener Haken
- Muscularis mucosae
- Nephridialquergänge
- Rostellummuskulatur (s. Abb. 63)
- Mundhaken längs
- Parenchymzellen
- Muscularis
- Saugnapfbasis
- Auffaserungen, Pinsel der Dorsoventralmuskulatur
- Darmzotte quer

0,5 mm

Abb. 63: *Taenia pisiformis*, Gesägter Bandwurm; Schnitt durch den Skolex eines im Katzendarm festgehakten Tiers; Ausschnitt (II). Muskulatur des Skolex: Halskontraktor fährt das Rostellum als Ganzes nach außen; Lagen der Radiärmuskulatur fahren über Sehnen die Hakenspitzen aus; Retraktoren der Hakenbasen bewirken ein Hochstellen der Hakenspitzen; Antagonisten der Retraktoren sind die Trichtermuskeln, sie lassen die beiden Hakenkränze größer werden.

Beschriftungen Abb. 63:
- Endoskelett
- „Synovia"
- Kutikularkopf innen
- Halskontraktor
- Radiärmuskel
- Kutikulartasche
- Innerer Hakenkopf
- Submucosa-Epitheloid
- Schleimlage
- Serumgerinnsel
- Retraktoren
- Trichtermuskulatur
- Skolexskelett
- Äußerer Hakenkopf
- Sehne I
- Sehne II
- Nephridialgänge
- Hakenspitze

0,25 mm

Schnurwürmer – Nemertini

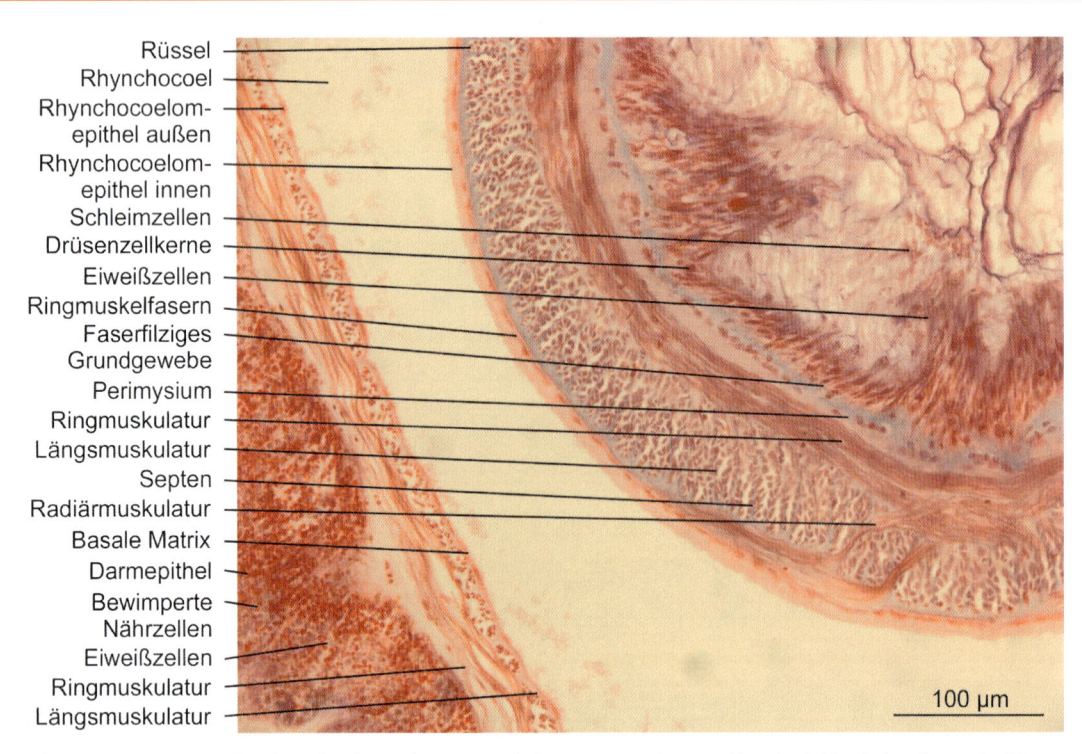

Rüssel
Rhynchocoel
Rhynchocoelom-
epithel außen
Rhynchocoelom-
epithel innen
Schleimzellen
Drüsenzellkerne
Eiweißzellen
Ringmuskelfasern
Faserfilziges
Grundgewebe
Perimysium
Ringmuskulatur
Längsmuskulatur
Septen
Radiärmuskulatur
Basale Matrix
Darmepithel
Bewimperte
Nährzellen
Eiweißzellen
Ringmuskulatur
Längsmuskulatur

100 µm

Abb. 64: *N. N.*, Schnurwurm, Nemertini: Rhynchocoel und Rüssel quer; Ausschnitt. Der Nemertinenrüssel ist eine Schlaucheinstülpung der Körperwand; im Bild nicht angeschnitten ist das zentrale hohle Zentrum des Rüssels. Dieses Zentrum wird beim ausgestülpten Rüssel nach außen gewendet, sein Epithel umfasst monociliäre Sinneszellen, Zellen mit Fortsätzen, Drüsenzellen. Giftdrüsenzellen bilden Lysosomen mit rhabditenähnlichen Strukturen zur Ruhigstellung von Beute, die u. a. aus Amphipoden, Polychäten und Mollusken besteht.

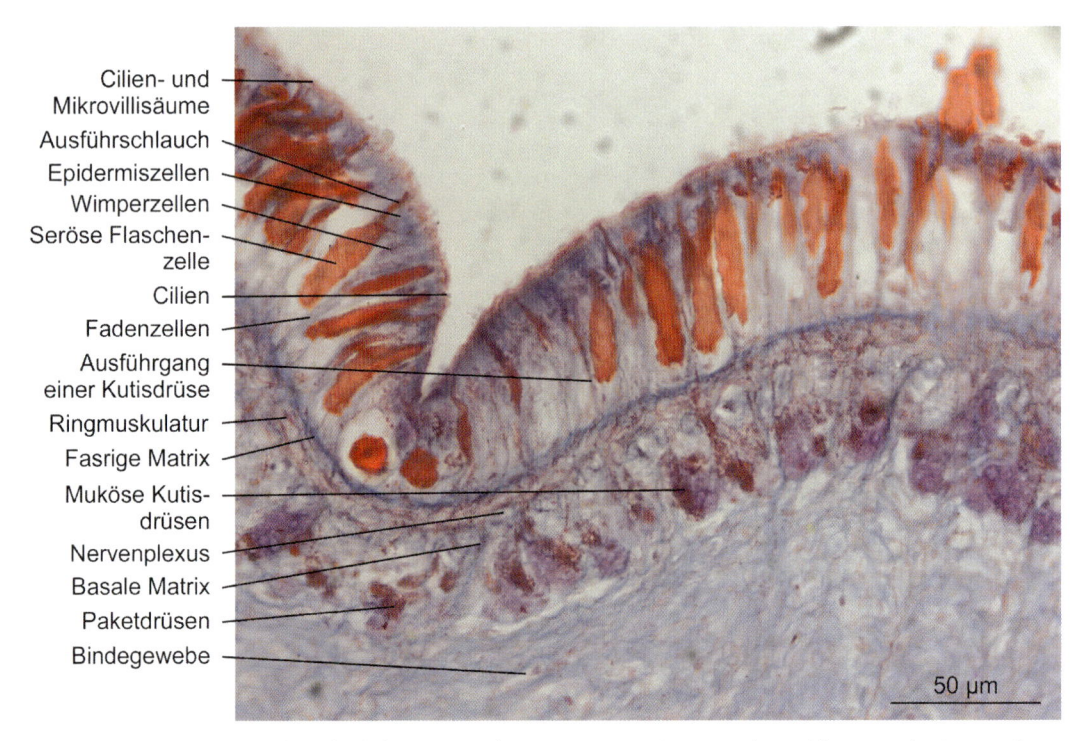

Cilien- und
Mikrovillisäume
Ausführschlauch
Epidermiszellen
Wimperzellen
Seröse Flaschen-
zelle
Cilien
Fadenzellen
Ausführgang
einer Kutisdrüse
Ringmuskulatur
Fasrige Matrix
Muköse Kutis-
drüsen
Nervenplexus
Basale Matrix
Paketdrüsen
Bindegewebe

50 µm

Abb. 65: *Lineus ruber*, Roter Schnurwurm: Querschnitt durch die Haut; Ausschnitt. Um 80 Nemertinenarten, davon sieben Arten der Gattung *Lineus*, leben in den Meeren der nördlichen Hemisphäre. Ein zäher, klebriger und wohl auch giftiger Schleim der einzelligen Hautdrüsen schützt die Würmer vor Seesternen, Krabben und Fischen. *Lineus*-Arten greifen mit ihrem Rüssel keine Beute an; bei ihnen wirkt der Rüssel als Leimrute, mit der Aas, Detritus und Kleinlebewesen eingeholt werden.

Rundwürmer – Aschelminthes

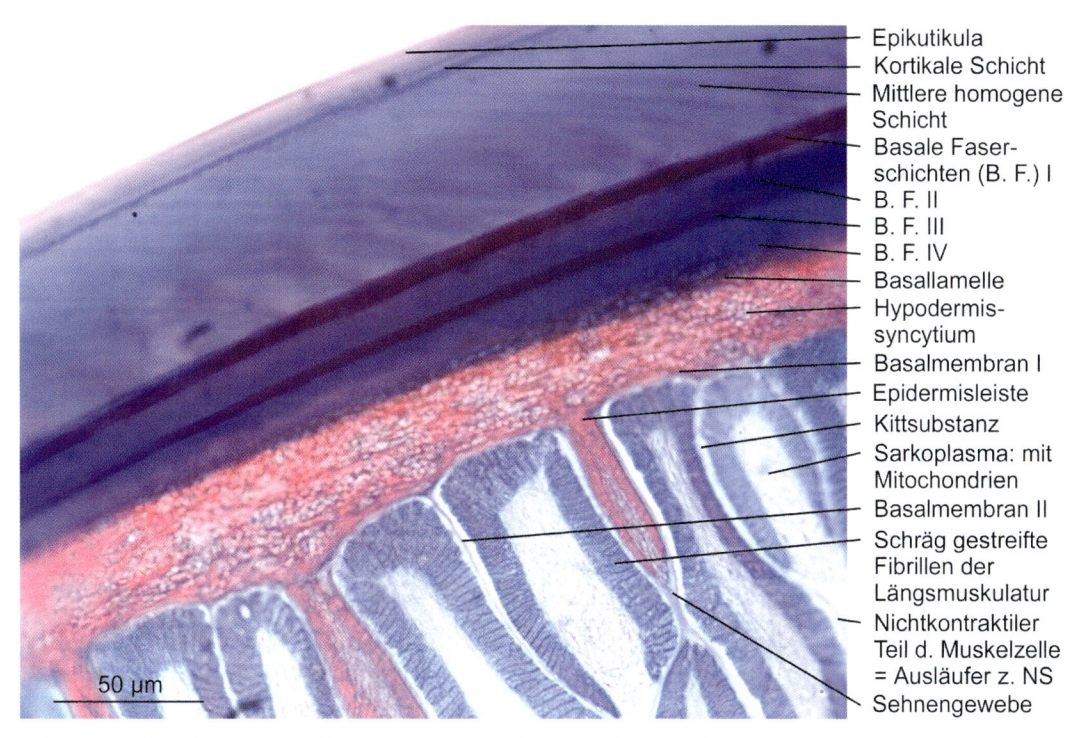

Labels (top figure):
- Epikutikula
- Kortikale Schicht
- Mittlere homogene Schicht
- Basale Faserschichten (B. F.) I
- B. F. II
- B. F. III
- B. F. IV
- Basallamelle
- Hypodermissyncytium
- Basalmembran I
- Epidermisleiste
- Kittsubstanz
- Sarkoplasma: mit Mitochondrien
- Basalmembran II
- Schräg gestreifte Fibrillen der Längsmuskulatur
- Nichtkontraktiler Teil d. Muskelzelle = Ausläufer z. NS
- Sehnengewebe

Abb. 66: *Ascaris lumbricoides suis*, Schweinespulwurm: Kutikula, Epidermis und Muskulatur quer; Ausschnitt. Hauptbestandteil der vielschichtigen Kutikula ist Kollagen; ein Strukturprotein mit Disulfidbrücken und kollagenähnlich (im TEM ohne Querstreifung) lagert als Cuticulin in der Kortikalschicht. Die Kutikula enthält kein Chitin, ist biochemisch hochaktiv und kann ohne Häutungen größer werden. Antagonisten der nur vorhandenen Längsmuskulatur sind einmal das Hydroskelett und dann die beiden Muskelhälften (ventral und dorsal) untereinander.

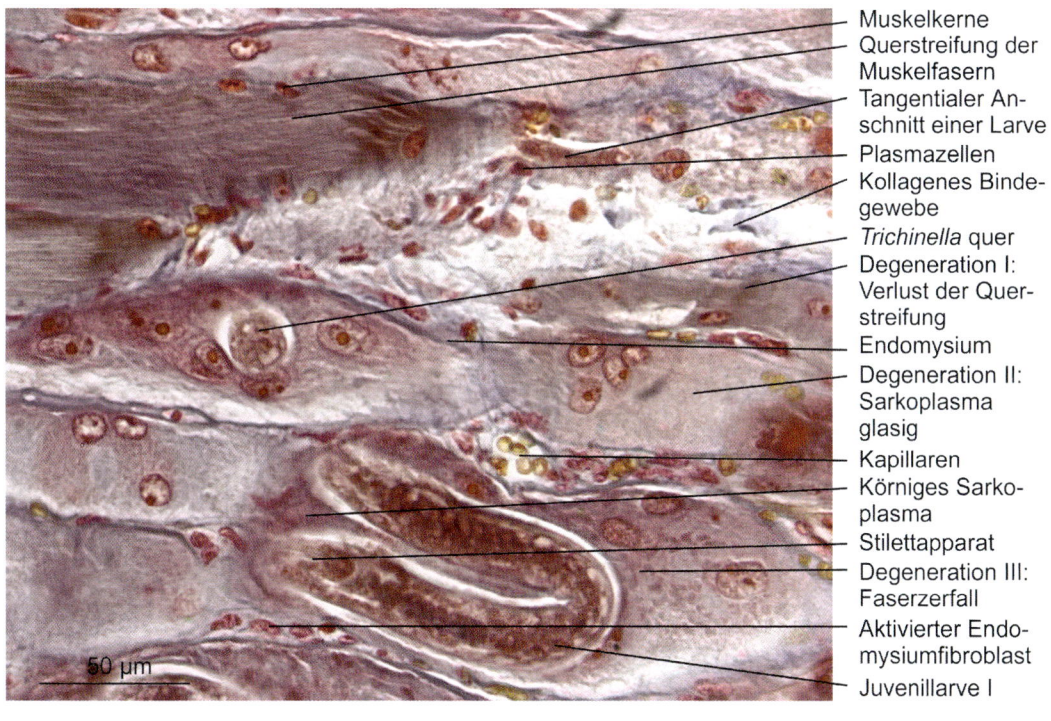

Labels (bottom figure):
- Muskelkerne
- Querstreifung der Muskelfasern
- Tangentialer Anschnitt einer Larve
- Plasmazellen
- Kollagenes Bindegewebe
- *Trichinella* quer
- Degeneration I: Verlust der Querstreifung
- Endomysium
- Degeneration II: Sarkoplasma glasig
- Kapillaren
- Körniges Sarkoplasma
- Stilettapparat
- Degeneration III: Faserzerfall
- Aktivierter Endomysiumfibroblast
- Juvenillarve I

Abb. 67: *Trichinella spiralis*, Trichine: Junglarven während der Einnistung in der Muskulatur einer Ratte; Ausschnitt. Lebende Junge des Juvenilstadiums I kommen von Darmzotten über Chylusgefäße und dann Blutbahnen in quergestreifte Kehlkopf-, Kau- und Zwerchfellmuskulatur. Mit dem Mundhöhlenstachel bohren sich die Larven in das Muskelgewebe und schädigen es schwer: I. Verlust der Querstreifung, Muskelkerne beginnen zu hypertrophieren; II. Im glasigen Sarkoplasma sind die Kerne hypertroph; III. Mit dem Faserzerfall und hochhypertrophen Kernen gehen körnige Schollen einher.

Rundwürmer – Aschelminthes

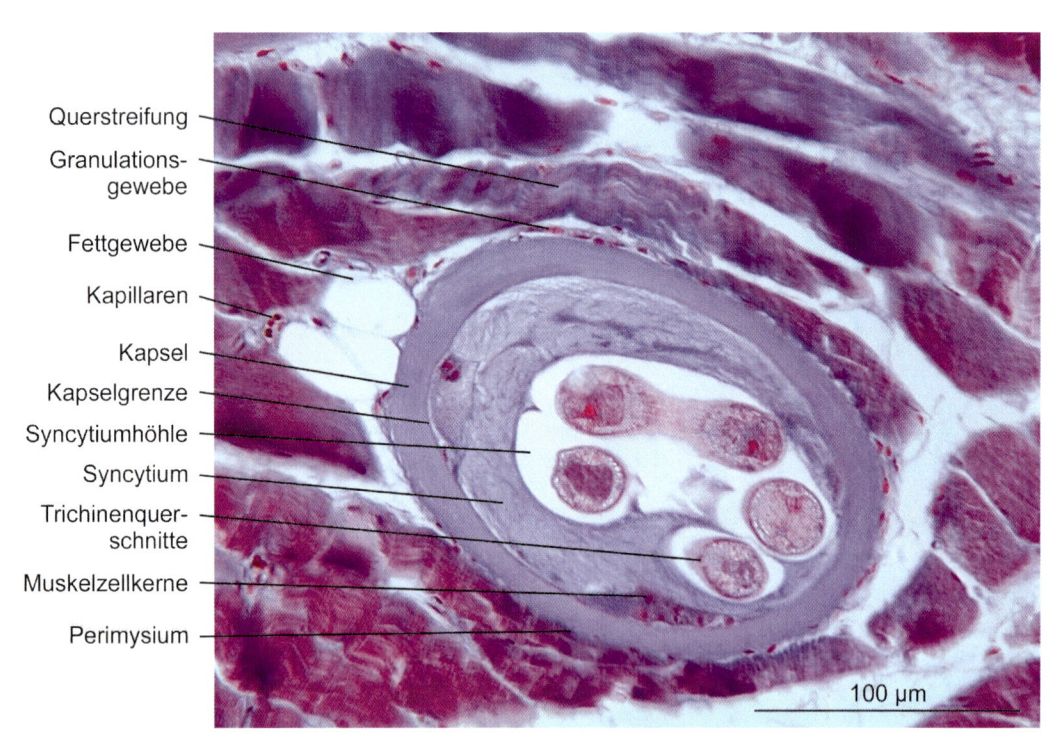

Querstreifung
Granulationsgewebe
Fettgewebe
Kapillaren
Kapsel
Kapselgrenze
Syncytiumhöhle
Syncytium
Trichinenquerschnitte
Muskelzellkerne
Perimysium

100 µm

Abb. 68: *Trichinella spiralis*, Trichine: Abgekapselte Muskeltrichine in der Kaumuskulatur einer Ratte; Übersicht. Im Schnitt wird eine einzelne zusammengerollte Trichine mehrfach getroffen. Die Kapsel um die Larve I besteht nicht aus kollagenem Bindegewebe, sie ist wie Höhle und Syncytium vielmehr eine intrazelluläre Formation des Sarkolemms einer befallenen Muskelzelle mit mächtiger Verdickung an dieser Stelle. Kerne im Syncytium sind Muskelkerne, keine Kerne von Makrophagen u. a. Zwischen der Einwanderung (oben) und der Abkapselung spielen sich in massiven Fällen Allergien, Ödeme, hohes Fieber, Myokarditis und Muskelschmerzen ab und führen evtl. sogar zum Exitus.

Fibroblasten
Muskelfasern
Endomysium
Stoffwechselselektives Syncytium
Ältere Kapselwand
Jüngere Kapselwand
Muskelkerne
Kutikularskulpturen
Parenchymzellen
Juvenilstadium I
Polkollagen
Verkalkungszentrum

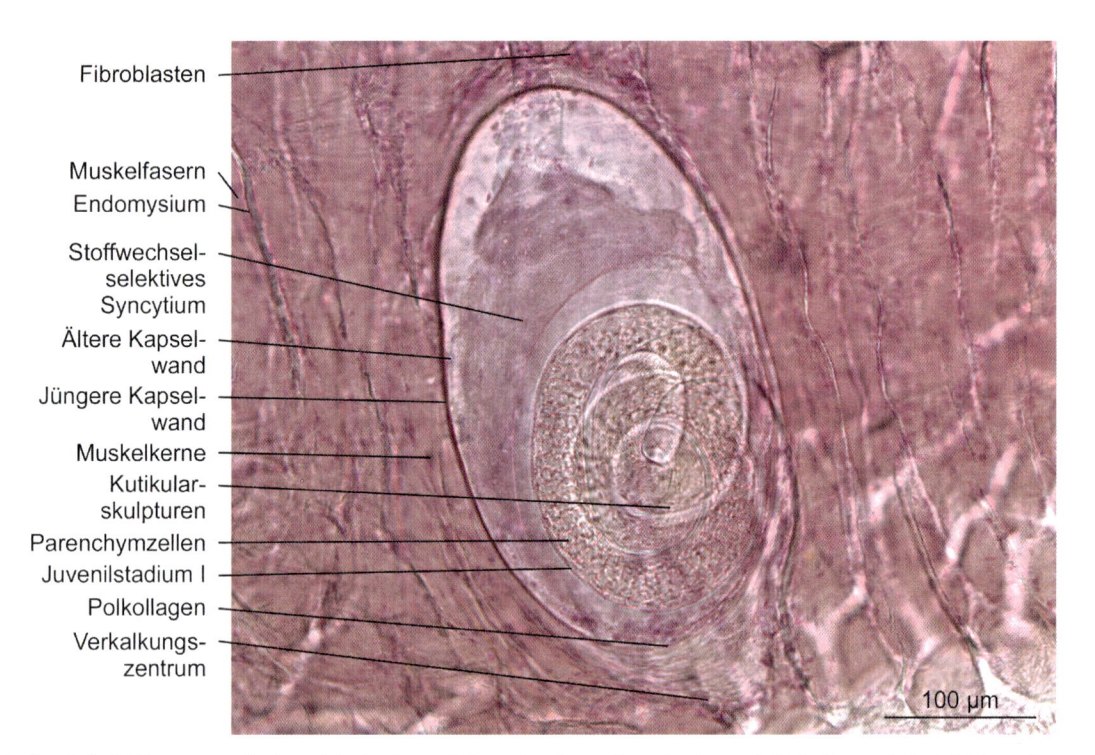

100 µm

Abb. 69: *Trichinella spiralis*, Trichine: Larve I abgekapselt in der Kaumuskulatur einer Ratte; Quetschpräparat. 2–3 Wochen nach der Infektion rollen sich die Larven spiralig auf. Befallene Muskelfasern verschwinden bis auf die hyalinen Kapseln. Später verstärken Fibroblastenkollagene die Kapsel, die Hülle kann verkalken. Zur Fleischbeschau von Schweinen werden heute Sammelproben von 100 Tieren enzymatisch verdaut und die Überbleibsel zur Kontrolle mikroskopiert. Boraxkarmin.

Rundwürmer – Aschelminthes

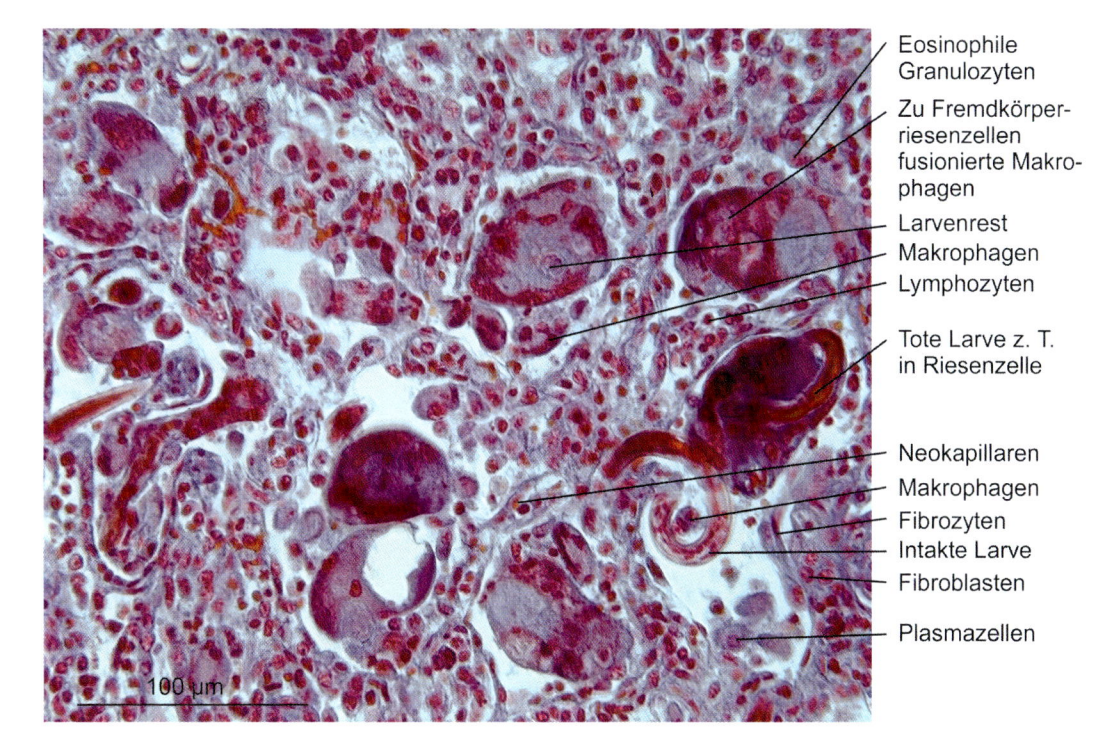

Abb. 70: *Muellerius capillaris*, ein Lungenwurm: Larven und Abwehrreaktionen im Brutknoten einer Reh-Lunge; Ausschnitt. Ansiedlungsorte der Art sind Bronchioli und Alveolen bei Rehen, Gemsen, Mufflons, Schafen, Ziegen; weltweit. Erwachsene Würmer 2–2,5 cm lang; Geschlechtstiere und Larven leben in Gewebeknoten. Erstlingslarven gehen über den Darm ab; Zwischenwirte sind Schnecken (z. B. *Cepaea*) und Regenwürmer; Drittlarven schließen den Kreislauf. Immunreaktionen und zelluläre Abwehr des Wirts sind beachtlich und führen zum Tod von Larven.

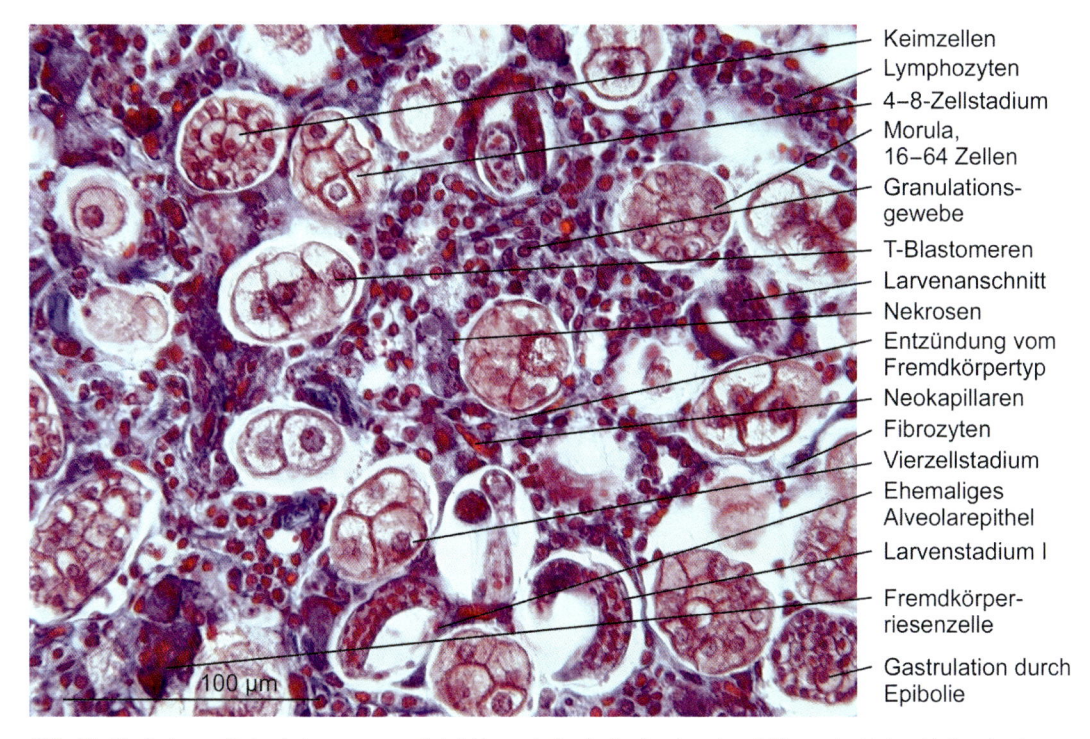

Beschriftungen Abb. 70:
- Eosinophile Granulozyten
- Zu Fremdkörperriesenzellen fusionierte Makrophagen
- Larvenrest
- Makrophagen
- Lymphozyten
- Tote Larve z. T. in Riesenzelle
- Neokapillaren
- Makrophagen
- Fibrozyten
- Intakte Larve
- Fibroblasten
- Plasmazellen

Abb. 71: *Muellerius capillaris*, ein Lungenwurm: Entwicklungsstadien im Brutknoten einer Rehlunge. Im Unterschied zu den Larven werden die sich entwickelnden Furchungsstadien von eosinophilen Granulozyten und ihren parasitotoxischen Proteinen, von Makrophagen und Fremdkörperriesenzellen noch nicht angegriffen. Eiweißhülle und eine farblose Innenschale schützen die Eistadien vor Histiozyten und gegen Antikörper.

Beschriftungen Abb. 71:
- Keimzellen
- Lymphozyten
- 4–8-Zellstadium
- Morula, 16–64 Zellen
- Granulationsgewebe
- T-Blastomeren
- Larvenanschnitt
- Nekrosen
- Entzündung vom Fremdkörpertyp
- Neokapillaren
- Fibrozyten
- Vierzellstadium
- Ehemaliges Alveolarepithel
- Larvenstadium I
- Fremdkörperriesenzelle
- Gastrulation durch Epibolie

Rundwürmer – Aschelminthes

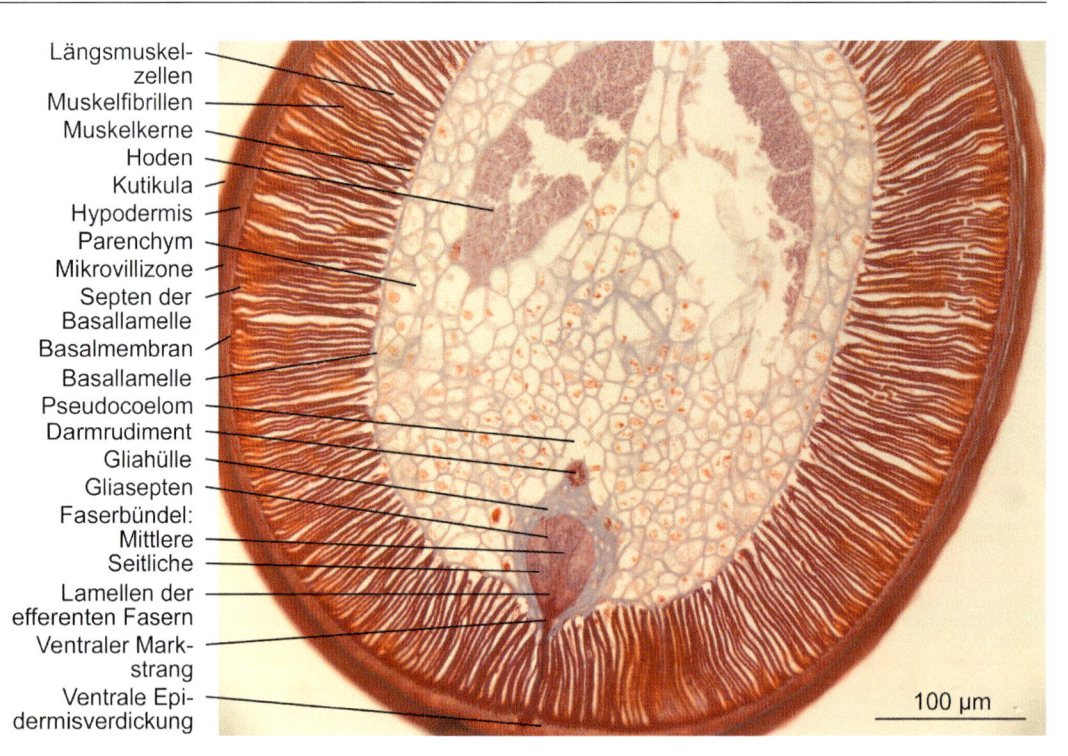

Längsmuskelzellen
Muskelfibrillen
Muskelkerne
Hoden
Kutikula
Hypodermis
Parenchym
Mikrovillizone
Septen der Basallamelle
Basalmembran
Basallamelle
Pseudocoelom
Darmrudiment
Gliahülle
Gliasepten
Faserbündel:
Mittlere
Seitliche
Lamellen der efferenten Fasern
Ventraler Markstrang
Ventrale Epidermisverdickung

100 µm

Abb. 72: *Gordius aquaticus*, Saitenwurm, Wasserkalb: Querschnitt; Übersicht. Ähnlich wie bei Anneliden ist die Kutikula ein vielschichtiges, ca. 35-faches Gitter aus gekreuzten Kollagenfasern in einer feinfibrillären Matrix. Unter der Kutikula liegt die Mikrovilli-Oberfläche der Hypodermiszellen. Die Zellkerne der Hypodermis sind, ganz unüblich, hoch polyploid. Das Parenchym/Mesenchym ist zum einen Antagonist der Längsmuskulatur, zum anderen speichert es Glykogen, Fette und Proteine.

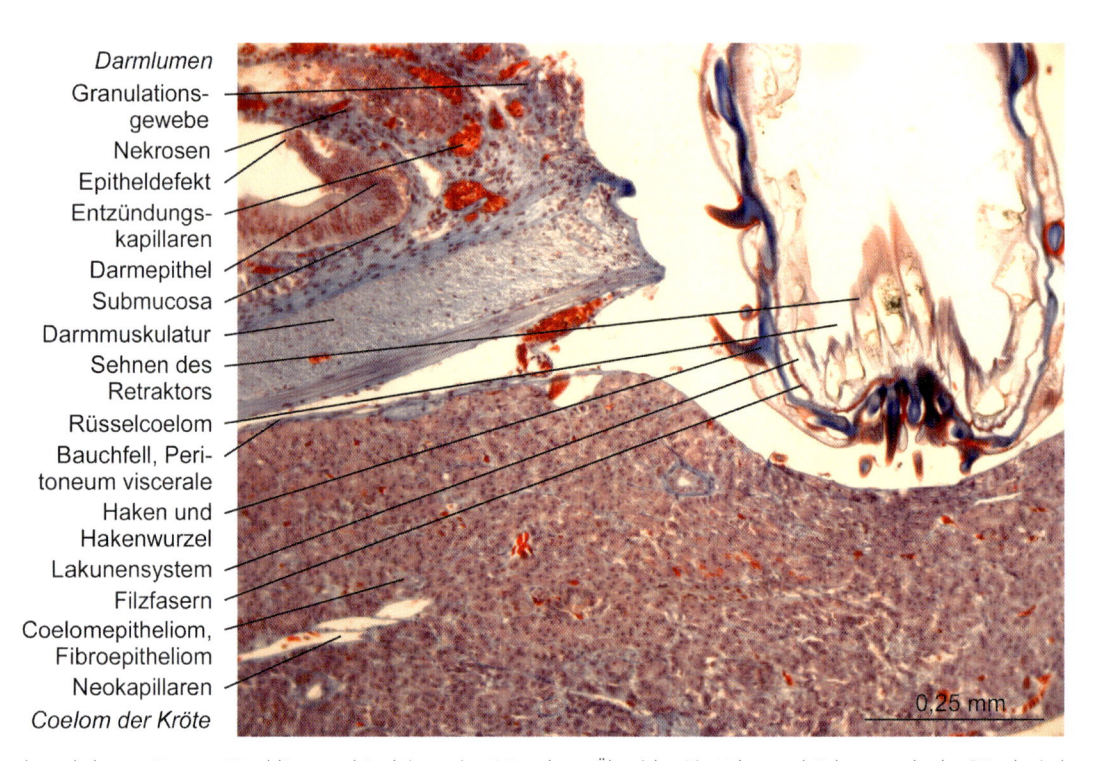

Darmlumen
Granulationsgewebe
Nekrosen
Epitheldefekt
Entzündungskapillaren
Darmepithel
Submucosa
Darmmuskulatur
Sehnen des Retraktors
Rüsselcoelom
Bauchfell, Peritoneum viscerale
Haken und Hakenwurzel
Lakunensystem
Filzfasern
Coelomepitheliom, Fibroepitheliom
Neokapillaren
Coelom der Kröte

0,25 mm

Abb. 73: *Acanthocephalus sp.*, Kratzer: Rüssel längs und Reaktionen im Krötendarm; Übersicht. Die Haken und Hakenwurzeln des Rüssels sind Produkte der basalen Matrix der syncytialen Epidermis. Vorstöße des Rüssels durch Binnendruck und Rückgehen durch Muskeln raspeln Pforten zur Verankerung. Die rechte Wundkante im Bild mit einer Kollagenleiste (blau) ist das Negativ der Rüsseloberfläche dort. Mechanische Schäden im Darm durch die Haken lösen eine Entzündung aus; sie geht der gutartigen Wucherung des Coelomepithels voraus.

Schnecken – Gastropoda

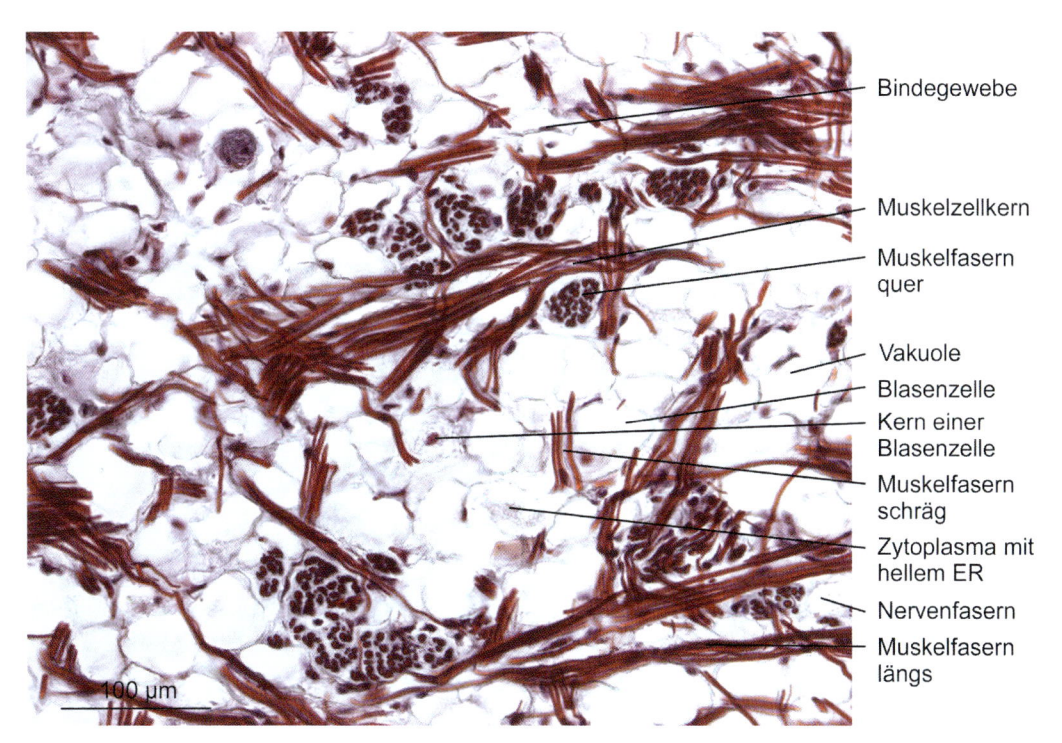

Abb. 74: *Helix pomatia*, Weinbergschnecke: Zentraler Teil des Fußes quer; Ausschnitt. Die glatten Muskelzellen der Schnecken haben lange, dicke Filamente mit einem Durchmesser bis zu 150 nm. Myosin ist zentralen Paramyosinachsen aufgelagert. Die Fußmuskulatur ist ein dreidimensional verflochtenes System von Fasern, dessen Antagonisten in allen Räumen dazwischen liegen: die Blasenzellen. Die Elemente des Blasengewebes enthalten flüssigkeitsgefüllte Vakuolen und Zytoplasma mit sehr viel Endoplasmatischem Retikulum. Weitere Antagonisten der Muskelfasern sind Blutlakunen.

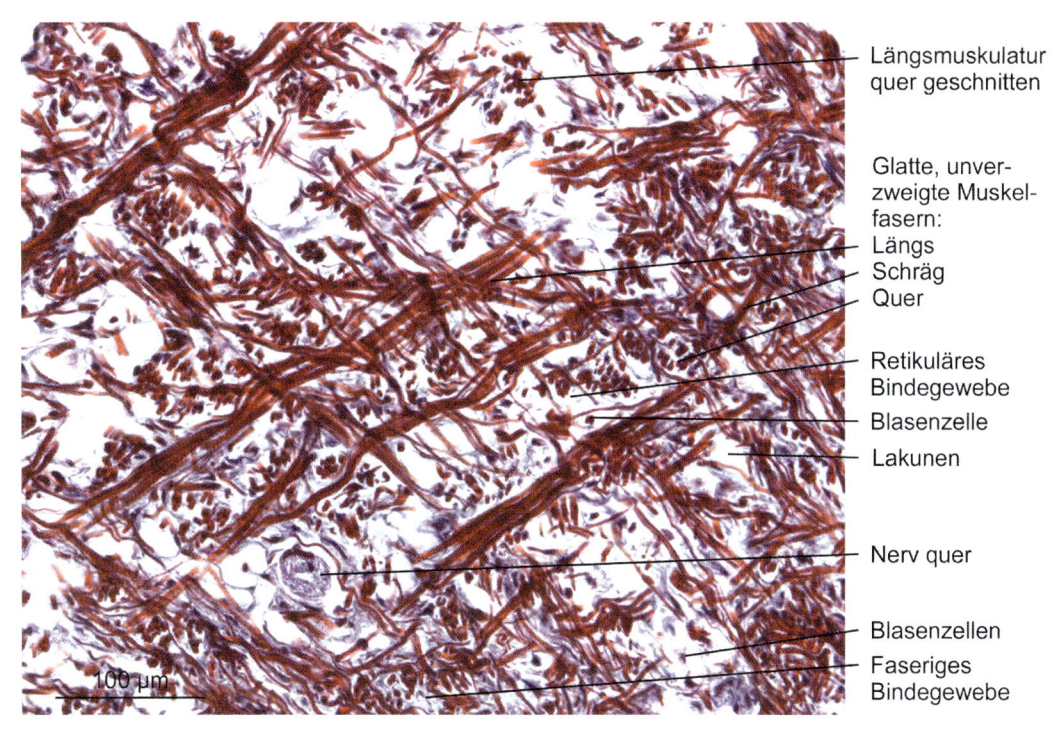

Abb. 75: *Helix pomatia*, Weinbergschnecke: Dorsales Schild des Fußes quer; Ausschnitt. Durch die Konstruktion dreidimensionale Muskulatur/Blasenzellen/Lakunen/Bindegewebssehnen benötigt der flexible Fuß keine festen Elemente. Längsmuskeln der Fußsohle verstärken mit Saugnapfwirkung die Adhäsion mit Schleim; vom Rücken her einstrahlende und sich auffasernde Muskelzüge übernehmen dabei die Feinarbeit und bewirken die Wellen der Kontraktionen über die Sohle. In der glatten Muskulatur beträgt das Verhältnis Aktin/Myosin 20/1; in der quergestreiften Muskulatur dagegen 4/1 und z. B. in Amöben, weißen Blutkörperchen und Histiozyten lediglich 100/1.

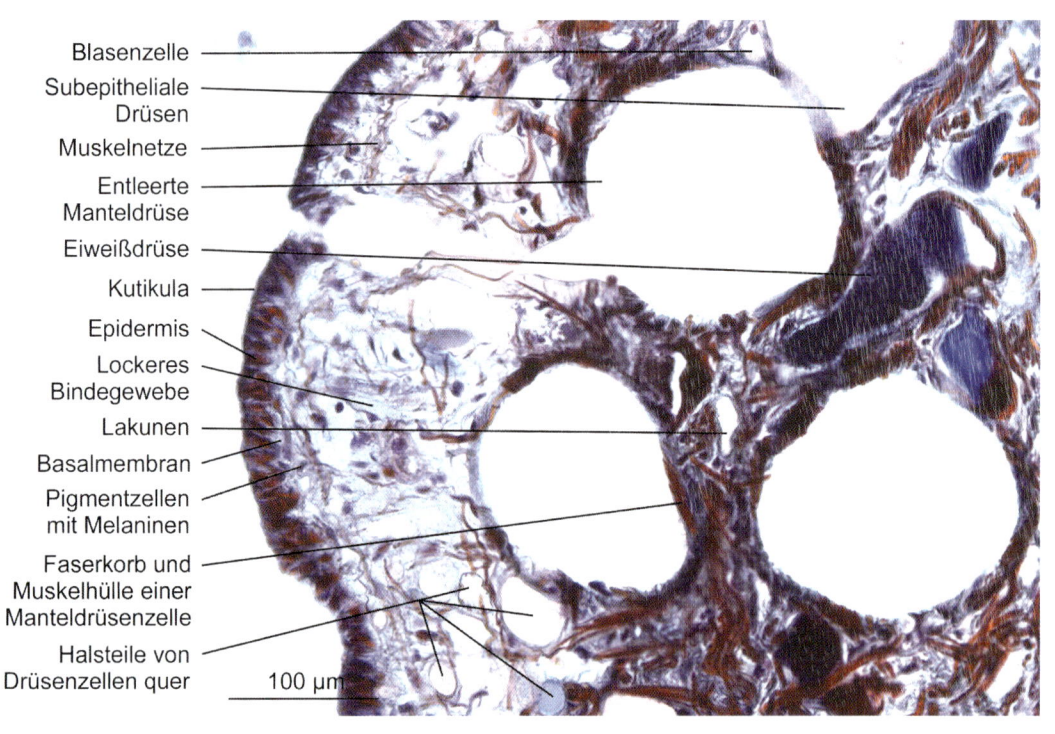

Abb. 76: *Helix pomatia*, Weinbergschnecke: Fußrand quer; Übersicht. Durch die Muskelhüllen aus glatten unverzweigten Fasern um die riesigen Mantel- und Eiweißdrüsen kann Sekret sehr schnell ausgedrückt werden. Die Konsistenz des Schleims kann im Zehntelsekundenbereich von hoch viskös und klebrig zu flüssig wechseln. Zäher Schleim heftet die Tiere an; Kontraktionswellen laufen über flüssiges Sekret. Die „Kutikula" ist ein sehr dichter Mikrovillisaum. Maximale Fortbewegungsgeschwindigkeit: 3 m/Stunde.

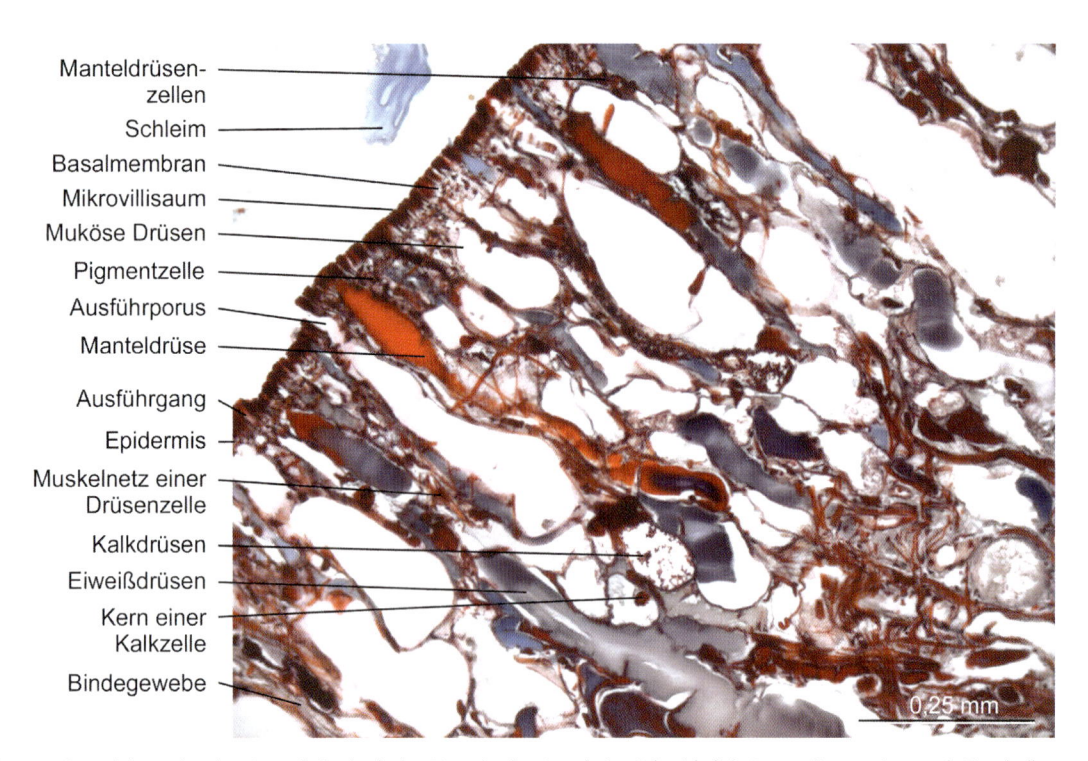

Abb. 77: *Helix pomatia*, Weinbergschnecke: Querschnitt durch den Mantelwulst; Ausschnitt. Subepitheliale Drüsen liegen – immer als Einzelzellen – am dichtesten im dunkel gefärbten Mantelwulst, Mantelrand: Pigmentdrüsen, muköse Drüsen, Manteldrüsen, sehr lange Eiweißdrüsen und häufig als mächtige Säcke Kalkdrüsen. Das Sekret der Kalkdrüsen wird während Trockenzeiten und im Winter zum Deckel (Epiphragma) mit kleinem Gitterareal zum Durchlass der Atemluft verklebt.

Schnecken – Gastropoda

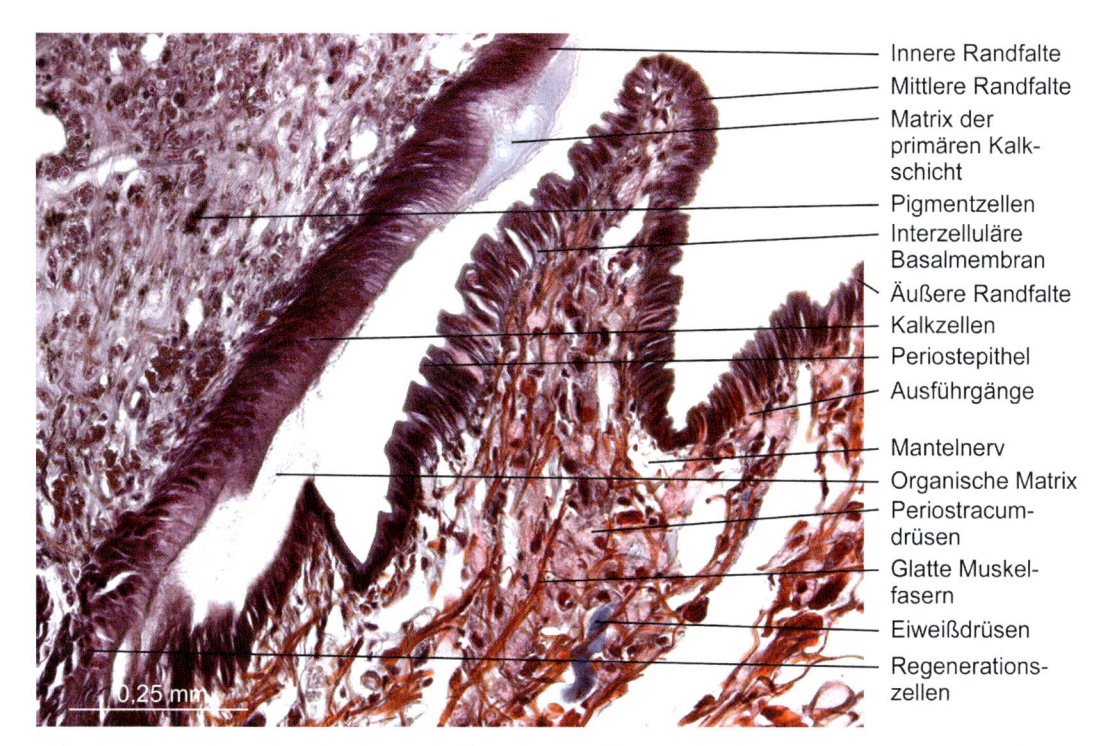

Abb. 78: *Helix pomatia*, Weinbergschnecke: Hautduplikatur der Mantelfalte, Mantelrandrinnen quer; Ausschnitt. Von den drei Schichten der Schale, des Gehäuses, wird die innerste (Hypostracum) von der ganzen Manteloberfläche abgeschieden. Die innere Randfalte sezerniert die Prismenschicht (Ostracum), die mittlere Randfalte das Außenhäutchen (Periostracum). Die dunkle Periostracumschicht schützt vor Kalkabbau und Bohrgästen; sie besteht aus unverkalkten Conchiolinproteinen der hochgradig mit basalen Labyrinthen ausgestatteten Epithelzellen. Weit unter 1 µm kleine Kalkgranula aus Lysosomen bilden die Basis der Prismen, die untereinander durch dünne Conchiolinlagen separiert werden.

Beschriftung Abb. 78:
- Innere Randfalte
- Mittlere Randfalte
- Matrix der primären Kalkschicht
- Pigmentzellen
- Interzelluläre Basalmembran
- Äußere Randfalte
- Kalkzellen
- Periostepithel
- Ausführgänge
- Mantelnerv
- Organische Matrix
- Periostracumdrüsen
- Glatte Muskelfasern
- Eiweißdrüsen
- Regenerationszellen

Beschriftung Abb. 79:
- Epithel des Mantelhöhlendachs
- Pigmentzellen (schwarz)
- Muskelfasern
- Blasenzellen
- Trabekelmuskulatur
- Bindegewebe
- Barriere Alveolarendothel/Basalmembran/Alveolarepithel
- Sinusoide
- Gefäßmuskulatur
- Gefäßendothel
- Blutgefäß
- Kapillaren
- Leukozyten
- Endothel

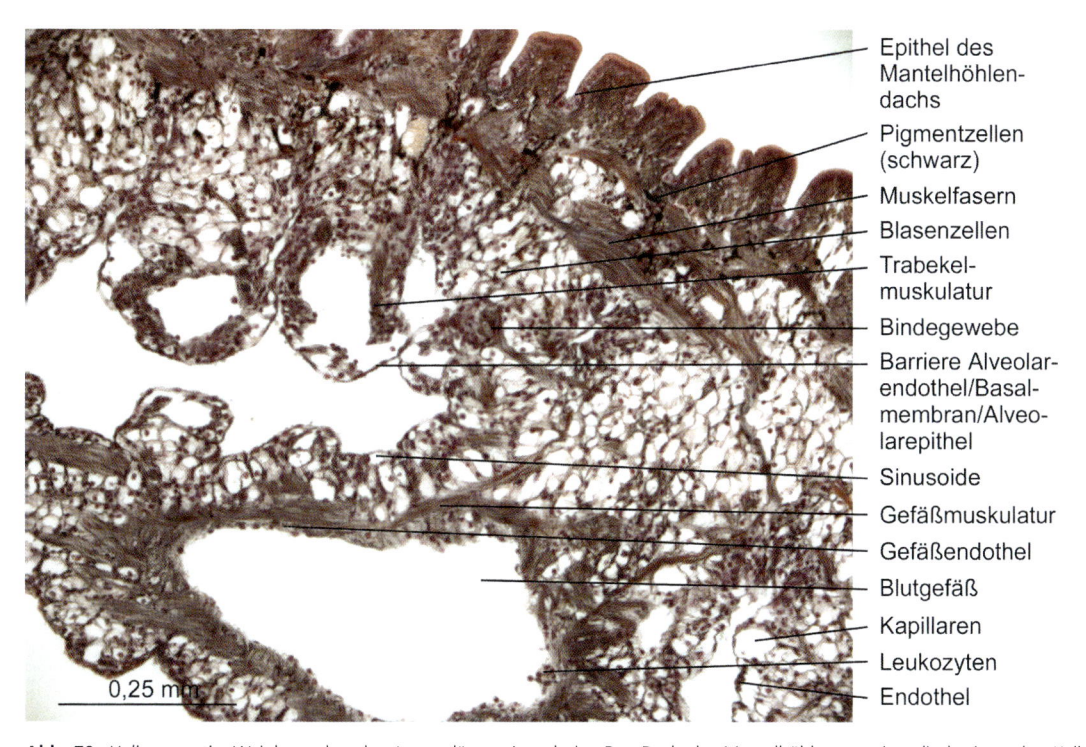

Abb. 79: *Helix pomatia*, Weinbergschnecke: Lunge längs; Ausschnitt. Das Dach der Mantelhöhle sezerniert die horizontalen Kalkplättchen des Hypostracums. Die baumartig verästelten Lungengefäße profilieren die Innenseite des Mantelhöhlendachs. Die muskelfaserumsponnenen Gefäße gehen in Kapillaren und Sinusräume über. Minimal dünn ist die Barriere zwischen Blut und Atemluft; die Schranken: Sinus-Endothelienteile (Alveolarendothel), Basalmembranen, Alveolarepithel (Epithel des Atemhöhlendachs).

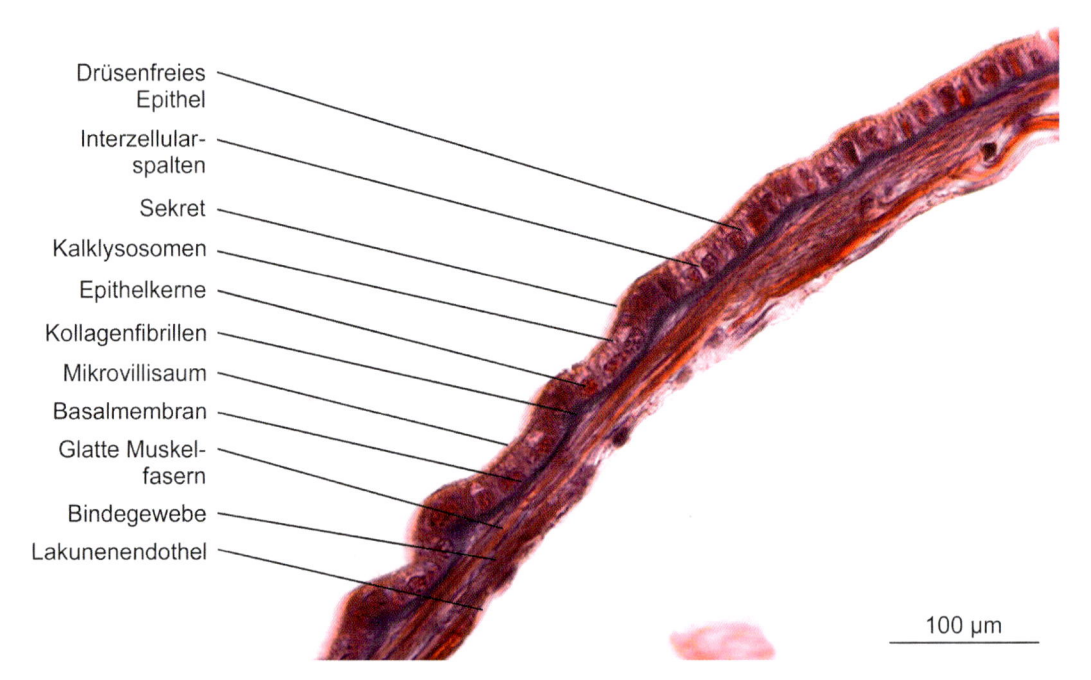

Abb. 80: *Helix pomatia*, Weinbergschnecke: Wand des Eingeweidesacks; Ausschnitt. Die Hülle der Eingeweide bleibt erstaunlich dünn, obwohl sie so massige Organe wie die Mitteldarmdrüse, Niere, Geschlechtsorgane und den Enddarm zusammenhält. Hauptelement der Festigkeit ist eine 5–8 µm dicke Kollagenschicht. Die Innenschicht des Eingeweidesacks geht im Bereich des Spindelmuskels in relativ breites Sehnenbindegewebe über.

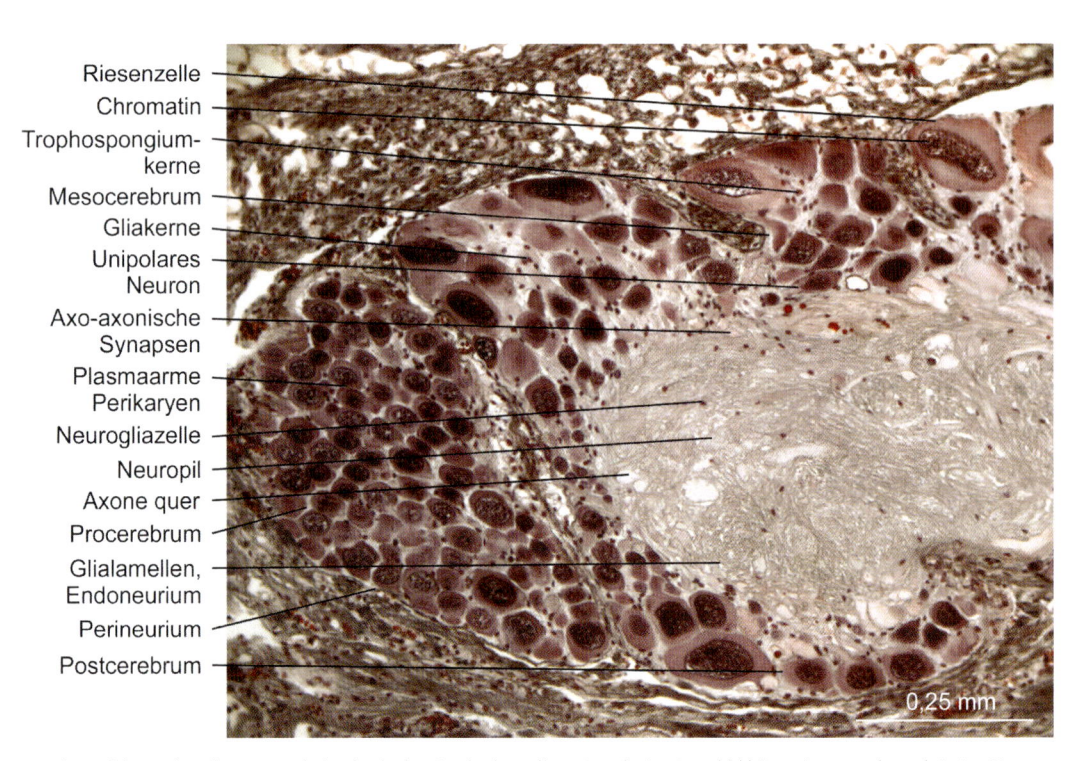

Abb. 81: *Helix pomatia*, Weinbergschnecke: Längsschnitt durch das Cerebralganglion; Ausschnitt. Sowohl kleine wie normale und riesige Nervenzellen sind pseudounipolare Neurone. Dieser Neuronentyp, charakteristisch für alle Wirbellosen, prägt den generellen Bau der Ganglien: zentral die Dendriten und Axone der Konnektive und Kommissuren, peripher die Perikaryen der Neurone. Ganglien von Helix: Supraoesophageal-, Buccal-, Tentakular-, Parietal-, Pleural-, Viszeral- und Pedalganglien.

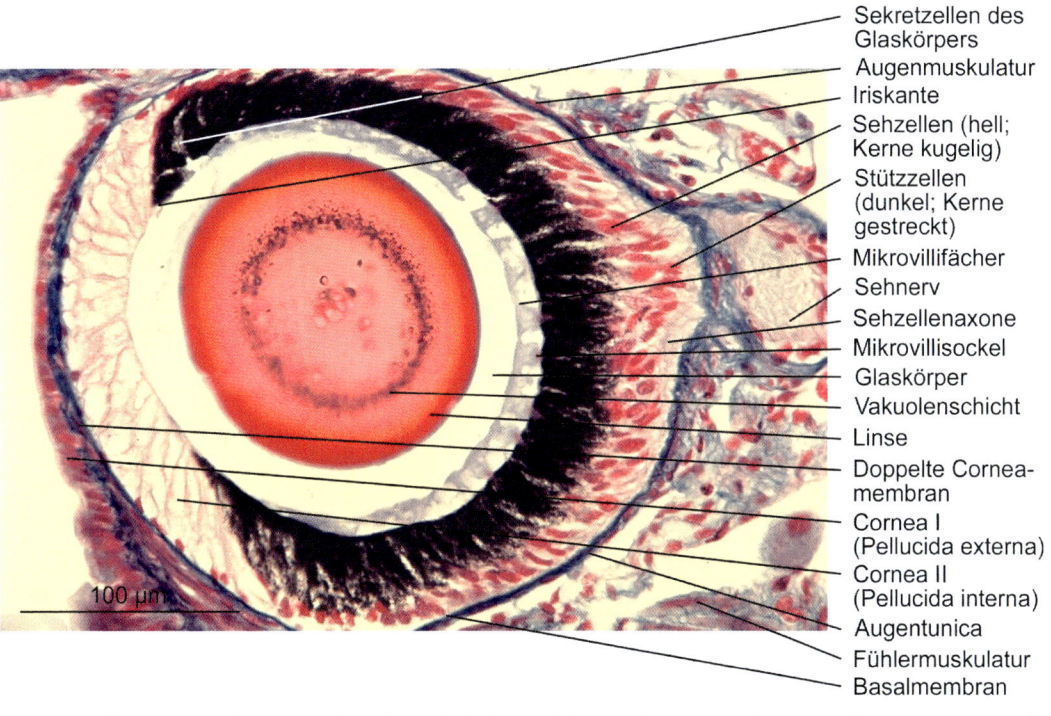

Abb. 82: *Helix pomatia*, Weinbergschnecke: Schnitt durch ein geschlossenes Blasenauge mit Cornea, Glaskörper und Linse; Übersicht. Um die Augen in den Fühlern zurückzuziehen, braucht der Tentakelretraktor 2,5 s Zeit. Die Melanine der Pigmentzellen schirmen die Sehzellen rundum ab; die Augen sind erstaunlich lichtempfindlich. Die Trennschärfe der *Helix*-Linsenaugen von 4,5° übertrifft optisch wohl die Leistungsfähigkeit der Tentakelganglien; Erregungen von Chemo- und Mechanorezeptoren der Fühler werden dort bevorzugter verarbeitet

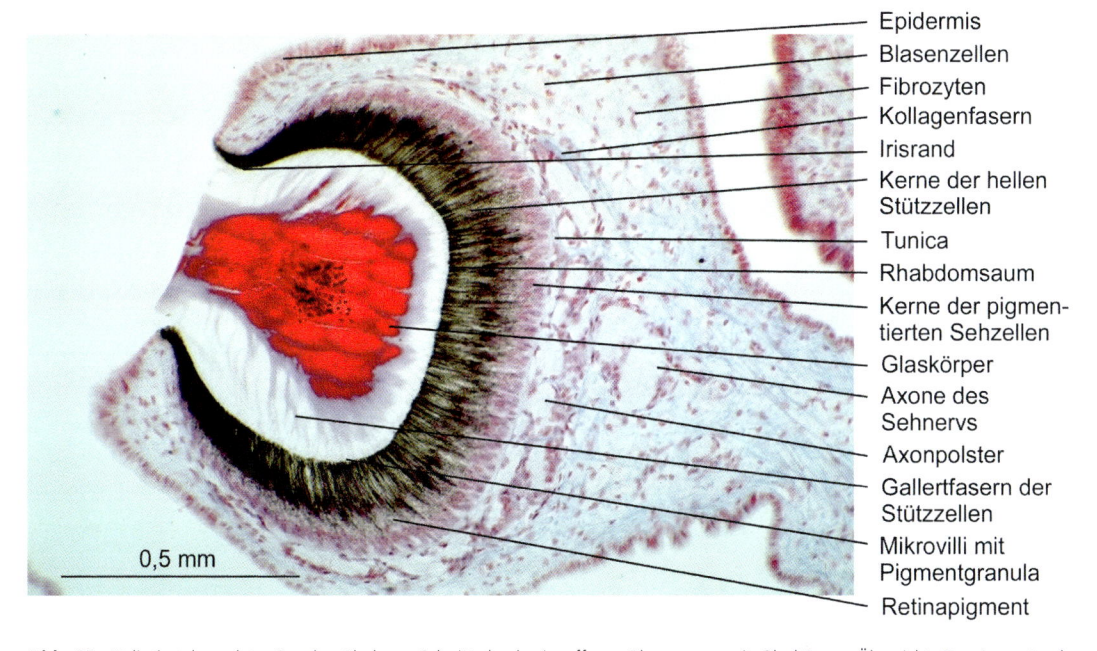

Abb. 83: *Haliotis tuberculata*, Seeohr, Abalone: Schnitt durch ein offenes Blasenauge mit Glaskörper; Übersicht. Der Augentyp kann Hell/Dunkel und Bewegungen wahrnehmen. Die Augen sitzen an den tentakelartigen Fortsätzen, die durch die jüngeren, noch offenen Löcher des Schalenrands gereckt werden können. Straffe Kollagenfasern stützen die Tentakel. Stützzellen der Retina sezernieren die Gallerte des Glaskörpers; die Sehzellen enthalten beides, Photopigmente in geraden Terminalvilli und Schutzpigmentgranula im Zytoplasma.

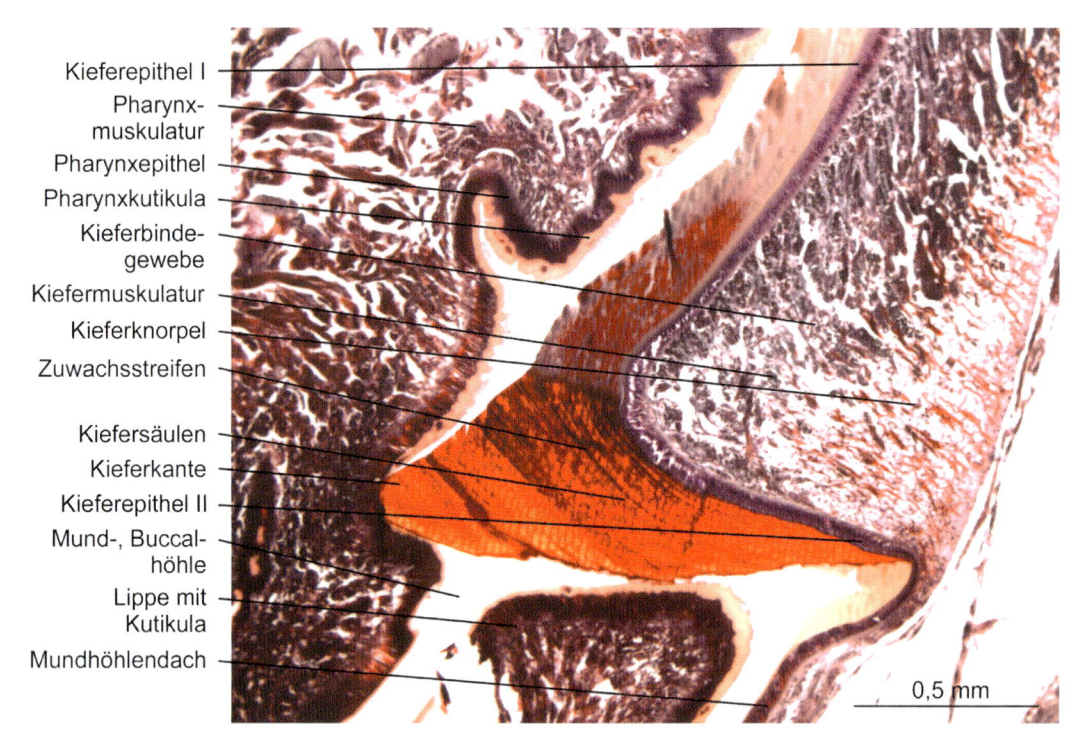

Kieferepithel I
Pharynx-
muskulatur
Pharynxepithel
Pharynxkutikula
Kieferbinde-
gewebe
Kiefermuskulatur
Kieferknorpel
Zuwachsstreifen

Kiefersäulen
Kieferkante
Kieferepithel II
Mund-, Buccal-
höhle
Lippe mit
Kutikula
Mundhöhlendach

0,5 mm

Abb. 84: *Helix pomatia*, Weinbergschnecke: Oberer Kiefer des Schlundkopfes längs; Übersicht. Der bräunliche Oberkiefer liegt als halbmondförmige Platte quer in der Decke der vorderen Mund-, Buccalhöhle. Das hoch prismatische Kieferepithel sezerniert die Conchioline sowie chinongegerbte Chitine, Eisensalze, Kalksalze und Opale, die die „Kutikula" fest und dauerhaft machen. Die Ausdehnung des Kieferepithels II bestimmt die Breite der jeweils jüngsten Kieferschichten. Sechs bis sieben Leisten der Kieferplatte machen als Wellenschliffmesser den Widerpart der Radula aus.

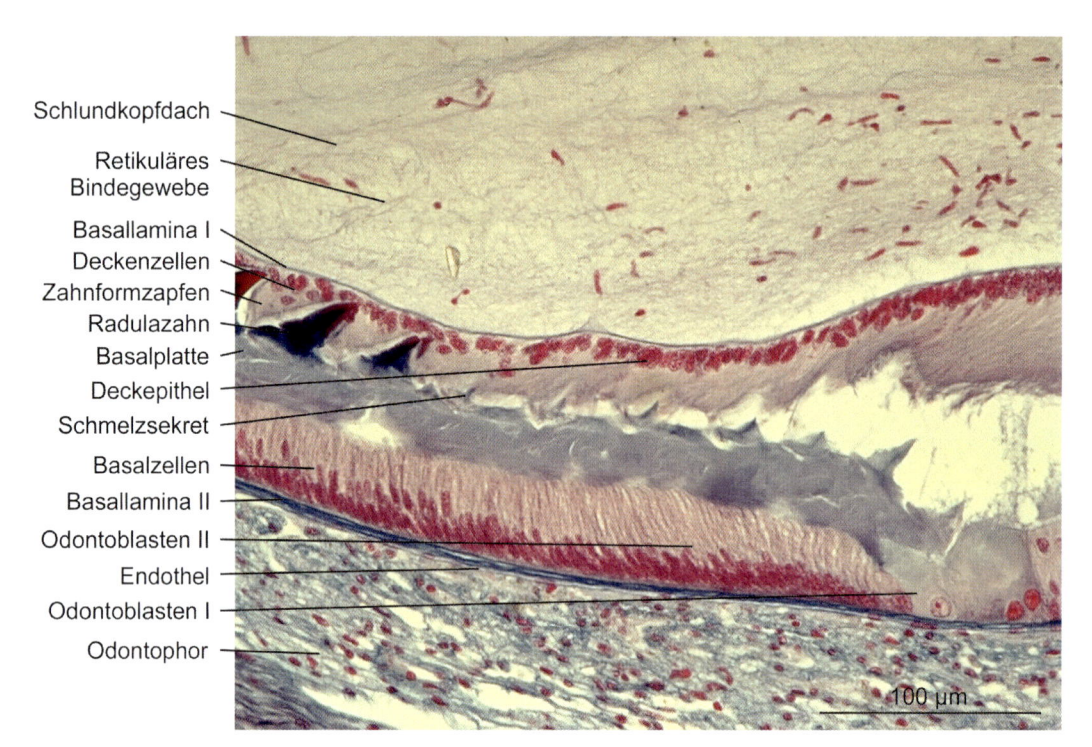

Schlundkopfdach
Retikuläres
Bindegewebe
Basallamina I
Deckenzellen
Zahnformzapfen
Radulazahn
Basalplatte
Deckepithel
Schmelzsekret
Basalzellen
Basallamina II
Odontoblasten II
Endothel
Odontoblasten I
Odontophor

100 µm

Abb. 85: *Helix pomatia*, Weinbergschnecke: Schlundkopf längs mit Radulatasche; Ausschnitt. Nahe dem blinden Ende der Radulatasche bilden zunächst in fünf Querreihen liegende voluminöse Zellen mit Kugelkernen (Odontoblasten) die Radula. Weitere Schichten der Zahngerüstunterbauten (Basalplatten) sezernieren die hohen Zellen des Odontophor. Die Formung der Zähne und ihre Härtung mit stabilem, eisenhaltigem Material übernehmen die Deckenzellen der Tasche – in Analogie zur Zahnbildung bei Wirbeltieren werden sie hier ebenso Schmelzbildner, Adamantoblasten, genannt.

Schnecken – Gastropoda

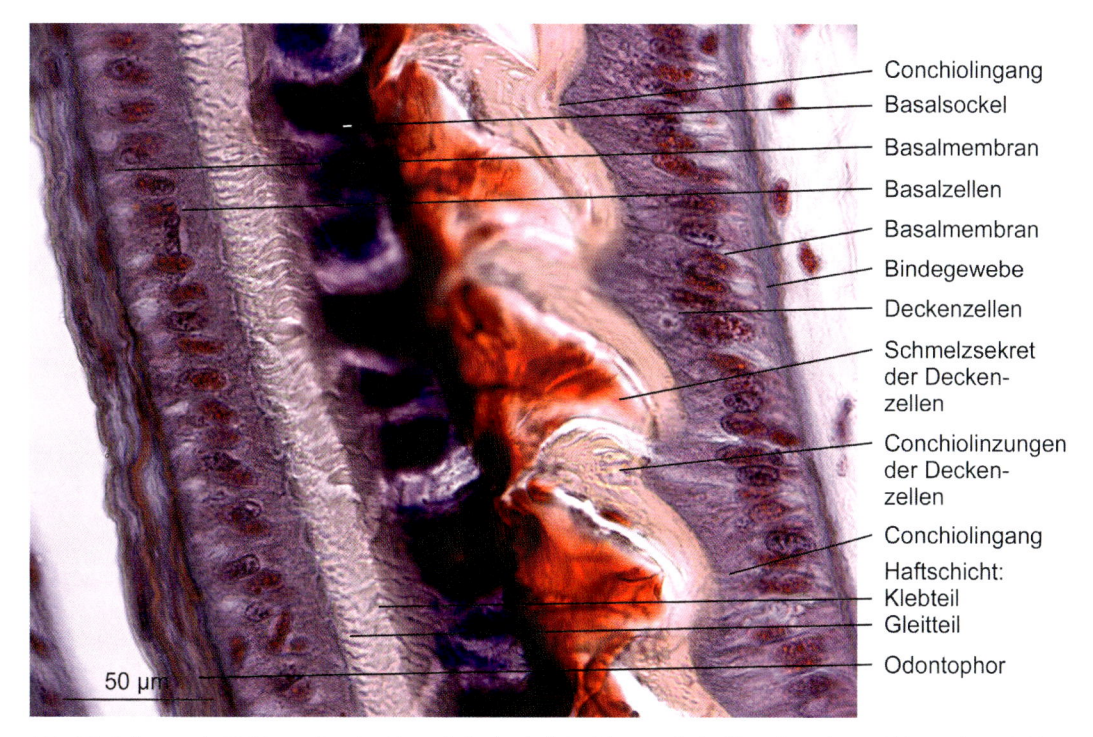

- Conchiolingang
- Basalsockel
- Basalmembran
- Basalzellen
- Basalmembran
- Bindegewebe
- Deckenzellen
- Schmelzsekret der Deckenzellen
- Conchiolinzungen der Deckenzellen
- Conchiolingang
- Haftschicht: Klebteil
- Gleitteil
- Odontophor

Abb. 86: *Helix pomatia*, Weinbergschnecke: Längsschnitt durch die Radula; Ausschnitt. Über die vordere Knickkante des Radulaknorpels kommende Zähne richten sich auf, hinter der Kante löst sich die Haftschicht vom Buccalhöhlenepithel, und die abgenutzten Zähnchen werden verschluckt; sie finden sich im Kot wieder, neben – z. B. bei Wasserschnecken – Schalen von abgeraspelten Kieselalgen und kaum anverdauten Grünalgen. 3,5 Zahnreihen (Abb.) entstehen pro Sommertag in der Radulatasche.

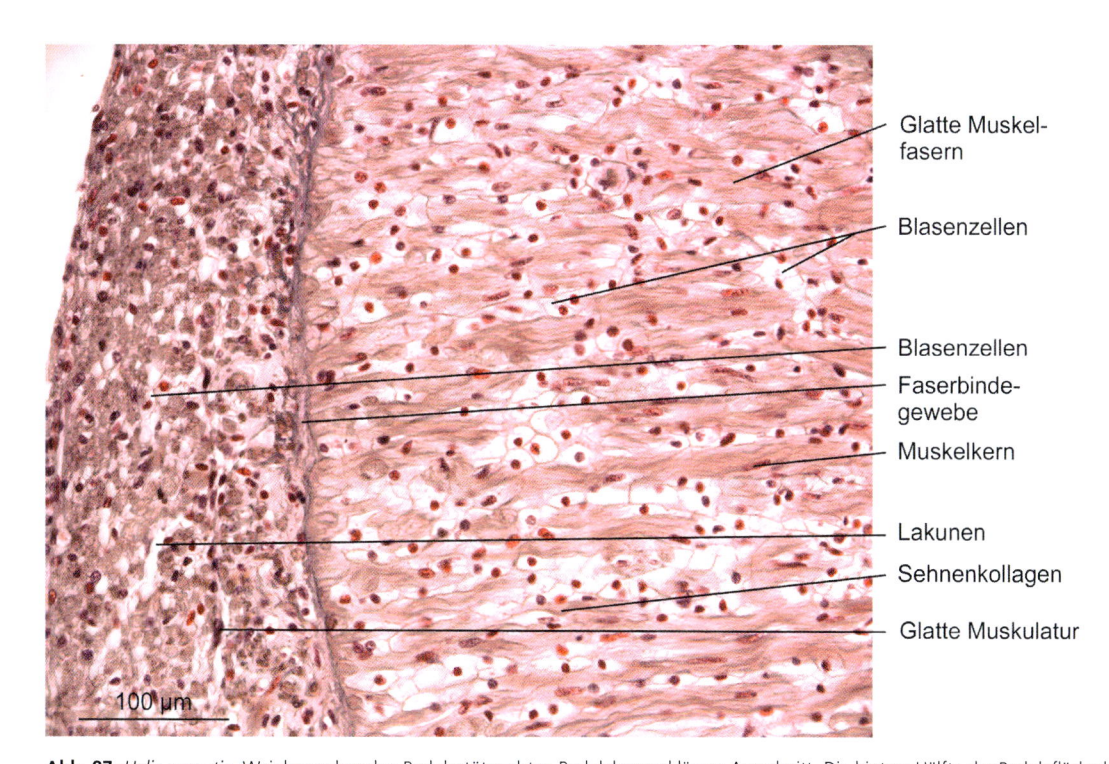

- Glatte Muskelfasern
- Blasenzellen
- Blasenzellen
- Faserbindegewebe
- Muskelkern
- Lakunen
- Sehnenkollagen
- Glatte Muskulatur

Abb. 87: *Helix pomatia*, Weinbergschnecke: Radulastützpolster, Radulaknorpel längs; Ausschnitt. Die hintere Hälfte der Radulafläche kommt eingerollt und umgewendet aus der Radulatasche; die vordere Hälfte liegt dem Stützpolster auf. Musculus anterior und M. tensor superior bewegen das Polster mit der Radula auf und ab bzw. vor und zurück. Die Konstruktion Muskelfasern–Blasenzellen dicht beisammen und hochgradig geordnet erreicht die Konsistenz von hyalinem Knorpel.

Abb. 88: *Haliotis tuberculata*, Seeohr, Abalone: Radula, Totalpräparat; Ausschnitt. Weidegänger an Algen und Steinen haben Fächerzungen vom rhipidoglossen Typ: Eine breite Spur von Mittelzahnplatten wird beiderseits von Zwischenplatten und Seitenplatten begleitet. Die Differenzierung in einen Grobschabebereich, Harkenbereich und Seihstreifen ist evident. Einige Formen mit Fächerzungen: *Haliotis, Diodora, Calliostoma, Gibbula, Monodonta*. Beim Seeohr sind von fünf Zwischenplatten die beiden inneren kleiner als die drei äußeren. Radulabreite: ca. 3 mm.

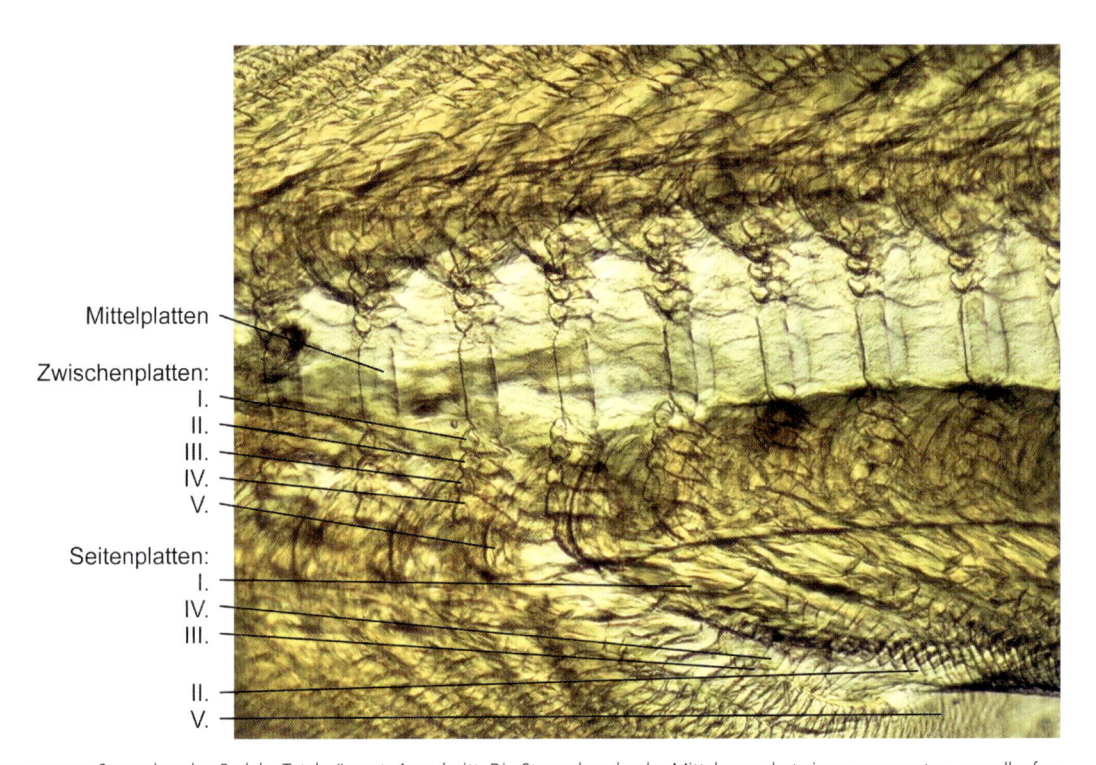

Abb. 89: *Astraea rugosa*, Sternschnecke: Radula, Totalpräparat; Ausschnitt. Die Sternschnecke des Mittelmeers hat einen orangeroten, porzellanfesten Deckel (Operculum) mit Wirbel. Die ovalen, 18 x 22 mm großen Deckel werden, in Kupferfassungen, zu Armbändern, Halsketten und Anhängern verarbeitet. Die Radula ist eine Fächerzunge mit fünf Zwischenspalten und kräftigen inneren Seitenplatten. Verminderung der Reihenzahlen auf eine Zwischenspalte und zwei Reihen Seitenzähne macht die Bandzungen der taenioglossen Schnecken aus; Beispiele dazu: *Littorina, Rissoa, Turitella, Vermetus, Cerithium, Crepidula, Xenophora, Aporrhais, Natica*. Radulabreite: ca. 2,5 mm.

Schnecken – Gastropoda

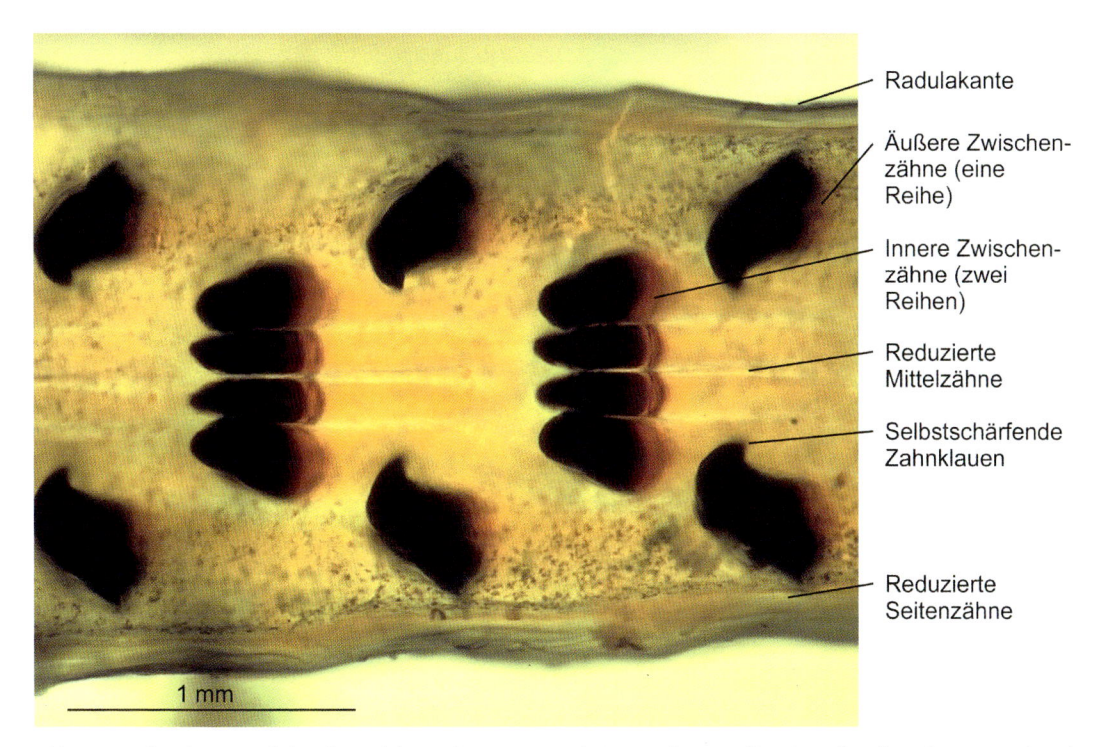

Radulakante
Äußere Zwischenzähne (eine Reihe)
Innere Zwischenzähne (zwei Reihen)
Reduzierte Mittelzähne
Selbstschärfende Zahnklauen
Reduzierte Seitenzähne

1 mm

Abb. 90: *Patella vulgata*, Napfschnecke: Radula, Totalpräparat; Ausschnitt I: Die lange und im Tier aufgerollte Balkenzunge, docoglosse Radula, hat eine Mittelplatte, drei Zwischen- und drei Seitenplatten. Bald die einen, bald die anderen neigen zur Rückbildung oder Verschmelzung, und das lokal unterschiedlich in einer Radula. Vorne werden die Zähne von drei Zwischenplatten pigmentiert und durch Opale verglast; Mittelzähne sind völlig reduziert (I). Mittel- und Seitenzähne hinten bleiben farblos (II).

Seitenlappen
Seitenplatten
Seitenzähne
Mittelzähne, Mittelplatten
Zwischenzähne
Seitenlappen

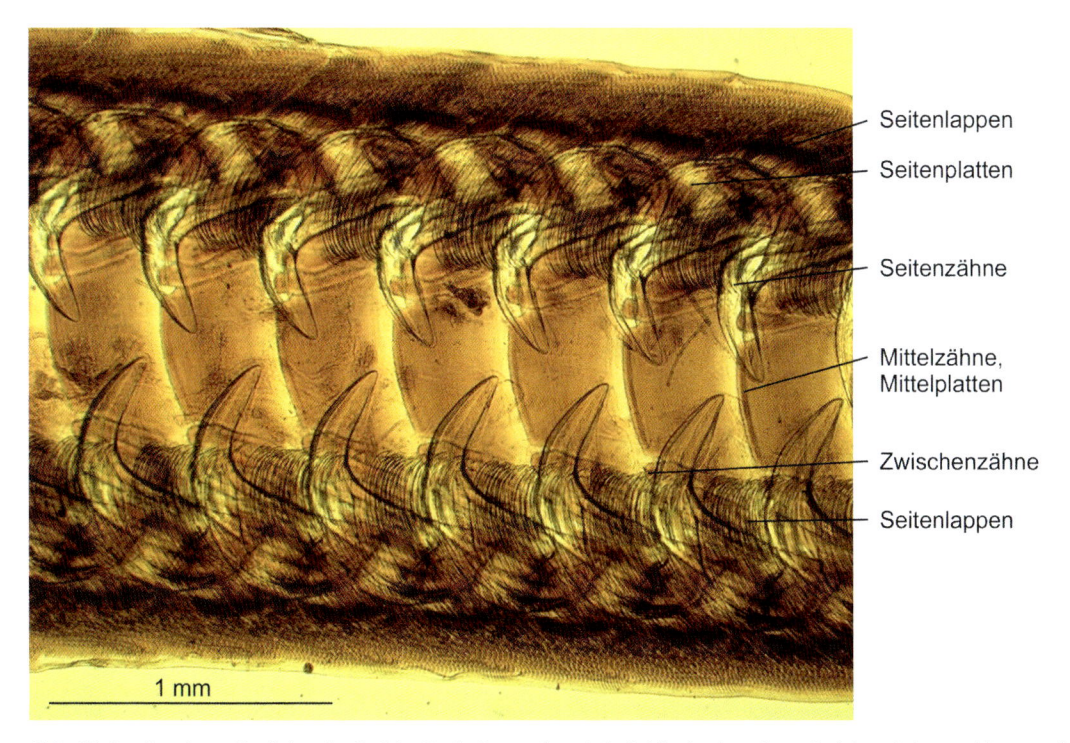

1 mm

Abb. 91: *Patella vulgata*, Napfschnecke: Radula, Totalpräparat; Ausschnitt II: Mit den komplexen Radulae schaben und kratzen die Tiere bei ihren Wanderungen Aufwuchsalgen ab (Blau-, Gold-, Kiesel-, Grün-, Rot-, Braun-, Salatalgen). Sie kehren dann auf ihrer Spur zum Stammplatz zurück. Der untere Gehäuserand jeder Schnecke ist ein akkurates, wasserdichtes Gegenstück des Stammsitzes.

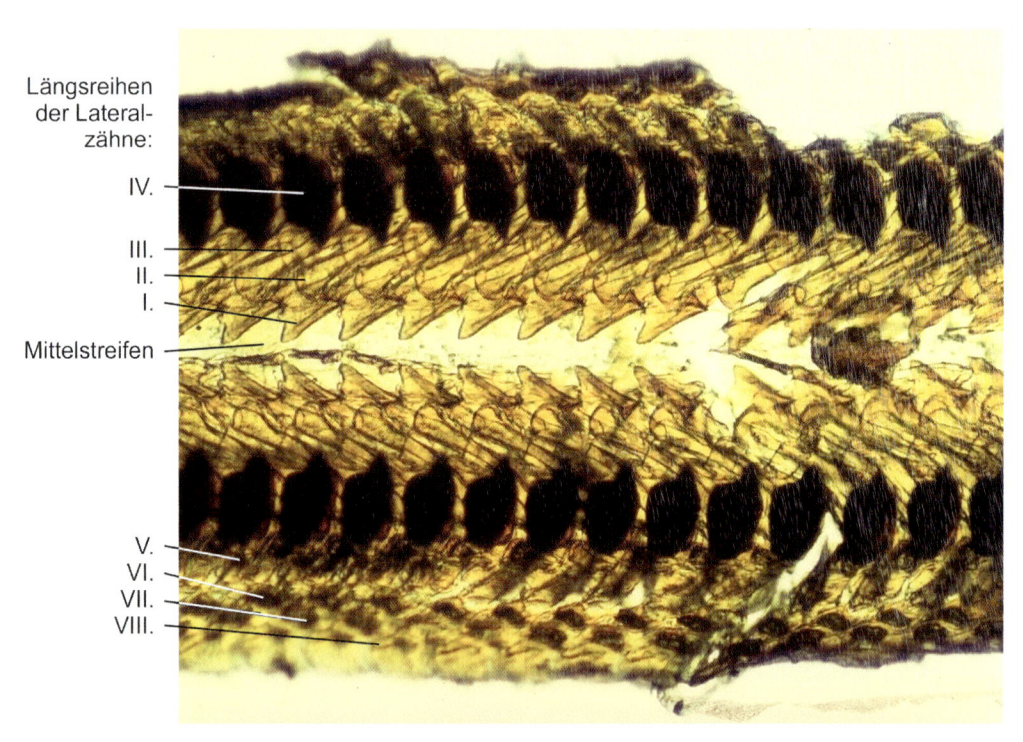

Abb. 92: *Chiton sp.*, Käferschnecke: Radula, Totalpräparat; Ausschnitt. Auf Hartböden und unter Steinen weiden Chitonen nachts Algenaufwuchs, Hydrozoen, Schwämme, Nematoden ab. Die lange Radulatasche liegt im vorderen Drittel des Körpers; ihre Odontoblasten und Adamantoblasten der Deckenzellen prägen pro Tag zwei bis drei Querreihen zu je 17 Zähnen. Über 40 Querreihen machen die gesamte Raspelzunge aus. Mittelzähne sind stark reduziert, laterale Zähne in Form und Farbe recht unterschiedlich. Die dunklen Zähne sind mit Magnetiteisen imprägniert und gehärtet. Radulabreite: ca. 2 mm.

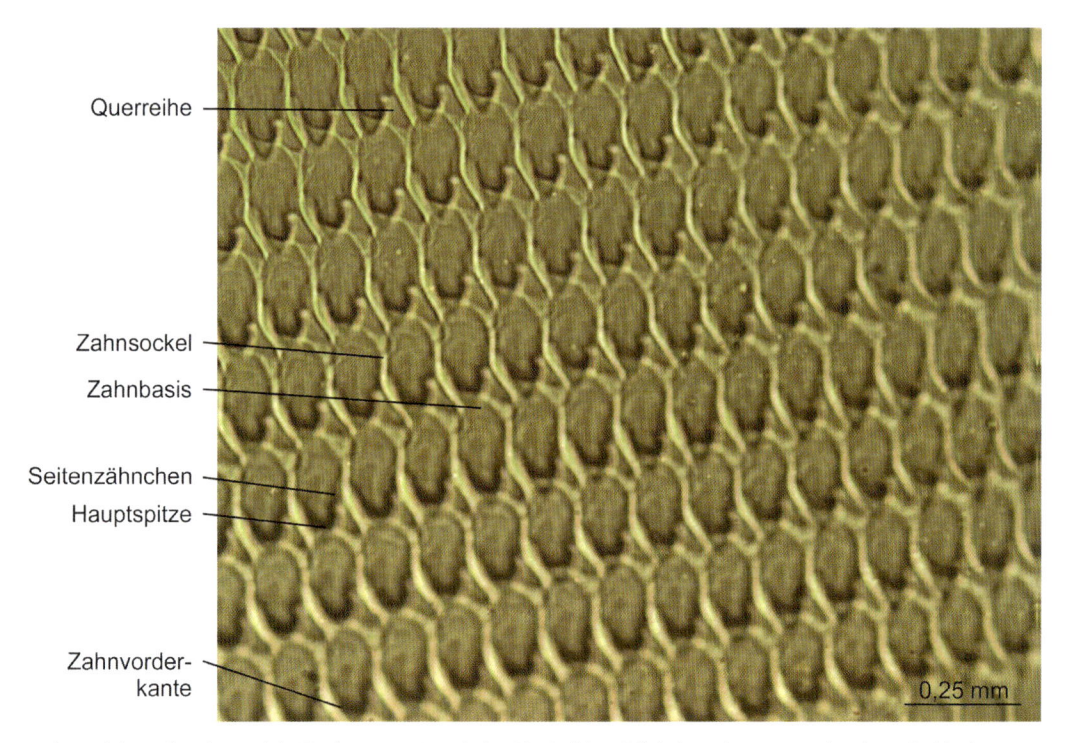

Abb. 93: *Helix pomatia*, Weinbergschnecke: Radula, Totalpräparat; Ausschnitt. Die Radulae, Schabeisen der Lungenschnecken, sind isodont, unspektakulär gleichförmig. Bei allen herbivoren Pulmonaten hat jedes Zähnchen zwei kleine Nebenzähnchen. Räuberisch lebende Schnecken, z. B. *Daudebardia*, arbeiten mit langen, sichelförmigen Zähnen. Die Zähne der *Helix*-Radulafläche lassen sich zählen: 151 in einer Querreihe, um 170 je in den senkrecht dazu laufenden Längsreihen. Insgesamt 25 000 Zähnchen pro Radula.

Schnecken – Gastropoda

– Granulozyten
– Sekretkapillaren
– Sammelkanälchen
– Mukozyten
– Bindegewebe
– Gangepithel
– Ausfuhrgang
– Sammelkanäle
– Vakuolenzellen

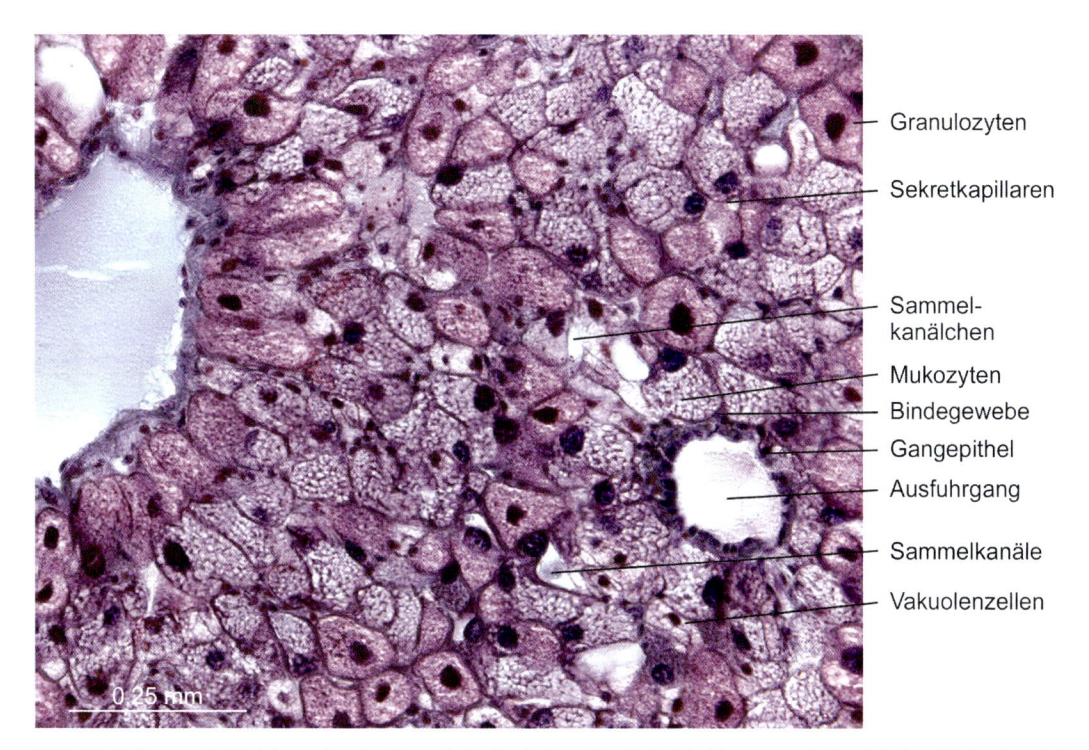

Abb. 94: *Helix pomatia*, Weinbergschnecke: Querschnitt durch eine ruhende Speicheldrüse; Ausschnitt. Links im Bild ein Blutgefäß mit Hämolymphe und Gefäßendothel. Drei Typen von Zellen der acinösen Speicheldrüsen sind um feinste Kanälchen geordnet; diese Kapillaren gehen über in Sammelkanälchen und dann in den Ausführgang. Granulozyten haben die chromatinreichsten, Vakuolenzellen die kleinsten Zellkerne. Die drei Zelltypen und teilungsfähige Zellen arbeiten parallel. Natürliche Lieblingsnahrung: Löwenzahn und Taubnesseln. Zellulasen, Chitinasen und Lignine abbauende Enzyme der Speicheldrüsen, der Mitteldarmdrüse und von symbiontischen Bakterien sind am Aufschluss der Nahrung beteiligt.

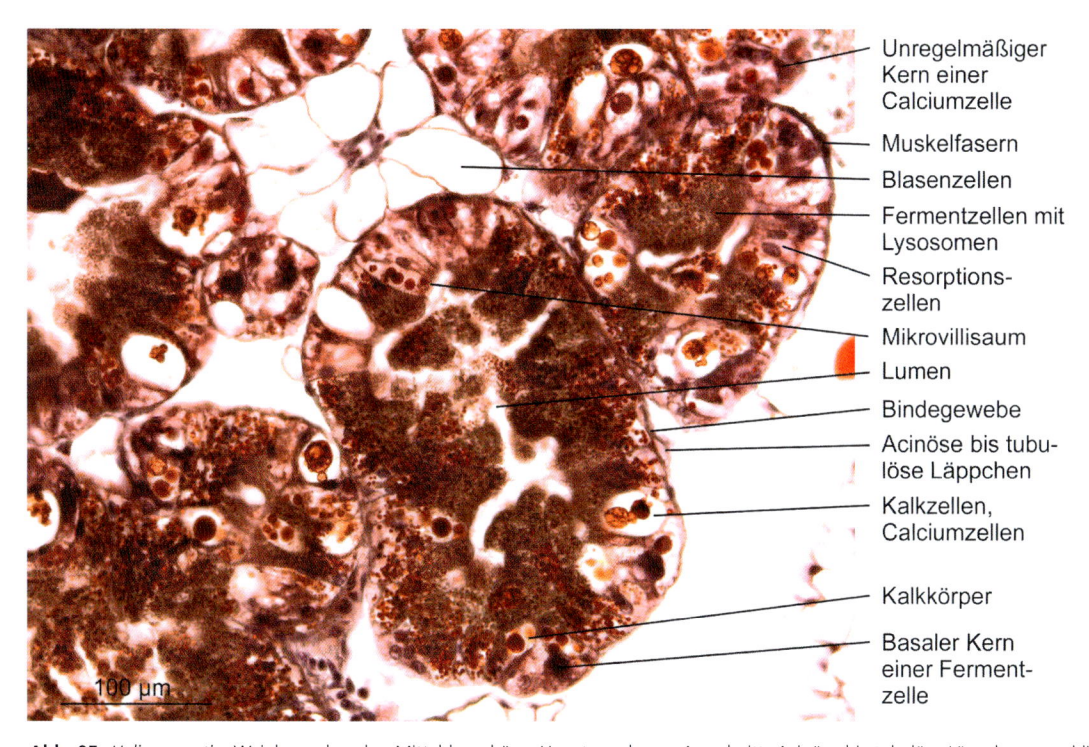

– Unregelmäßiger Kern einer Calciumzelle
– Muskelfasern
– Blasenzellen
– Fermentzellen mit Lysosomen
– Resorptionszellen
– Mikrovillisaum
– Lumen
– Bindegewebe
– Acinöse bis tubulöse Läppchen
– Kalkzellen, Calciumzellen
– Kalkkörper
– Basaler Kern einer Fermentzelle

Abb. 95: *Helix pomatia*, Weinbergschnecke: Mitteldarmdrüse, Hepatopankreas; Ausschnitt. Acinöse bis tubulöse Läppchen umschließen in ihren einschichtigen Wänden drei Zellformen: Resorptionszellen grenzen mit Mikrovillisäumen an das Lumen; enzymbildende Fermentzellen sezernieren rhythmisch über Lysosomen einen braunen Verdauungssaft mit Lipasen, Zellulasen, Proteasen; Kalkzellen reichen oft nicht bis zum Lumen, ihre sauren Calciumphosphatkonkremente ($Ca_3(PO_4)_2$) werden beim Schalenbau gebraucht.

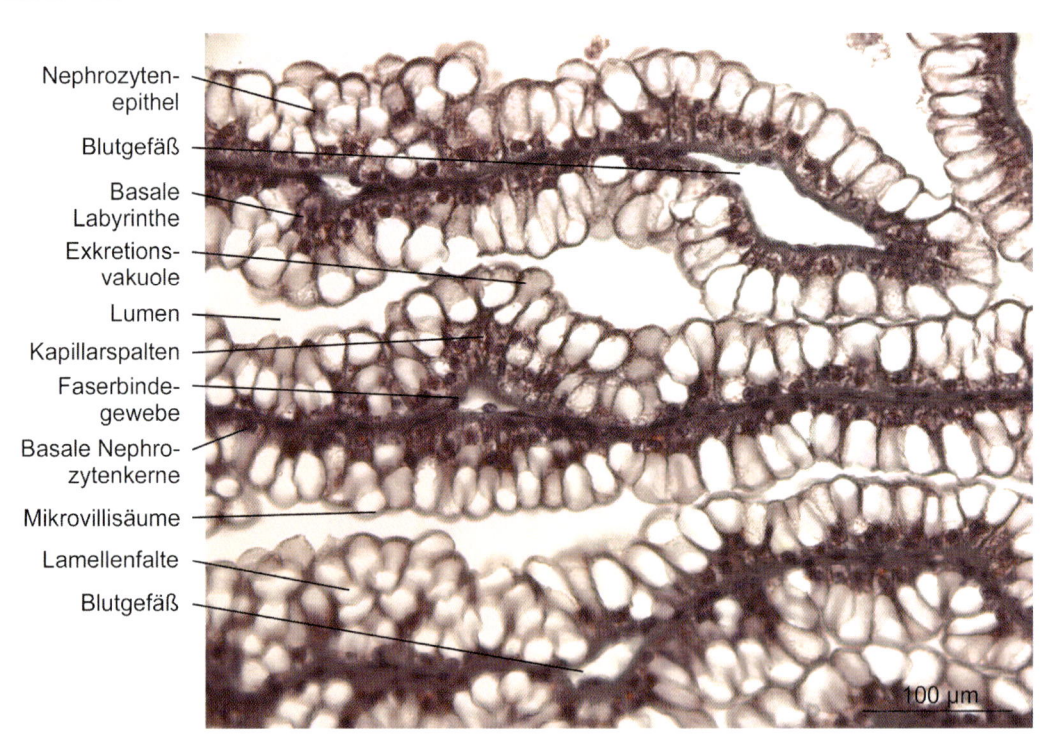

Abb. 96: *Helix pomatia*, Weinbergschnecke: Schnitt durch Lamellen der Niere; Ausschnitt. Zahlreiche Lamellen durchziehen das Lumen des Nierensacks. Einschichtiges Nieren-, Nephrozytenepithel ist bei Landschnecken das Areal der Ultrafiltration, der Primärharnbildung. Zellkerne der Nephrozyten am Zellgrund, bei den basalen Labyrinthen; die Zellen speichern Glykogen; Exkrete werden mit der Vakuole und Zytoplasmafilmen abgegeben. Zwischen allen Epithelbasen fließt Blut in Spalten und Kapillaren.

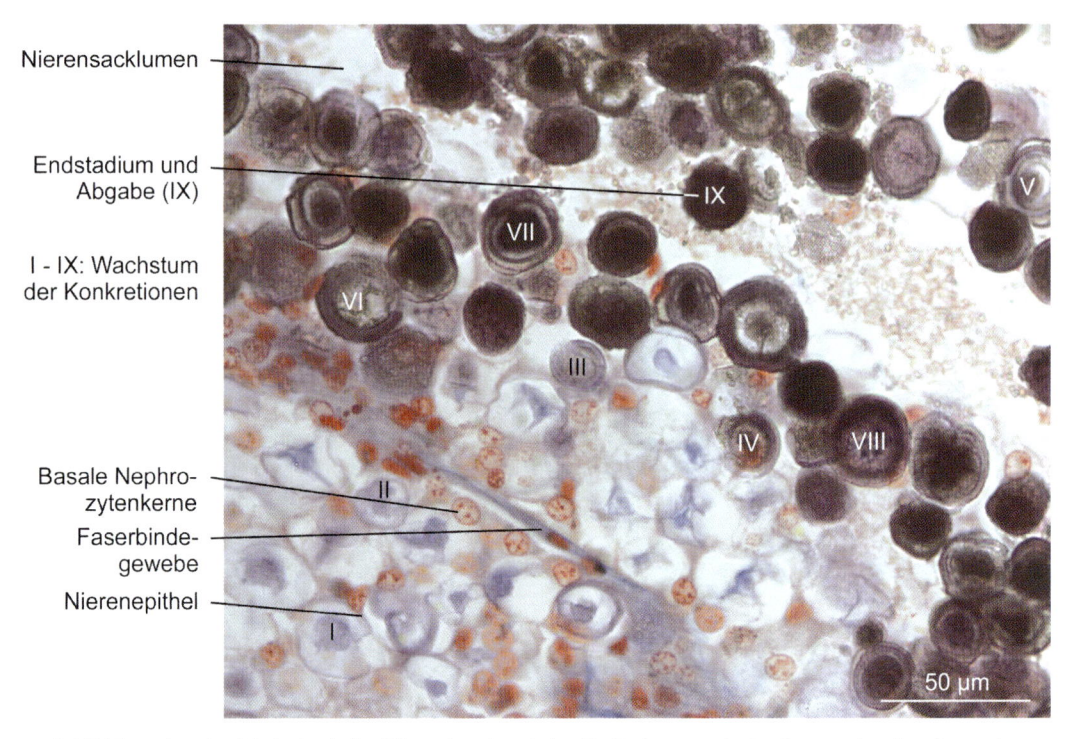

Abb. 97: *Helix pomatia*, Weinbergschnecke: Schnitt durch eine Winterniere; Ausschnitt. Die Nephrozyten der Landlungenschnecken des- und transaminieren N-haltige Verbindungen; sie erzeugen und speichern sie. *Helix* gibt Purine und Purinbasen wie Hypoxanthin, Xanthin, Guanin und Harnsäure ab. Im Winter und bei Sommerdürre verdeckelte Schnecken können sich nicht lösen: Exkrete werden als Sphaerokristalle gespeichert.

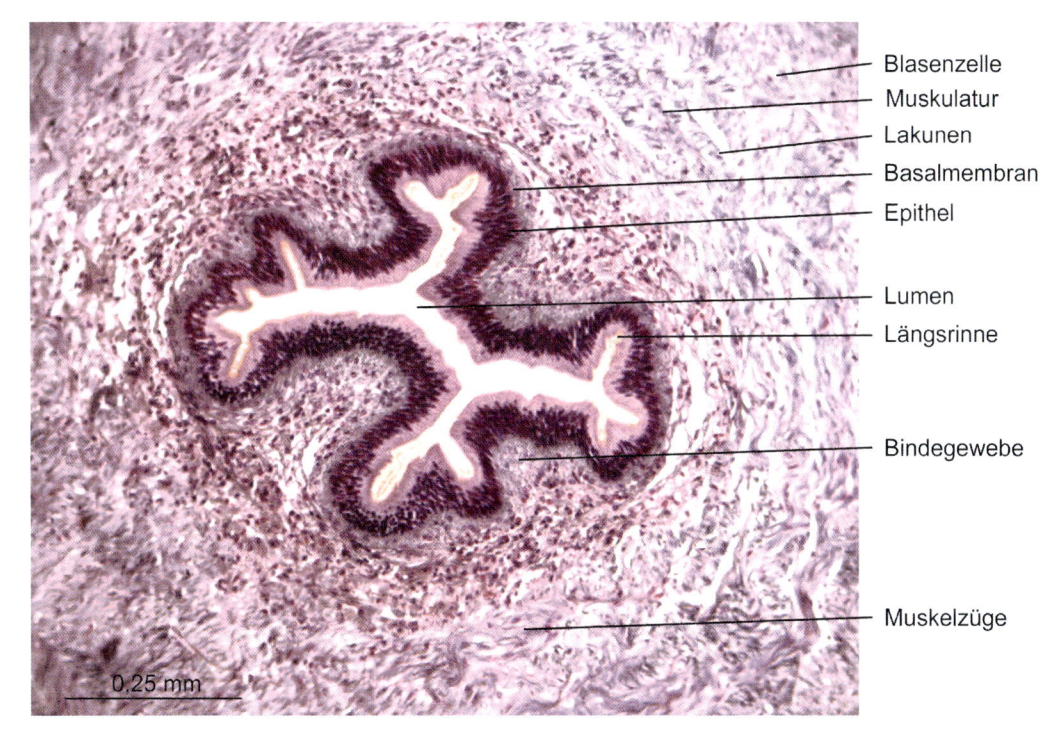

Abb. 98: *Helix pomatia*, Weinbergschnecke: Querschnitt durch den Liebespfeilsack; Übersicht. Antagonist der mächtigen Muskulatur im Liebespfeilsack ist ein Lakunen-Hämolymphsystem; Blasenzellen spielen kaum eine Rolle. Das Epithel der vierkantigen Liebespfeiltasche mit Längsrinnen an den Kanten sezerniert in winzigsten Granula – unter 1 μm groß – den Kalk für die vier Schneiden des Liebespfeils; das Längenwachstum beginnt mit einer Kalkkrone am Grund der Tasche. Nach Behandlung des Objekts mit TCA löst sich der Dolch auf.

Muscheln – Bivalvia

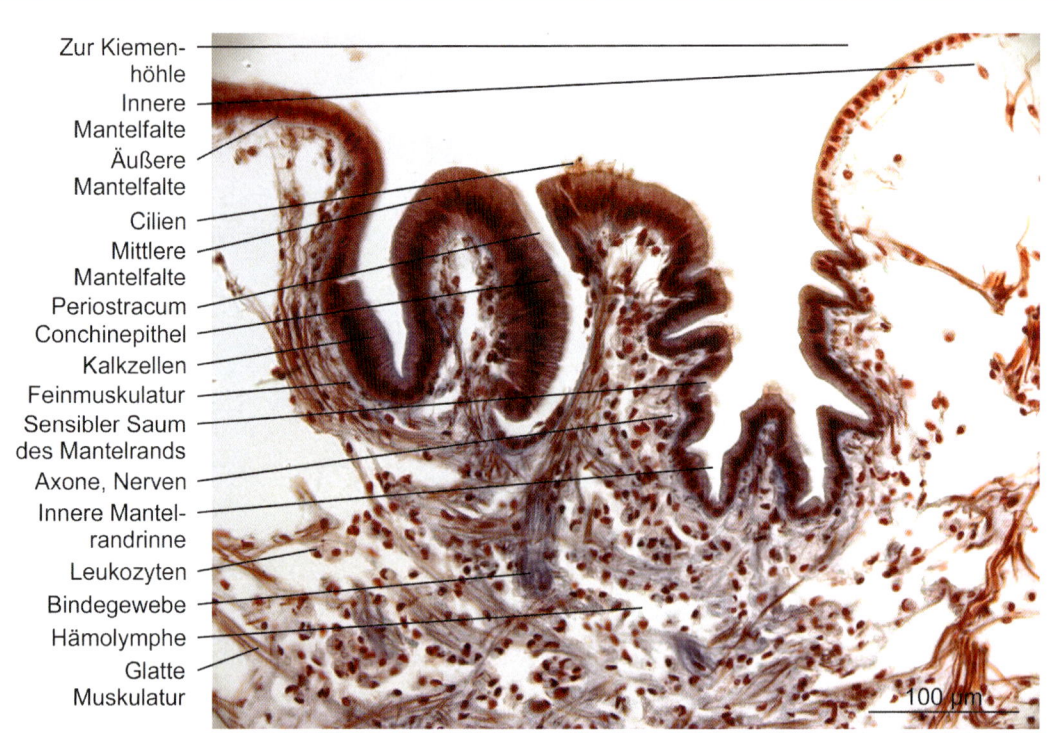

Abb. 99: *Anodonta anatina*, Entenmuschel, Flache Teichmuschel: Mantelwulstrinnen quer; Ausschnitt. Der Mantelrand von Muscheln hat Falten und drei Rinnen. Die mittleren und äußeren Mantelfalten sind – ganz anders als bei Schnecken – ständig im Kontakt mit den Schalen: Das Conchinepithel des nach innen gelegenen Teils der mittleren Mantelfalte sezerniert die nie verkalkte Proteinschicht, Conchiolinschicht, als Periostracum. Der untere Rinnenteil der äußeren Mantelfalte beginnt den Bau der Prismenschicht; Perlmuttlamellen kommen durch das äußere Mantelepithel hinzu.

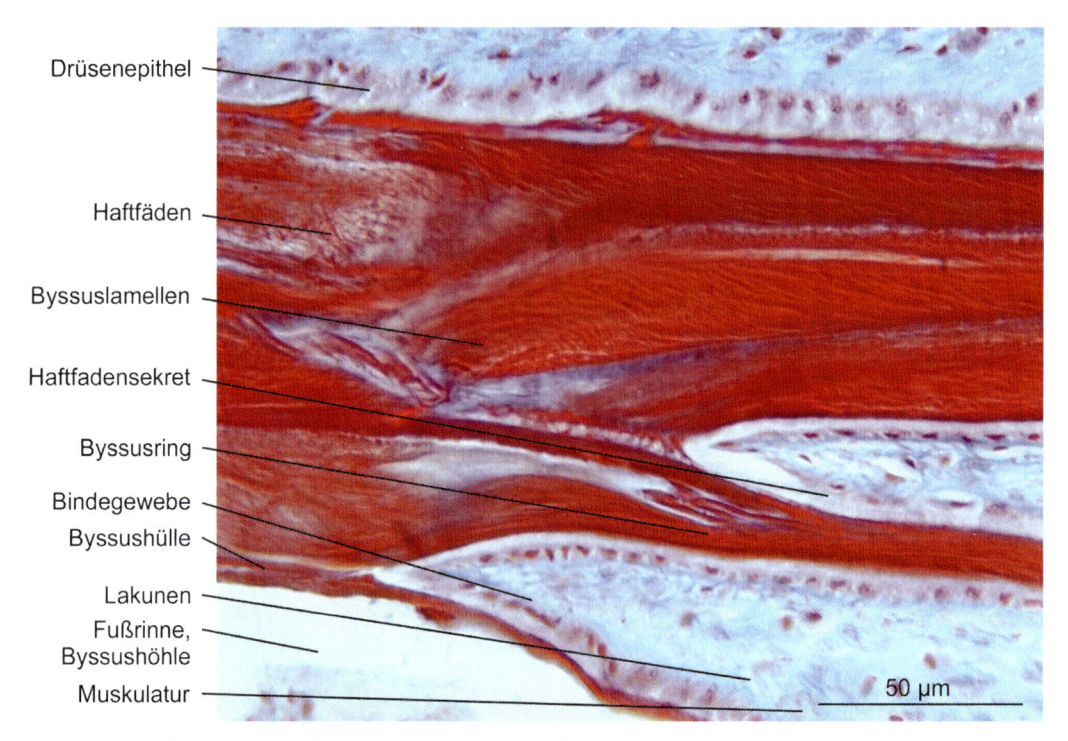

Abb. 100: *Mytilus edulis*, Miesmuschel: Längsschnitt durch den Byssusstamm; Ausschnitt. Sehr zugfeste, chinongegerbte Skleroproteine, die im Wasser innerhalb von drei Minuten erhärten, sind die Sekrete von vier Drüsen im Fuß und Drüsenflächen in der Fußrinne. Um 100 Haftfäden werden in der Rinne auf Byssuslamellen, Strängen, auf dem Byssusstamm erzeugt. Weiße Kollagendrüsen, hauptsächlich Haftscheibenleim produzierende Phenoldrüsen und Gelkolloid fabrizierende Schleimdrüsen bilden die Byssusfadenkomponenten.

Muscheln – Bivalvia

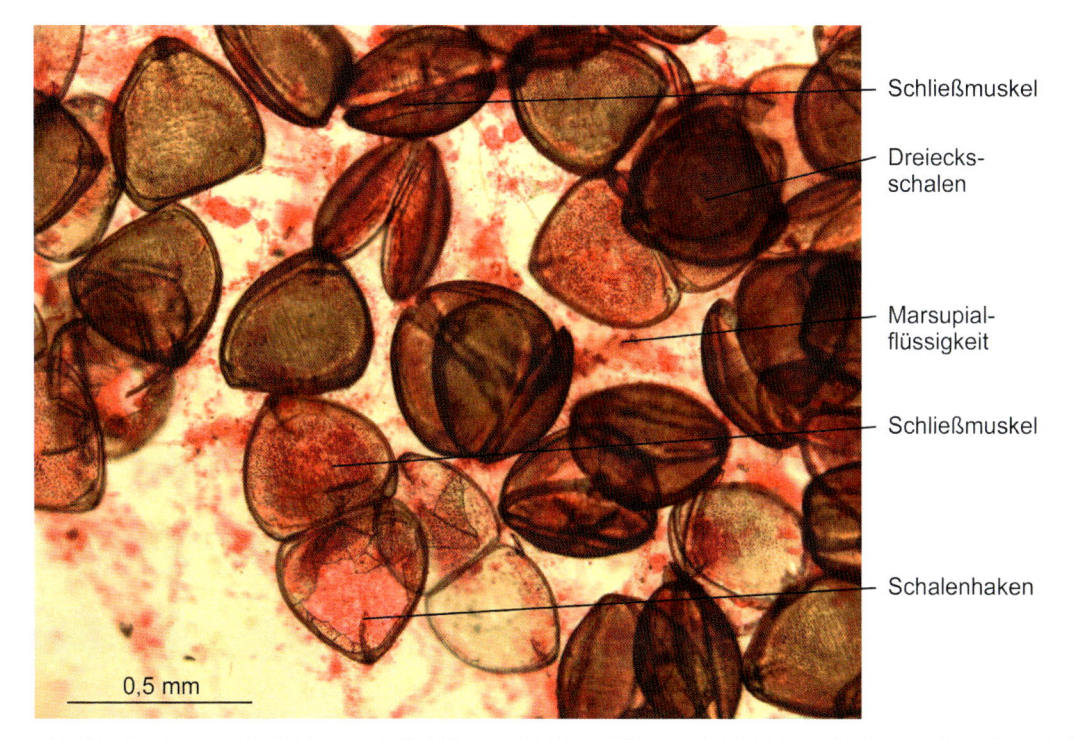

Abb. 101: *Anodonta anatina*, Teichmuschel: Glochidien total. Teich- und Flussmuscheln (*Unio*) betreiben insofern Brutpflege, als sie fast eine halbe Million Eier in Brutsäcken (Marsupien) zwischen den äußeren Kiemenlamellen bis zum Frühjahr beherbergen. Dann schlüpfen als Larven die Glochidien, die sich an den Flossen von Weißfischen festheften. Die Schalen (Abb.) sind Bildungen der embryonalen Schalendrüsen; die späteren Schalen werden von der Mantelfalte sezerniert. Vom Flossenepithel überwucherte Larven gestalten Fuß, Ganglien, Kiemen, Darm und Mitteldarmdrüsen aus; dann schädigen die Glochidien das Stratum germinativum der Flosse und können als Jungmuscheln abgestoßen werden.

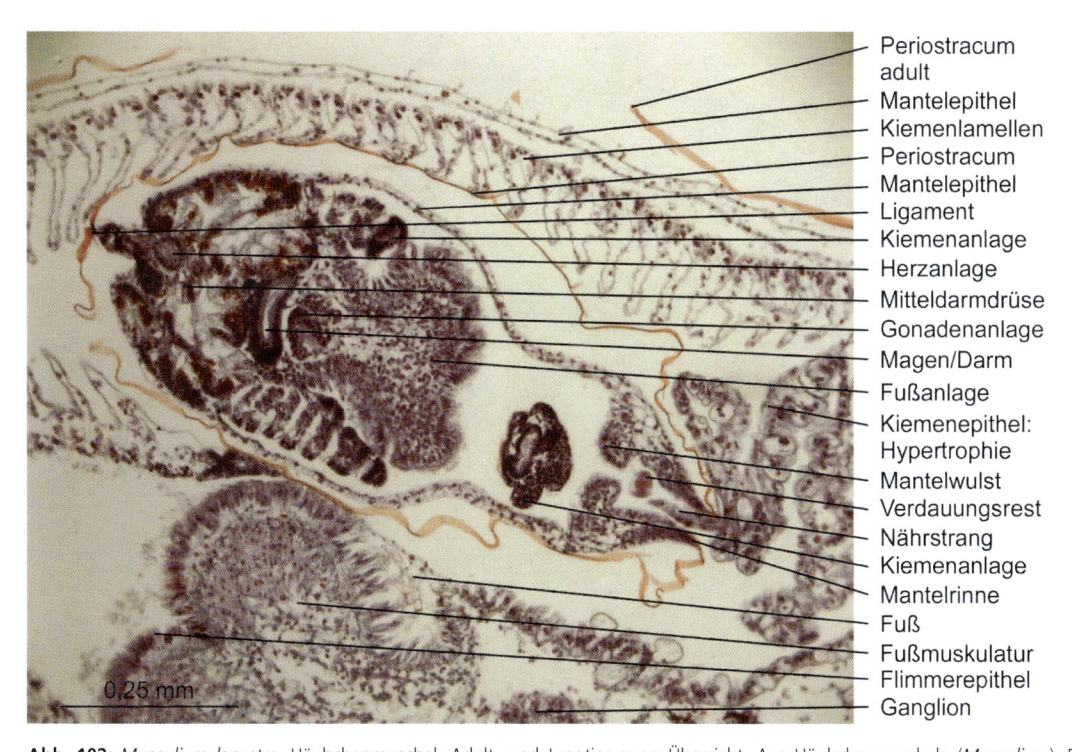

Abb. 102: *Musculium lacustre*, Häubchenmuschel: Adult- und Jungtier quer; Übersicht. Aus Häubchenmuscheln (*Musculium*), Erbsenmuscheln (*Pisidium*) und Kugelmuscheln (*Sphaerium*) kriechen nach abgeschlossener Entwicklung Jungtiere; 8 bis 15 Jungmuscheln können das sein, mit einem Alter von bis zu einem Jahr. Das hypertrophierte Kiemenepithel der Muscheln – sie können Mütter oder Zwitter sein – versorgt über Fortsätze das Jungvolk in den Braträumen zwischen den Kiemenlamellen. Kalk ist bei der Präparation durch die Säuren der Fixiermittel (Pikrinsäure, Essigsäure) sowie durch die Farblösungen aufgelöst worden.

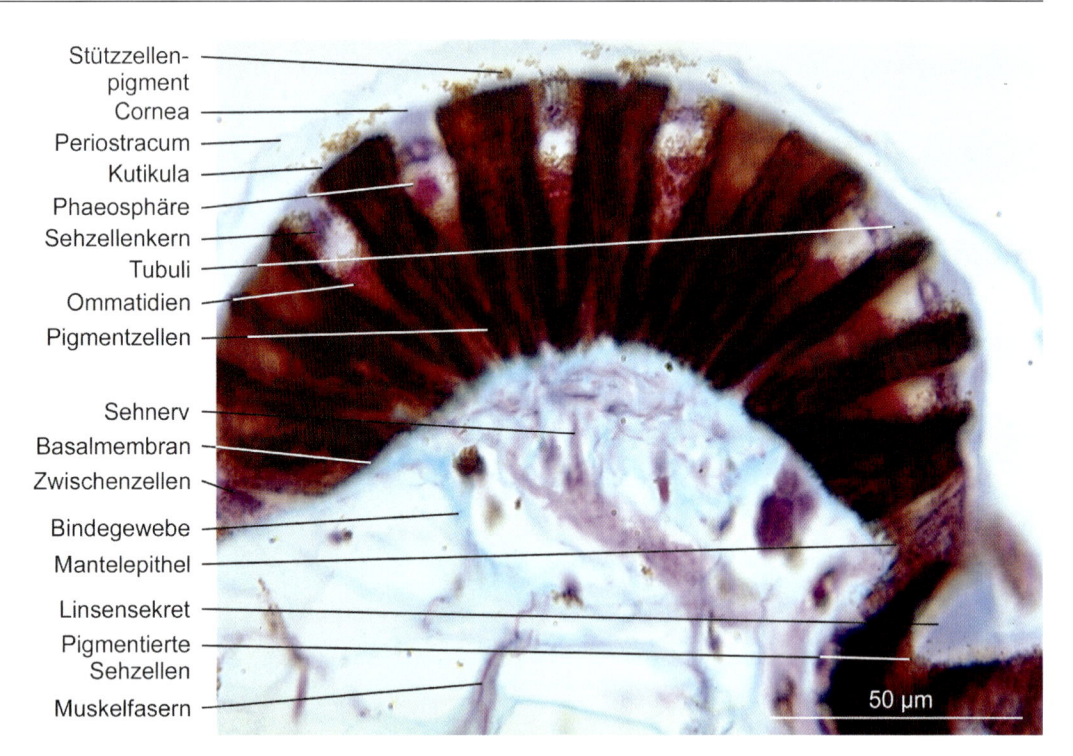

Abb. 103: *Arca noae*, Archenmuschel: Mantelrandaugen quer; Ausschnitt. *Arca* hat zwei Augentypen am Mantelrand: einfache Grubenaugen (rechts) und viele Komplexaugen mit je ca. 250 Ommatidien. Über 200 Augen können am Mantel liegen. Die Augen stehen mit den Visceralganglien in Verbindung. Die Photopigmente der Rhabdome liegen auf intrazellulären Tubuli zwischen Cornea und Kern der Sehzellen. Drei Pigment- und drei Stützzellen um eine Sehzelle machen ein Ommatidium aus. Unbekannt ist der Stellenwert der Phaeosphären.

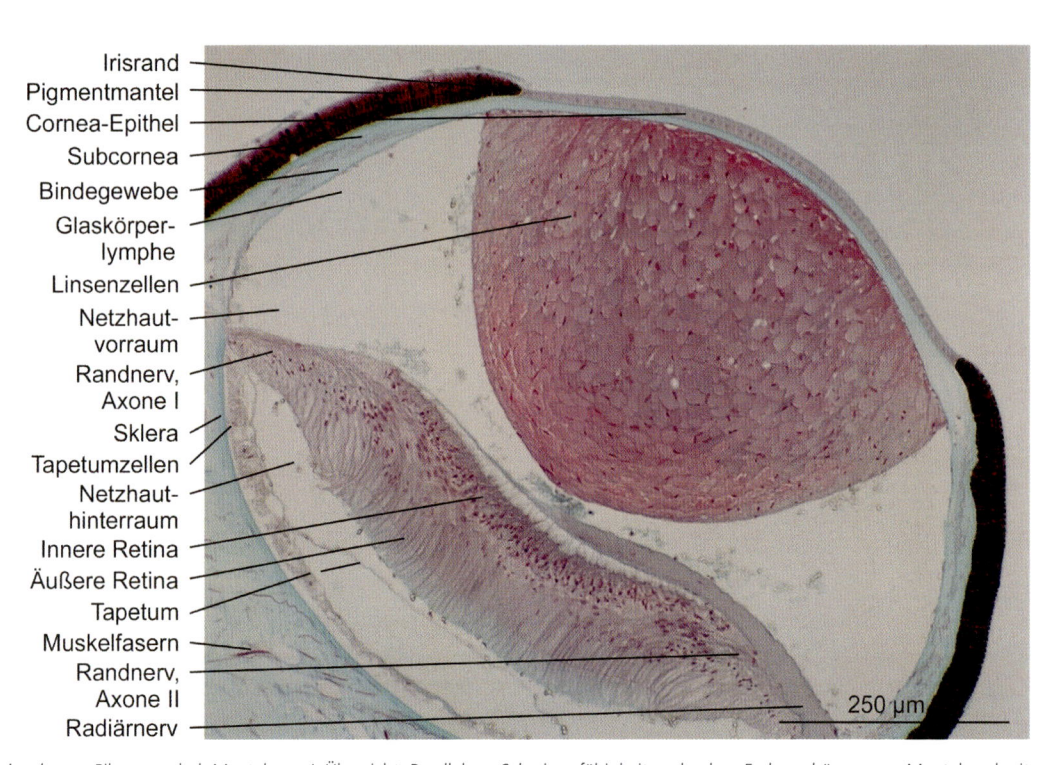

Abb. 104: *Pecten jacobaeus*, Pilgermuschel: Mantelauge I; Übersicht. Parallel zur Schwimmfähigkeit und neben Fadenanhängen am Mantelrand mit Tast- und Geruchsorganen sitzen bei Pilger- und Kammmuscheln (*Chlamys*, engl. *Scallops*) bis zu 100 blauschwarze Augen am Mantelrand. Mit den Linsenaugen können Helligkeitsunterschiede aus Entfernungen bis zu 6 m bemerkt werden: Flucht vor Seesternen und Oktopus ist möglich. Aus über 30 Schichten feinster Guaninkristalle mit Doppelmembranen in den Tapetumzellen bildet sich hinter der Netzhaut ein Hohlspiegel. Die Kristalle lösen sich in der Färbelösung. Gom.

Muscheln – Bivalvia

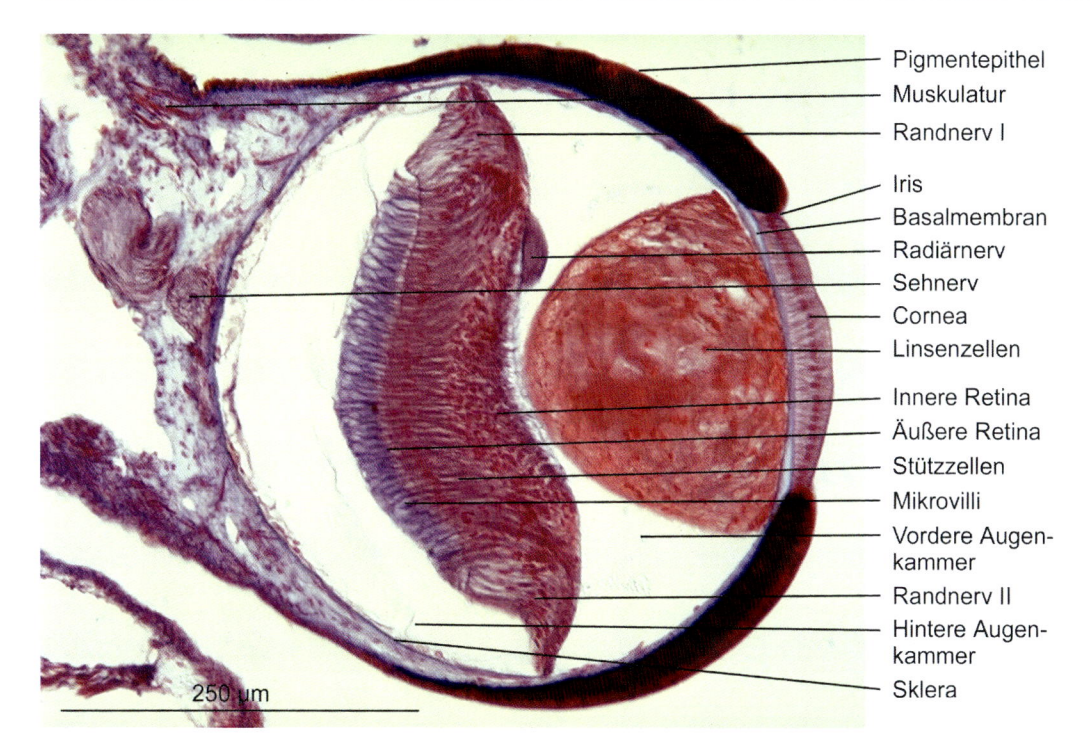

- Pigmentepithel
- Muskulatur
- Randnerv I
- Iris
- Basalmembran
- Radiärnerv
- Sehnerv
- Cornea
- Linsenzellen
- Innere Retina
- Äußere Retina
- Stützzellen
- Mikrovilli
- Vordere Augenkammer
- Randnerv II
- Hintere Augenkammer
- Sklera

250 µm

Abb. 105: *Pecten jacobaeus*, Pilgermuschel: Mantelauge II; Übersicht. Mantelauge II und I unterscheiden sich durch die Färbungen der Schnitte (I: Gomori; II: Kernechtrot-Kombination). Bedeutungsvoll sind die Proportionen der geschnittenen Linsenaugen, denn ihre Funktion erfüllen sie abseits üblicher Optik. Die abnorm geformte Linse entzerrt das Bild des Hohlspiegels, der auf die äußere Netzhaut projiziert; Schatten und Richtungen werden so wahrgenommen – im Verbund mit den weiteren Augen. Zur Aufgabe der inneren Netzhautpartie, Lichtintensitäten wahrzunehmen, s. Abb. **106**. Vorteil des Augentyps: hohe Lichtausbeute.

- Radiärnervaxone
- Cilienstrukturen
- Innere Retina
- Axone
- Kerne der inneren Sehzellen
- Kerne der äußeren Sehzellen
- Kerne der Stützzellen
- Äußere Retina
- Stützzellen (dunkel)
- Sehzellen (hell)
- Stratum limitans
- Mikrovillibasen
- Stützzellenenden
- Mikrovillilamellen

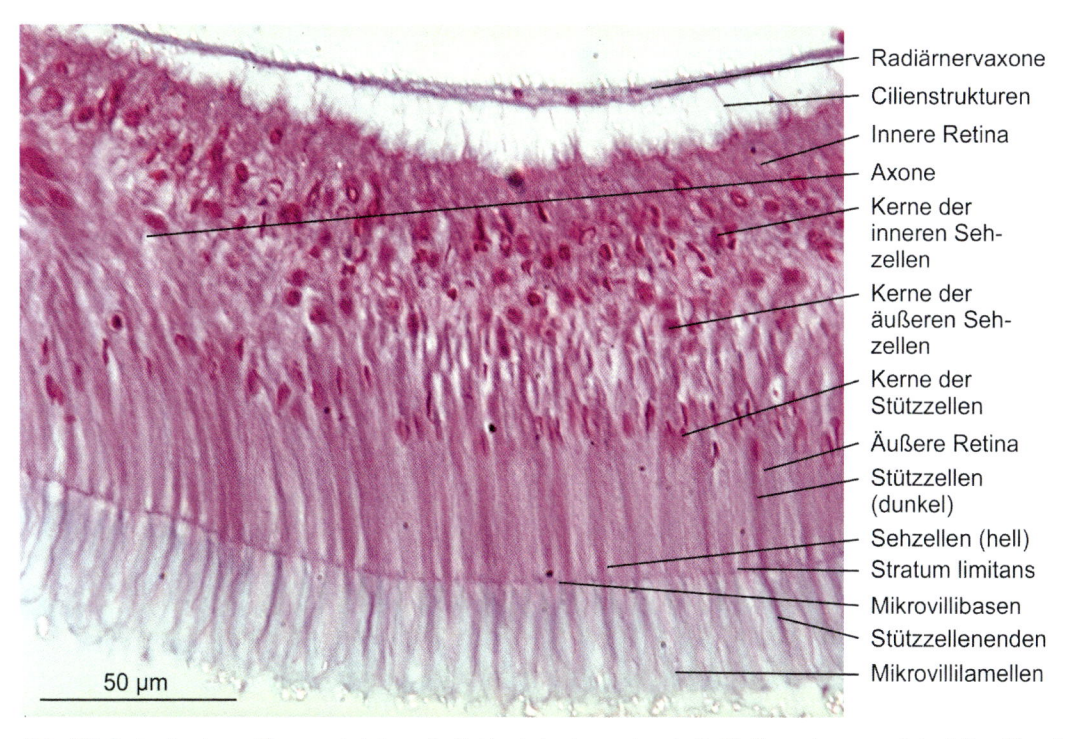

50 µm

Abb. 106: *Pecten jacobaeus*, Pilgermuschel: Doppelte Netzhaut des Auges; Ausschnitt. Die Photopigmente auf den Mikrovillilamellen der äußeren Retina reagieren auf Lichtintensitäten, ohne Farben unterscheiden zu können. Die Rezeptoren vom Cilientyp der inneren Retina sehen im Prinzip ein Bild, das vom Tapetum reflektiert wird. Schattenbewegungen und Richtungen werden hier registriert, wobei alle Augen zusammen ein System bilden. Axone des Rand- und des Radiärnervs treffen sich hinter dem Auge zum Sehnerven, der zu den Visceroparietalganglien zieht. Die Stützzellen sind Gliazellen. Gom.

Tintenfische – Cephalopoda

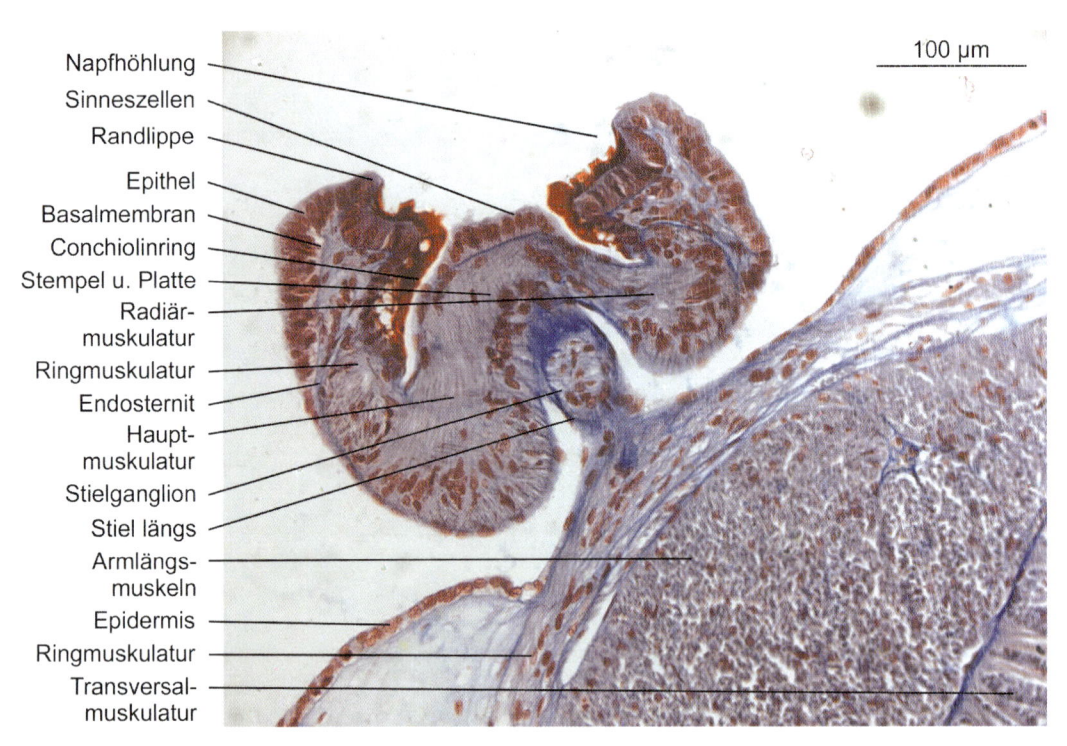

Abb. 107: *Sepia officinalis*, Sepia: Querschnitt durch einen Arm mit Saugnapf; Übersicht. Die gestielten Saugnäpfe sind bei Sepien zu viert in Querreihen an den Innenseiten der Fangarme angeordnet. Die Randlippenringe der Näpfe sind weich, die chitinverstärkten Conchiolinringe hart; ein Endosternitring aus Kollagenfasern stabilisiert die Form. Vom Skelettring aus ziehen Radiärmuskelfasern zur Stempelplatte; Kontraktion der Muskeln erzeugt Unterdruck. Verstärkt wird dies durch Kontraktion der Hauptmuskulatur: Sie hebt die oberen Ringstrukturen gegenüber dem Stempel. Die Transversalmuskulatur der Arme ist ein dreidimensionales Geflecht aus schräg gestreiften Muskelzellen.

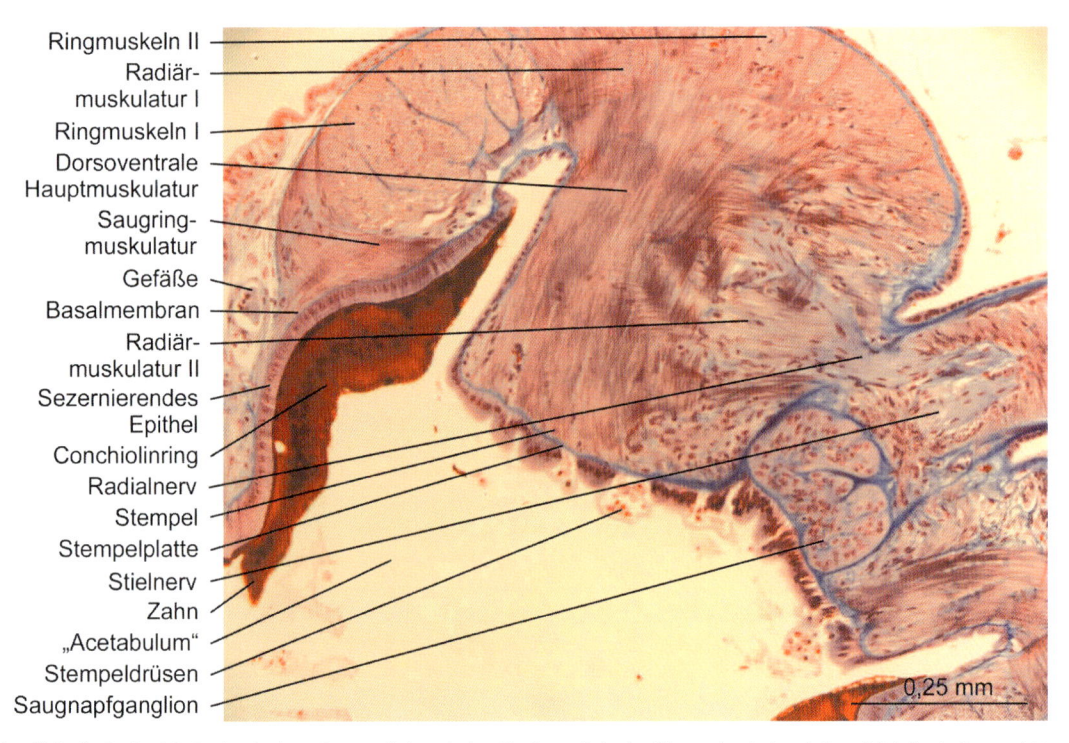

Abb. 108: *Sepia officinalis*, Sepia: Schnitt durch einen Saugnapf; Ausschnitt. Die Saugnäpfe der Oktopoden haben keinen Stiel, ihr Außenrand ist glatt. Die weicheren Näpfe der Decabrachia dagegen sind gestielt, und ein Conchiolin-Chitinring ist – artspezifisch – mit Randzähnchen bestückt. Glattere Näpfe saugen sich auf harten Schalen und Panzern von Schnecken, Muscheln und Krabben gut fest; zähnchenbewehrte Näpfe eignen sich zum Fang von Fischen.

Tintenfische – Cephalopoda

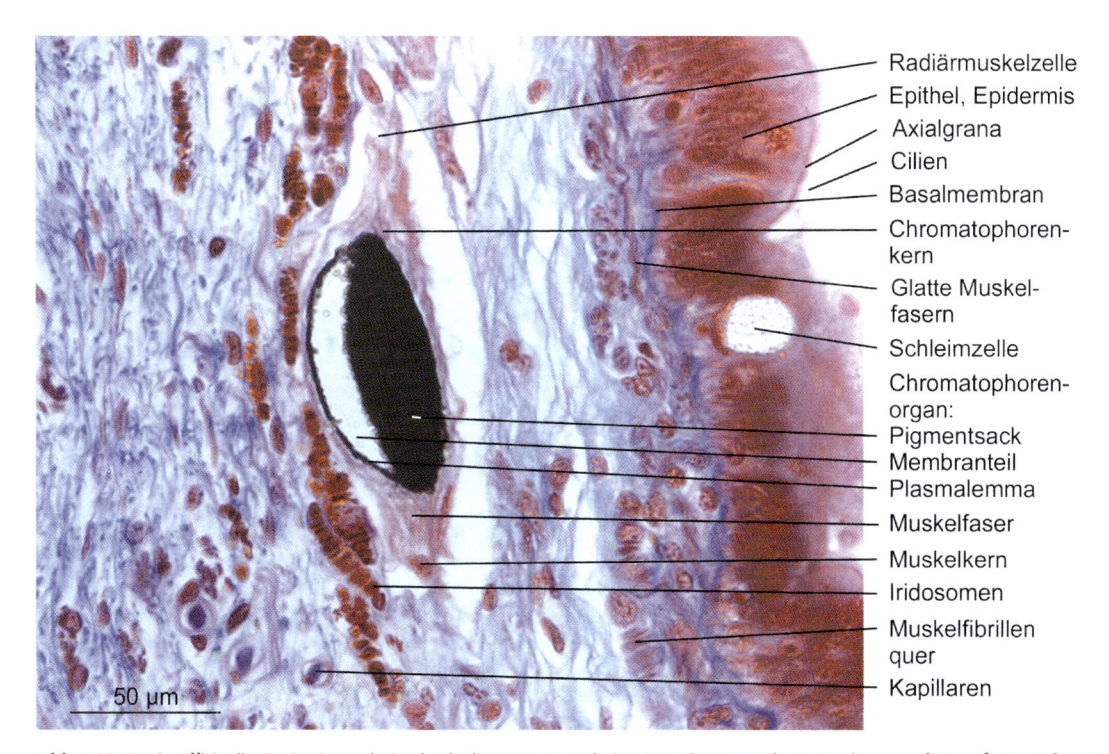

Labels (Abb. 109):
- Radiärmuskelzelle
- Epithel, Epidermis
- Axialgrana
- Cilien
- Basalmembran
- Chromatophorenkern
- Glatte Muskelfasern
- Schleimzelle
- Chromatophorenorgan: Pigmentsack, Membranteil, Plasmalemma
- Muskelfaser
- Muskelkern
- Iridosomen
- Muskelfibrillen quer
- Kapillaren

Abb. 109: *Sepia officinalis*, Sepia: Querschnitt durch die Haut; Ausschnitt. Sepia hat 350 Chromatophoren auf 1 mm². Ein äußerer Teil der Zellen – ein Sack mit Filamenten und Melanin, Phaeomelaninen sowie Ommochromen als Pigmentgranula – wird ungespannt kugelig. Ein innerer Teil der Zellen ist hell und besteht aus Membraneinfaltungen. Kontrahieren sich die Fasern der ca. 16 radiären Muskelzellen eines Chromatophorenorgans, entsteht eine Pigmentsackscheibe, und die Membranfalten ziehen sich aus. Große Iridozyten reflektieren Licht an ihren unzähligen Organellen mit jeweils zwei bis sieben Blättern als Membranstapel. Iridosomen: Je nach Einfall wird weißes oder blaues Licht zurückgestrahlt.

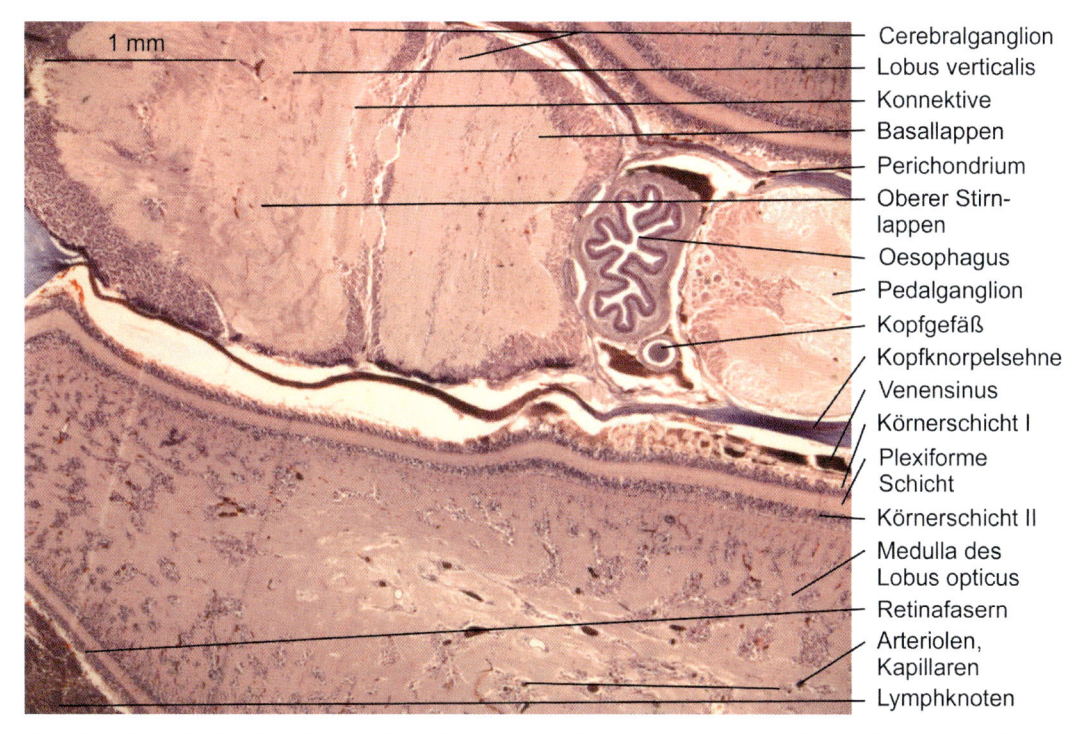

Labels (Abb. 110):
- Cerebralganglion
- Lobus verticalis
- Konnektive
- Basallappen
- Perichondrium
- Oberer Stirnlappen
- Oesophagus
- Pedalganglion
- Kopfgefäß
- Kopfknorpelsehne
- Venensinus
- Körnerschicht I
- Plexiforme Schicht
- Körnerschicht II
- Medulla des Lobus opticus
- Retinafasern
- Arteriolen, Kapillaren
- Lymphknoten

Abb. 110: *Loligo vulgaris*, Kalmar: Gehirn in einem Kopfquerschnitt; Übersicht. Die zusammengedrängten Ganglien des Gehirns sind in sich und untereinander durch Axone und Dendriten pseudounipolarer Neurone verbunden. Entsprechend der Bedeutung der Sehreize sind die optischen Loben relativ gesehen sehr groß; Perikaryen der Neurone liegen als Inseln im Faserfilz. Die Neurone sind vielfältig: Unipolare, Pseudounipolare, Bipolare, Multipolare und Amakrine als dendritische, meist hemmende Interneurone. Dorsal: linke Seite; Kopfknorpel entspricht hyalinem Knorpel.

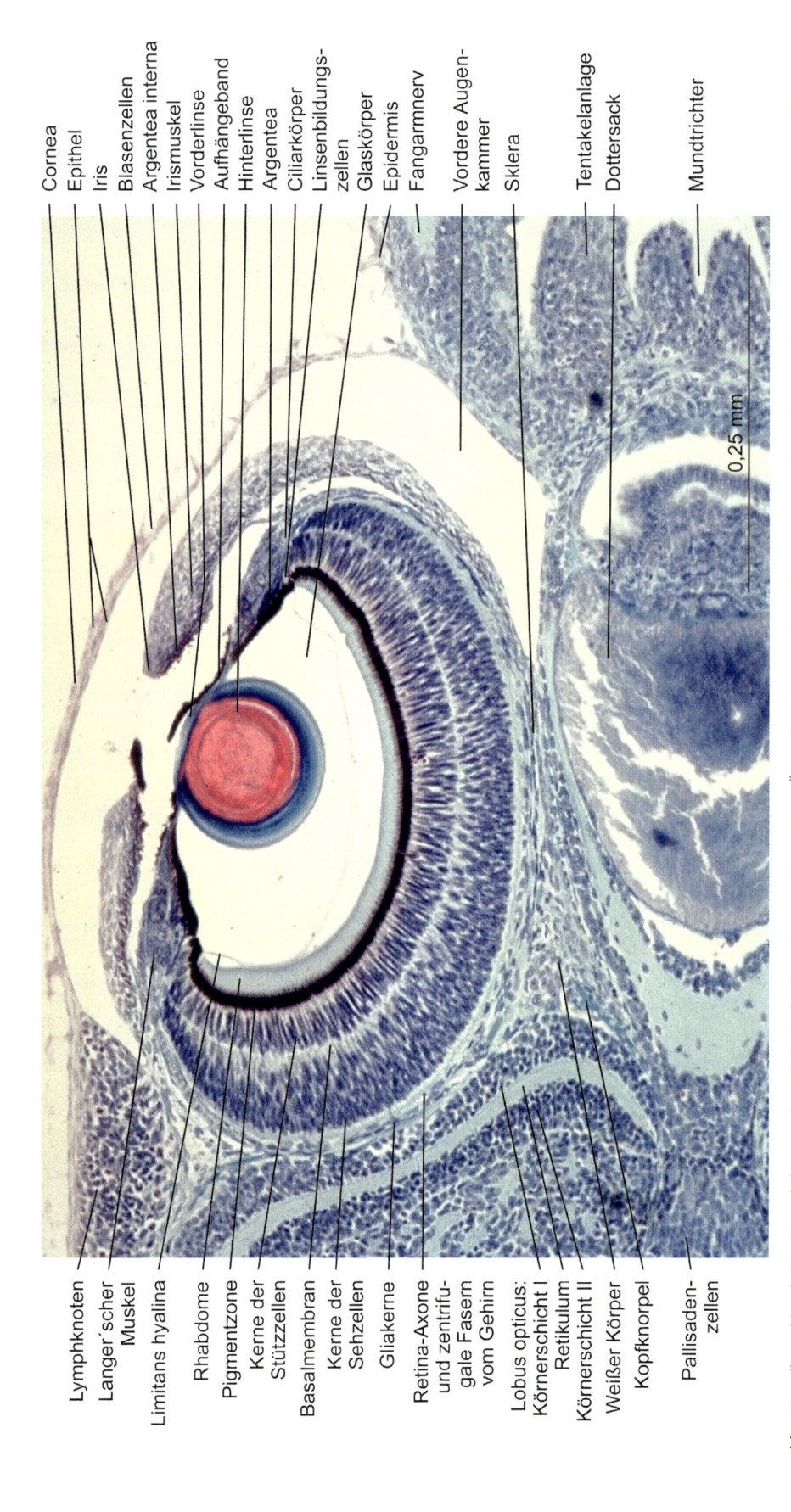

Tintenfische – Cephalopoda

Abb. 111: *Alloteuthis subulata*, Zwergkalmar: Horizontalschnitt durch ein Auge und Umgebung; Übersicht. Augen, die Hauptsinnesorgane der Tintenfische, sind hoch entwickelt, was z. B. betrifft: Augenmuskeln, Akkommodation, Pupillenkontrolle, Pigmentwanderung für Hell-Dunkel-Adaptation, innere Augenmuskeln, Lichtverarbeitung, zentrifugale Innervierung der Retina, Lidstellungen; sie können polarisiertes Licht detektieren, kleine Details von Formen unterscheiden und vielleicht Farben erkennen. Optische Erinnerungsbilder werden im Lobus opticus und im Lobus verticalis als Gedächtnisinhalte monatelang gespeichert.

Beschriftungen:
- Cornea
- Epithel
- Iris
- Blasenzellen
- Argentea interna
- Irismuskel
- Vorderlinse
- Aufhängeband
- Hinterlinse
- Argentea
- Ciliarkörper
- Linsenbildungszellen
- Glaskörper
- Epidermis
- Fangarmnerv
- Vordere Augenkammer
- Sklera
- Tentakelanlage
- Dottersack
- Mundtrichter
- Lymphknoten
- Langer'scher Muskel
- Limitans hyalina
- Rhabdome
- Pigmentzone
- Kerne der Stützzellen
- Basalmembran
- Kerne der Sehzellen
- Gliakerne
- Retina-Axone und zentrifugale Fasern vom Gehirn
- Lobus opticus: Körnerschicht I
- Retikulum
- Körnerschicht II
- Weißer Körper
- Kopfknorpel
- Pallisadenzellen

0,25 mm

Tintenfische – Cephalopoda

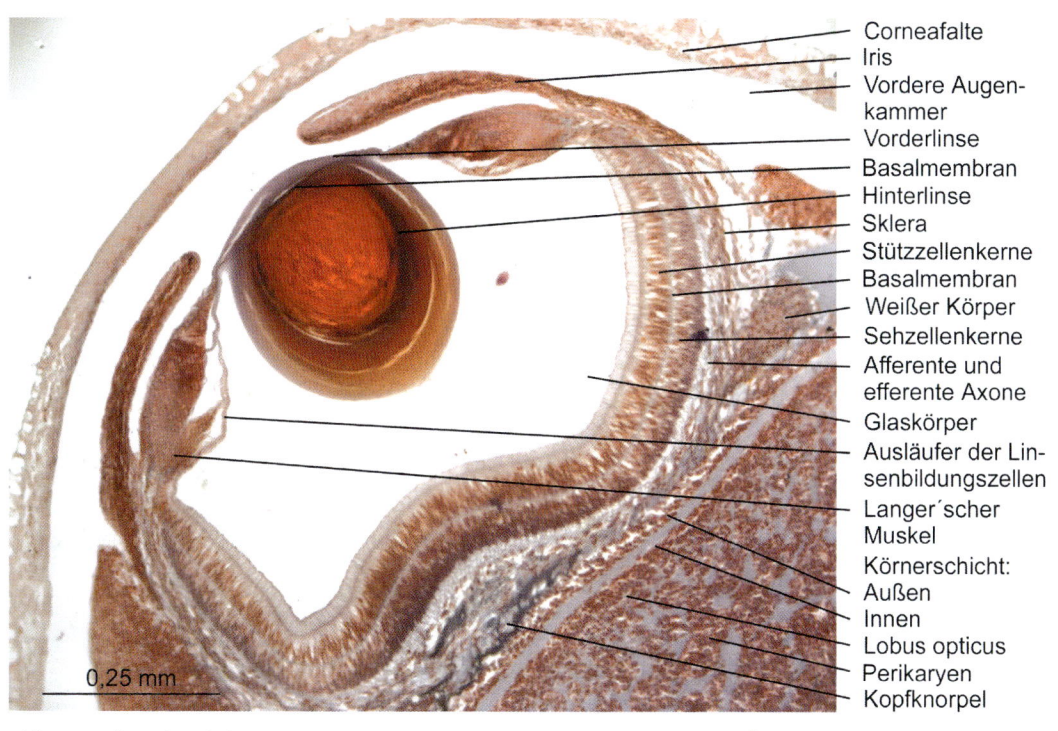

Abb. 112: *Alloteuthis subulata*, Zwergkalmar: Querschnitt durch ein Auge und Umgebung; Übersicht. Die Abb. unterscheidet sich von der vorigen vor allem durch die Pigmentverteilung (Dunkelstellung) und durch Wachstumsprozesse der Linse, der Corneahautfalte, der Retina, der Irisfalten, des Knorpels und der Sklera.

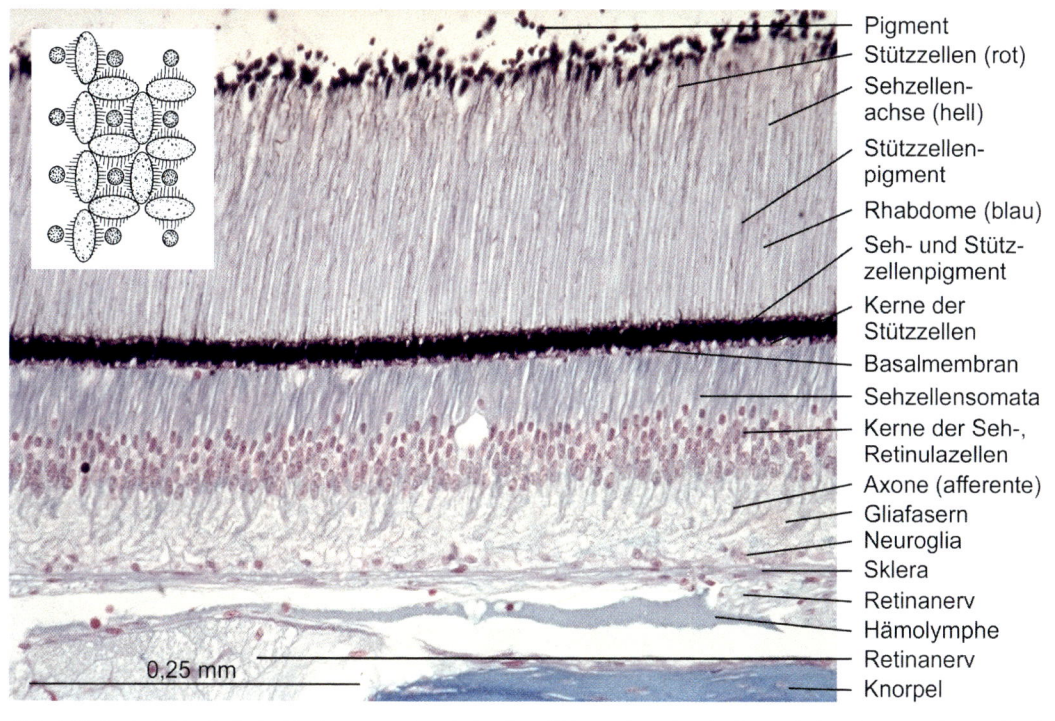

Beschriftung (Abb. 112):
- Corneafalte
- Iris
- Vordere Augenkammer
- Vorderlinse
- Basalmembran
- Hinterlinse
- Sklera
- Stützzellenkerne
- Basalmembran
- Weißer Körper
- Sehzellenkerne
- Afferente und efferente Axone
- Glaskörper
- Ausläufer der Linsenbildungszellen
- Langer'scher Muskel
- Körnerschicht: Außen
- Innen
- Lobus opticus
- Perikaryen
- Kopfknorpel

Beschriftung (Abb. 113):
- Pigment
- Stützzellen (rot)
- Sehzellenachse (hell)
- Stützzellenpigment
- Rhabdome (blau)
- Seh- und Stützzellenpigment
- Kerne der Stützzellen
- Basalmembran
- Sehzellensomata
- Kerne der Seh-, Retinulazellen
- Axone (afferente)
- Gliafasern
- Neuroglia
- Sklera
- Retinanerv
- Hämolymphe
- Retinanerv
- Knorpel

Abb. 113: *Sepia officinalis*, Sepia: Netzhaut quer; Ausschnitt. Sowohl Stütz- als auch Sehzellen enthalten Pigmente, die wandern können. Im Flachwasser schützen Pigmente die Rhabdomteile mit ihren geraden Lateralvilli. Seitenäste der Sehzellenaxone haben ihre Synapsen in drei Horizonten des Lobus opticus. Efferente Fasern enden zwischen den Sehzellen. 200 000–700 000 Mikrovilli pro Sehzelle (200 µm lang) verteilen sich auf zwei Flächen; jeweils vier Flächen sind einer Stützzelle zugewandt (s. Skizze). Diese Anordnung der Rhabdomeren erlaubt die Richtung von polarisiertem Licht festzustellen; Basis dafür ist der Dichroismus durch die Dipolstruktur der Sehfarbstoffe.

Ringelwürmer – Annelida

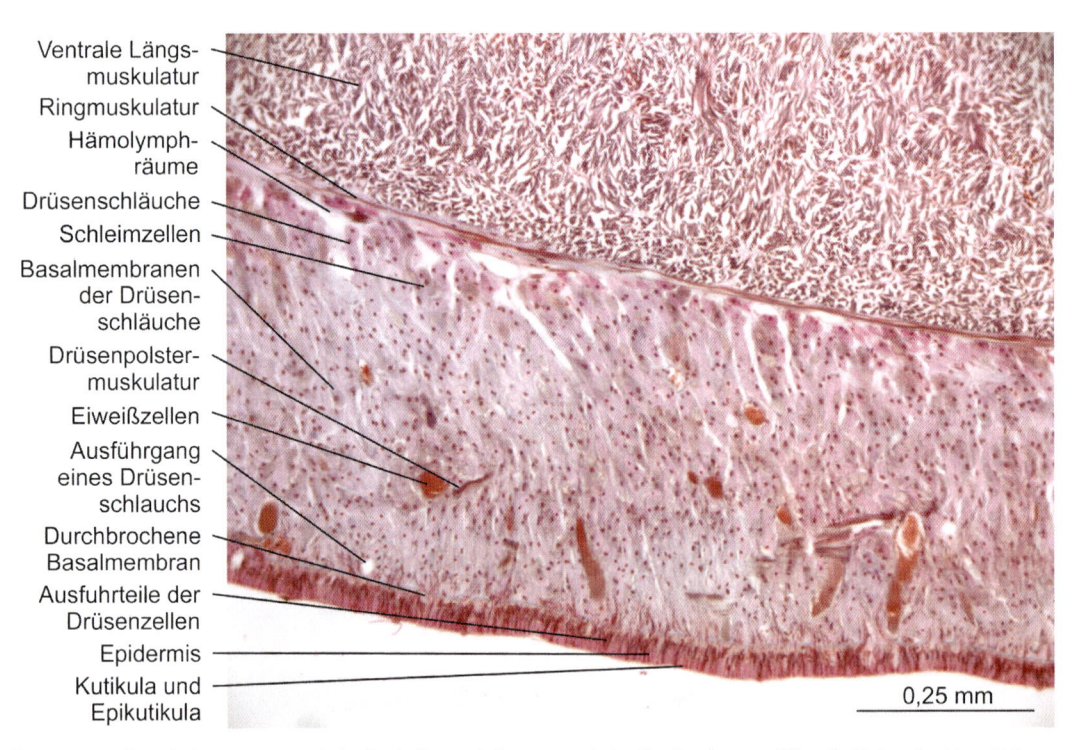

Abb. 114: *Sabella pavonina*, Pfauenfederwurm: Querschnitt durch die Bauchdrüse; Ausschnitt. Eine bewimperte Rille teilt die bauchseitigen Drüsenfelder der Abdominalsegmente in zwei Streifen. In der Rinne werden Exkremente zum Röhreneingang gestrudelt. Die einzelligen Drüsenschläuche der Drüsenfelder produzieren das Sekret, das als Grundbaustoff der pergamentartigen Röhre dient. Die Röhren sind bis zu 60 cm lang, ihr Sekretbaustoff wird mit Mehlsanden und Schlick vermengt. Die Kutikula ist ein vielschichtiges Gitter gekreuzter Kollagenfasern in einer feinfibrillären Matrix. Mikrovilli der Epidermiszellen durchziehen die Kutikula und enden außen in der Glykocalyxzone der Epikutikula.

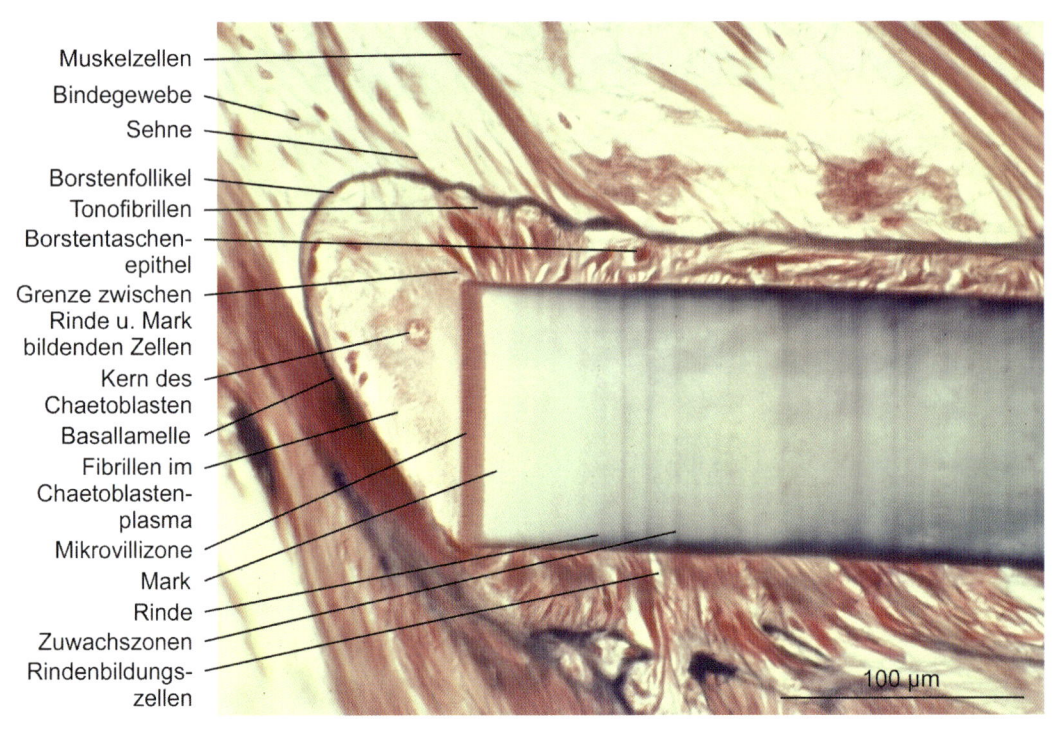

Abb. 115: *Polyodontes sp.*, Fam. Seemäuse (*Aphroditidae*): Borstenbildungszelle, Chaetoblast, und Basis einer Borste längs; Ausschnitt. Polychaetenborsten sind glatt, gefiedert, gezähnt, haken-, teppichmesser-, kamm- oder schaufelförmig. Sie bestehen aus Proteinen und polychaetenspezifischem Chitin. Follikelepithelzellen bilden die Rinde, eine einzige Zelle bildet mit polyploidem Kern das Mark als Konstruktion aus feinsten mikrovilligroßen Röhren. Nach Fertigstellung seiner Borste beendet der Chaetoblast sein Dasein. Häufig im marinen Sandlückensystem zu finden sind Mengen feinster Borstenstücke vom Rückenfaserfilz von Aphroditen.

Ringelwürmer – Annelida

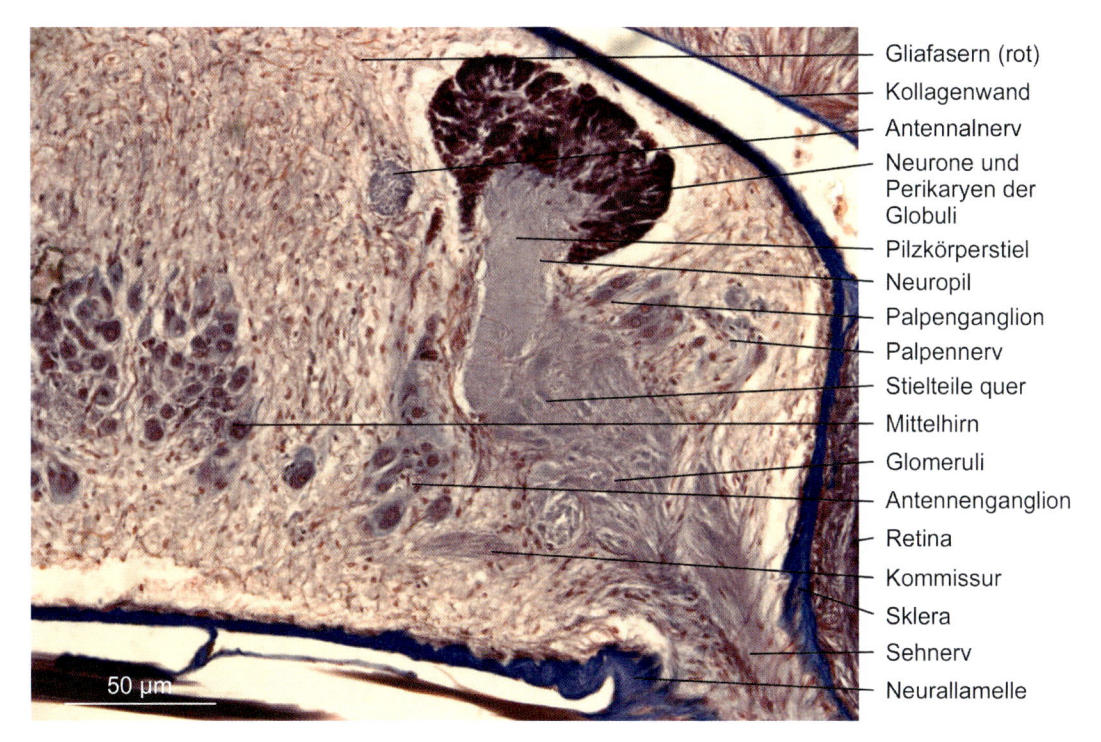

Abb. 116: *Hediste diversicolor*, Wattringelwurm: Oberschlundganglion quer mit Corpora pedunculata (C. ped.); Ausschnitt. Meist auch herumkriechende und schwimmende Polychaeten haben C. ped. mit Stielen. Sie sind nicht homolog zu den Pilzkörpern der Arthropoden. Plasmaarme Globulizellen bilden die Kappen, kurze Fasern und lange Dendriten die Stiele, die Fasermassen (Glomeruli). Die Globuli ermöglichen eine einfache Verknüpfung und Speicherung von Informationen aus den Kopforganen (Antennen, Palpen, Nuchalorgan, Augen). Tentakelcirren sind über die Schlundkonnektive mit dem Unterschlundganglion verknüpft.

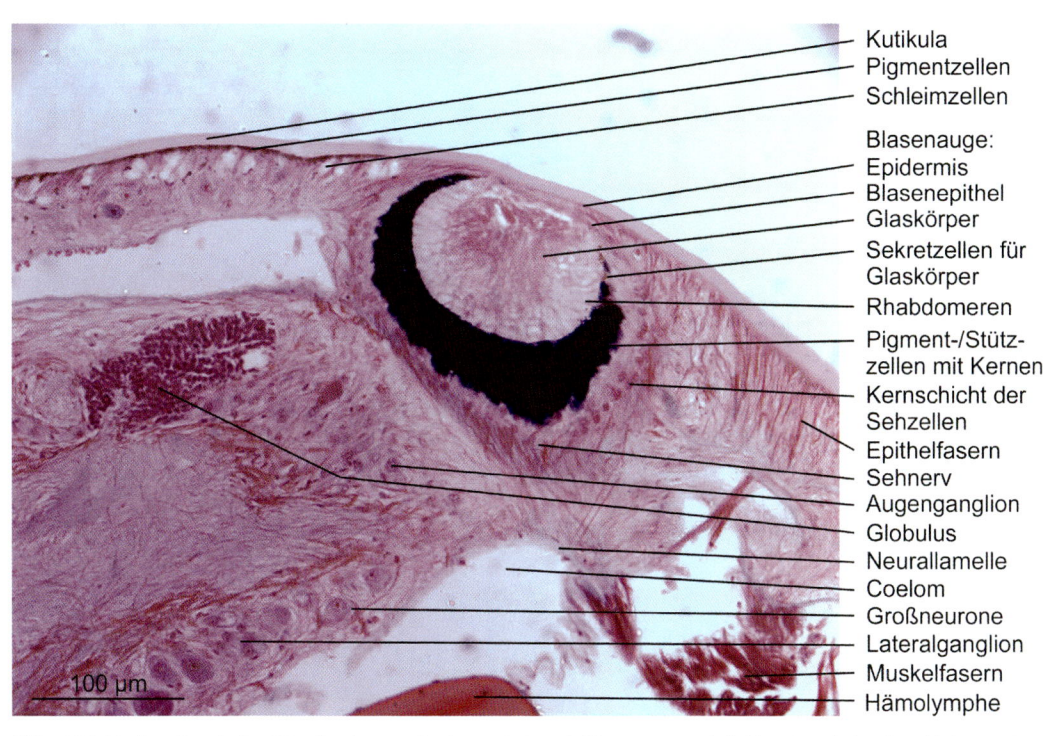

Abb. 117: *Hediste diversicolor*, Wattringelwurm: Kopfquerschnitt mit Blasenauge und Gehirn; Ausschnitt. Sowohl Stütz- als auch Sehzellen der Retina bilden Pigmentgranula; die Kerne der Stützzellen liegen verdeckt in der Pigmentzone, die der Sehzellen außerhalb der Zone und nahe den basalen Labyrinthen. Träger der Photorezeptoren sind unregelmäßige Lateralvilli. Die Linse ist zum einen ein Glaskörpersekret, zum anderen eine Füllmasse aus verschlungenen und verklebten Fortsätzen der Stützzellen. Bilder kann das Auge nicht liefern, wohl aber Helligkeiten und Richtungen detektieren. Adaptationen an die Lichtverhältnisse laufen über die Pupille und Höhen der Rezeptorsäume.

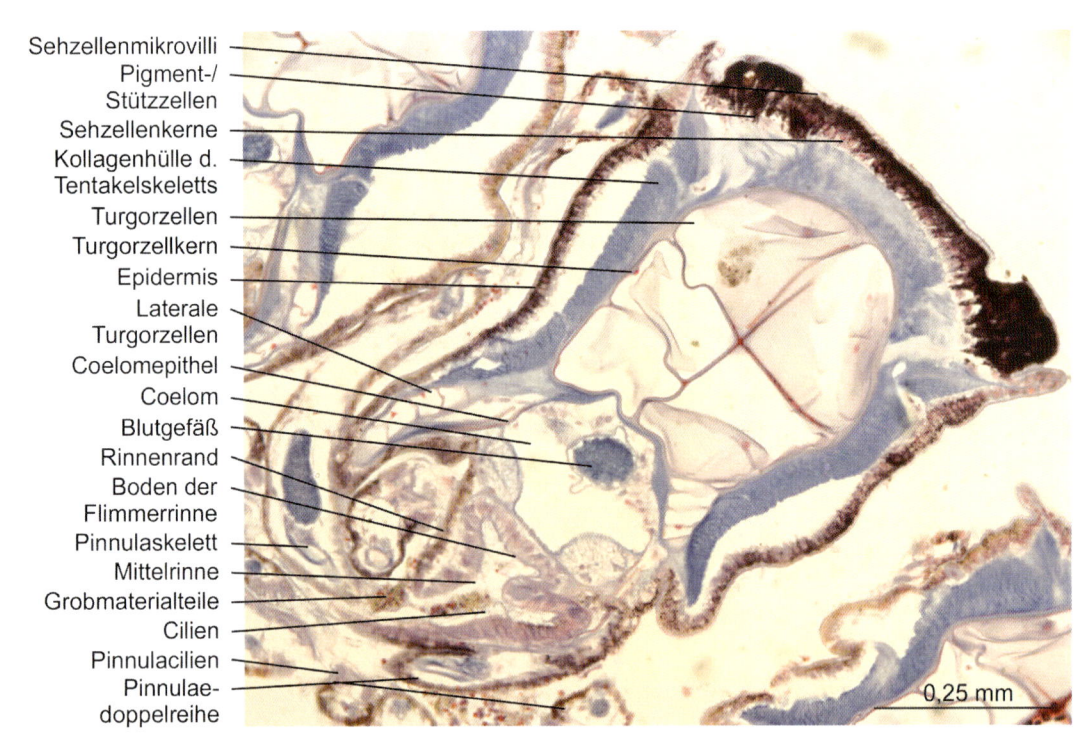

Abb. 118: *Sabella pavonina*, Pfauenfederwurm: Tentakelkrone quer; Ausschnitt. Plattenaugen auf den Radioli der Tentakelkronen bestehen aus Sehzellen mit Lateralmikrovilli und jeweils Pigmentzellen. Die prächtigen Kronen aus 100 Tentakeln sind Seihapparate mit Flimmern. Ausgefeilte Skelette stützen die Tentakeln bis in die Pinnulaereihen. Filtrat wird in drei Größenklassen sortiert und so vor den Mund gefördert: Das feinste Material des Bodens kommt als Nahrung in den Mund; das grobe Material des Rinnenrands kommt zur Oberlippe bei den Palpen und wird weggespült; Mittelteilchen aus der Mittelrinne werden in paarigen Taschen der Unterlippe gespeichert und dann zum Röhrenbau benutzt.

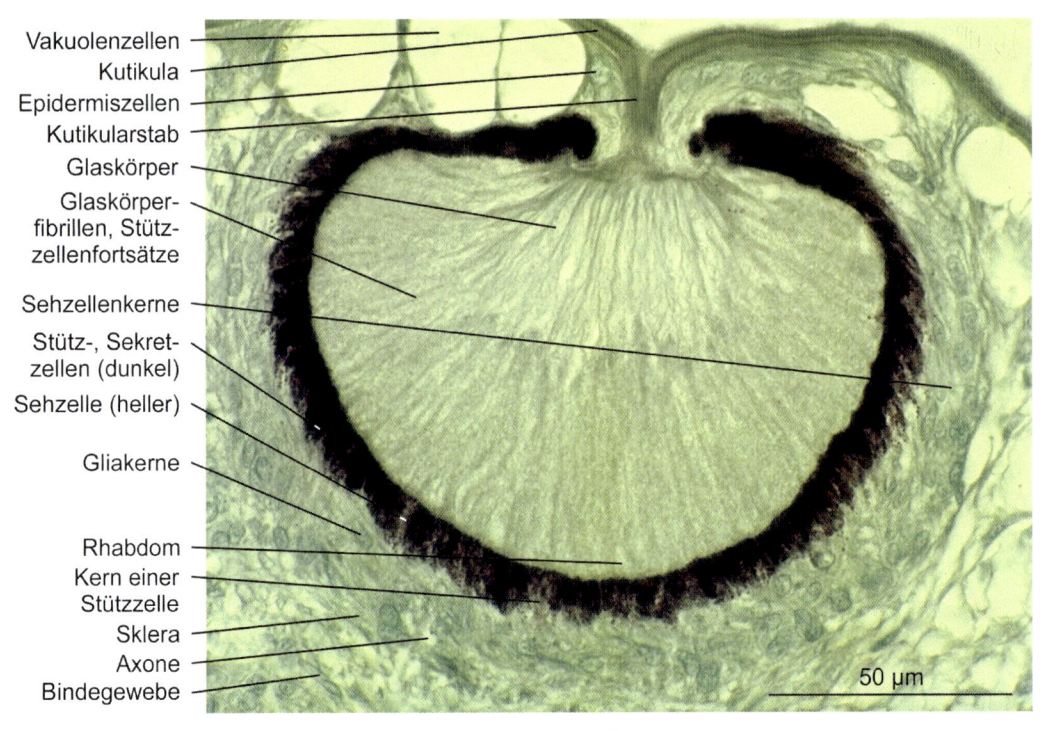

Labels (Abb. 118): Sehzellenmikrovilli; Pigment-/Stützzellen; Sehzellenkerne; Kollagenhülle d. Tentakelskeletts; Turgorzellen; Turgorzellkern; Epidermis; Laterale Turgorzellen; Coelomepithel; Coelom; Blutgefäß; Rinnenrand; Boden der Flimmerrinne; Pinnulaskelett; Mittelrinne; Grobmaterialteile; Cilien; Pinnulacilien; Pinnulaedoppelreihe; 0,25 mm

Abb. 119: *Dorvillea rubrovittata*, Vierfühlerpolychaet: Schnitt durch ein Becher-, Grubenauge; Übersicht. Das Integument ist grubenartig eingesenkt, die Epidermiszellen sind in Stütz- und Sehzellen – meist beide pigmentiert – differenziert. Ein Kutikularstab fungiert als Lichtleiterkabel und bringt Helligkeit durch die sehr enge Pupille ins Augeninnere. Vakuolenzellen der Epidermis sollen als Lichtsammler dienen. *Chaetopteridae* (Regionenwürmer), *Amphinomidae* (Feuerwürmer) und *Eunicidae* (Schwarzkieferwürmer; *Palolo*, *Ophryotrocha*, *Marphysa*) haben Becheraugen.

Labels (Abb. 119): Vakuolenzellen; Kutikula; Epidermiszellen; Kutikularstab; Glaskörper; Glaskörperfibrillen, Stützzellenfortsätze; Sehzellenkerne; Stütz-, Sekretzellen (dunkel); Sehzelle (heller); Gliakerne; Rhabdom; Kern einer Stützzelle; Sklera; Axone; Bindegewebe; 50 μm

Ringelwürmer – Annelida 63

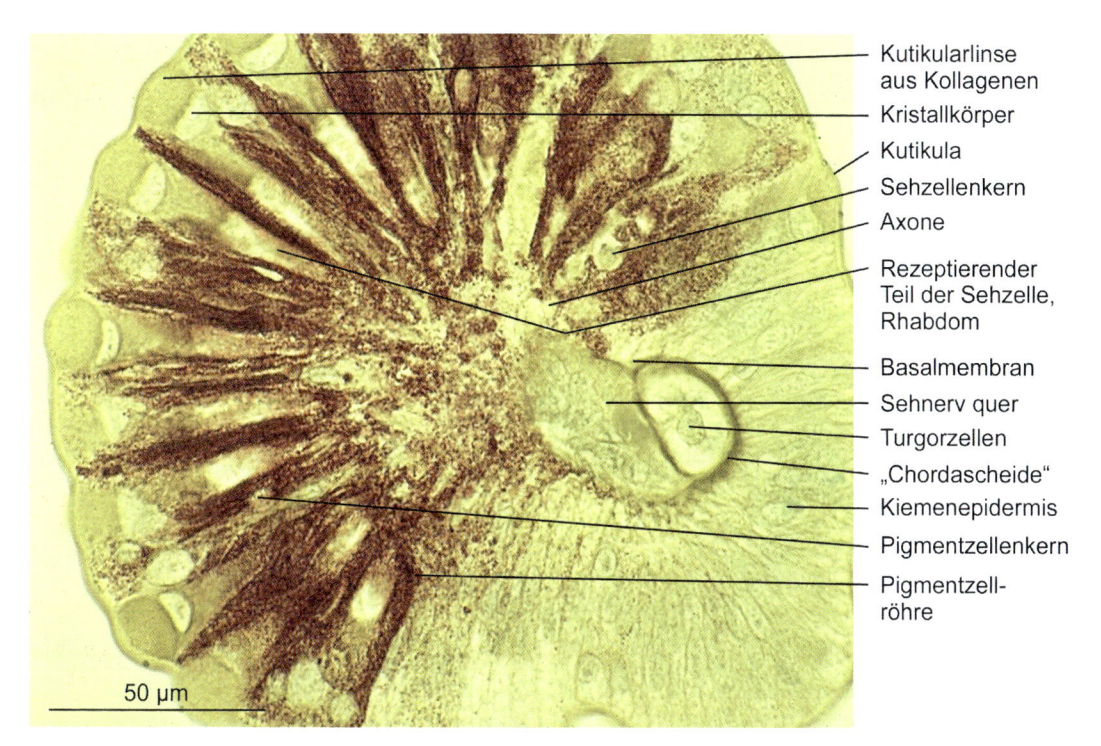

Kutikularlinse aus Kollagenen
Kristallkörper
Kutikula
Sehzellenkern
Axone
Rezeptierender Teil der Sehzelle, Rhabdom
Basalmembran
Sehnerv quer
Turgorzellen
„Chordascheide"
Kiemenepidermis
Pigmentzellenkern
Pigmentzellröhre

50 µm

Abb. 120: *Branchiomma bombyx*, Zwerg-Sabelle: Pinnulaläppchen mit Auge quer; Übersicht. Auf der Außenseite der Strahlen der Tentakelkrone stehen zahlreiche Läppchen (Pinnulae) mit gleicher Anzahl oder sogar mehr Augenpaaren. Die Punkte sind keine Facetten-, sondern in Gruppen zusammengelagerte Pigmentbecheraugen. Hier besteht jedes Einzelauge aus einer Pigmentzelle und einer Sehzelle mit inversem Rezeptorsaumorganell. Das einfallende Licht muss erst durch die Sehzelle, ehe es auf die Mikrovilli des Rhabdoms trifft. Ein weiteres Organell der Sinneszelle ist der Kristallkörper.

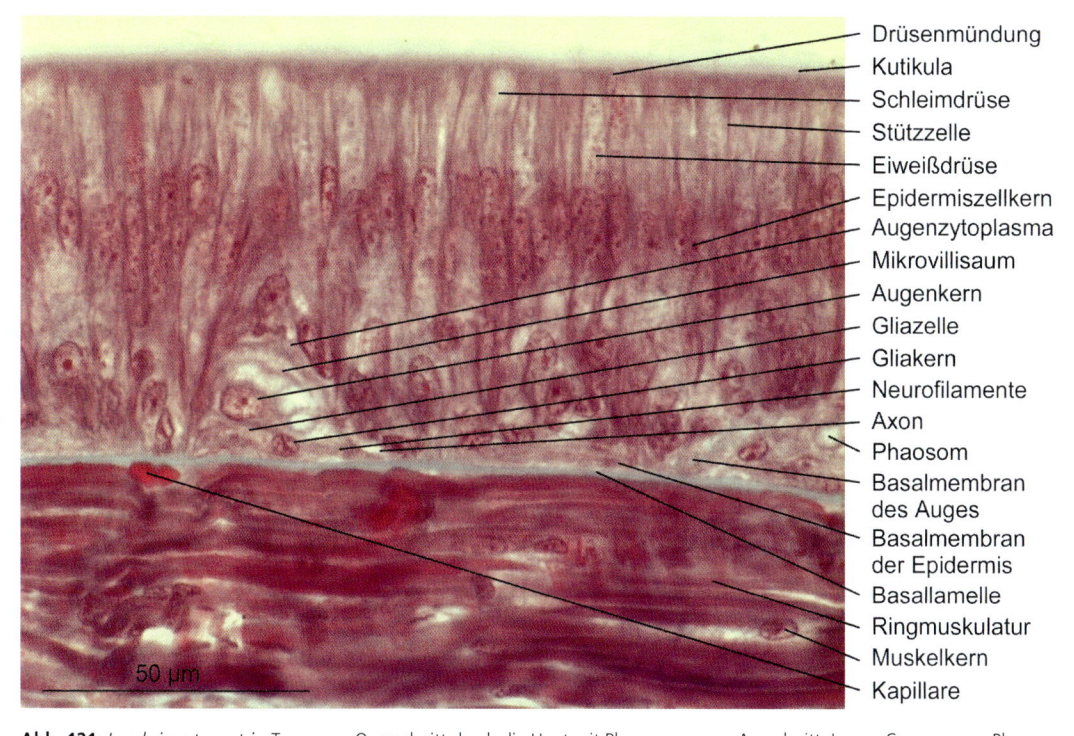

Drüsenmündung
Kutikula
Schleimdrüse
Stützzelle
Eiweißdrüse
Epidermiszellkern
Augenzytoplasma
Mikrovillisaum
Augenkern
Gliazelle
Gliakern
Neurofilamente
Axon
Phaosom
Basalmembran des Auges
Basalmembran der Epidermis
Basallamelle
Ringmuskulatur
Muskelkern
Kapillare

50 µm

Abb. 121: *Lumbricus terrestris*, Tauwurm: Querschnitt durch die Haut mit Phaosomaugen; Ausschnitt. Innere Gruppen von Phaosomaugen (ca. 700) liegen um die Kopfnerven, ca. 450 in der Epidermis vor dem Mund (Prostomium). Weitere Augen liegen in den letzten Segmenten: Bei Lichtwechsel kontrahiert sich der Wurm. Bei der Kotabgabe wie beim Futtersuchen streckt er die Pole aus der Erde. Die Augen sind Einzelzellen mit einer Höhle; die Höhlenwand ist neben einzelnen Cilien dicht mit Mikrovilli besetzt. Fortsätze erfüllen die Höhle – als „Vakuole", Glanz-, Binnenkörper oder Phaosom. Die photosensitiven Pigmente sind sehr UV-Strahlen-empfindlich und abgebaut giftig; „ertrunkene" Würmer sind den Lichttod gestorben.

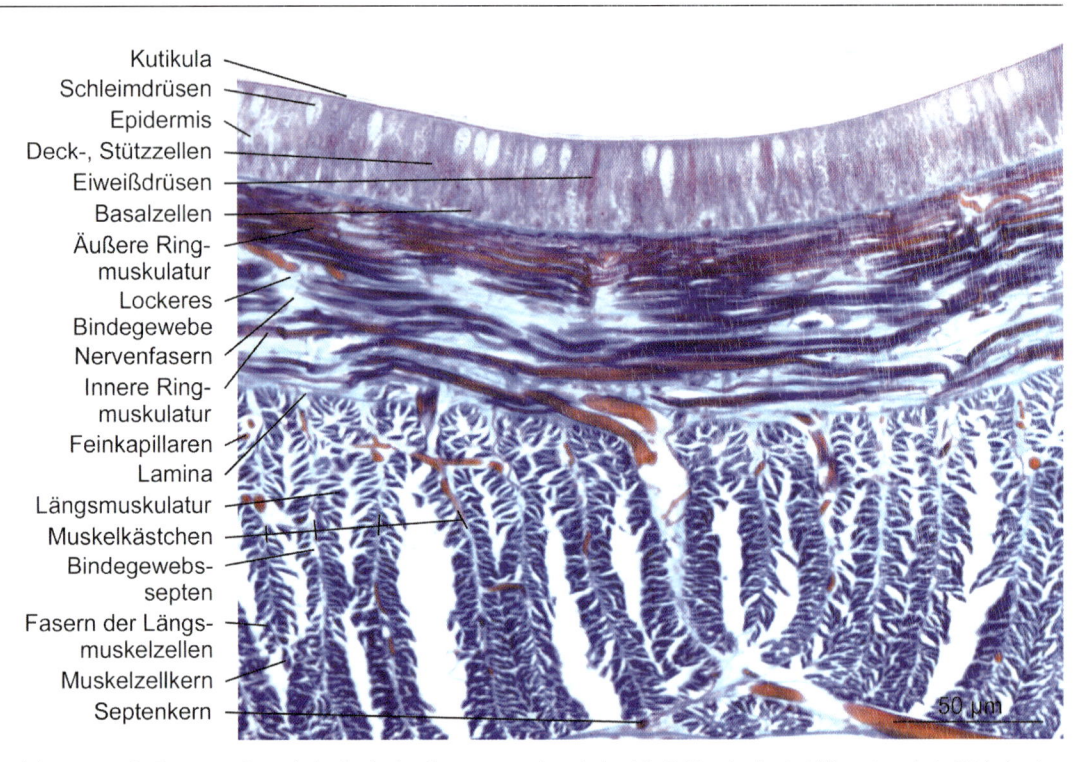

Abb. 122: *Lumbricus terrestris*, Tauwurm: Querschnitt durch den Regenwurm; Ausschnitt. Mit Epidermissekret stabil austapezierte Wohnbauten werden ungern gewechselt; oft monatelang nicht. Sich kontrahierende Ringmuskulatur streckt und versteift mit dem Druck der Coelomflüssigkeit den Körper – bei sich völlig schließenden Dissepimenten. Hinter gestreckten Abschnitten wird durch kontrahierte Längsmuskulatur eine kurze Zone beträchtlich verdickt; hier spreizen sich als Widerlager die Borsten. Lang- und Kurzbereiche laufen von vorne nach hinten als peristaltische Wellen über den Wurm. Antagonisten der Muskulatur sind Segmente mit geschlossenen Dissepimenten als Hydraulikkissen. Flache Muskelzellen der Längsmuskulatur werden bei 20 µm Breite und 3 µm Dicke bis zu 3 mm lang.

Abb. 123: *Lumbricus terrestris*, Tauwurm: Clitellumwand quer; Ausschnitt. Die dorsale Clitellumregion wird fünf- bis zehnmal dicker als die normale Epidermis. Drei Typen von einzelligen Drüsenschläuchen strecken sich unter der durchbrochenen Basalmembran aus: Schleimdrüsenzellen mit blauer Granula bilden Schutzschleim für die Würmer, sie haben runde Zellkerne; das Sekret der rot grob oder fein granulierten Drüsenzellen – mit runden Zellkernen – wird für die Bildung der Kokons verwendet. Eine eiweißhaltige Flüssigkeit zur Ernährung der Embryonen wird von den umfangreichen Wabendrüsenzellen – Granula bläulich, Zellkerne eckig – in die erhärtenden Schleimgürtel der Kokons sezerniert.

Ringelwürmer – Annelida

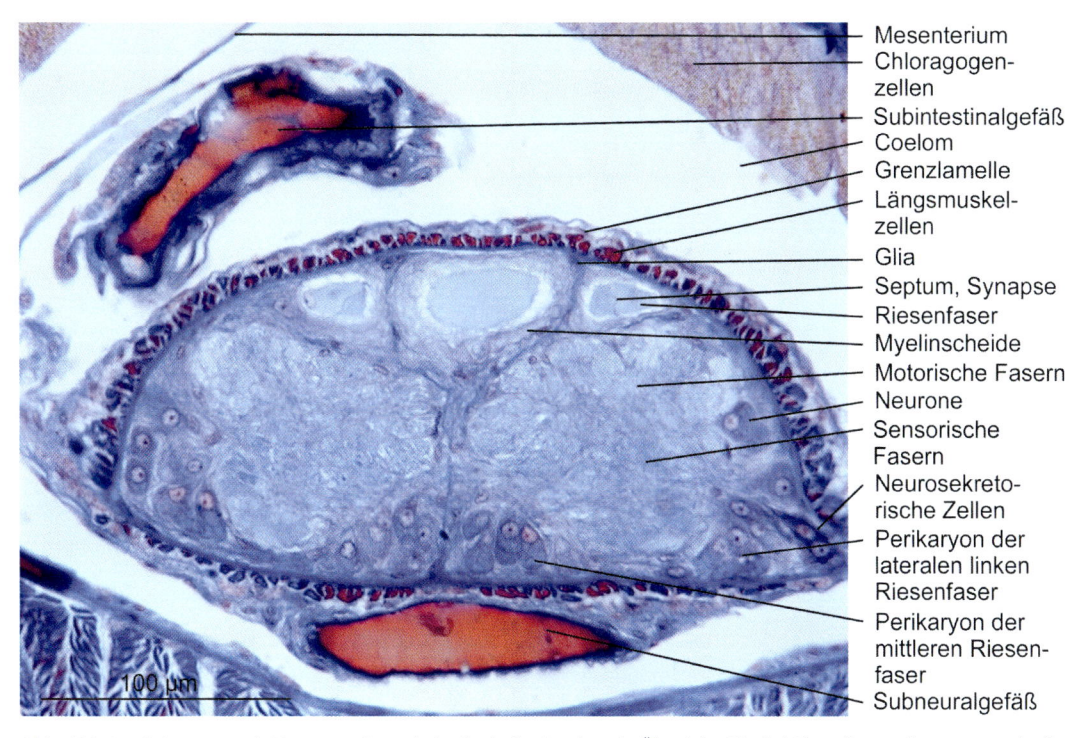

Labels (oberes Bild):
- Mesenterium
- Chloragogenzellen
- Subintestinalgefäß
- Coelom
- Grenzlamelle
- Längsmuskelzellen
- Glia
- Septum, Synapse
- Riesenfaser
- Myelinscheide
- Motorische Fasern
- Neurone
- Sensorische Fasern
- Neurosekretorische Zellen
- Perikaryon der lateralen linken Riesenfaser
- Perikaryon der mittleren Riesenfaser
- Subneuralgefäß

Abb. 124: *Lumbricus terrestris*, Tauwurm: Querschnitt durch das Bauchmark; Übersicht. Die drei Riesenfasern dienen nur Zuckreflexen: Die mittlere Faser leitet Reize nur von vorne nach hinten, sie ist für die Reaktion auf die Bedrohung durch Vögel zuständig; die beiden seitlichen Fasern sind hinten am dicksten, sie leiten von hinten nach vorne, registrieren Maulwürfe. Die Perikaryen der segmentalen Riesenfaserteile liegen kontralateral ventral im Bauchmark. In Längsrichtung liegen zwischen den Faserteilen metamer Septen, elektrische Synapsen. Die Septen können über mehrere Segmente hinweg wegfallen. 50–200 Gliamyelinlamellen isolieren die Riesenfasern; die Leitungsgeschwindigkeit erreicht 30 m/sec.

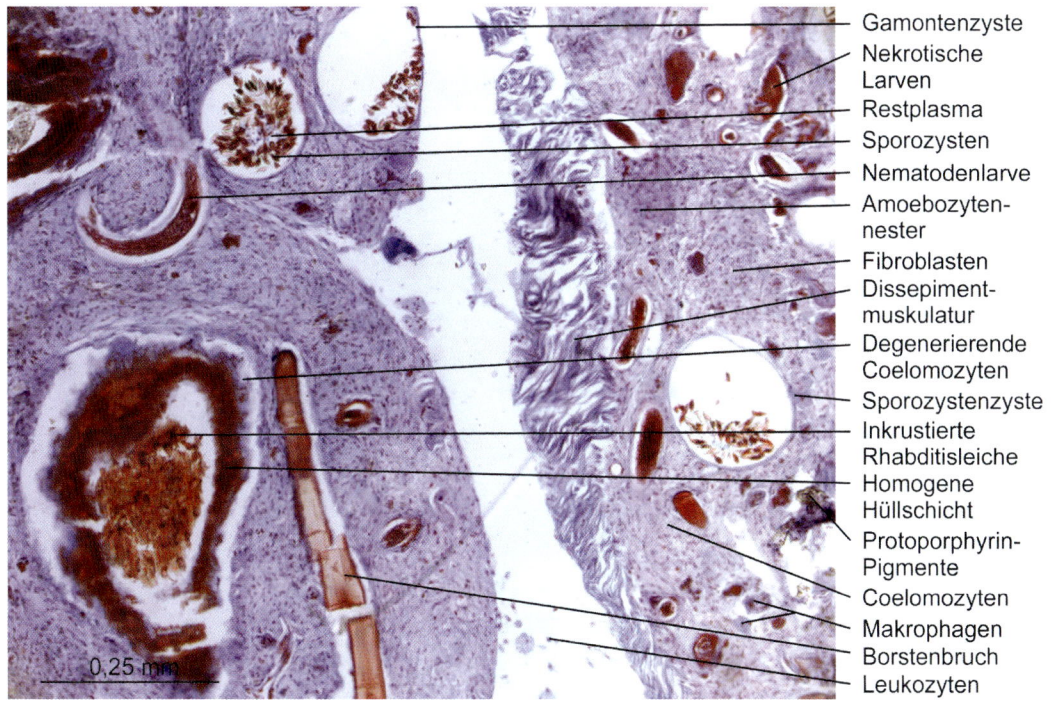

Labels (unteres Bild):
- Gamontenzyste
- Nekrotische Larven
- Restplasma
- Sporozysten
- Nematodenlarve
- Amoebozytennester
- Fibroblasten
- Dissepimentmuskulatur
- Degenerierende Coelomozyten
- Sporozystenzyste
- Inkrustierte Rhabditisleiche
- Homogene Hüllschicht
- Protoporphyrin-Pigmente
- Coelomozyten
- Makrophagen
- Borstenbruch
- Leukozyten

Abb. 125: *Lumbricus terrestris*, Tauwurm: Horizontalschnitt durch das Hinterende; Ausschnitt. In den hintersten Segmenten der Regenwürmer sammeln sich braune oder weißliche Bällchen an. Sie werden mit Coelomflüssigkeit aktiv durch die bauchseitigen Öffnungen der Dissepimente von Segment zu Segment nach hinten transportiert. Von Coelomzellen dicht umschlossen sind in den Bällchen Borsten, Nematodenlarven und Gregarinenzysten. Der Abfall kommt durch Rückenporen nach außen, oder es autotomieren die letzten sechs bis zwölf Segmente als Abfallgroßpackung; ein After wird dann neu angelegt.

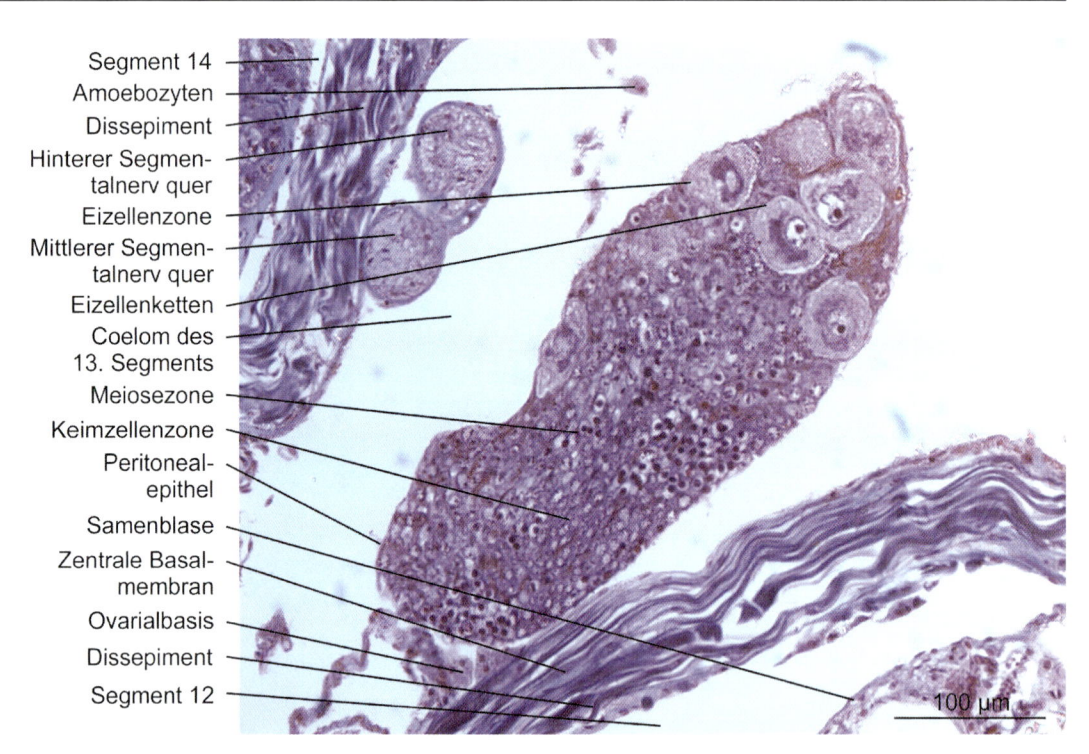

Abb. 126: *Lumbricus terrestris*, Tauwurm: Längsschnitt durch das Ovar; Übersicht. Einen Eisack wie Tubificiden haben Lumbriciden nicht. Die Zone der Oogonien, der Keimzellen, beherbergt nicht mehr teilungsfähige Zellen, die schon während der Embryogenese bereitgestellt werden. Synaptonemale Komplexe, Leptotän- bis Diakinesestadien charakterisieren die mittlere Zone des Ovars. Diploid haben Regenwürmer 32 Chromosomen; nach der Meiose wachsen die Oozyten zu dotterarmen Eizellen mit Nebenkernen heran. Coelomepithelzellen spielen Follikelepithel und halten gleichzeitig die in Ketten angeordneten Eizellen bis zum Eisprung im Frühsommer zusammen.

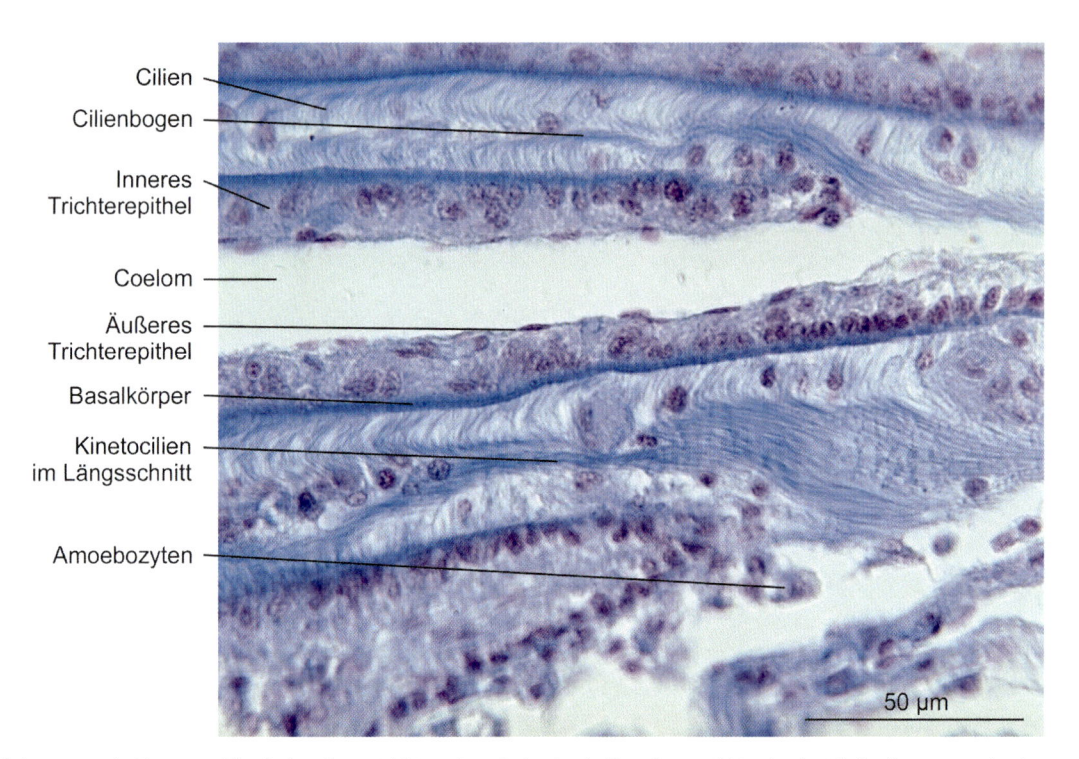

Abb. 127: *Lumbricus terrestris*, Tauwurm: Wand eines Samentrichters; Ausschnitt. Je ein Paar Samentrichter beginnt beim Regenwurm in den Samenblasen der Segmente 10 und 11. Die Wände der Trichter sind in zahllose Falten gelegt. Meist hängen Spermien zwischen den Cilien der Trichterwände (Abb. **130**); bei einer spermienfreien Partie wie hier werden das zweischichtige Epithel der Mündungstrichter und die Länge der Cilien erkennbarer. Das auf der Innenseite liegende Epithel ist bewimpert; die Cilien erreichen eine Länge von 100 μm.

Ringelwürmer – Annelida

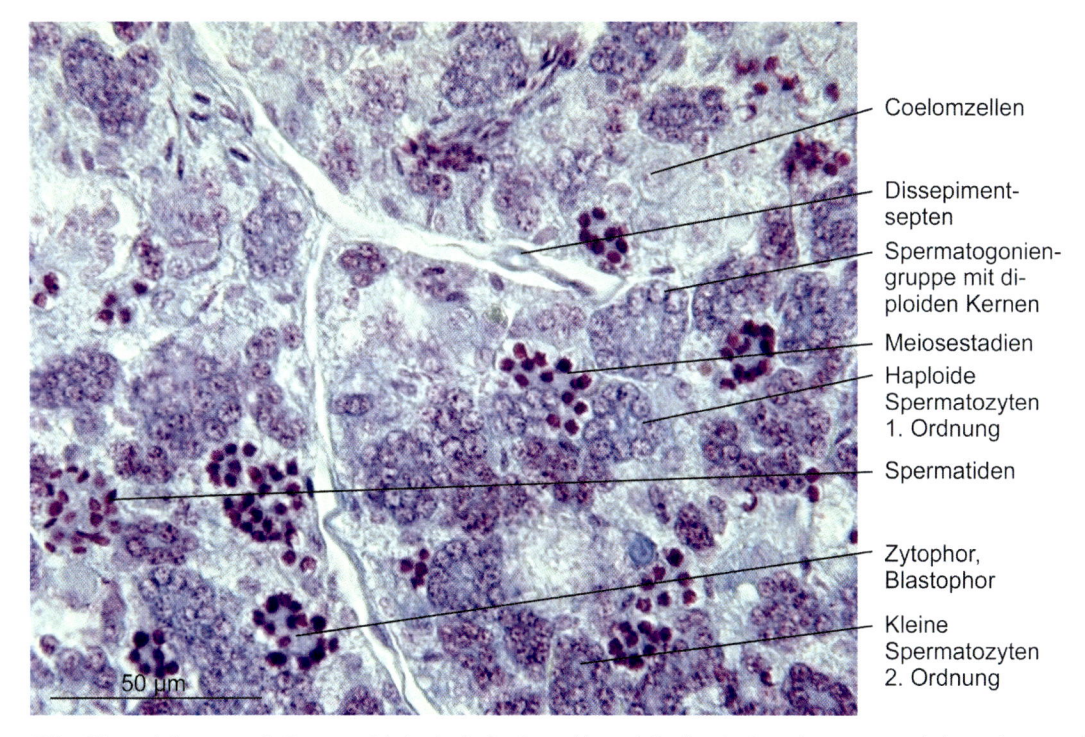

Abb. 128: *Lumbricus terrestris*, Tauwurm: Schnitt durch eine Samenblase mit Stadien der Spermiogenese; Ausschnitt. In den Samenblasen, Samensäcken, laufen die Reduktions- und Äquationsteilungen ab, Spermien werden gespeichert. Diploide Spermatogonien kommen in Achtergruppen von den Hoden; durch rasche Teilungen entstehen Gruppen mit 16 und 32 vormeiotischen Zellen. Während der anschließenden Meiose verklumpen die winzigen Chromosomen. Aus 64 haploiden Spermatozyten erster Ordnung gehen nach der Äquationsteilung 128 Spermatozyten zweiter Ordnung, Spermatiden, hervor. Coelomzellen wie Amoebozyten und Elaeozyten sowie Bindegewebszellen liegen um die Zellgruppen.

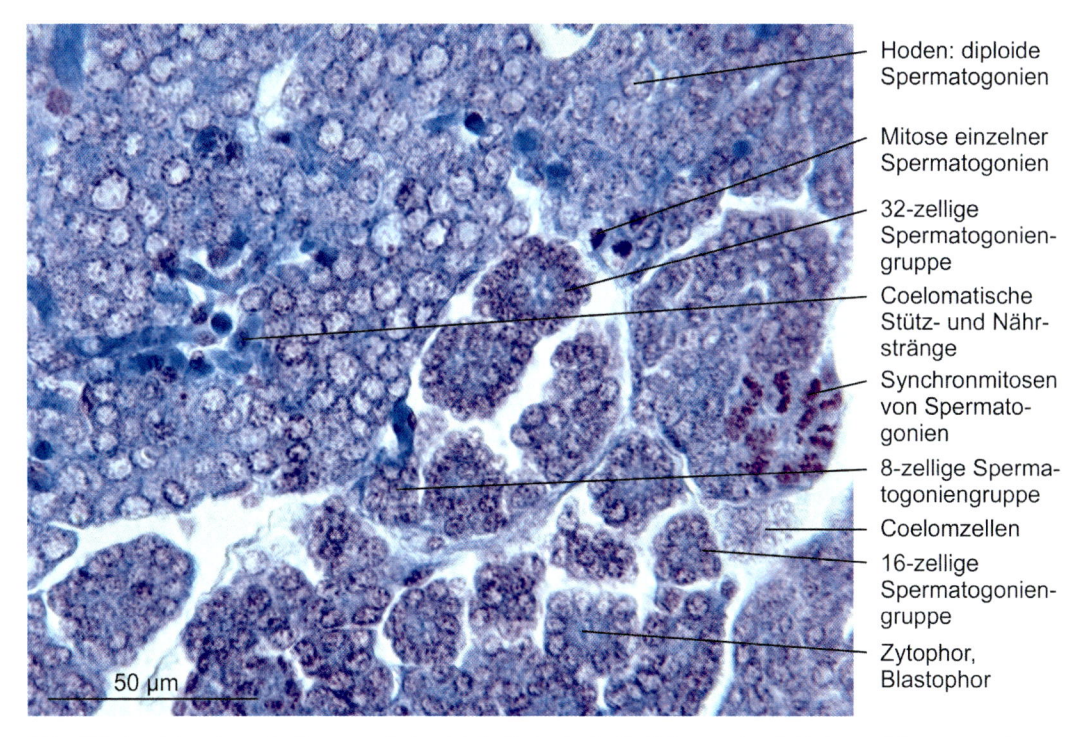

Abb. 129: *Lumbricus terrestris*, Tauwurm: Horizontalschnitt durch die Genitalsegmente mit Hoden und Spermatogoniengruppen; Ausschnitt. Aus den Hoden kommen Achtergruppen von Spermatogonien. Die männlichen Urkeimzellen jeder Gruppe sind untereinander über stielförmige Plasmabrücken verbunden. Über zwei synchrone mitotische Teilungsschritte entstehen Gruppen aus 32 Zellen: Diese beginnen dann mit den Reduktionsteilungen. Die kernhaltigen Zellteile liegen an der Peripherie kernloser Zytophoren; sie nehmen die bei der Spermabildung nicht benötigten Plasmaanteile auf. Amoebozyten phagozytieren ausgediente Zytophoren.

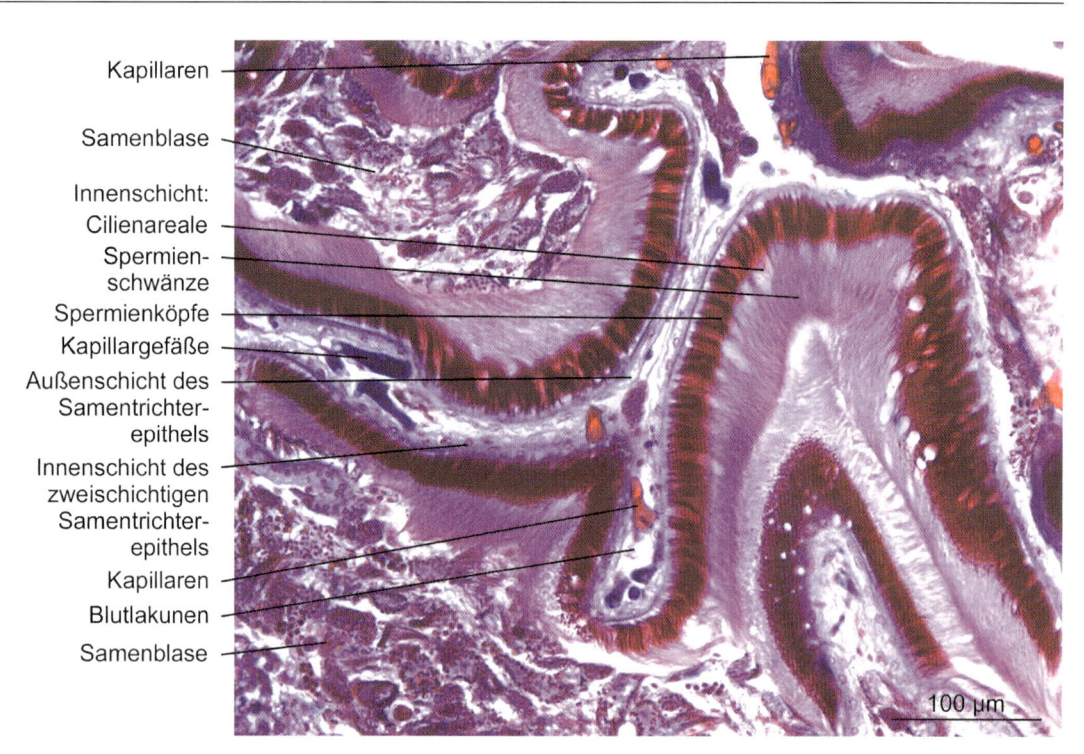

Abb. 130: *Lumbricus terrestris*, Tauwurm: Genitalregion längs, Samentrichter mit Spermien; Ausschnitt. Aus den Spermatiden differenzieren sich um 70 µm lange und im Kernbereich kaum 1 µm dicke Spermien. Mit den Akrosomen voran sitzen die Spermien dicht bei dicht zwischen den Cilien der Innenseiten der Samentrichter. Die Trichter sind als eng zusammengedrückte Faltenfilter mit relativ riesiger Speicherfläche vorstellbar. Über den Loslösevorgang der Spermien aus dem Cilienwald ist nichts bekannt. Über die Samenrinnen und das Clitellum schwimmen die Spermatozoen in die Receptacula des Partners.

Ringelwürmer – Annelida 69

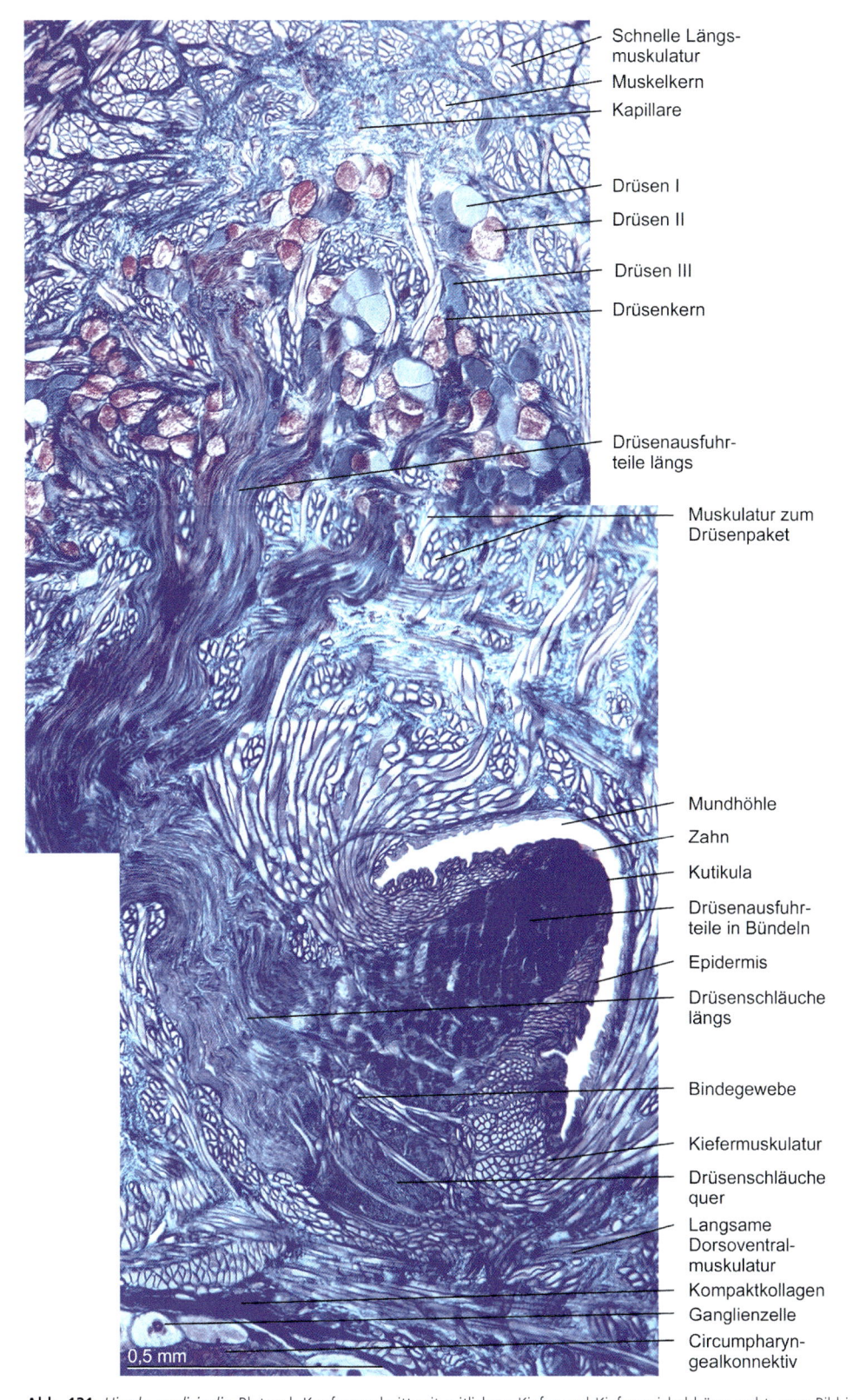

Abb. 131: *Hirudo medicinalis*, Blutegel: Kopfquerschnitt mit seitlichem Kiefer und Kieferspeicheldrüse; rechts vom Bild ist ventral. Die Zellkörper der Speicheldrüsen werden bis 100 μm groß, die Ausführschläuche jeder einzelnen Zelle über 2 mm lang. Produziert werden Hyaluronidasen, Anästhetika und Hirudin, ein Polypeptid aus 65 Aminosäuren, das spezifisch eins zu eins mit Thrombin bindet und dessen substratbindende, thrombogene Gruppen blockiert. Daher angezeigt bei Venenentzündungen, Hämatomen, Heparinschäden an Thrombozyten, Myokardinfarkten, instabiler Angina pectoris u. a. Weitere Gerinnungshemmer sind Aspirin (ASS), Heparin (D-Glukuronsäure-, Glukosamin- und Schwefelsäurepolymer), Cumarinderivate (Marcumar).

Ringelwürmer – Annelida

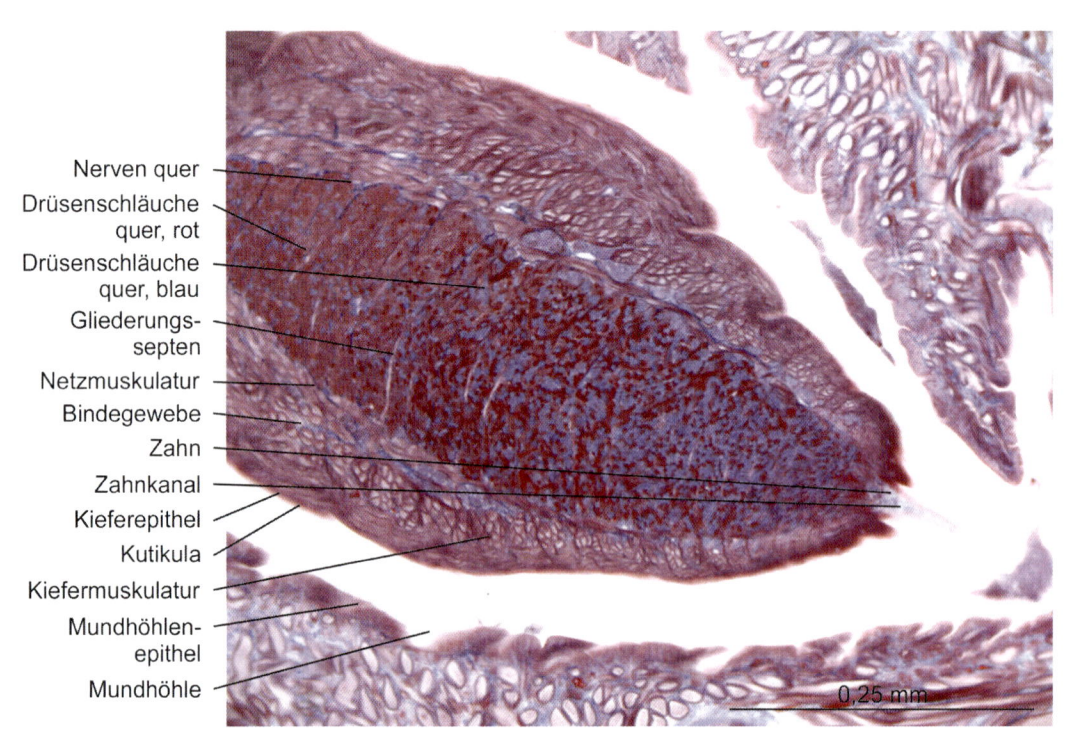

Nerven quer
Drüsenschläuche quer, rot
Drüsenschläuche quer, blau
Gliederungssepten
Netzmuskulatur
Bindegewebe
Zahn
Zahnkanal
Kieferepithel
Kutikula
Kiefermuskulatur
Mundhöhlenepithel
Mundhöhle

Abb. 132: *Hirudo medicinalis*, Blutegel: Kieferquerschnitt; Ausschnitt. Die Endstränge der Drüsenzellen münden zum einen über Zahnkanälchen, zum anderen zwischen den etwa 60 Kalkzähnen eines Kiefers. Die Masse der Endstränge im zentralen Kieferteil wird durch Quersepten aus Muskelplatten, Kollagenfasern und Lymphspalten untergliedert. Lebende Blutegel und ihr Speichel wirken primär und im Rahmen ausgleitender Therapien. Hirudinanaloge (Lepirudin, Desirudin) werden von Bäckerhefemutationen (*Saccaromyces cerevisiae*), die bestimmte Proteasen nicht aktivieren können, hergestellt. Das Hirudin-Gen für die Hefe wurde synthetisiert; es stammt nicht vom Blutegel.

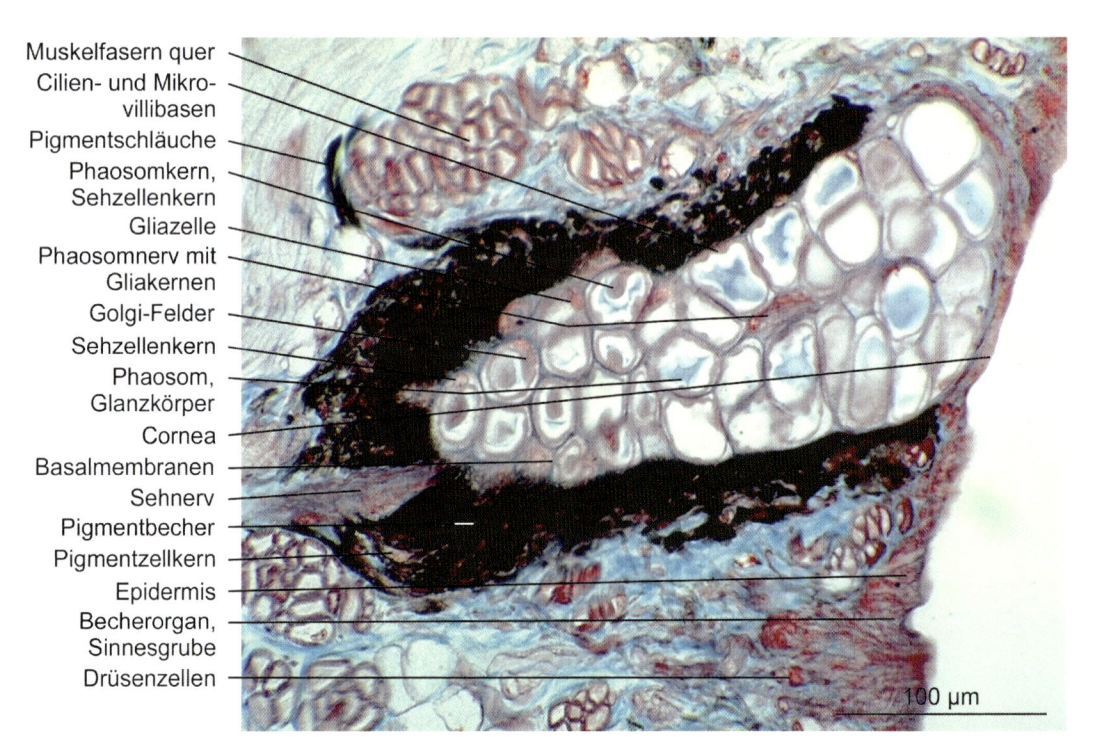

Muskelfasern quer
Cilien- und Mikrovillibasen
Pigmentschläuche
Phaosomkern, Sehzellenkern
Gliazelle
Phaosomnerv mit Gliakernen
Golgi-Felder
Sehzellenkern
Phaosom, Glanzkörper
Cornea
Basalmembranen
Sehnerv
Pigmentbecher
Pigmentzellkern
Epidermis
Becherorgan, Sinnesgrube
Drüsenzellen

Abb. 133: *Hirudo medicinalis*, Blutegel: Längsschnitt durch ein Phaosom-, Pigmentbecherauge; Übersicht. Alle Egel haben Phaosomaugen: ungeordnete Haufen von Sehzellen in Schälchen aus Pigmentzellen bei *Piscicola*, *Cystobranchus*, *Theromyzon*, *Hemiclepsis*, *Haementeria*, *Helobdella*, *Glossiphonia* (Fisch- und Rüsselegel), in Säulen stehende Sehzellen in Tassen aus Pigmentzellen bei *Erpobdella*, *Xerobdella* (Schlundegel), in noch tieferen Krügen voll mit Sehzellen gefüllt bei *Hirudo*, *Limnatis*, *Haemopis*, *Haemadipsa* (Kieferegel). Auch die am weitesten entwickelten Blutegelaugen sehen keine Formen, wohl aber Richtungen und auch Bewegungen, da die Achsen der zehn Augen sehr weit auseinander gehen. Gom.

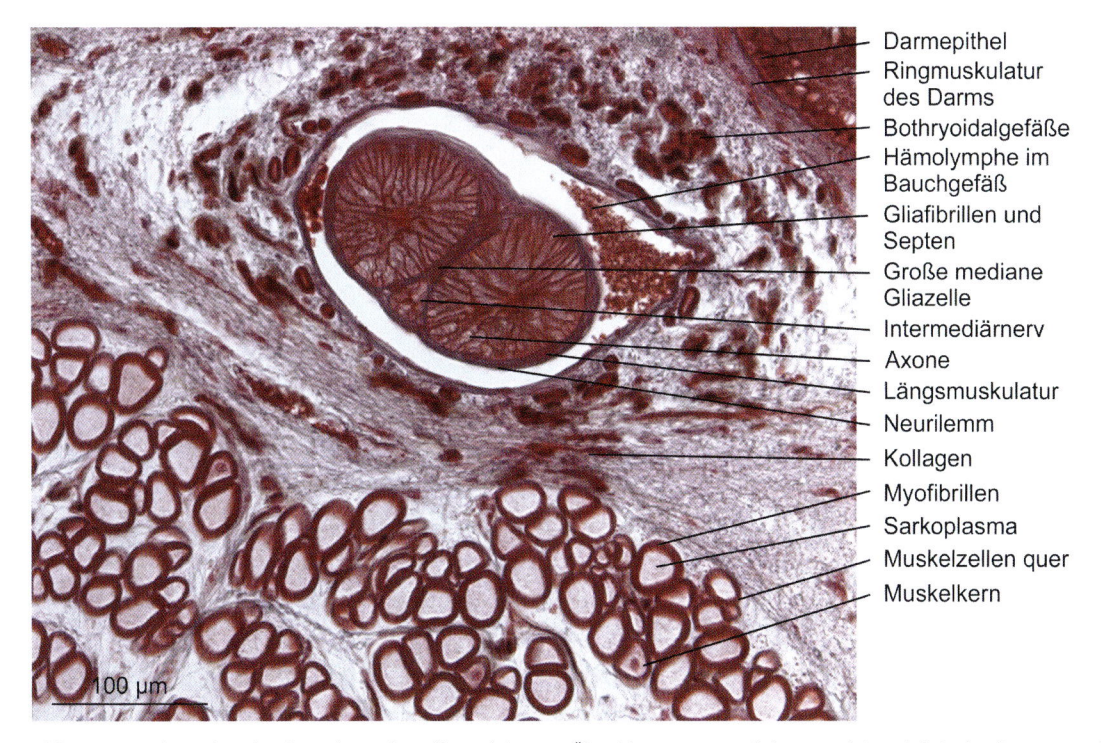

Abb. 134: *Hirudo medicinalis*, Blutegel: Bauchmarkkonnektiv quer; Übersicht. Das Neuropil der Konnektive wird durch Gliasepten stark gegliedert. Kommissuren, Medialzellen und Perikaryen von Neuronen mit Hüllzellen sind – hier nicht angeschnitten – die zusätzlichen Elemente der Ganglienabschnitte des Bauchmarks.

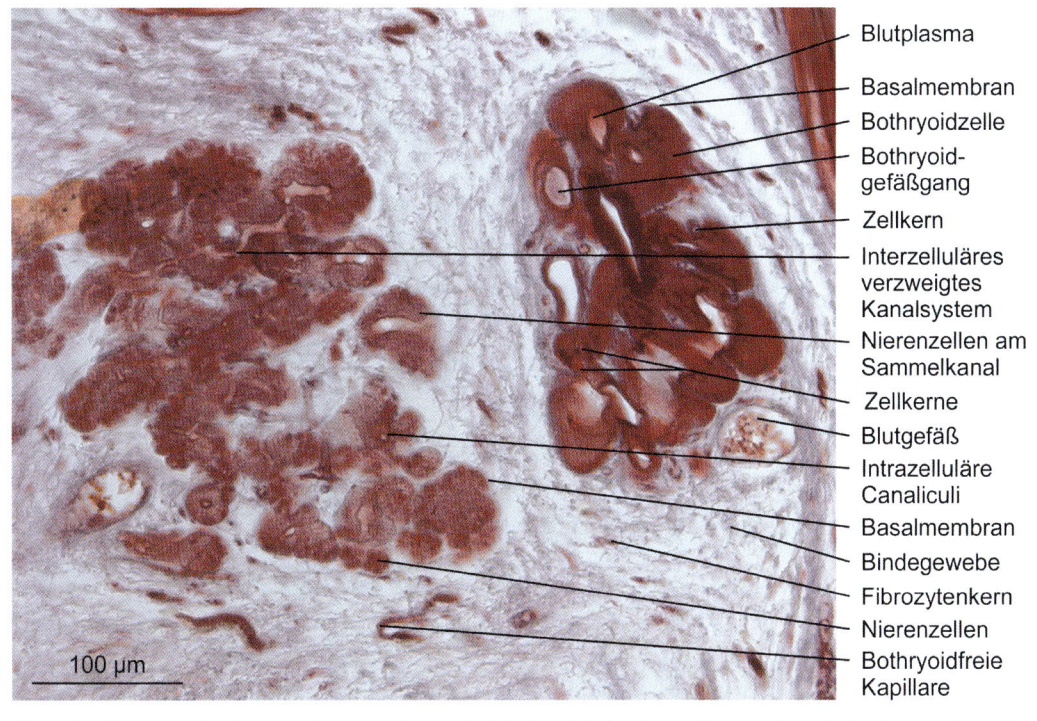

Abb. 135: *Hirudo medicinalis*, Blutegel: Querschnitt mit Nephridial- und Bothryoidgewebe; Ausschnitt. Bothryoidzellen sind bei Egeln die Chloragog-Coelomzellen der Oligochaeten, die hier als Wandungen ein durchgängiges und weit verzweigtes Netzwerk von Coelomräumen (Kanälchen und sehr unregelmäßige Säckchen) umschließen. Bothryoidzellen speichern Glykogen, Fette, N-Verbindungen; sie sind am Eiweißstoffwechsel beteiligt. Das Nephridialgewebe begleitet segmental in jeweils mehreren Lappen den hindurchziehenden Nephridialkanal. Apikale Mikrovilli, sehr viele Mitochondrien, basale Labyrinthe und hoher Glykogengehalt charakterisieren die Exkretionszellen.

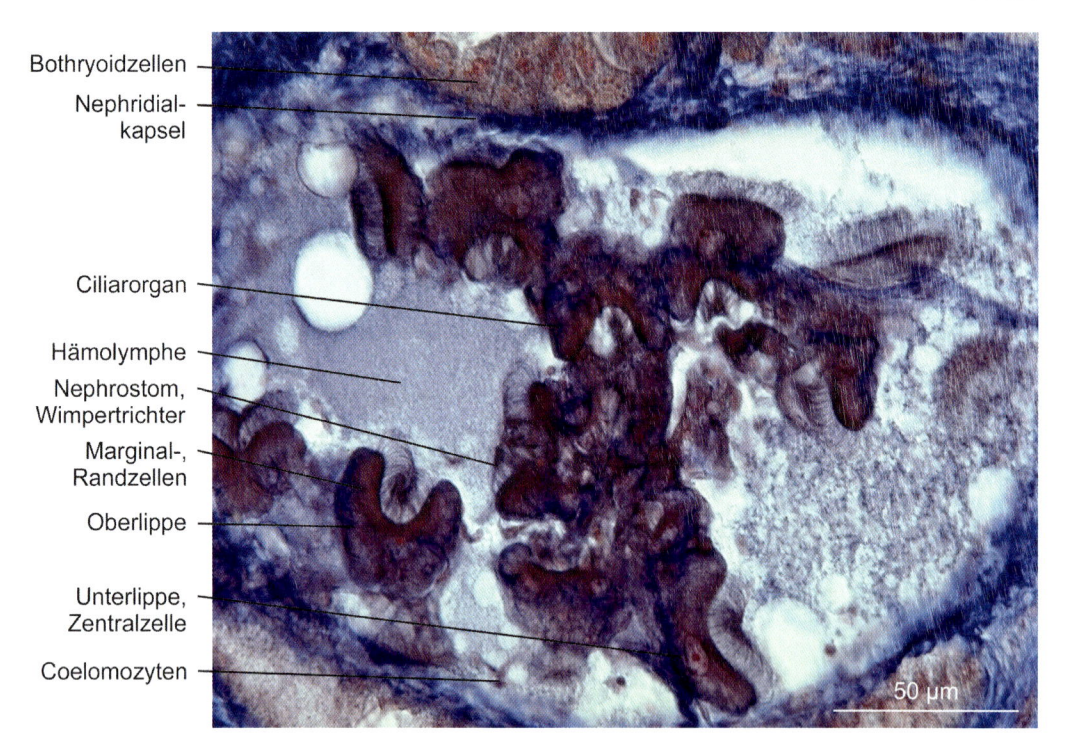

Abb. 136: *Hirudo medicinalis*, Blutegel: Ciliarorgan; Ausschnitt aus einem Horizontalschnitt. *Hirudo* besitzt 17 Paare Nephridien und Nephrostom-, Ciliarorgane. Die Wimpertrichter sind vom Nephridialkanal mit intrazellulären Canaliculi und interzellulären Kanälen abgetrennt; da die Nephridien nur flüssige Abfallstoffe aufnehmen, werden wohl Coelomozyten mit phagozytierten Bakterien, Bothryoidzellenteilen und Tetrapyrrholen aus dem Hämoglobinabbau eingestrudelt und abgebaut. Die muskulösen Seitengefäße pumpen Blut aus dem Ventralgefäß über die Ampullen mit Ciliarorganen.

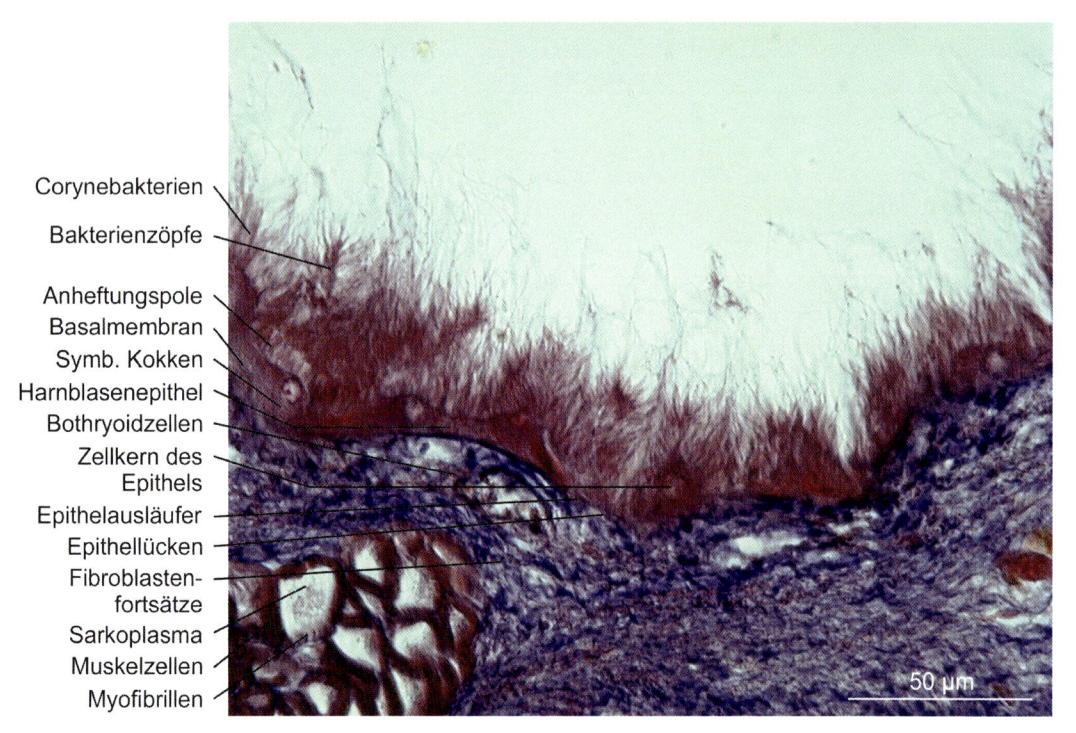

Abb. 137: *Hirudo medicinalis*, Blutegel: Harnblasenwand mit Symbionten; Ausschnitt. Außerhalb der Nephridialkapsel liegt das Nephridialgewebe paarig zunächst um einen Schleifenkanal, dann um den Hauptkanal, der in die große Harnblase führt. Die symbiontischen Bakterien – *Corynebacterium vesicularis* und *C. hirudinis* – in den Harnblasen beteiligen sich am Abbau der komplexen Exkrete, sie bewirken neben Harnstoff den hohen Ammoniakanteil im Blutegelharn. Corynebakterien sind unbewegliche Stäbchenbakterien; sie leben ubiquitär im Wasser, in Böden, auf der Haut und auf Schleimhäuten; von 40 Arten sind einige pathogen: bei Akne, Diphtherie, Erythrasma, Pseudodiphtherie und Vaginalentzündung.

Spinnentiere – Arachnida

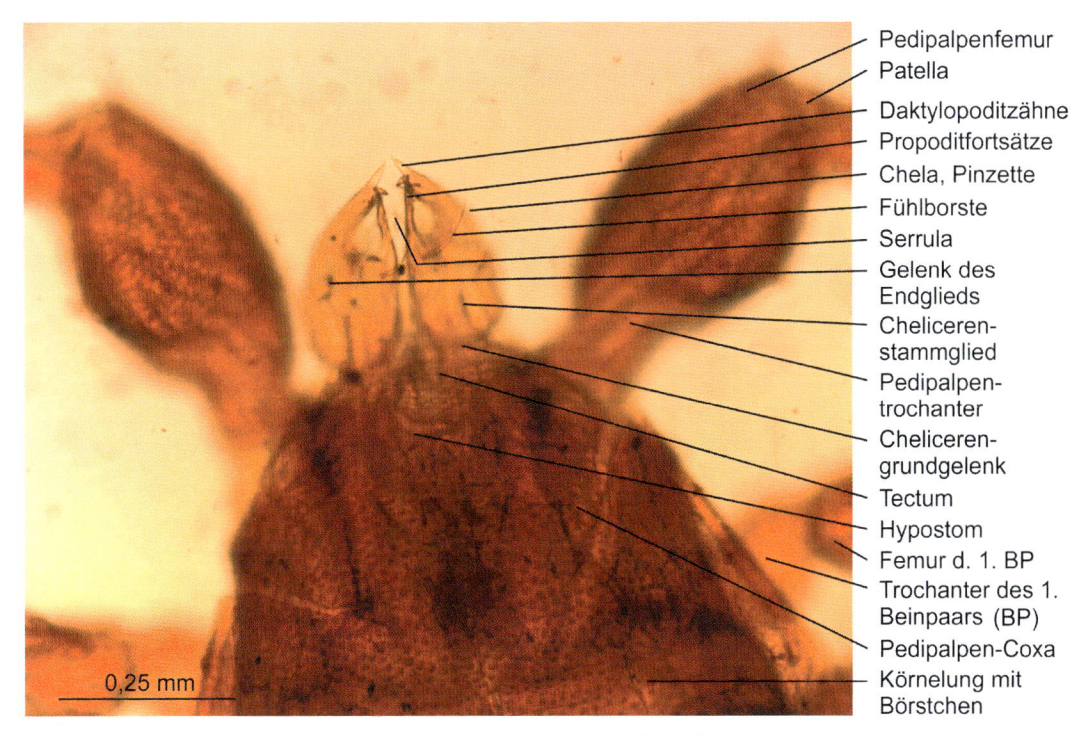

Pedipalpenfemur
Patella
Daktylopoditzähne
Propoditfortsätze
Chela, Pinzette
Fühlborste
Serrula
Gelenk des Endglieds
Chelicerenstammglied
Pedipalpentrochanter
Chelicerengrundgelenk
Tectum
Hypostom
Femur d. 1. BP
Trochanter des 1. Beinpaars (BP)
Pedipalpen-Coxa
Körnelung mit Börstchen

0,25 mm

Abb. 138: *Chelifer cancroides*, Bücherskorpion: Totalpräparat; Ausschnitt. Außer Geißelskorpionen, Geißelspinnen und Webspinnen haben alle Spinnentiere Chelae, Scheren bzw. Pinzetten als Cheliceren, als vorderste Extremität des Prosomas. In Gebäuden, bei Ameisen, in Bienenstöcken, unter Rinden packen die Scheren der Pedipalpen Kleinarthropoden; an den Scherenfingerspitzen münden Giftdrüsen; in die paralysierte Beute beißen und picken die Cheliceren Löcher zum Aussaugen. Durchsichtige Zähnchenleisten an den Chelicerenfingern (Serrula) komplexieren die Pinzettenteile.

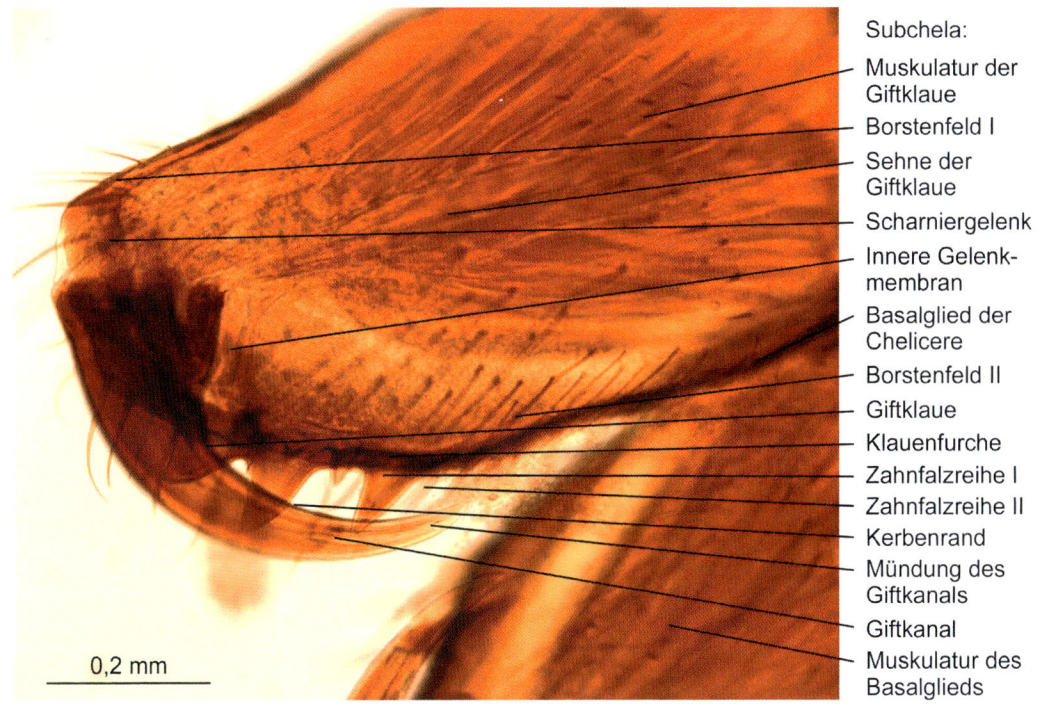

Subchela:
Muskulatur der Giftklaue
Borstenfeld I
Sehne der Giftklaue
Scharniergelenk
Innere Gelenkmembran
Basalglied der Chelicere
Borstenfeld II
Giftklaue
Klauenfurche
Zahnfalzreihe I
Zahnfalzreihe II
Kerbenrand
Mündung des Giftkanals
Giftkanal
Muskulatur des Basalglieds

0,2 mm

Abb. 139: *Araneidae*, Radnetzspinnen: Totalpräparat einer Chelicerenspitze; Übersicht. Die Cheliceren der Webspinnen sind Subchelae und haben immer ein breites, massives Grundglied sowie eine Klaue, an deren Ende die Giftdrüse mündet. Die herausgeklappten Klauen injizieren Gift, durchlöchern und zerkauen Beute zu einer völlig deformierten Masse, sind Grab- und Greifwerkzeuge. Der gekerbte Klaueninnenrand kann zum Zerschneiden von Fäden dienen.

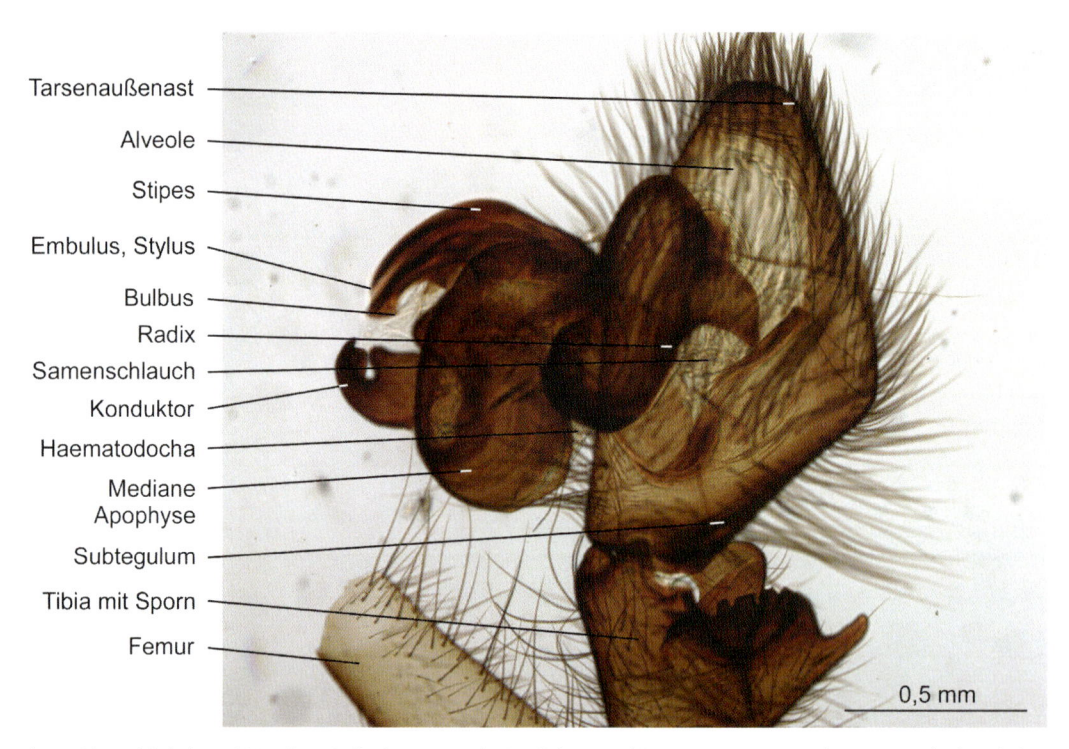

Abb. 140: *Tegenaria sp.*, Hauswinkelspinne: Männchen, Pedipalpentarsus als Kopulations- und Begattungsorgan, Totalpräparat. Pedipalpen haben kein Metatarsalglied; Tibia und Tarsus folgen aufeinander. Der Bulbus ist eine Ausstülpung der Tarsenwand: Sklerotisierte Teile und weichhäutige Haematodocha-Partien nebeneinander bilden den Komplex. Sklerite: Embulus, Konduktor, Apophysen, Radix, Stipes, Tegulum und Subtegulum. Durch Hämolymphdruck dehnt sich der Bulbus, die Sklerite richten sich auf, und erst eine spezifische Raumgestalt sichert während der Kopulation die Verhakung mit den Epigynen artgleicher Weibchen. An der Spitze des Embulus mündet der Samenschlauch mit aufgezogener Spermatophore; Spermien werden durch Drüsensekrete des Samenschlauchs, nicht durch Blutdruck hinausgedrängt.

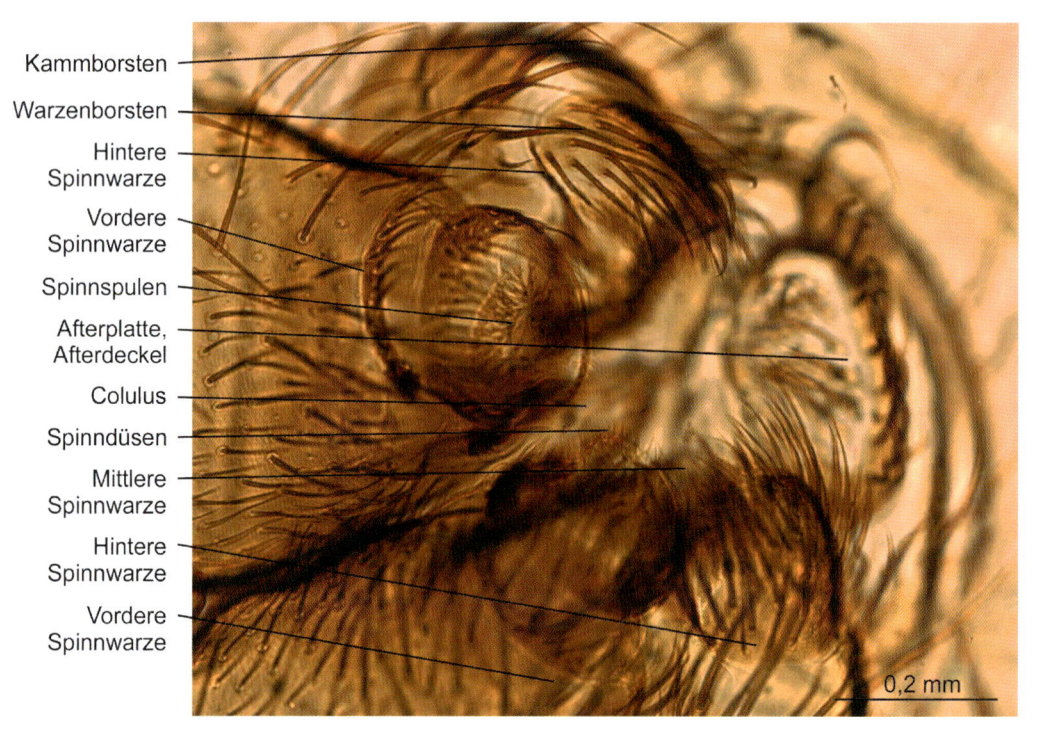

Abb. 141: Radnetzspinne: Spinnwarzenfeld eines mazerierten Totalpräparats; Übersicht. Spinnwarzen werden beim Embryo im 10. und 11. Opisthosomasegment als „Extremitäten" angelegt. Beide Anlagenpaare spalten zur Mitte hin je ein weiteres Warzenpaar ab. Das vordere mittlere Warzenpaar vereinfacht sich zum unpaaren, kleinen Colulus-Hügel. Beugemuskeln und Blutdruck machen die sechs Spinnwarzen unabhängig voneinander agil; Muskeln an den Gelenkhäuten bewegen die Glieder gegeneinander, durchziehende Muskeln variieren die Spulenflächen. Die verschiedenartigen Spinnspulen und Spinndüsen sind jeweils für ihren dahinterliegenden Spinndrüsentyp charakteristisch. Haarborsten sichern die Düsen.

Spinnentiere – Arachnida

Sägeborste
Spachtelflügel
Mittelklauenwurzel
Borstenmanschette
Gelenk der Kutikularplatte
Sigmasägedorn II
Sägeborste
Mittelklaue
Sigmasägedorn I
Hauptklaue: Stamm
Hauptklaue rechts
Hauptklaue: Zähne
Borste mit Nebenbörstchen
Hauptklaue: Kerben

Abb. 142: *Araneus diadematus*, Gartenkreuzspinne: Tarsusspitze des 4. Laufbeins, Totalpräparat; Scharfeinstellung I. Die beiden Hauptklauen und die Mittelklaue mit ihrer Wurzel sitzen auf einer Platte der Kutikula. Zwei Muskeln mit Ansatz im Tibia-Metatarsusbereich laufen mit ihren Sehnen durch eine Manschette im Tarsus zur Platte und können sie auf- und abbewegen. Hier – eine Rarität bei Spinnen – gibt es einen Beugemuskel. Mit Spinnfäden hat die Mittelklaue zu tun: Zum Festhalten drückt sie den Faden gegen die Raspeldornen und die Sigmasägedornen; beim Zurückziehen der Klauen schnellen die Fäden aus ihren Widerlagern.

Spachtelflügel
Raspeldornen
Sigmasägedorn I
Sigmasägedorn II
Sägeborste
Mittelklauenrinne
Mittelklaue
Sigmasägedornspitze
Hauptklaue rechts
Hauptklaue links
Hauptklauenfurche

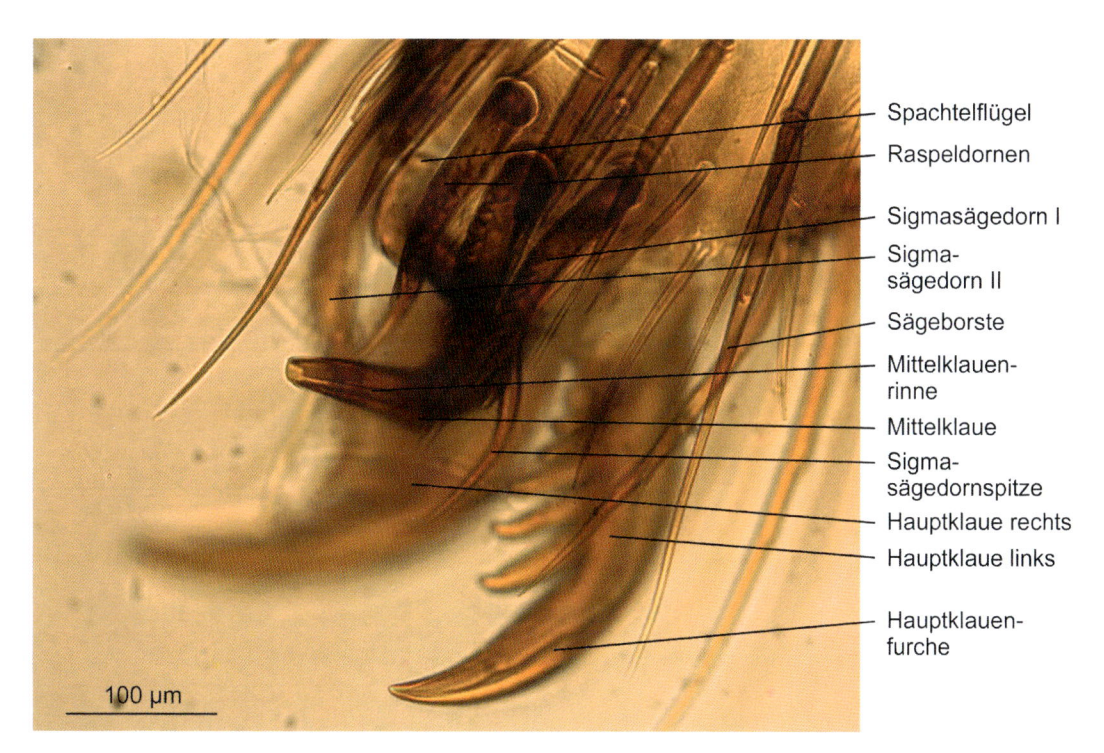

Abb. 143: *Araneus diadematus*, Gartenkreuzspinne: Tarsusspitze des 4. Laufbeins, Totalpräparat; Scharfeinstellung II. Der Klauenapparat liegt bei Kreuzspinnen an der Spitze des Tarsus; bei der Hauswinkelspinne z. B. überragen dagegen die vielen Borsten der Spitze die Klauen weit. Die Borsten um die Klauen sind mit einer Unzahl feinster Härchen gespickt, die alle spitzenauswärts gerichtet sind. Wie die unterschiedlichen Morphologien der Tarsusspitzen mit dem Laufen in den Netzen, dem Weben und Spinnen zusammenhängen, ist nicht verständlich. Feinheiten wie die Spachtelflügel, die Mittelklauenrinnen oder die Hauptklauenfurchen können nicht erklärt werden.

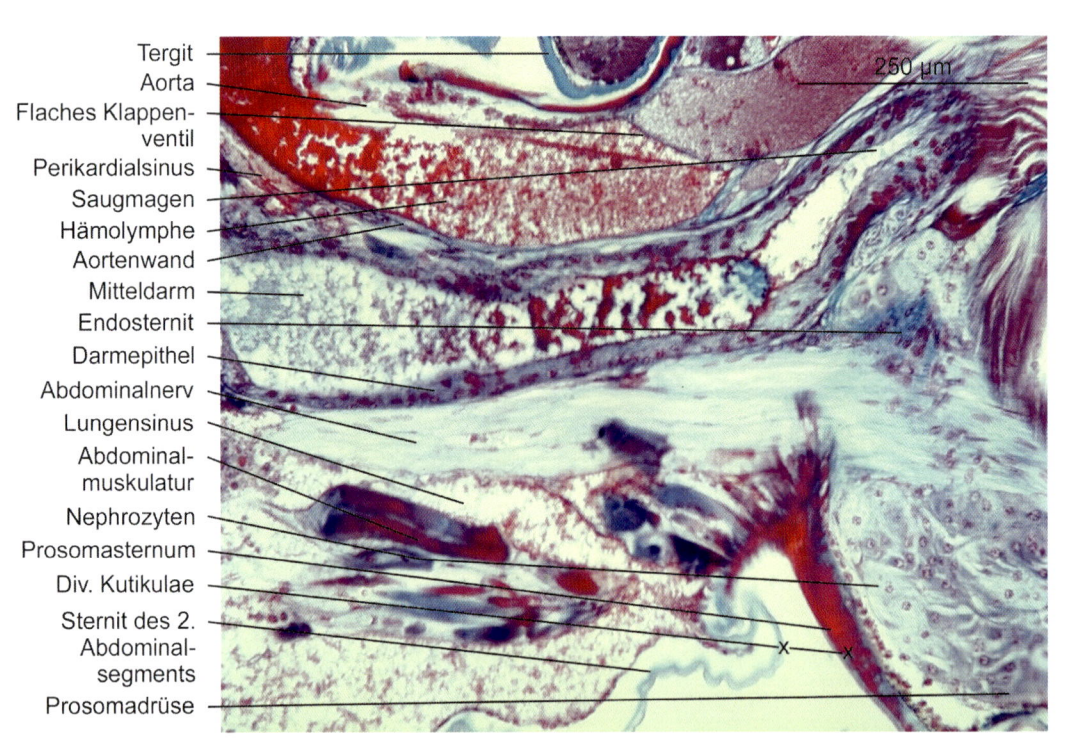

Tergit
Aorta
Flaches Klappen-
ventil
Perikardialsinus
Saugmagen
Hämolymphe
Aortenwand
Mitteldarm
Endosternit
Darmepithel
Abdominalnerv
Lungensinus
Abdominal-
muskulatur
Nephrozyten
Prosomasternum
Div. Kutikulae
Sternit des 2.
Abdominal-
segments
Prosomadrüse

Abb. 144: *Pardosa amentata*, Wolfspinne: Längsschnitt durch den Petiolusstiel; Übersicht. Der Petiolus ist das sehr kleine, erste Hinterleibssegment; er verbindet beweglich den Vorderkörper (Prosoma) mit dem oft relativ großen Hinterleib (Opisthosoma). Links im Bild das Opisthosoma, rechts Prosoma. Wie der Petiolus die Spinnwarzen des Hinterleibs eines hochträchtigen Weibchens dirigieren kann, ist nicht zu erklären.

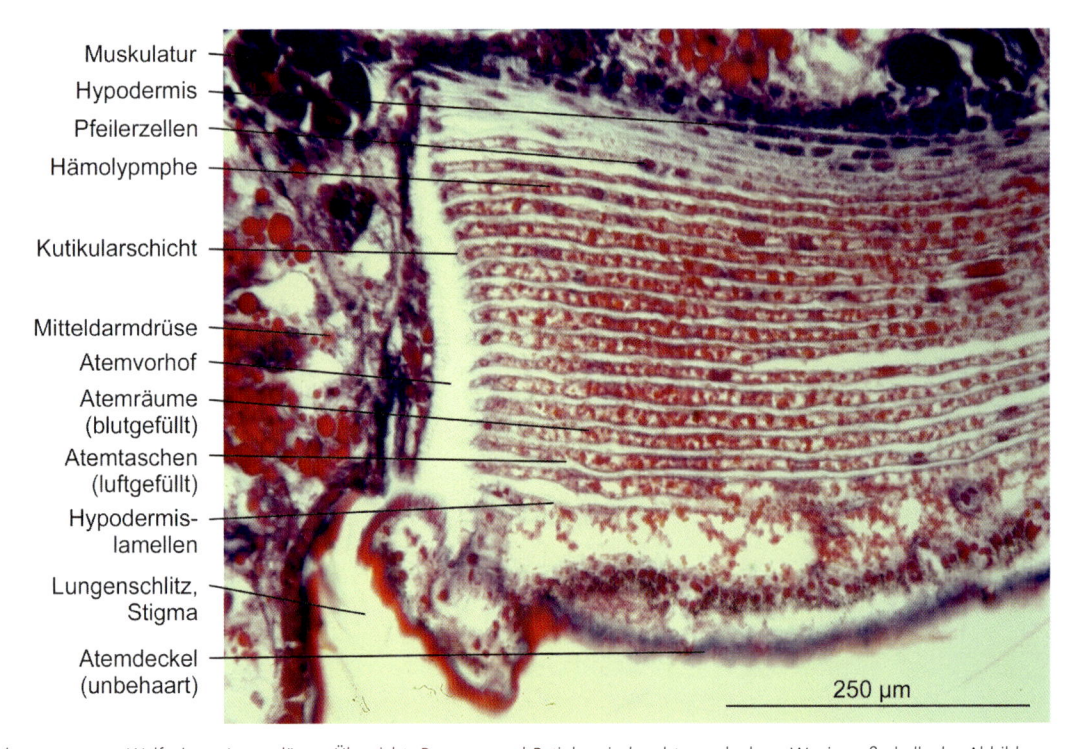

Muskulatur
Hypodermis
Pfeilerzellen
Hämolypmphe

Kutikularschicht

Mitteldarmdrüse
Atemvorhof
Atemräume
(blutgefüllt)
Atemtaschen
(luftgefüllt)
Hypodermis-
lamellen
Lungenschlitz,
Stigma
Atemdeckel
(unbehaart)

Abb. 145: *Pardosa amentata*, Wolfspinne: Lunge längs; Übersicht. Prosoma und Petiolus sind rechts zu denken. Wenig außerhalb der Abbildung liegt rechts der weite Sinus; im medianen Lungensinus sammelt sich das Blut aus dem Prosoma und Opisthosoma und strömt durch die Atemräume seitwärts – senkrecht zur Bildebene. Von lateral über die Lungenvene und den Perikardialsinus wird die oxidierte Hämolymphe über zwei bis drei Paare Ostien in das Herzrohr gesaugt. Die Diffusionsbarriere Luft, Kutikula, Hypodermiszellen, Lakunenendothel ist extrem dünn. Die Größe der Abstandskutikulasäulchen der Atemtaschen liegt unterhalb der Auflösung.

Spinnentiere – Arachnida

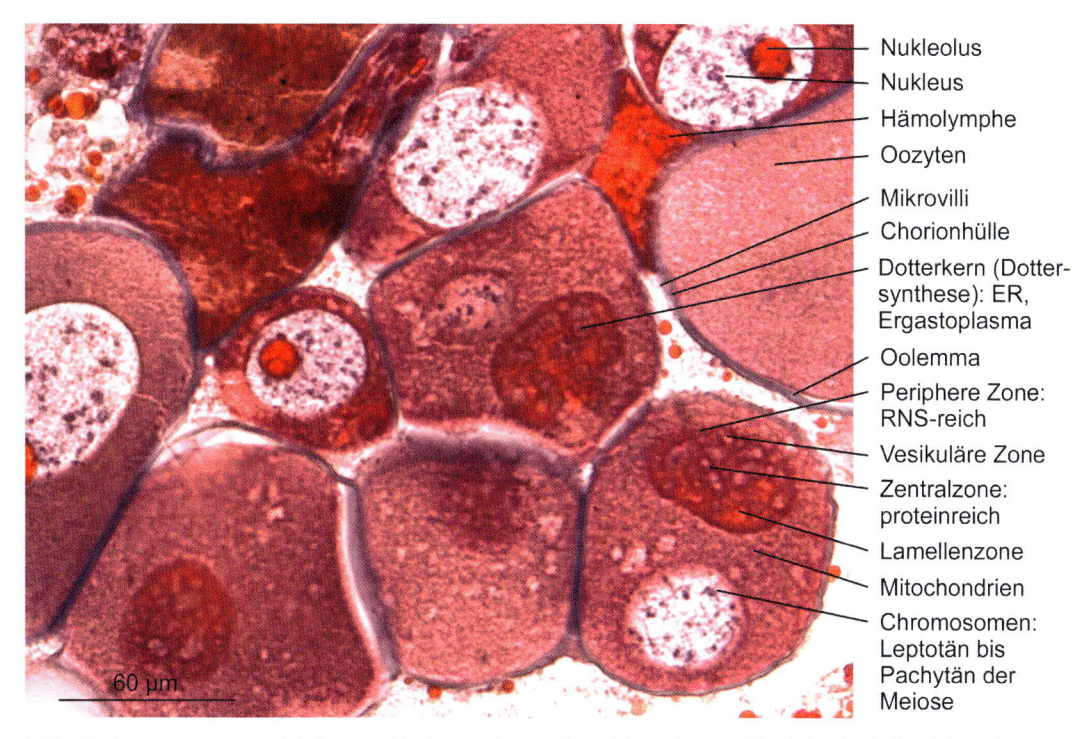

- Nukleolus
- Nukleus
- Hämolymphe
- Oozyten
- Mikrovilli
- Chorionhülle
- Dotterkern (Dottersynthese): ER, Ergastoplasma
- Oolemma
- Periphere Zone: RNS-reich
- Vesikuläre Zone
- Zentralzone: proteinreich
- Lamellenzone
- Mitochondrien
- Chromosomen: Leptotän bis Pachytän der Meiose

Abb. 146: *Tegenaria sp.*, Hauswinkelspinne: Sehr junges Ovar, Eizellen mit Dotterkernen; Übersicht. Die Eizellen vieler Spinnen enthalten als Organellen Dotterkerne – die es auch in Ziegen- und Branchiostoma-Eiern gibt. Die Lamellen der konzentrisch geschichteten Elemente sind Endoplasmatisches Retikulum; sie versammeln Mitochondrien und Golgi-Apparate als Organisationszentren der Dotterbildung. Massenhaft Mikrovilli dringen in die Chorionhülle vor.

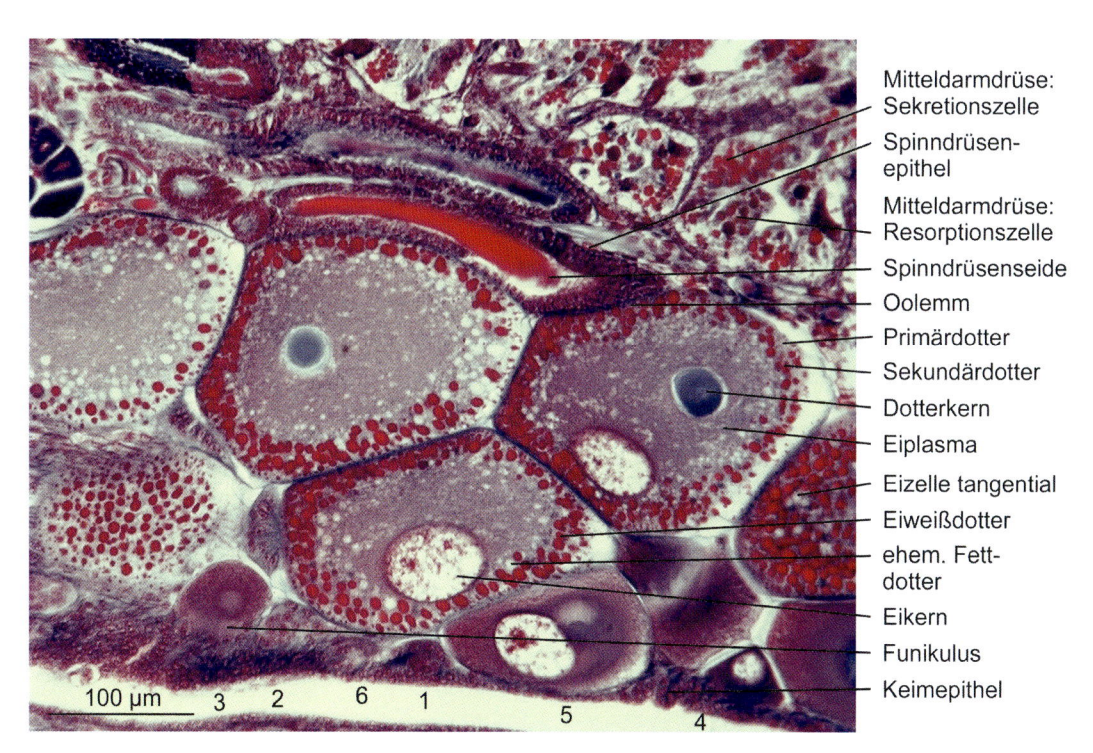

- Mitteldarmdrüse: Sekretionszelle
- Spinndrüsenepithel
- Mitteldarmdrüse: Resorptionszelle
- Spinndrüsenseide
- Oolemm
- Primärdotter
- Sekundärdotter
- Dotterkern
- Eiplasma
- Eizelle tangential
- Eiweißdotter
- ehem. Fettdotter
- Eikern
- Funikulus
- Keimepithel

Abb. 147: *Pardosa amentata*, Wolfspinne: Junges Ovar mit heranreifenden Eizellen; Ausschnitt. Vom Keimepithel aus ragen die heranwachsenden Eier nach außen gegen die Leibeshöhle. Bis zur Größe von 100 μm sammeln die jungen Eizellen feinkörnigen Dotter an. Die Zahlen am unteren Bildrand sind dem Wachstum der Oozyten zugeordnet. Auffällig sind die ER-Lamellen der Dotterkerne. Proteinanteile des Dotters werden vom Rauhen ER, Polysaccharidanteile von den Golgi-Apparaten synthetisiert. Vitellogenine aus der Hämolymphe werden über Mikropinozytosevesikel von den Oozyten aufgenommen.

78 Spinnentiere – Arachnida

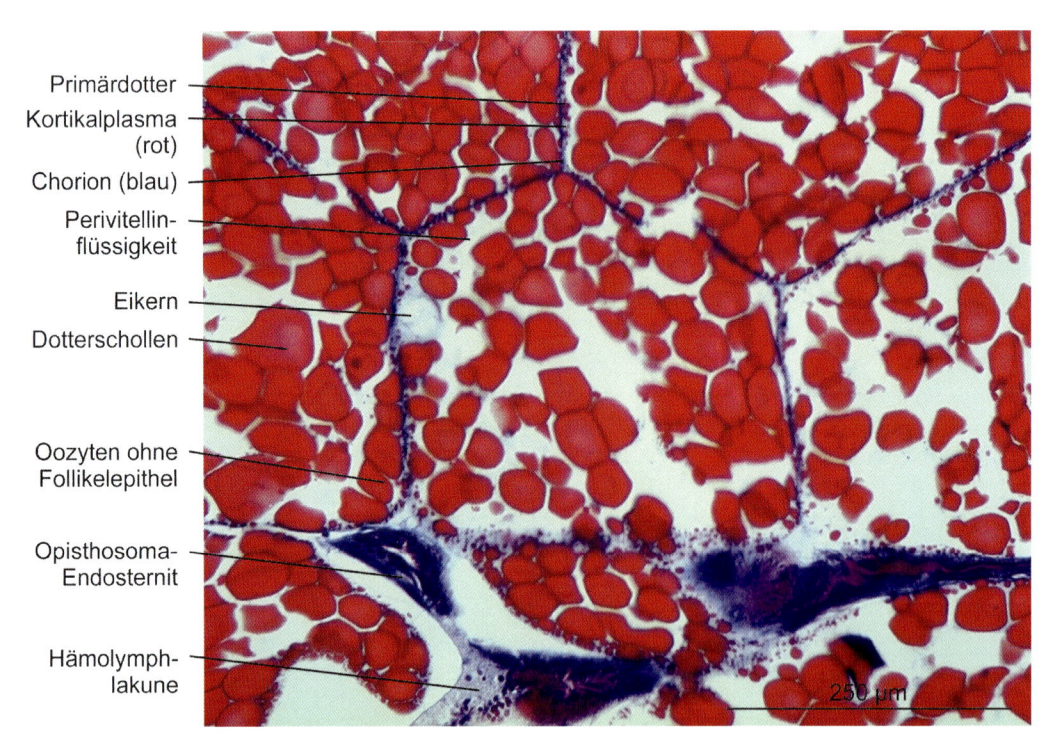

Primärdotter
Kortikalplasma (rot)
Chorion (blau)
Perivitellin-flüssigkeit
Eikern
Dotterschollen
Oozyten ohne Follikelepithel
Opisthosoma-Endosternit
Hämolymph-lakune

Abb. 148: *Pardosa amentata*, Wolfspinne: Reifes Ovar, Eizellen; Ausschnitt. Nach der Begattung wird in den Eizellen grobscholliger Dotter eingebaut; innerhalb zwei Wochen erreichen die Eizellen das zehn- bis zwölffache Volumen. Solange sich larvale Stadien nicht selbständig ernähren können, reicht der Dottervorrat für superfizielle Furchungen, Keimstreifenentwicklung, Umrollung und Organgestaltung. Eiweißdotter wird beim Entwässern für die Paraffineinbettung hart wie Kunststoff; entsprechend gequält erscheinen die Schnitte.

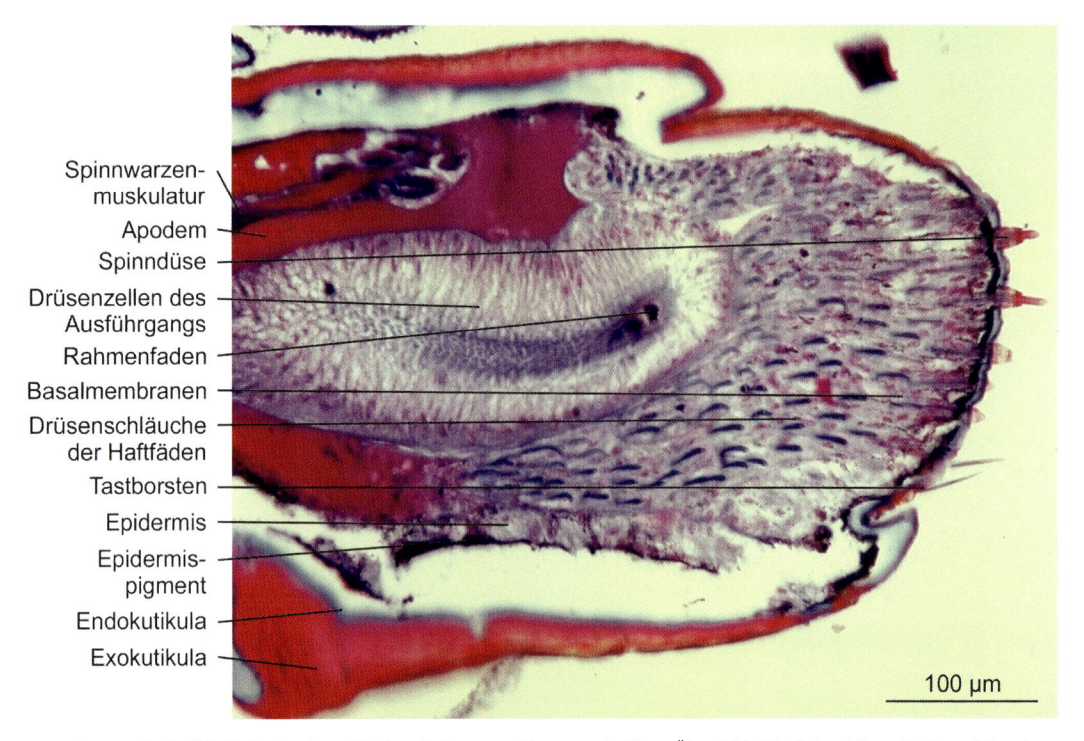

Spinnwarzen-muskulatur
Apodem
Spinndüse
Drüsenzellen des Ausführgangs
Rahmenfaden
Basalmembranen
Drüsenschläuche der Haftfäden
Tastborsten
Epidermis
Epidermis-pigment
Endokutikula
Exokutikula

Abb. 149: *Gasteracantha sp.*, Stachelleib-Radnetzspinne: Vordere Spinnwarze längs geschnitten; Übersicht. Die Spinndrüsen besitzen keine Auspressmuskulatur; hydrostatischer Druck, aktives Ziehen der Beine, Fallenlassen oder Laufen bringen die Seide aus den Spinnspulen; kristalline Proteine verbinden sich dabei zu Fadenstrukturen – nur durch Änderungen der Zug- und Druckspannungen. Die meisten Fäden sind einige µm dick. Erste Spinnenseiden produzieren zurzeit genmanipulierte *E. coli*-Kulturen.

Spinnentiere – Arachnida

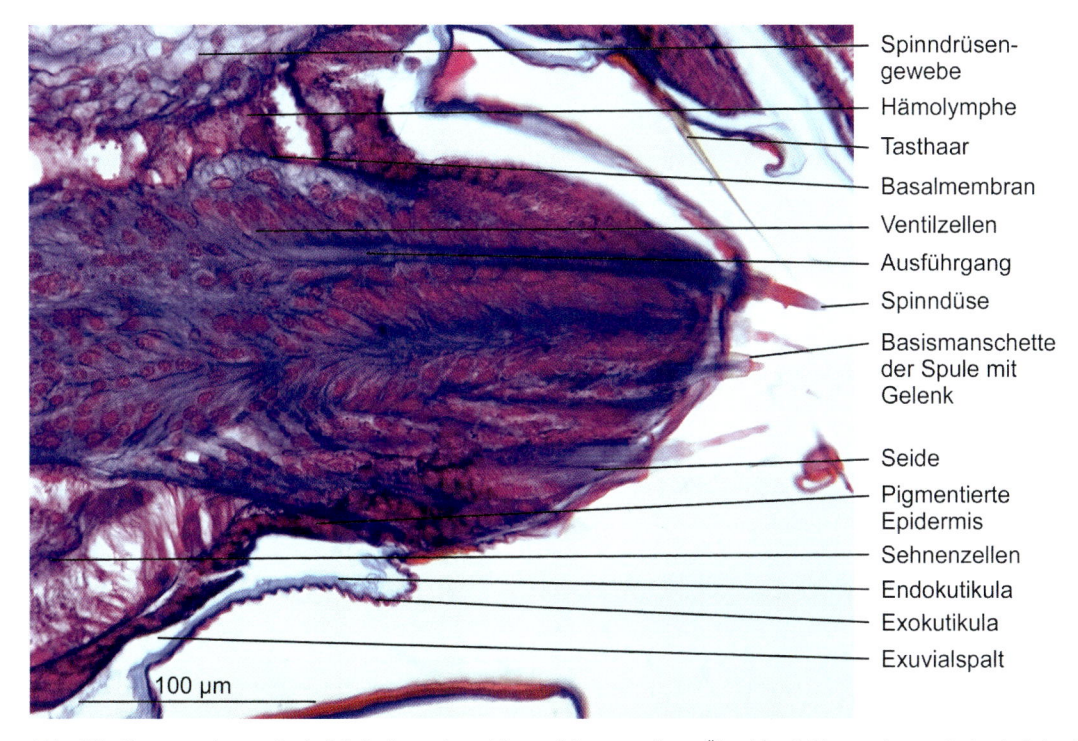

Labels (Abb. 150):
- Spinndrüsengewebe
- Hämolymphe
- Tasthaar
- Basalmembran
- Ventilzellen
- Ausführgang
- Spinndüse
- Basismanschette der Spule mit Gelenk
- Seide
- Pigmentierte Epidermis
- Sehnenzellen
- Endokutikula
- Exokutikula
- Exuvialspalt
- 100 µm

Abb. 150: *Gasteracantha sp.*, Stachelleib-Radnetzspinne: Hintere Spinnwarze längs; Übersicht. Seidenproteine produziert in Spinndrüsenzellen das Endoplasmatische Retikulum – Golgi-Apparate spielen keine Rolle. Ventilzellen bilden die Grenze zwischen flüssiger und fester Seide aus Fibroin, Glykoproteinen, Phosphaten und löslichen Aminen. Der Ventildurchmesser beeinflusst die Fadendicke.

Labels (Abb. 151):
- Nephrozyten
- Sehganglien-, Globulizellen
- Pharynxhebermuskel
- Neuroommatidien I
- Sehganglien-, Glomerulizellen
- Sehbahn eines kleinen Hauptauges
- Gliakerne
- Sehfasern, Axone der Nebenaugen
- Neuroommatidien II
- Nebenauge: Retina
- „Tapetum"
- Prosomaler Darmdivertikel
- 250 µm

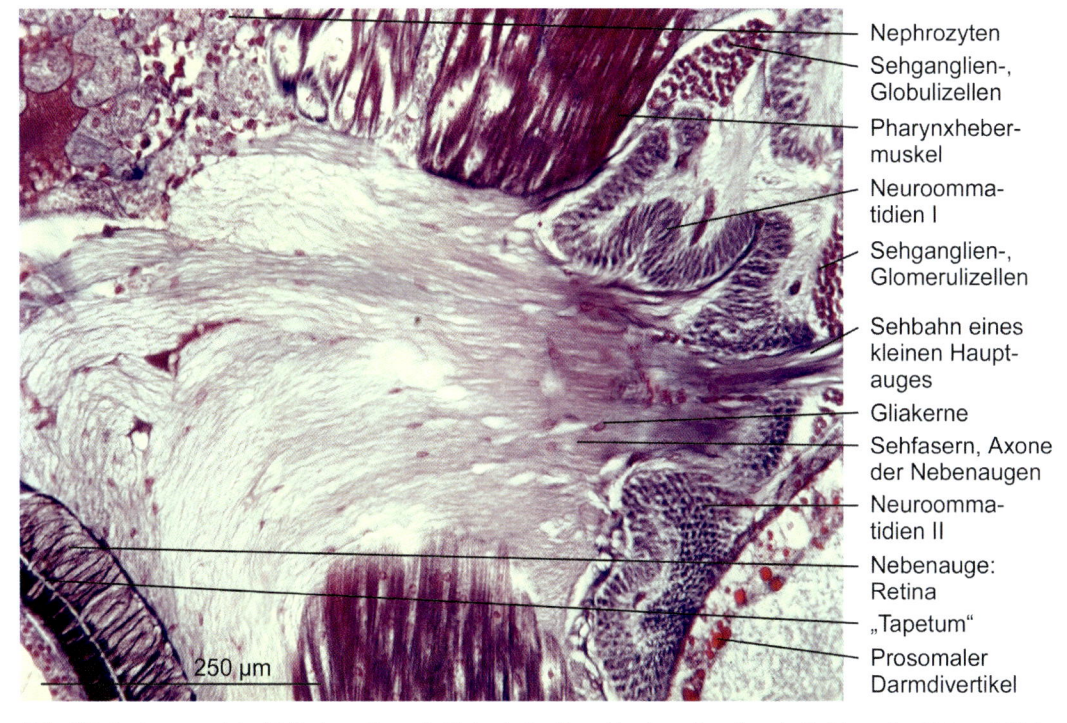

Abb. 151: *Pardosa amentata*, Wolfspinne: Längsschnitt durch das Oberschlundganglion; Ausschnitt. Die großen hinteren Mittel- und Seitenaugen der Wolfspinnen projizieren mit je 4000 Sehfasern in vordere Assoziationszentren (Corpora pedunculata, Sehmassen). Jedes Axon stellt multiple Synapsen mit nachgeschalteten Sehganglienzellen her. Die abgehenden Fasern ziehen gebündelt als Brücke zur Gegenseite des Gehirns. Globuli und Glomeruli sind Transformatororgane zur Reduzierung der Zahl der eingehenden Reize auf ein verarbeitbares Maß; Synapsenhochbereiche heißen Neuroommatidien.

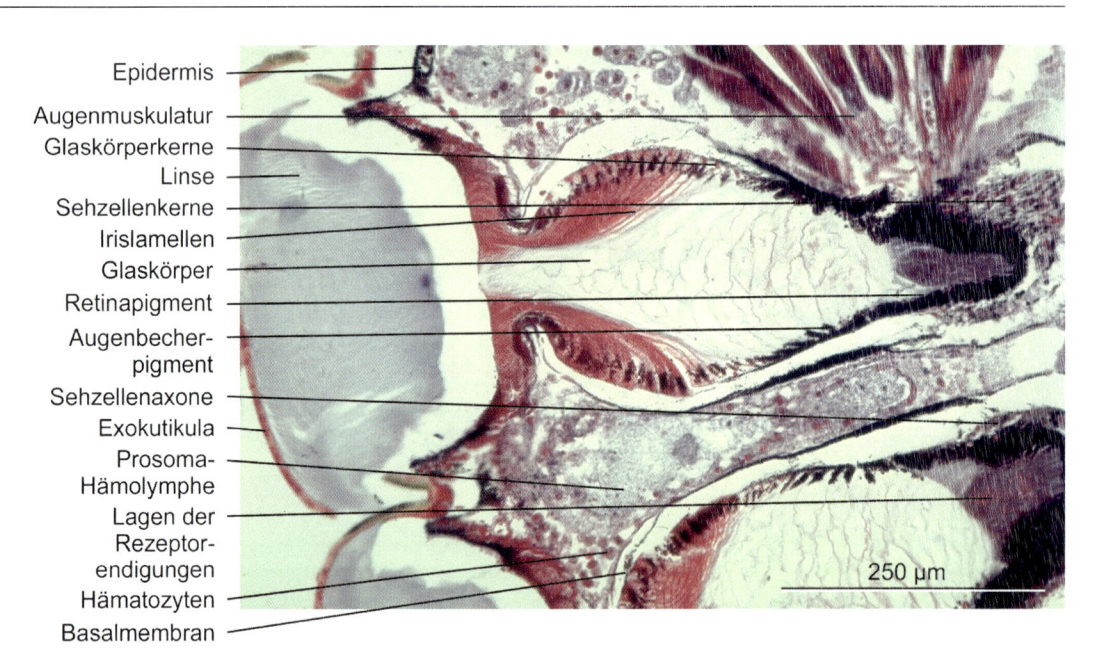

Epidermis
Augenmuskulatur
Glaskörperkerne
Linse
Sehzellenkerne
Irislamellen
Glaskörper
Retinapigment
Augenbecher-
pigment
Sehzellenaxone
Exokutikula
Prosoma-
Hämolymphe
Lagen der
Rezeptor-
endigungen
Hämatozyten
Basalmembran

250 µm

Abb. 152: *Salticus scenicus*, Zebraspringspinne: Horizontalschnitt durch die beiden großen Mittelaugen der vorderen Augenreihe; Übersicht. Ihrer großen Linsen und des langen Glaskörpers wegen lassen sich die Augen mit Teleobjektiven vergleichen. Die Leistungen dieser Augen sind bis 30 cm Entfernung beachtlich, da drei Muskelpaare jedes Auge im Prosoma verschieben können und vier Lagen von Sinneszellen im Augengrund auf wenigstens drei Entfernungsbereiche je maximal reagieren. Die vier Höhenlagen der Rezeptorpole enthalten wohl unterschiedliche Sehpigmente, die UV-Licht, Blaugrün und Gelb jeweils optimal rezipieren.

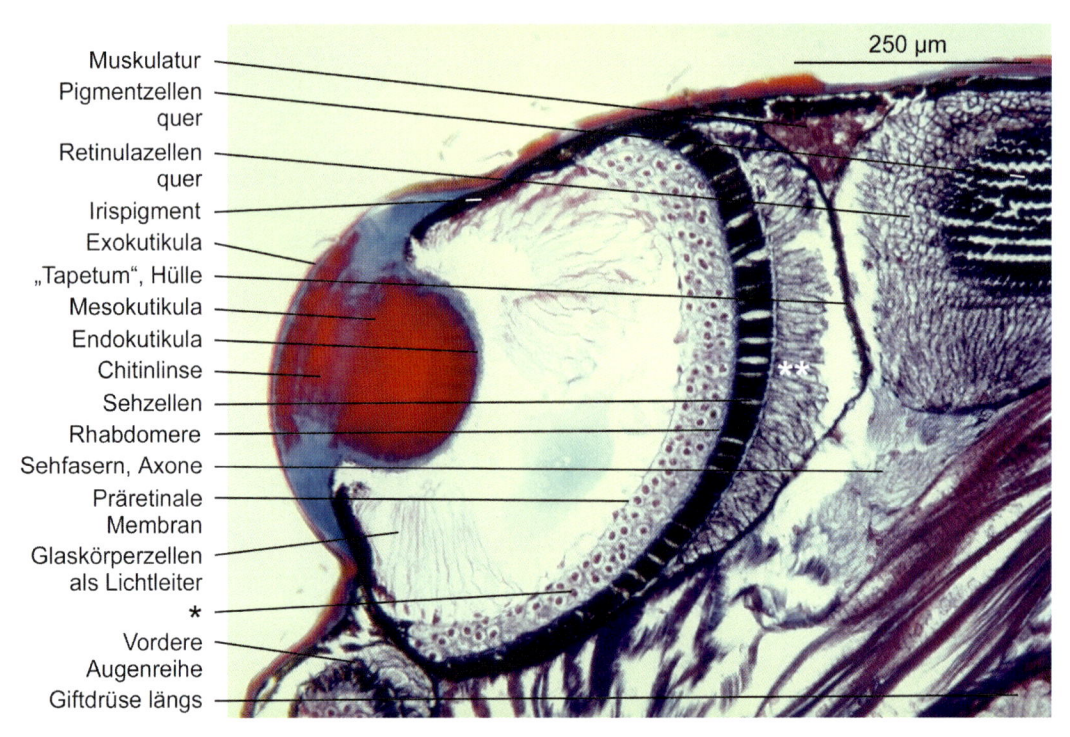

250 µm

Muskulatur
Pigmentzellen
quer
Retinulazellen
quer
Irispigment
Exokutikula
„Tapetum", Hülle
Mesokutikula
Endokutikula
Chitinlinse
Sehzellen
Rhabdomere
Sehfasern, Axone
Präretinale
Membran
Glaskörperzellen
als Lichtleiter
*
Vordere
Augenreihe
Giftdrüse längs

Abb. 153: *Pardosa amentata*, Wolfspinne: Längsschnitt durch ein Auge; Übersicht. Die kugeligen hinteren Mittelaugen haben so kurze Brennweiten, dass jegliche Akkommodation entfällt. Um 4000 Sehzellen liegen in der tapetumlosen Nebenaugenretina. Die maximale Empfindlichkeit der Photopigmente in den Rhabdomeren der Sehzellen liegt bei 535–540 nm, zwischen den Farben Blaugrün und Gelb. Die Mikrovilli der Rhabdomere sind – als lichtsensitive Strukturen – verblüffend dicht und regelmäßig gepackt. * Somata und Kerne der Rezeptorzellen. ** Rezeptorzellen-Segmente zwischen Rhabdomeren und Axonen.

Milben – Acari

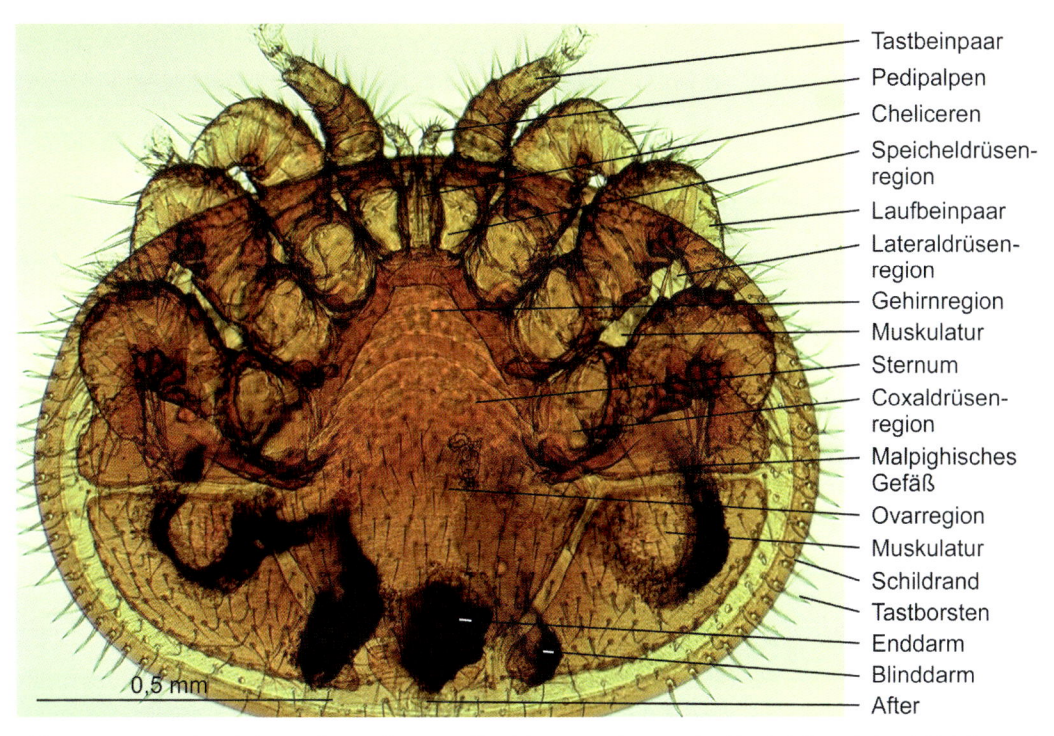

Abb. 154: *Varroa jacobsoni*, Bienenmilbe: Totalpräparat; Übersicht. Queroval in Dorsalansicht sind die Weibchen (Abb.); fast rund und heller sind die Männchen. *Varroa*-Milben sind seit 1981 bis heute das Imkerproblem in den gemäßigten Zonen der Welt. Nur in Afrika und Mittelamerika/Brasilien halten sich die Brutparasiten zurück. Therapieproblem: Bei chemischer Bekämpfung finden sich Rückstände im Honig. Ameisensäure als ein natürlicher Bestandteil des Honigs ist häufig Mittel der Wahl. Um den Gehalt an Ameisensäure im Honig jedoch nicht stark zu erhöhen, kommt auch ihre Anwendung als natürlichstes Medikament erst nach Einbringen der Tracht im Rahmen der Spätsommerpflege in Betracht.

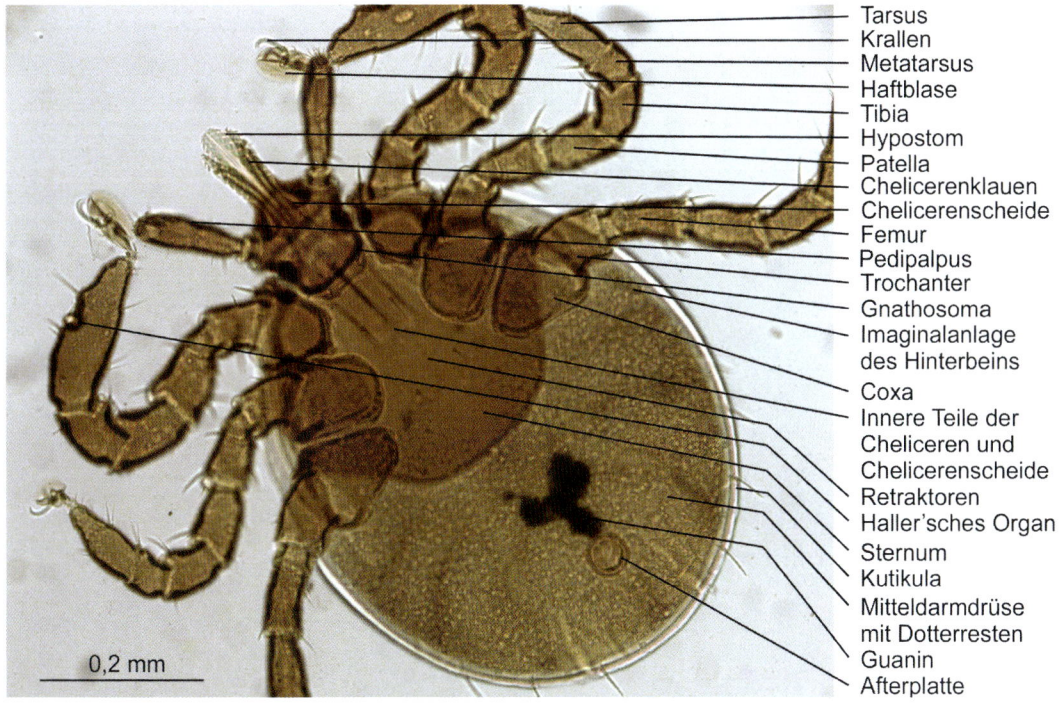

Abb. 155: *Ixodes ricinus*, Holzbock: Ventralansicht einer Larve mit drei Beinpaaren; Übersicht, Totalpräparat. Die Larve saugt einmal an Eidechsen oder Vögeln; dann häutet sie sich. Die Coxaladen der Pedipalpen sind zum Hypostom mit Widerhaken (Clava) ausgezogen. Die Chelicerenmesser sind mit seitlichen Klauen bestückt, sie ziehen das Hypostom in die Wirtshaut. Beim Saugen verquellen durch den Zeckenspeichel Stratum papillare und Stratum reticulare so, dass das Hypostom erst nach Rückzug der Cheliceren aus der Wunde gleiten kann.

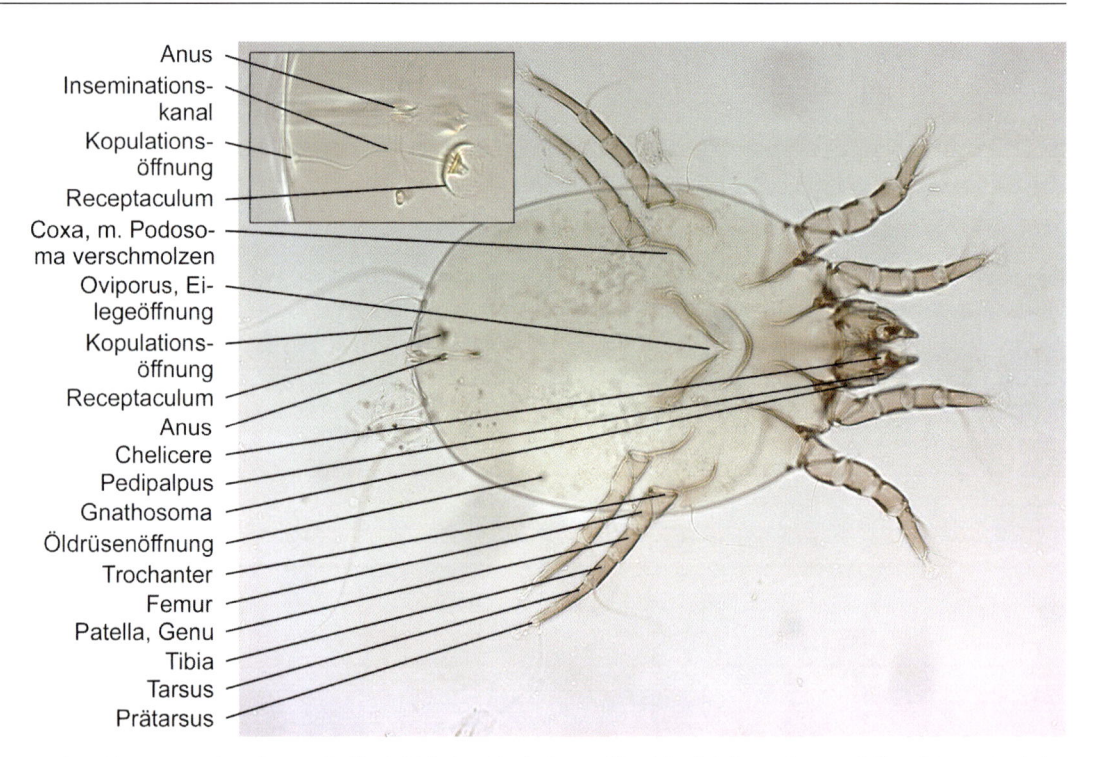

Abb. 156: *Dermatophagoides pteronyssinus*, Hausstaubmilbe I: Weibchen, Totalpräparat; Übersicht. Bei allen astigmaten Milben (Krätz-, Haarbalg-, Räude-, Vogel-, Raub-, Vorrats-, Mäuse- und Hausstaubmilben) sind Eilege- und Kopulationsöffnung getrennt. Der Oviporus ist meist mit Kutikulafalten verschlossen; die Kopulationsöffnung liegt hier in Anusnähe, bei manchen parasitischen Milben auf dem Rücken. Einsatzbild: Ein Inseminationskanal führt Spermien von der Kopulationsöffnung zum Receptaculum seminis; die Ovarien sind paarig. Weibchen: 350 μm groß.

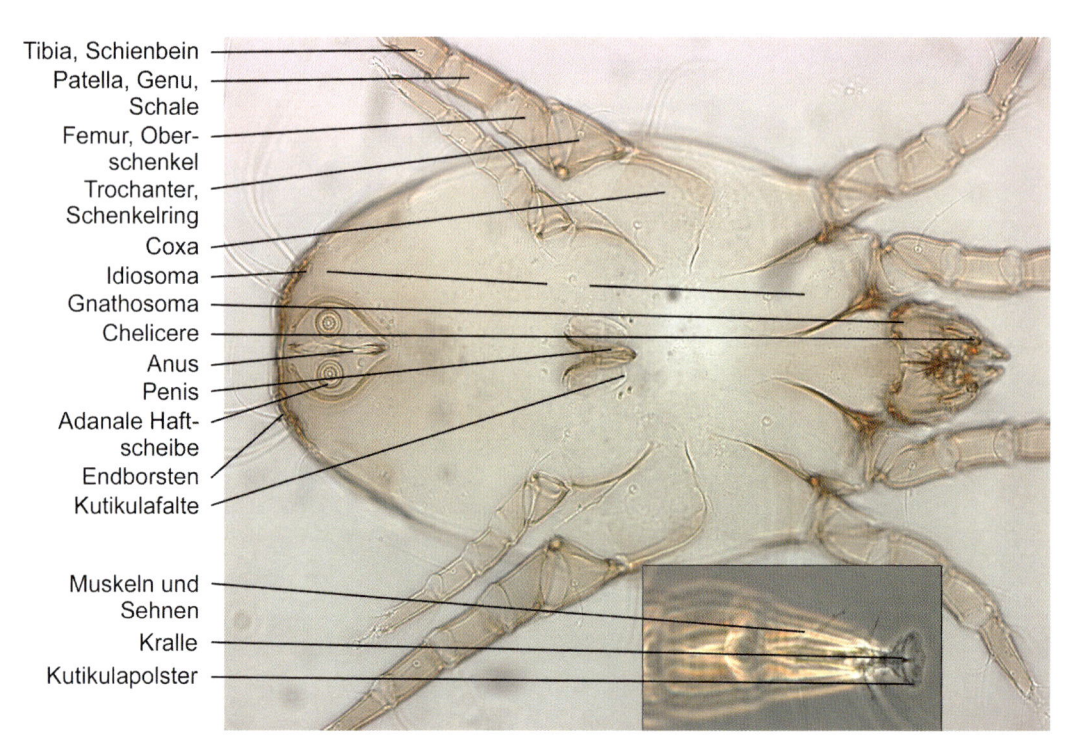

Abb. 157: *Dermatophagoides pteronyssinus*, Hausstaubmilbe I: Männchen, Totalpräparat, Übersicht. Die Entwicklung der Milben über Proto- und Tritonymphen dauert wenige Wochen. Bei unter 60 % Luftfeuchtigkeit haben die Hausstaubmilben Probleme zu überleben; sie kommen kaum im Staub unter Möbeln, hinter Schränken vor. Weltweit leben die Kosmopoliten in Schlafräumen, Federbetten und Matratzen. Rasches Bettenmachen morgens fördert den Milbenbefall; tödlich für die Tiere sind über Stühlen lüftende und trocknende Betten. Einsatzbild: Prätarsus eines Beins. Männchen: 285 μm groß.

Milben – Acari 83

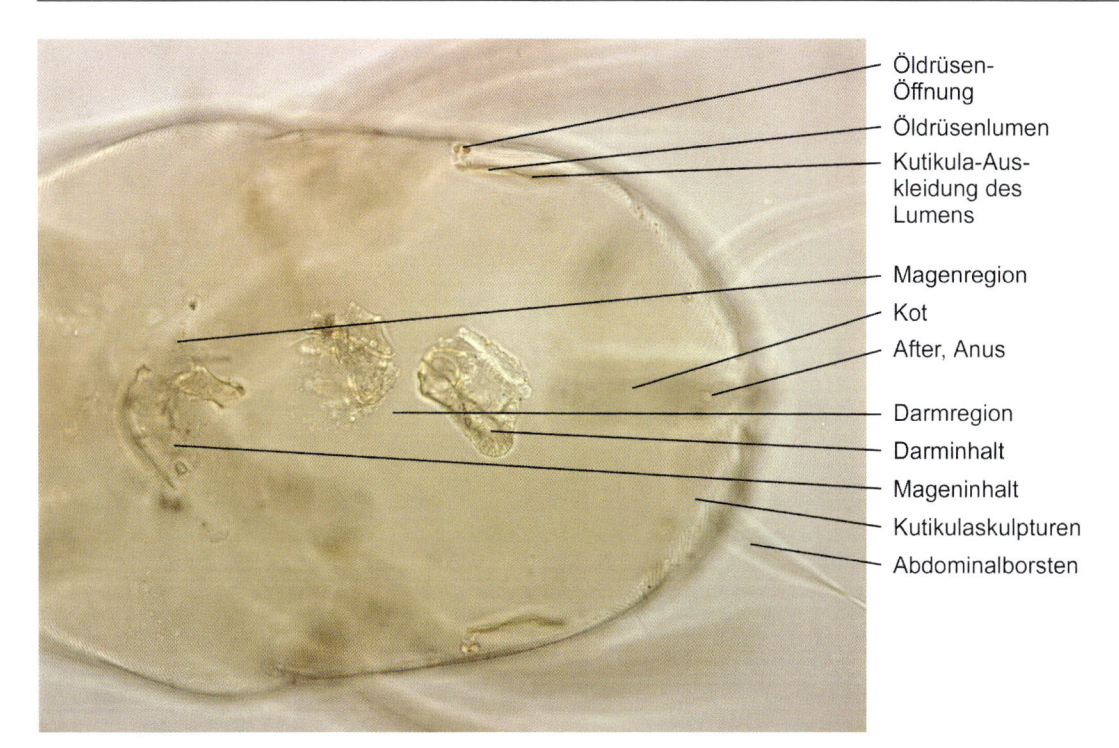

Öldrüsen-Öffnung
Öldrüsenlumen
Kutikula-Auskleidung des Lumens

Magenregion
Kot
After, Anus

Darmregion
Darminhalt
Mageninhalt
Kutikulaskulpturen
Abdominalborsten

Abb. 158: *Dermatophagoides farinae*, Hausstaubmilbe II: Weibchen, Totalpräparat; Ausschnitt. Hausstaubmilben fressen allerlei in sich hinein; in Magen und Darm lassen sich finden: Hautschuppen, Pilzsporen, Exuvien- und Milbenleichenteile. Ausschließlich Substanzen im Kot sind die Ursache der Allergien gegen Hausstaubmilben. Die Öldrüsen bilden Terpenaldehyde und -ketone wie Geranial und Neral. Ob die Stoffe als Alarm-, Sexual- oder als Aggregationspheromone wirken, wird untersucht. Weibchen: 360–400 µm groß.

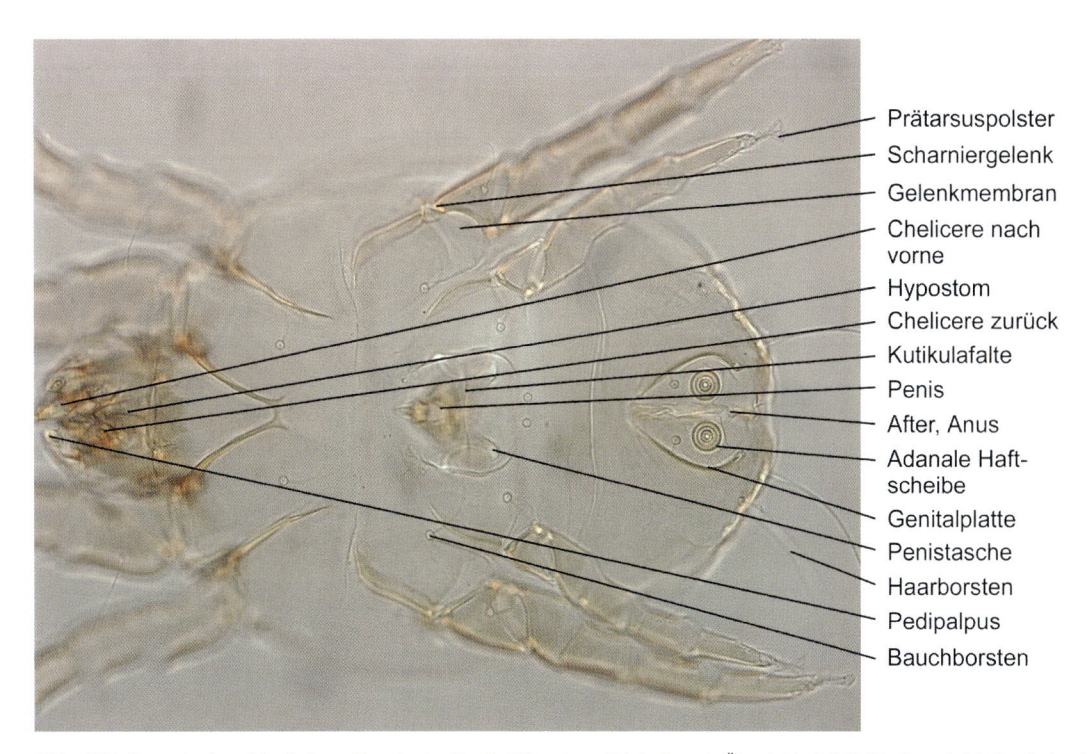

Prätarsuspolster
Scharniergelenk
Gelenkmembran
Chelicere nach vorne
Hypostom
Chelicere zurück
Kutikulafalte
Penis
After, Anus
Adanale Haftscheibe
Genitalplatte
Penistasche
Haarborsten
Pedipalpus
Bauchborsten

Abb. 159: *Dermatophagoides farinae*, Hausstaubmilbe II: Männchen, Totalpräparat; Übersicht. Bei Nichtgebrauch ist der Penis eingefahren und unter Kutikulafalten verborgen. Bei der Paarung der Hausstaubmilben recken die Partner ihre Hinterteile zueinander. Der hydraulisch ausgefahrene Penis zeigt nach hinten. Das Männchen setzt sein Opistosoma-Ende auf den Hinterrücken des Weibchens; die Haftscheiben fixieren die Verbindung. Unterscheidung der beiden Arten: *D. farinae*-Weibchen sind rundlicher als die eher lang gestreckten Weibchen von *D. pteronyssinus* und haben weit kürzere Haarborsten. Männchen: 260–300 µm groß.

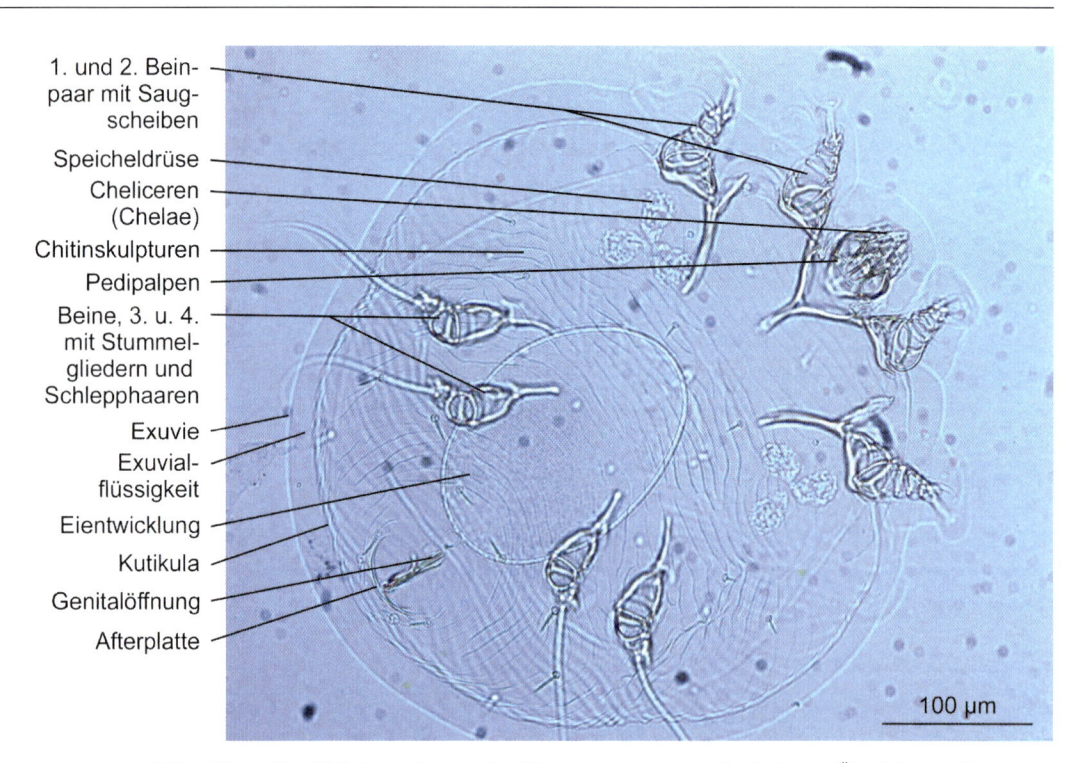

Abb. 160: *Sarcoptes anacanthos*, Krätz-, Räudemilbe: Weibchen, Häutung einer Teleonymphe zur Imago; Totalpräparat; Übersicht. Das Tier stammt von einem Goldhamster. Die Milben verursachen zunächst Papeln und Pusteln, nach 2–3 Wochen Krusten mit Haut- und Bindegewebsentzündungen. Danach sterben befallene Tiere (Goldhamster, Ratten). *Sarcoptes scabiei*, die Krätzmilbe des Menschen, ist mit Benzylbenzoat und Glukokortikoiden behandelbar.

Milben – Acari   85

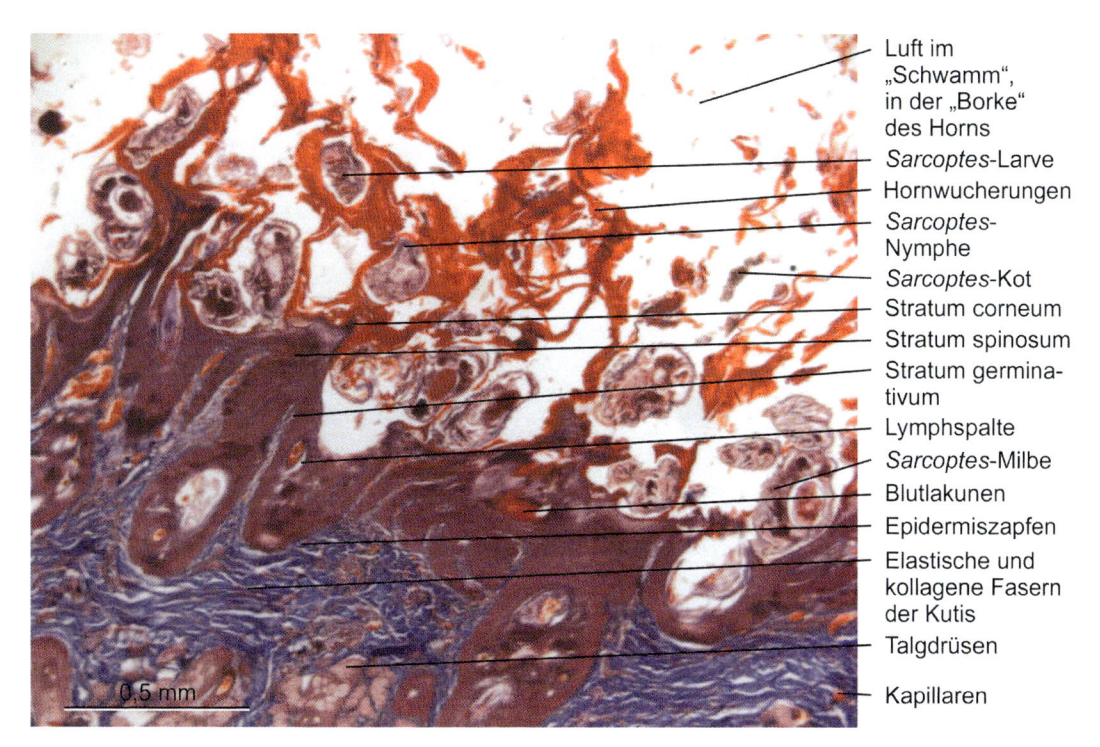

Luft im „Schwamm", in der „Borke" des Horns
Sarcoptes-Larve
Hornwucherungen
Sarcoptes-Nymphe
Sarcoptes-Kot
Stratum corneum
Stratum spinosum
Stratum germinativum
Lymphspalte
Sarcoptes-Milbe
Blutlakunen
Epidermiszapfen
Elastische und kollagene Fasern der Kutis
Talgdrüsen
Kapillaren

Abb. 161: *Sarcoptes canis*, Hunderäude eines Fuchses: Räudige Haut mit Milben; Übersicht. Da Keratin zur Ernährung der Milben nicht ausreicht, dringen sie bis zum „lymphenden" Stratum spinosum vor; neu entstehende Hornlamellen werden vom Speichelsekret der Räudemilben angegriffen, die Epidermiszellen reagieren mit neuer Hornbildung. Beim Hin und Her von Angriff und Abwehr entstehen durch Luft weiße Gänge in den immer dicker werdenden Hornkrusten. Spontanheilungen sind nicht zu erwarten.

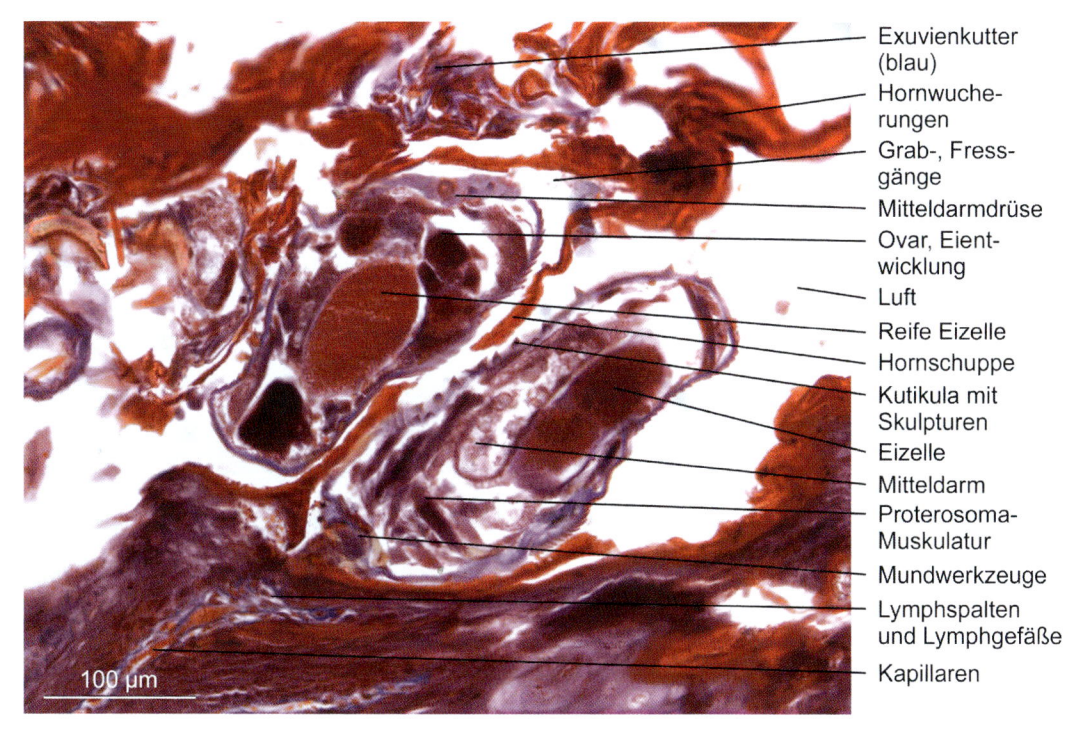

Exuvienkutter (blau)
Hornwucherungen
Grab-, Fressgänge
Mitteldarmdrüse
Ovar, Eientwicklung
Luft
Reife Eizelle
Hornschuppe
Kutikula mit Skulpturen
Eizelle
Mitteldarm
Proterosoma-Muskulatur
Mundwerkzeuge
Lymphspalten und Lymphgefäße
Kapillaren

Abb. 162: *Sarcoptes canis*, Hunderäude eines Fuchses: Räudige Haut mit Milben; Ausschnitt. 2–4 Tage nach der Eiablage schlüpfen bereits die sechsbeinigen Larven. Das Imaginalstadium wird über Protonymph- und Teleonymphstadien erreicht. Nymphen und Erwachsene graben waagerechte Tunnel in die Epidermis; in den Höhlen fressen sie Epidermiszellen und trinken Lymphe. Kot der Milben, Häutungsexuvien, tote Altmilben und Blut aus wundgekratzten Stellen sind charakteristisch für die Krusten von Krätze (Mensch) und Räude (Tiere).

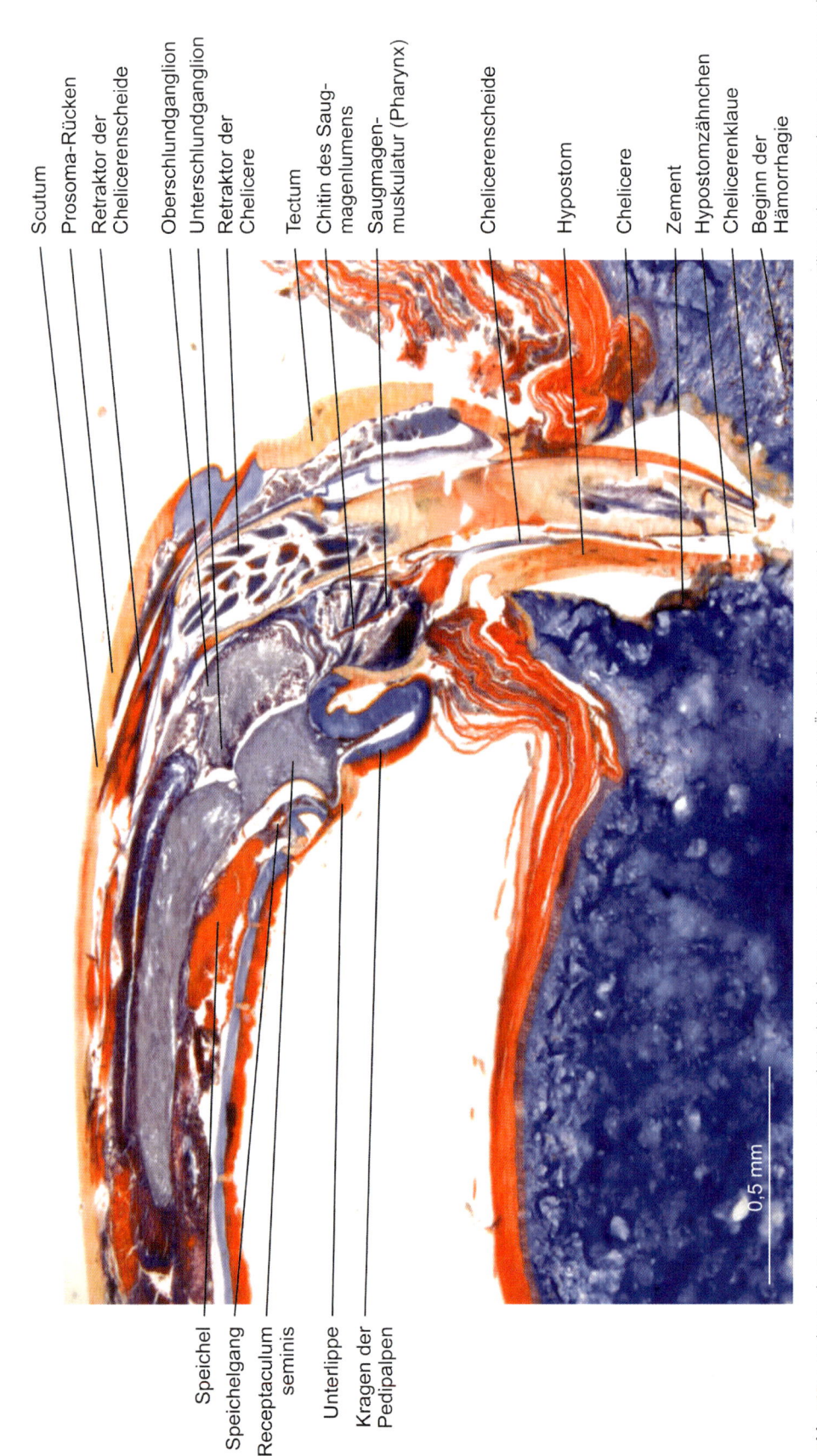

Abb. 163: I. Zecke an der Haut eines Warans: Längsschnitt durch das Prosoma eines Zeckenweibchens; Übersicht. Die Saugzeit dauert an Säugern mehrere Tage, an Reptilien mehrere Wochen. Hypostom und „Zement" verankern die Zecken sehr fest in der Haut der Wirte. Am Ende einer Mahlzeit wird die Zementmasse aufgelöst, erst dann kann das Tier den Wirt verlassen. Die Speichelsekrete können toxisch wirken; als Koagulationshemmer bereiten sie den Blutsumpf vor, aus dem die Zecken tagelang saugen können. An den Bissstellen häufig auftretende Schwellungen und Papeln sind als Schutz gegen die fibrinolytischen Wirkungen des Zeckenspeichels zu sehen.

Milben – Acari

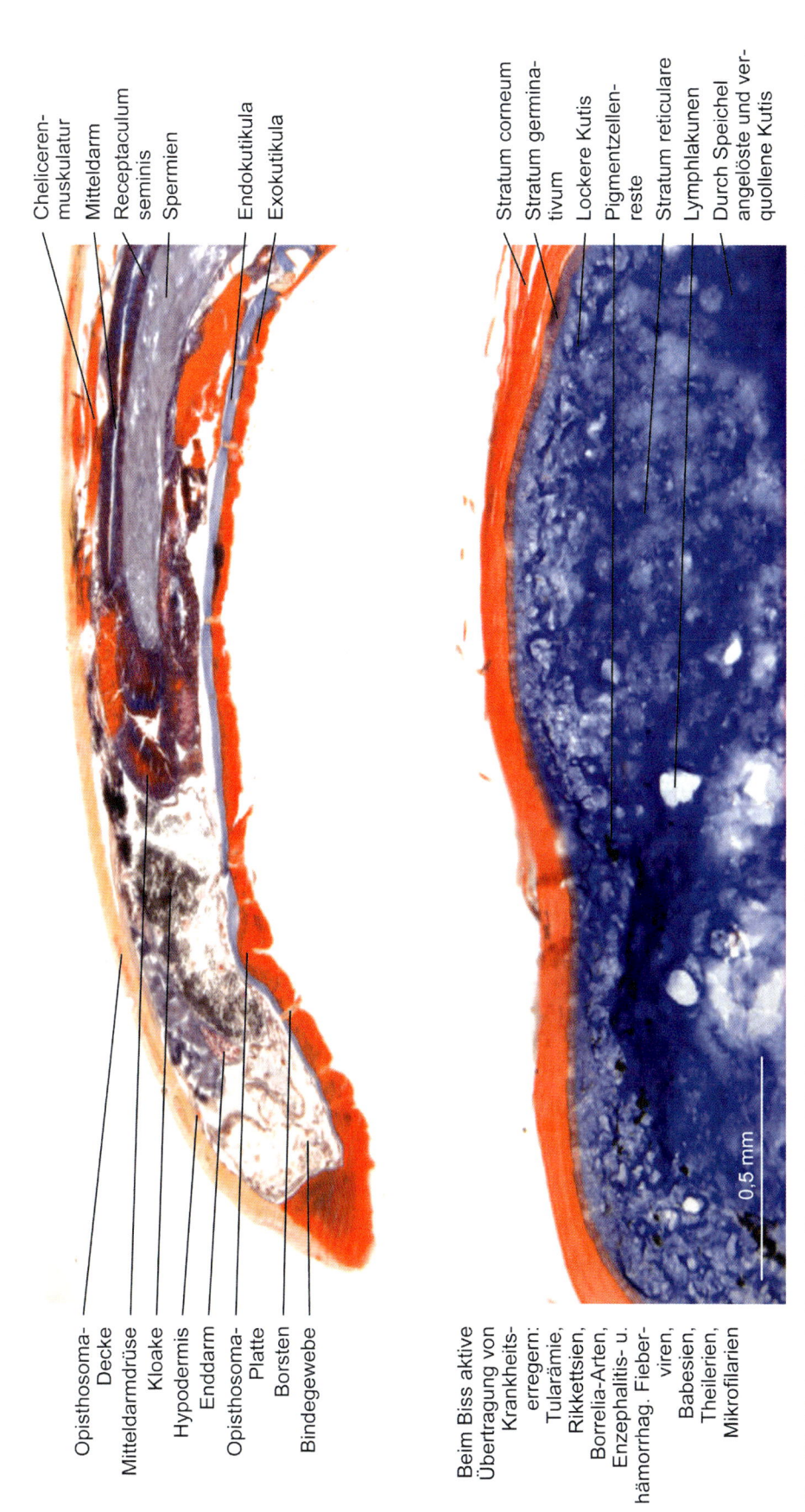

Left image labels:
- Chelicerenmuskulatur
- Mitteldarm
- Receptaculum seminis
- Spermien
- Endokutikula
- Exokutikula
- Opisthosoma-Decke
- Mitteldarmdrüse
- Kloake
- Hypodermis
- Enddarm
- Opisthosoma-Platte
- Borsten
- Bindegewebe
- Beim Biss aktive Übertragung von Krankheitserregern: Tularämie, Rikkettsien, Borrelia-Arten, Enzephalitis- u. hämorrhag. Fieberviren, Babesien, Theilerien, Mikrofilarien

Right image labels:
- Stratum corneum
- Stratum germinativum
- Lockere Kutis
- Pigmentzellenreste
- Stratum reticulare
- Lymphlakunen
- Durch Speichel angelöste und verquollene Kutis

0,5 mm

Abb. 164: II. Zecke an der Haut eines Warans: Längsschnitt durch das Opisthosoma; Übersicht. Spermien und symbiontische Bakterien werden bei Zecken durch komplizierte Spermatophoren und enzymatisch freigesetzte Gase auf die Weibchen übertragen. Die riesigen, nematodenähnlichen Spermien besitzen einen kleinen, kommaförmigen Spermakern und ein Akrosom in Kernnähe. Bandförmige, lange Fortsätze der Spermatozoenoberfläche dienen der Lokomotion. Die Spermien leben monatelang im Receptaculum; sie treten in Aktion, wenn nach einer Blutmahlzeit Eier reifen. Noch hat das Weibchen (s. Abb.) nicht gesaugt.

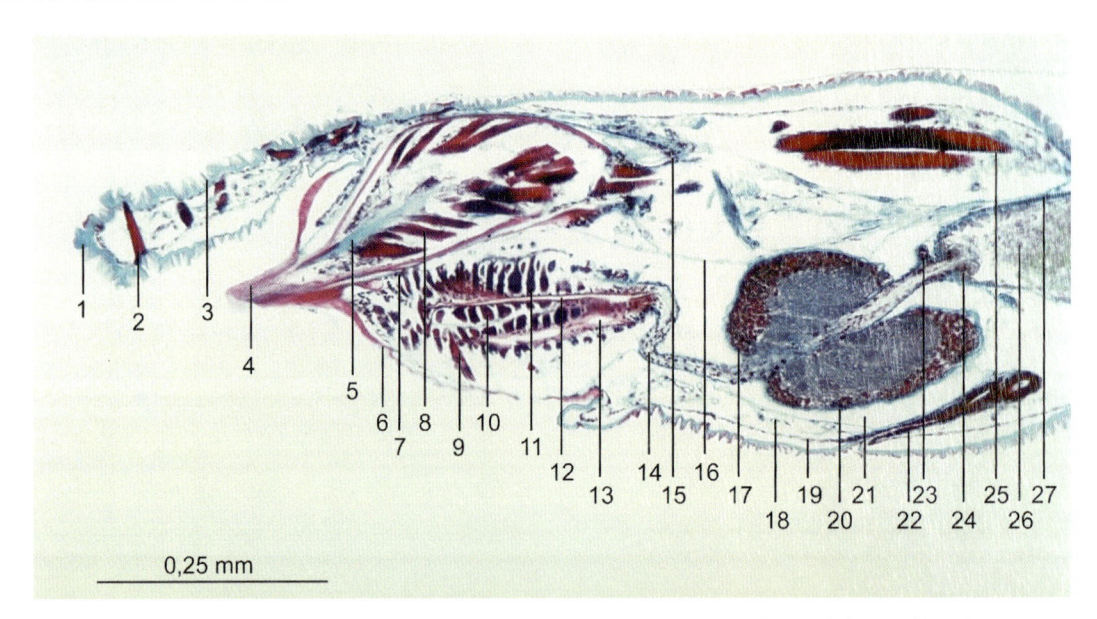

Abb. 165: *Argas reflexus*, Taubenzecke, Lederzecke: Weibliche Larve des 2. Stadiums, Längsschnitt durch den Vorderkörper; Übersicht. Das Gnathosoma der Taubenzecken ist von oben nicht sichtbar. Die Tiere leben in Nestern, Hühnerställen und Taubenschlägen; sie saugen durch die dünne Haut von Vögeln deren heißes Blut. Menschen sind nur gelegentlich betroffen. Die Larven sitzen mehrere Tage an den Wirten, Nymphenstadien und Imagines suchen sie nachts nur für kurze Zeit (10–30 min) heim. Das widerhakenlose Hypostom verankert die Zecken nur sehr locker in der Epidermis. Mit der Pharynxpumpe haben weiße Zecken Lymphe, rote Blut gesaugt. Gom. 1. Kopfkappe; 2. Dorsoventralmuskulatur; 3. Kutikulapapillen; 4. Chelicerenspitze; 5. Chelicerenapodem; 6. Hypostom; 7. Mundhöhle; 8. Chelicerenmuskulatur; 9. ventrale Pharynxerweiterer; 10. Pharynxkonstriktor; 11. dorsale Pharynxerweiterer; 12. Pharynxlumen I; 13. Pharynxlumen II; 14. Oesophagus; 15. Chelicerenscheide; 16. Mixocoelmembran; 17. Oberschlundganglion; 18. Tracheen quer; 19. Epidermis; 20. Unterschlundganglion; 21. Hämolymphe; 22. Anlage des Receptaculum seminis; 23. stomatogastrische Ganglien; 24. Valvula cardiaca; 25. Retraktor der Chelicerenscheide; 26. Darminhalt; 27. Mitteldarmepithel.

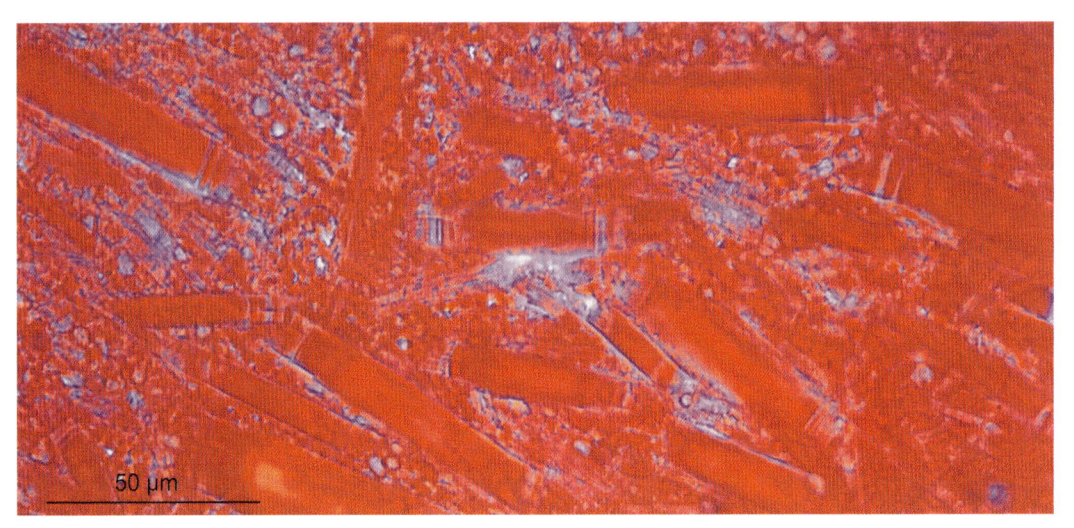

Abb. 166: *Ixodes ricinus*, Holzbock: Schnitt durch Blut im Mitteldarm eines voll gesaugten Weibchens; Ausschnitt. Adulte Weibchen saugen nur einmal Blut mit Lymphe und produzieren nur ein großes Eigelege vor dem Tod. Das meiste Blut wird in Vitellogenin umgewandelt, das die Eier als Dotter einbauen. Undifferenzierte Zellen, Ersatzzellen, Nährzellen und Dotterzellen bilden den einschichtigen Epithelverband des Darms. Mit dem Saugen beginnen die Nährzellen intensiv zu arbeiten: Zahlreiche Endosomen, Fetteinschlüsse, Exkretkörper, tubuläre Lysosomen und Siderosomen erfüllen nach Endozytose und Phagozytose ihr Zytoplasma. Stabile Hämatinkristalloide (Abb.) aus organisch gebundenem Hämoglobin und Hämosiderin werden nach Auflösung der Nährzellen frei; unverdautes Blut dazwischen bildet im Darmlumen für lange Zeit einen Vorrat. Im Blut leben keinerlei Krankheitserreger; Reservoire für Viren, Bakterien, Leishmanien und Apikomplexa-Protozoen sind die Speicheldrüsen. Durch Schildzecken übertragene Krankheiten bei Hund (H) und Menschen (M): 1. Durch *Ixodes ricinus*, Holzbock: FSME-Viren der Frühsommer-Meningoenzephalitis, Schutzimpfung möglich; Lyme-Borreliose durch *Borrelia burgdorferi*-Spirochaeten, Therapie durch Antibiotika (M; H); Zeckenrückfallfieber durch *Borrelia recurrentis* (M); Zeckenbissfieber durch *Rickettsia conorii*-Bakterien, Impfung von Schäfern und Tierärzten möglich (M). 2. Durch *Rhipicephalus sanguineus*, Braune Hundezecke: Ehrlichiosen durch sechs verschiedene, mit Rickettsien verwandte Erreger – am häufigsten *E. canis*. Akute Phasen werden von subklinischen und dann chronischen abgelöst, Nasenbluten typisch, Antibiotikatherapien (H). 3. Durch *Dermacentor reticulatus*, Auwaldzecke, eine südliche und hier lokal bereits häufige Form: malariaähnliche Infektionen durch Apikomplexa-Babesien (endemische Babesiose, Piroplasmose; Antibiotika, Chininsulfat und Clindamycin) (H) und Borreliosen (H). Prophylaxe bei Hunden durch „Spot on"-Präparate.

Krebse – Crustacea

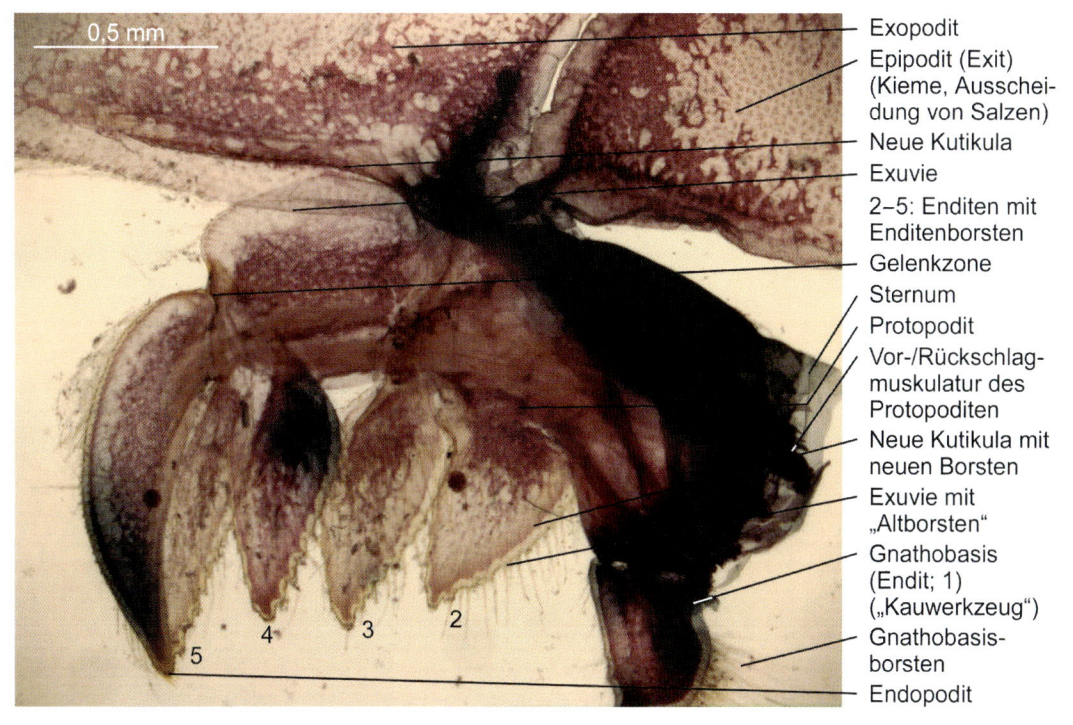

Abb. 167: *Lepidurus apus*, Kleiner Rückenschaler, Kiemenfuß: Blattbeinartiges Rumpfbein, Totalpräparat; Ausschnitt. Endopodit und Exopodit sind Platten und eingliedrig. Die Proportionen der Teile ändern sich von Bein zu Bein. Beim Gehen und Graben haben nur die vorderen Beine Bodenkontakt. Die Exopoditen bürsten beim Schlagen die Carapaxunterseite sauber. Endopoditen haben nur Beugemuskulatur, Blutturgor streckt sie; sie halten Beute fest. Die Borsten der Enditen bilden die Seitengitter der Fanggasse, feines Material wird hinten, gröberes vorne ausgefiltert. Borsten der Gnathobasen schieben aktiv Filtergut nach vorne und zerdrücken es; die Endzerkleinerung übernehmen Mandibeln und erste Maxillen. B/D.

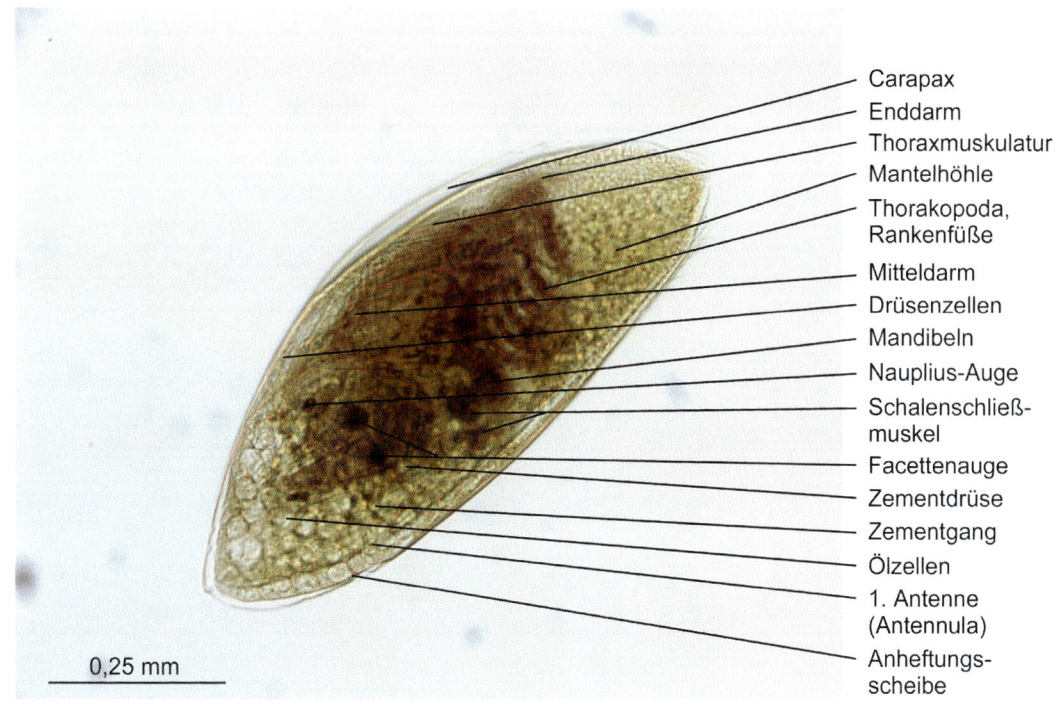

Abb. 168: Cypris-Larve von *Balanus sp.*, Seepocke: Totalpräparat; Übersicht. Nauplien von Cirripediern haben am Carapax vorne zwei quere Hörner und einen gegabelten Schwanzstachel. An den Spitzen der Hörner münden Drüsen. Sechs Nauplius-Stadien fressen Kieselalgen und häufen Fettgranula an. Nach der sechsten Häutung hat die Cypris-Larve Beinanlagen. Die Larven leben mehrere Tage im Plankton und zehren von ihrem „Speck". Antennulae suchen den Platz fürs Leben, Sekrete fixieren die Transitstadien. Wenige Stunden nach dem Festsetzen häuten sich die Larven zum ersten Juvenilstadium, einem ballonartigen Gebilde. Cypris-Schalen mit Facettenaugen flottieren davon, die Seepockengestalt ist fixiert.

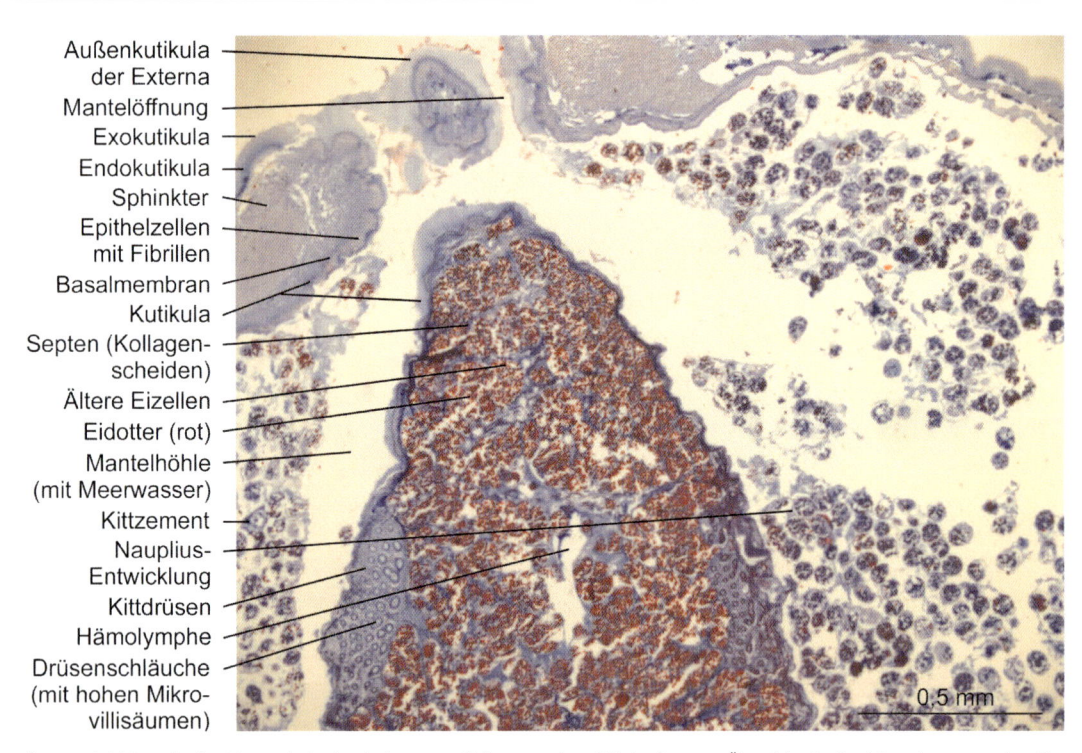

Abb. 169: *Sacculina carcini*, Wurzelkrebs: Längsschnitt durch den mantelöffnungsnahen Teil der Externa; Übersicht. In den Mantelraum werden Eier abgelegt, die durch ein Sekret zusammenklumpen und mit Häkchen an der Mantelinnenraumwand hängen. Pumpbewegungen des Sphinktermuskels umspülen die Eier, total-inäquale Furchungsstadien und Balanonauplien mit Frischwasser. Weibliche Nauplien werden über Cypris-Stadien zu Kentrogonen, Säckchen mit neoblastischen Zellen; über Kentrogonstacheln und Borstenbasen werden die undifferenzierten Zellen in Strand- und Schwimmkrabben injiziert. 7 Monate durchwachsen die daraus entstehenden Internaschläuche die Krabben, ehe ein kleiner Externa-Auswuchs unter dem eingeklappten Pleon entsteht.

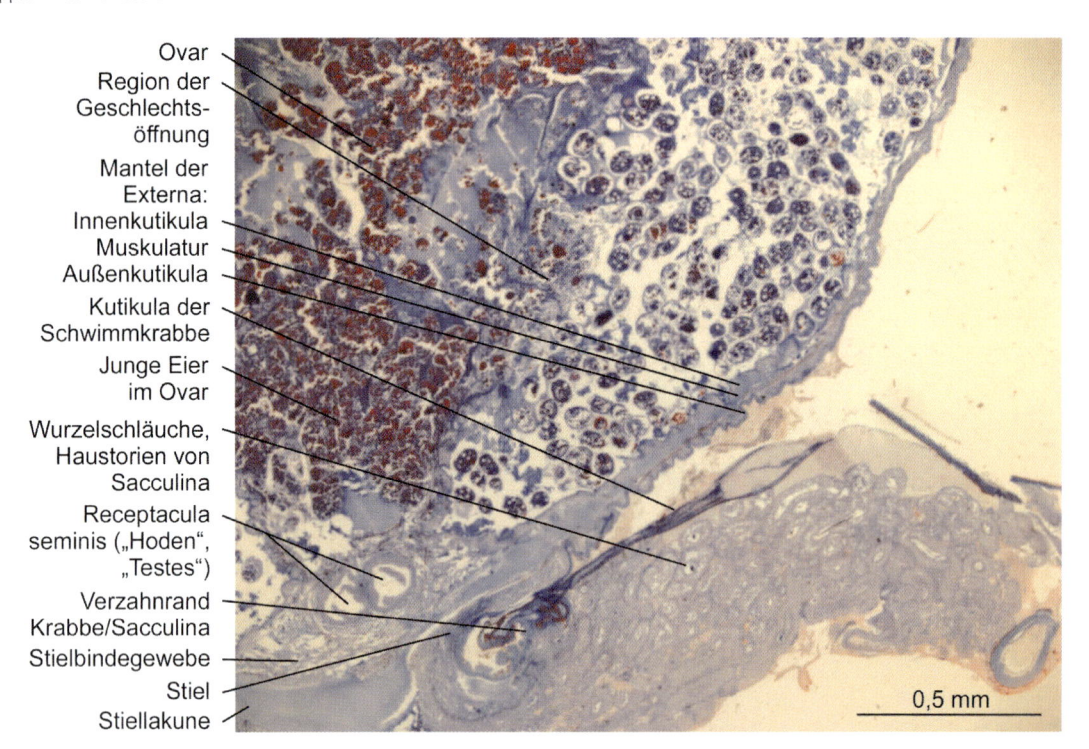

Abb. 170: *Sacculina carcini*, Wurzelkrebs: Längsschnitt durch den basalen Externateil mit sich verzweigenden Internaschläuchen; Übersicht. Das Chitin der nahrungsbeschaffenden Internaschläuche ist extrem dünn; die Internageflechte durchwuchern plus/minus die befallenen Krabben. Männliche Nauplien werden ab dem Cypris-Stadium zu extremen, 220 μm großen Zwergmännchen. Diese „Trichogone" haben Kutikulastacheln, sind amöboid beweglich, entlassen spermatogene Zellen in die Receptacula seminis. Exuvien der Trichogone blockieren das Eindringen weiterer Zwergmännchen in die Receptacula.

Krebse – Crustacea

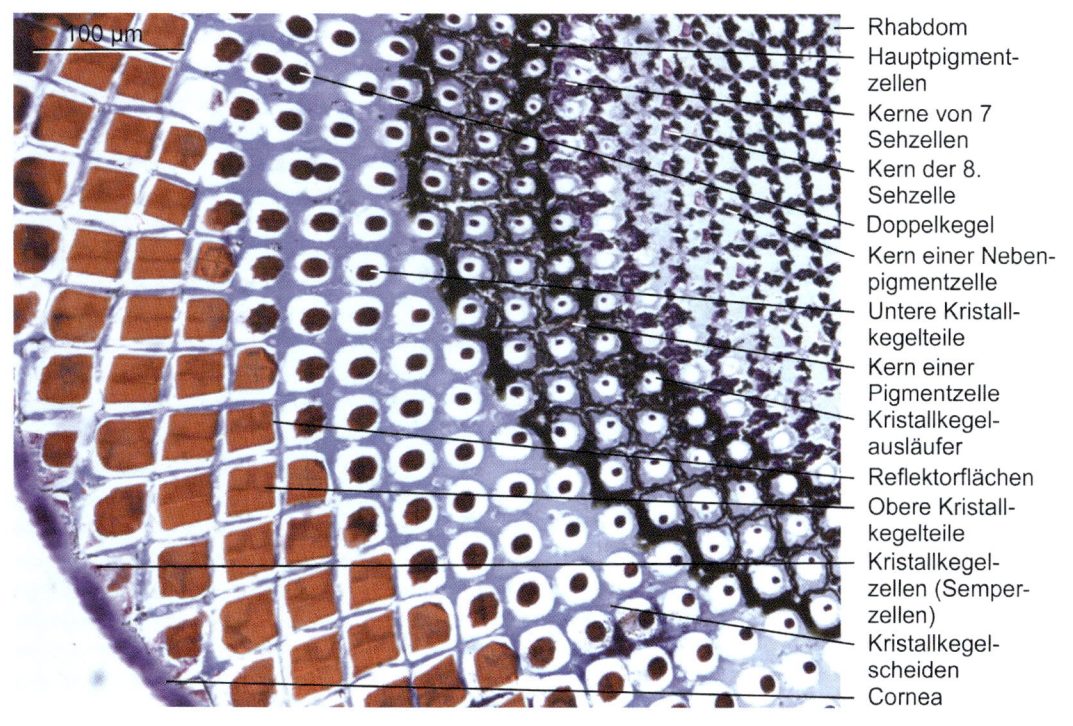

Abb. 171: *Astacus astacus*, Flusskrebs: Tangentialschnitt durch ein Facettenauge; Ausschnitt. Außer den nach der letzten Häutung (terminale Anecdysis) degenerierenden Corneagenzellen sind auf dem Schnitt alle Elemente eines Crustaceen-Facettenauges zu sehen. Die Einheiten des lichtsammelnden Apparats, die Kristallkegel, werden stets von vier Zellen gebildet. Die Funktion der langen Kegel und Kegelscheiden als Lichtleiter ist evident. Die optischen Teile sind Proteine ohne kristalline Substrukturen, keine Opale; Färbungen lassen Unterschiede bei den Brechungsindices höher erscheinen, als sie real sind. Hauptpigmentzellen umschließen die Ommatidien, die Einzelaugen nur basal: Superpositionsstellung. Die Pigmente jedoch wandern in den Ausläufern und Fortsätzen der Pigmentzellen; zur Appositionsstellung: s. Abb. **172**

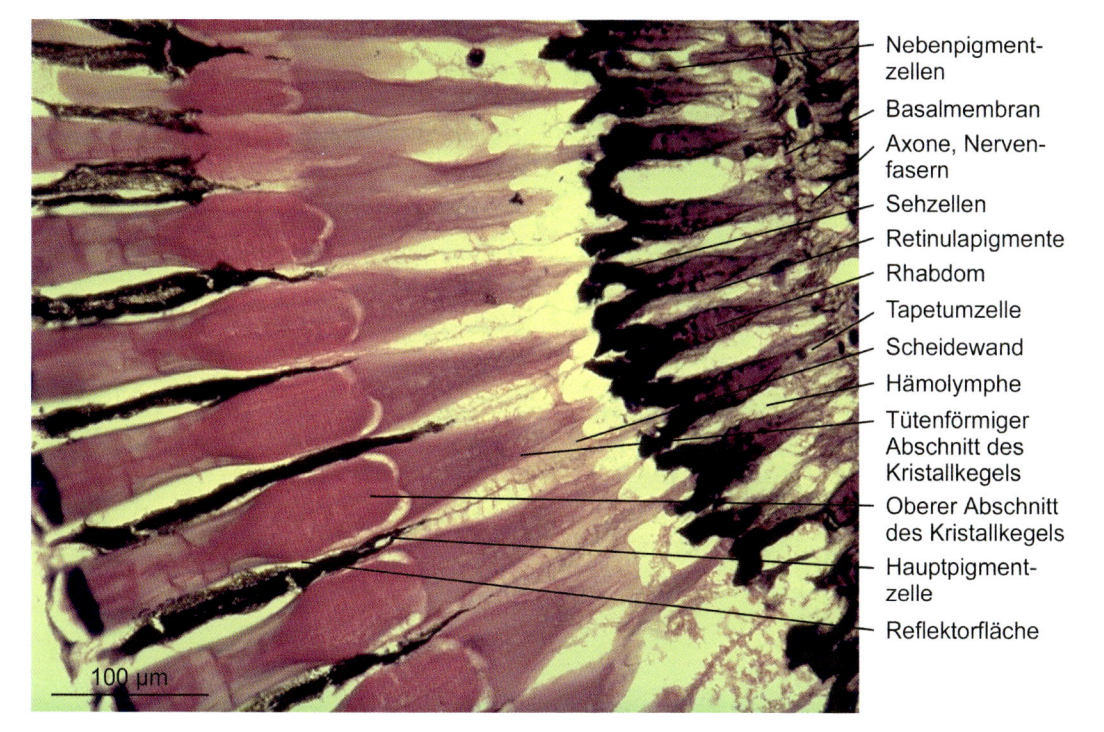

Labels (Abb. 171): Rhabdom – Hauptpigmentzellen – Kerne von 7 Sehzellen – Kern der 8. Sehzelle – Doppelkegel – Kern einer Nebenpigmentzelle – Untere Kristallkegelteile – Kern einer Pigmentzelle – Kristallkegelausläufer – Reflektorflächen – Obere Kristallkegelteile – Kristallkegelzellen (Semperzellen) – Kristallkegelscheiden – Cornea

Labels (Abb. 172): Nebenpigmentzellen – Basalmembran – Axone, Nervenfasern – Sehzellen – Retinulapigmente – Rhabdom – Tapetumzelle – Scheidewand – Hämolymphe – Tütenförmiger Abschnitt des Kristallkegels – Oberer Abschnitt des Kristallkegels – Hauptpigmentzelle – Reflektorfläche

Abb. 172: *Astacus astacus*, Flusskrebs: Längsschnitt durch ein Facettenauge; Ausschnitt. Hellstellung des Pigments der Hauptpigmentzellen; das Auge arbeitet als Appositionsauge. Die Wandermöglichkeiten der Melanosomenpigmente in den Fortsätzen der Hauptpigmentzellen entlang Mikrotubulistrukturen sind enorm (vgl. die beiden Abb. dieser Seite); dasselbe gilt für die Verteilung der Retinulapigmente. Guaninplättchen in dichten Lagen parallel übereinander als Spiegel im Zytoplasma der Tapetumzellen werden beim Färben der Paraffinschnitte durch Kalialaun gelöst.

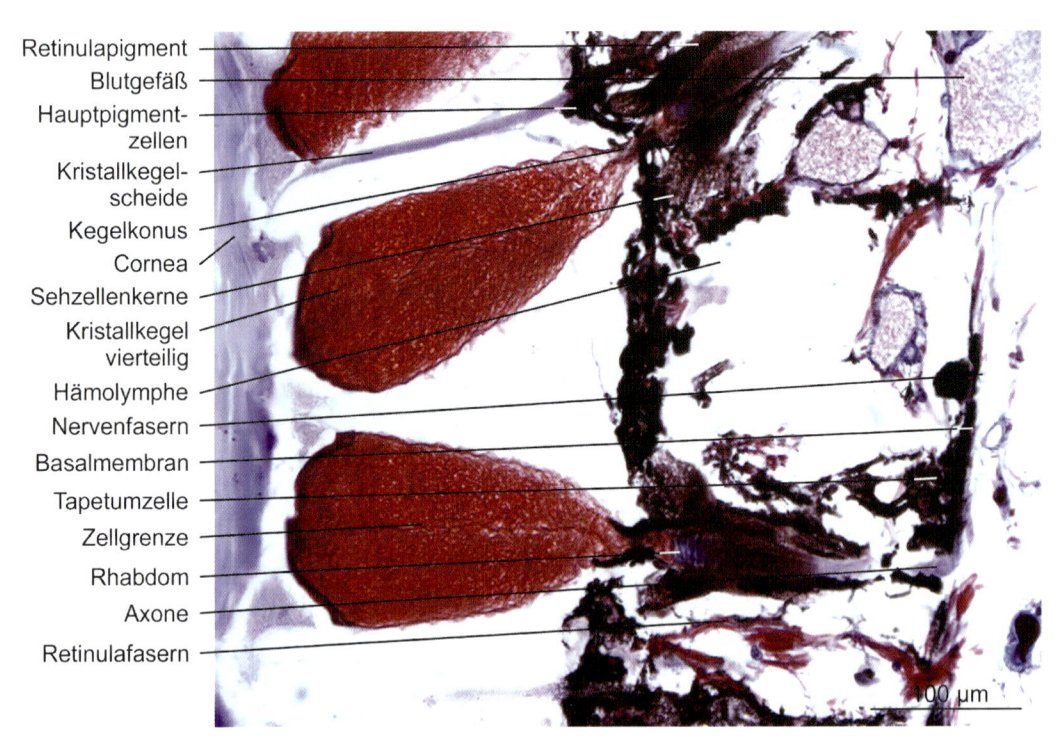

Retinulapigment
Blutgefäß
Hauptpigment-
zellen
Kristallkegel-
scheide
Kegelkonus
Cornea
Sehzellenkerne
Kristallkegel
vierteilig
Hämolymphe
Nervenfasern
Basalmembran
Tapetumzelle
Zellgrenze
Rhabdom
Axone
Retinulafasern

Abb. 173: *Squilla mantis*, Fangschreckenkrebs: Längsschnitt durch die Augenwalze eines Facettenauges; Ausschnitt. Das Mittelband der Augenwalze besteht aus sechs Reihen von Ommatidien, deren Achsen genau senkrecht zur Achse der Augenwalze stehen. Die Achsen anderer Ommatidien schielen; nach Verschaltung der Axone in Lamina ganglionaris, Medulla externa und Medulla interna sind Entfernungsbestimmungen und stereoskopisches Sehen schon mit einem Auge möglich: Schnecken, Muscheln, Krabben, Einsiedlerkrebse werden mit den Augen fixiert, mit den ersten Antennen überprüft, dann mit dem Raubfuß (Thorakopod 2) gespeert oder zerschmettert.

Retinulapigment
Kern einer
Pigmentzelle
Rhabdome;
Mikrovilli
Sehzellen (7)

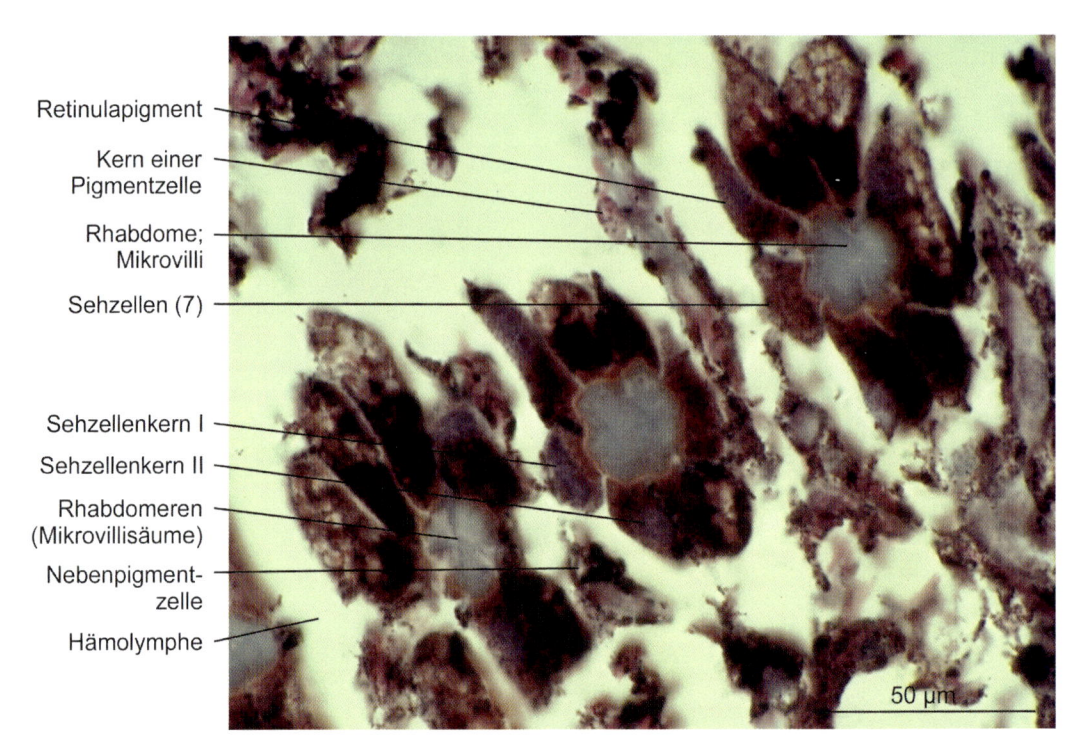

Sehzellenkern I
Sehzellenkern II
Rhabdomeren
(Mikrovillisäume)
Nebenpigment-
zelle
Hämolymphe

Abb. 174: *Squilla mantis*, Fangschreckenkrebs: Facettenauge, Ommatidien quer; Ausschnitt. Sieben der acht Sinneszellen eines Ommatidiums laufen in die Lamina ganglionaris des Protocerebrums; Axone von Interneuronen ziehen über eine Sehbahnenüberkreuzung (Chiasma) zur Medulla externa, der zweiten Verschaltstelle. Zweites Chiasma und drittes Verschaltungszentrum sind die Medulla interna. Das achte Ommatidienaxon zieht direkt in die Medulla externa. Sehpigmente sind in die Membranen der Mikrovilli eingebaut. Photopigmente sind Proteine mit angekoppeltem Retinal; bei Belichtung ändert sich die sterische Konformation des Karotinoidderivats.

Krebse – Crustacea

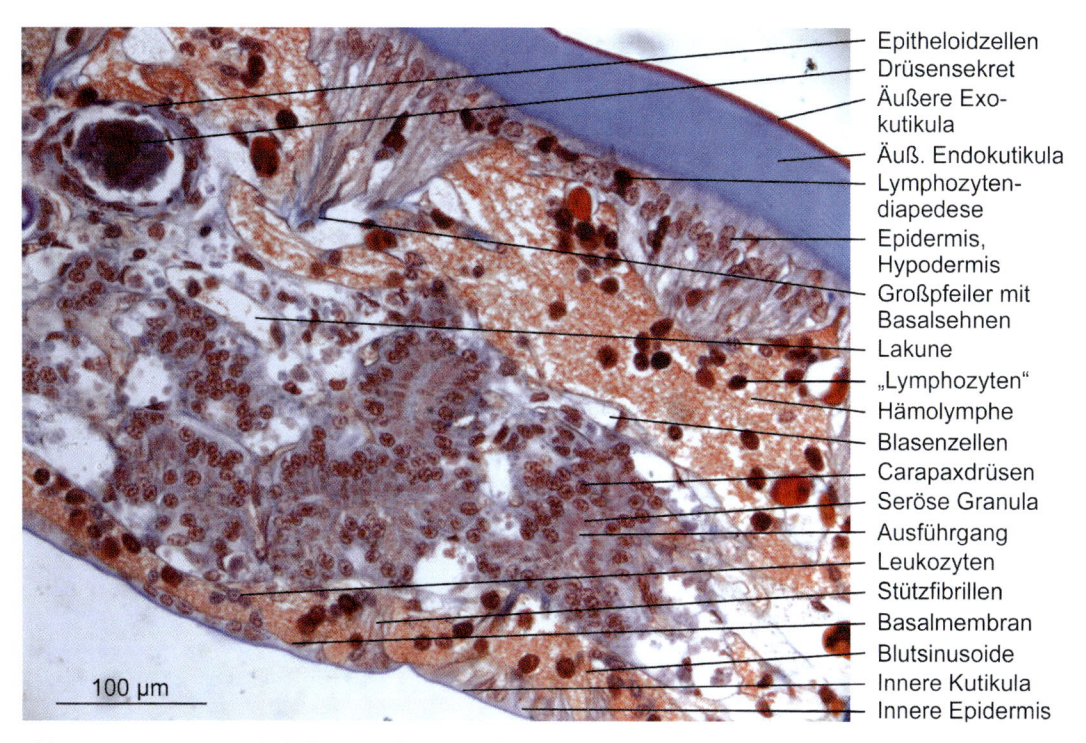

- Epitheloidzellen
- Drüsensekret
- Äußere Exokutikula
- Äuß. Endokutikula
- Lymphozytendiapedese
- Epidermis, Hypodermis
- Großpfeiler mit Basalsehnen
- Lakune
- „Lymphozyten"
- Hämolymphe
- Blasenzellen
- Carapaxdrüsen
- Seröse Granula
- Ausführgang
- Leukozyten
- Stützfibrillen
- Basalmembran
- Blutsinusoide
- Innere Kutikula
- Innere Epidermis

Abb. 175: *Astacus astacus*, Flusskrebs: Querschnitt durch den Carapax; Ausschnitt. Die Außenfläche des Carapax ist stark verkalkt, entsprechend ihrer mechanischen Schutzfunktion. Die sehr dünne kutikularisierte Innenfläche ermöglicht Gasaustausch zwischen Wasser und Hämolymphe. Die Pfeilerzellen der Epidermis kontaktieren mit ihren Visavis über kollagenes Sehnengewebe; sie halten Außen- und Innenseiten zusammen bzw. auf Distanz. Zur Bedeutung der Carapaxdrüsen ist nichts bekannt. Die Blasenzellen gleichen denen der Mollusken: Endoplasmatisches Retikulum macht mit seinen Membransystemen im Zytoplasma der Bindegewebszellen den Hauptbestandteil aus.

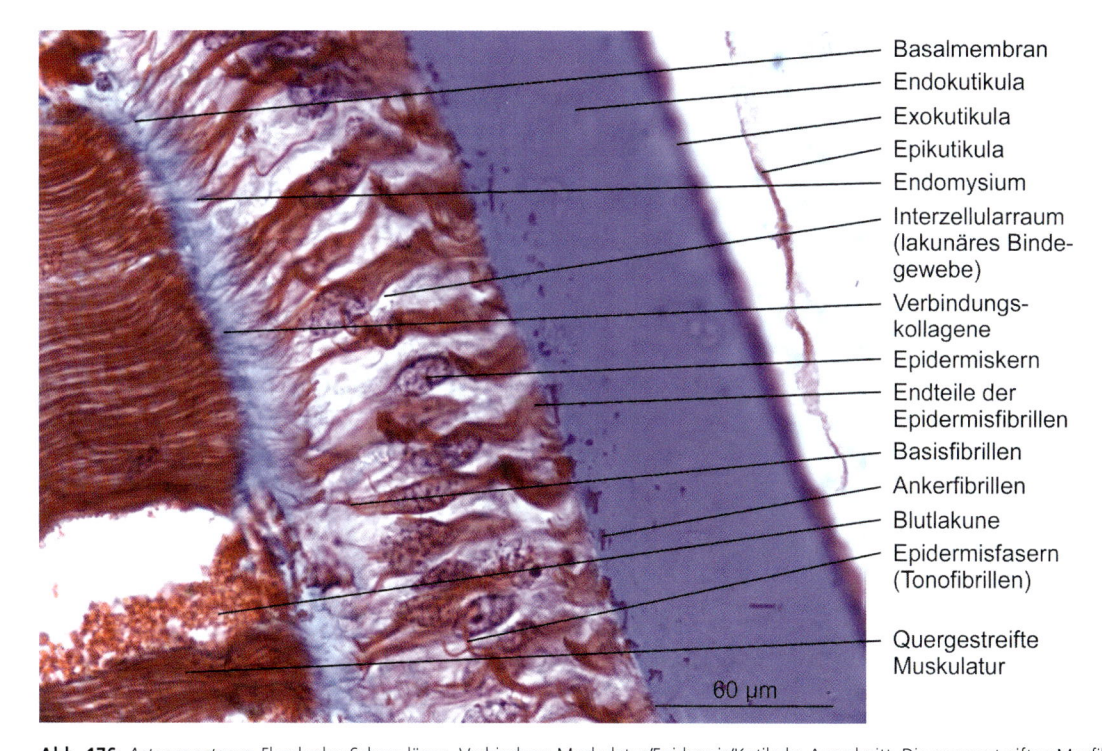

- Basalmembran
- Endokutikula
- Exokutikula
- Epikutikula
- Endomysium
- Interzellularraum (lakunäres Bindegewebe)
- Verbindungskollagene
- Epidermiskern
- Endteile der Epidermisfibrillen
- Basisfibrillen
- Ankerfibrillen
- Blutlakune
- Epidermisfasern (Tonofibrillen)
- Quergestreifte Muskulatur

Abb. 176: *Astacus astacus*, Flusskrebs: Schere längs, Verbindung Muskulatur/Epidermis/Kutikula; Ausschnitt. Die quergestreiften Myofibrillen gehen, begleitet vom Endomysium, kontinuierlich in Tonofibrillen (Epidermisfasern) über, die an der Basalmembran der Epidermis ansetzen; die Basalmembran wiederum umhüllt die Epidermiszellen rundum und geht um die Ankerfibrillen in die Kutikula von Muskelanheftungsflächen von Apophysen, Apodesmen, Phragmen, Endapophysen. Porenkanäle der Kutikula sind an dieser Stelle nicht aufgelöst.

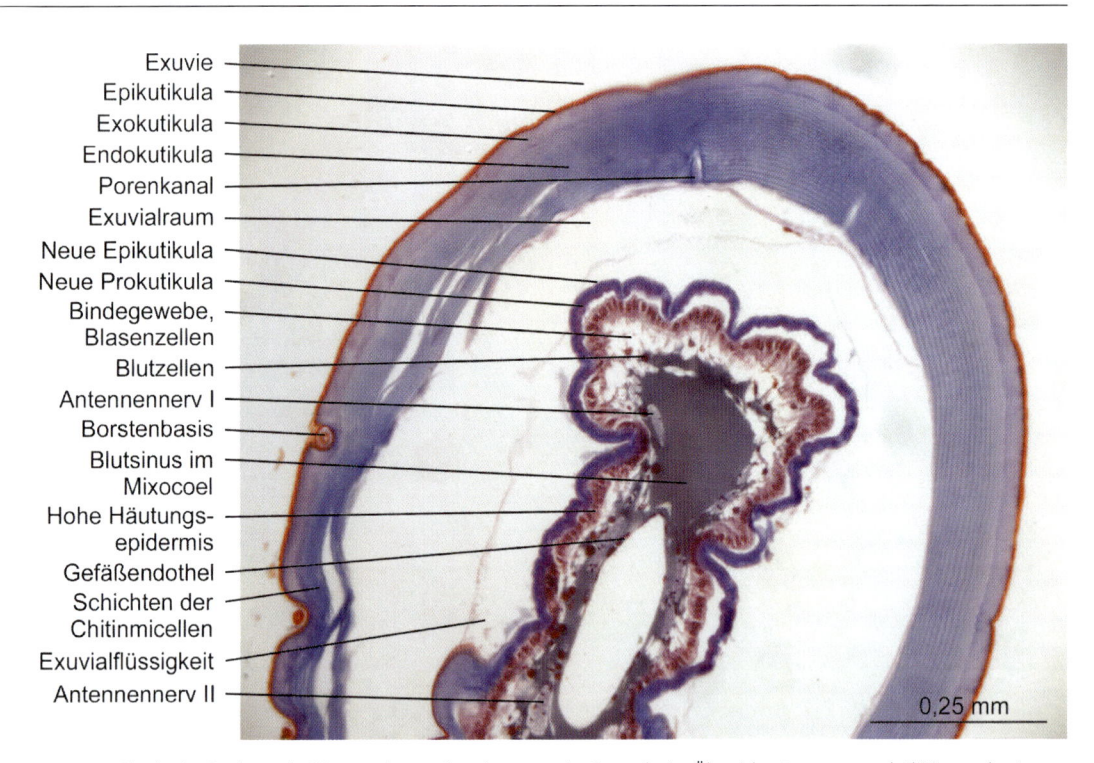

Abb. 177: *Astacus astacus*, Flusskrebs: Beginnende Häutung der zweiten Antennen im Querschnitt; Übersicht. Proteasen und Chitinasen beginnen, die alte Endokutikula zu zerlegen, sobald die Epidermis eine Cuticulinschicht als Vorläufer der neuen Epikutikula gebildet hat; diese Schicht fließt aus einzelnen Feldern über den Epidermiszellen zusammen. Die Prokutikula ist noch nicht in Endo- und gegerbte Exokutikula differenziert. Mit faltiger Kutikula wird die Häutung vollzogen; nach 13–29 Tagen Vorhäutungsperiode werden in 17–28 Stunden die Häutungsnähte geöffnet, die Exuvien abgeschüttelt, durch Trinken die Falten der Prokutikula geglättet und ihre Flächen durch Einlagerungen vergrößert.

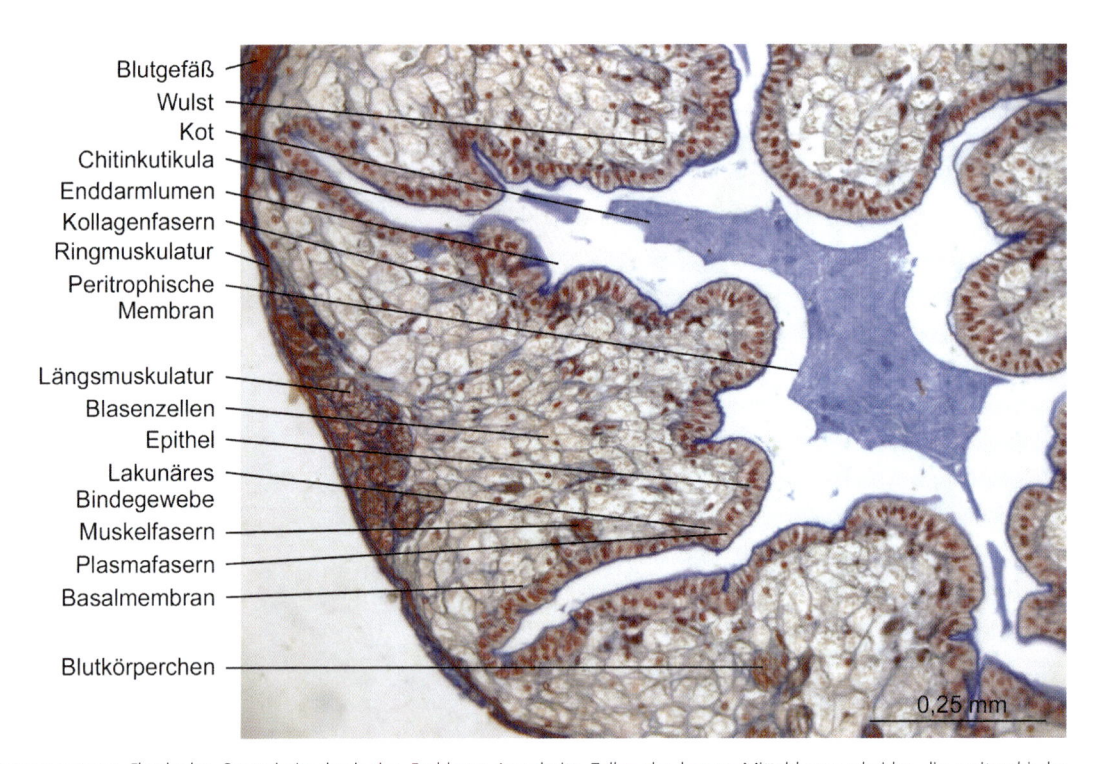

Abb. 178: *Astacus astacus*, Flusskrebs: Querschnitt durch den Enddarm; Ausschnitt. Zellen des kurzen Mitteldarms scheiden die peritrophische Membran ab; ein Netz aus Mucopolysacchariden, Proteinen und Chitinfibrillen schützt die zum Teil polyploiden Epithelzellen. Sechs Wülste engen das Enddarmlumen ein. Bei Häutungen wird die ektodermale Chitinschicht Teil der Exuvie und jedes Mal neu gebildet. Unverdaulichen Resten wird im Enddarm Wasser entzogen, und Kotpillen werden durch die umfangreiche Intimmuskulatur gebildet. Alle Muskelfasern, auch die des Darms, sind bei Arthropoden quergestreift; glatte Muskulatur gibt es bei ihnen nicht. Hauptorganell der Blasenzellen ist – wie bei Mollusken – glattes ER.

Krebse – Crustacea

Endothel
Basalmembranen Epithel/Endothel
Pfeilerzellen
Tonofibrillen
Hämolymphe
Blutkörperchen
Pfeilersehnen
Kutikula
Epidermis
Peripherer Mikrovillisaum der Epidermiszellen
Kerne von Endothelzellen

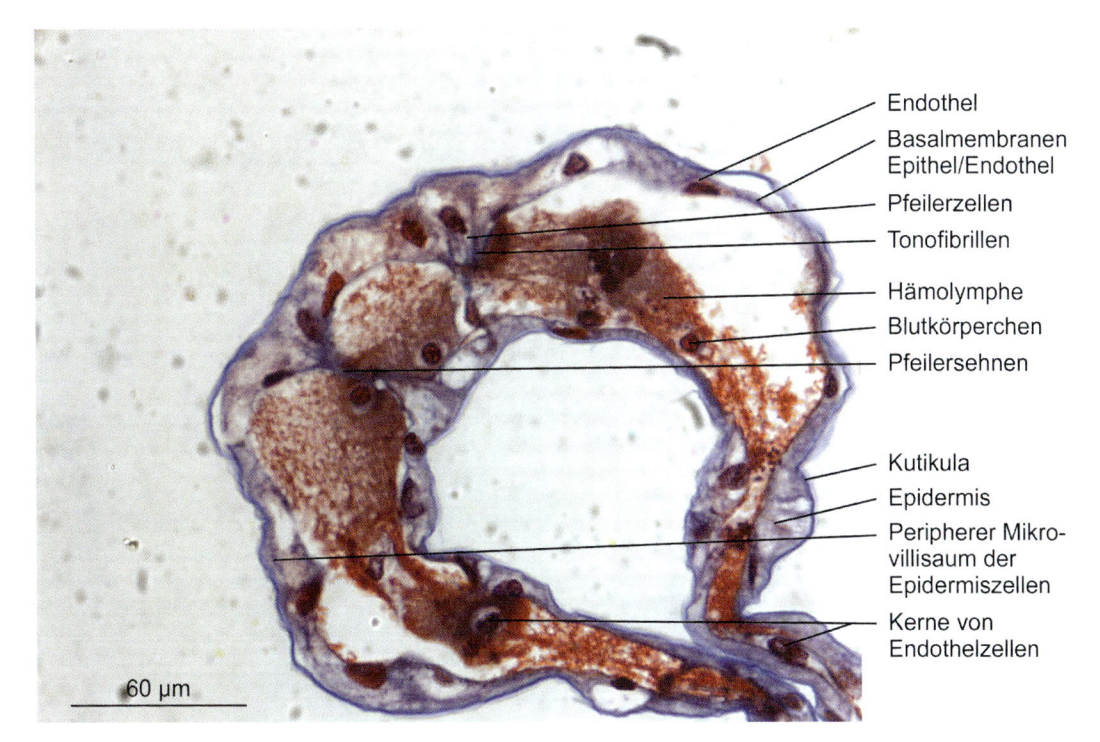

60 µm

Abb. 179: *Astacus astacus*, Flusskrebs: Kiemenlamelle quer; Ausschnitt. Ob Epipoditen der Coxen (Podobranchien, Arthrobranchien) oder Teile der Rumpfwand (Pleurobranchien) in Form von Schläuchen oder Lamellen als Kiemen um zu- und abführende Hämolymphkanäle ausgebildet sind, spielt für den Feinbau der Atmungsorgane keine Rolle. Generell sind die Basalmembranen von Epithelien und Gefäßendothelien zu einer Einheit zusammengelegt, sind die Endothelzellen extrem flach, regulieren Pfeilerzellen die Abstände, ist die Kutikula im µm-Bereich dünn. Schaukelbewegungen der beiden Scaphognathiten ziehen den Atemwasserstrom von hinten nach vorne durch die Kiemen.

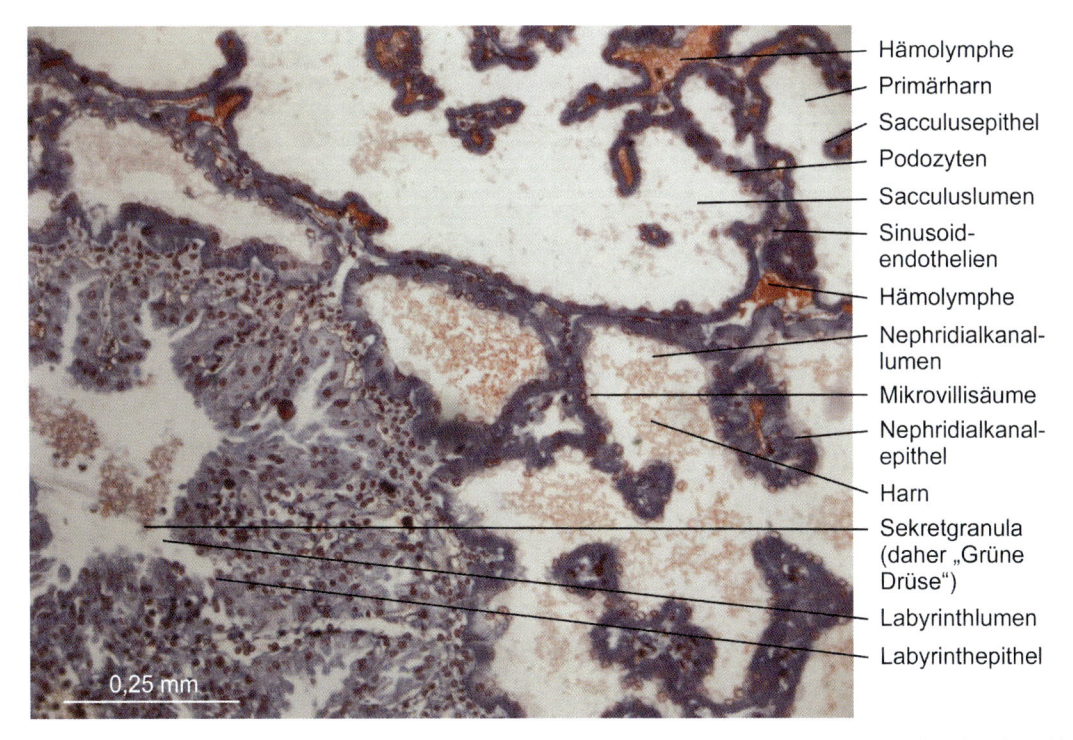

Hämolymphe
Primärharn
Sacculusepithel
Podozyten
Sacculuslumen
Sinusoidendothelien
Hämolymphe
Nephridialkanallumen
Mikrovillisäume
Nephridialkanalepithel
Harn
Sekretgranula (daher „Grüne Drüse")
Labyrinthlumen
Labyrinthepithel

0,25 mm

Abb. 180: *Astacus astacus*, Flusskrebs: Grüne Drüse; Ausschnitt. Endsäckchen, kugeliges Labyrinth, Nephridialkanal und Harnblase sind die Abschnitte der beiden Grünen Drüsen. Die Zellen des Endsäckchens (Sacculus) sind hohe Podozyten zwischen Hämolymphraum und Sacculuslumen; sie sind Filter für den Primärharn. Die Basallamina und Diaphragmen zwischen den Podozytenfüßchen entsprechen den Elementen der menschlichen Nieren. Die Zellen des Labyrinths produzieren grüne Kugeln. Im Nephridialkanal werden Chloridionen resorbiert. Der sehr verdünnte Endharn bringt Ammonium, Harnstoff, Harnsäure und Purinkörper nach außen, soweit diese nicht über die Kiemen ausgeschieden werden.

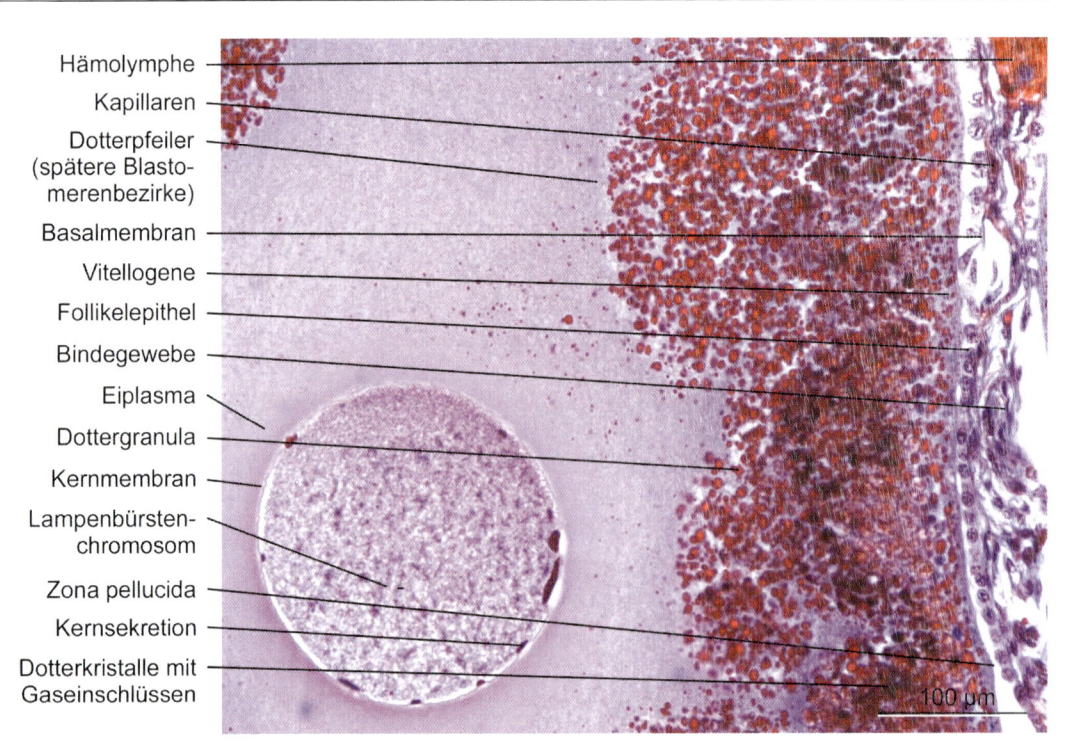

Hämolymphe
Kapillaren
Dotterpfeiler (spätere Blastomerenbezirke)
Basalmembran
Vitellogene
Follikelepithel
Bindegewebe
Eiplasma
Dottergranula
Kernmembran
Lampenbürstenchromosom
Zona pellucida
Kernsekretion
Dotterkristalle mit Gaseinschlüssen

Abb. 181: *Astacus astacus*, Flusskrebs: Ovar; Ausschnitt aus einer Eizelle. Mitte November bis Anfang Dezember legen Flusskrebsweibchen ihre Eier ab: 70–240 Stück mit einem Durchmesser von 2–3 mm; nur 20 Postlarven schlüpfen daraus. Dotterproteine produziert u. a. die Mitteldarmdrüse; aus der Lymphe werden die Eiweiße über das Follikelepithel an die Eizelle gebracht und von ihr als Mikropinozytosevesikel übernommen. Der Zusammenbau zur Dottergranula erfolgt im Eiplasma; die Blastomerengrenzen für die späteren superfiziellen Furchungen werden dabei präformiert. Die Bedeutung der Kernsekretion ist hier nicht bekannt. Abgebildetes Stadium: Pachytän der meiotischen Prophase der Oogenese. ▶ S. 178

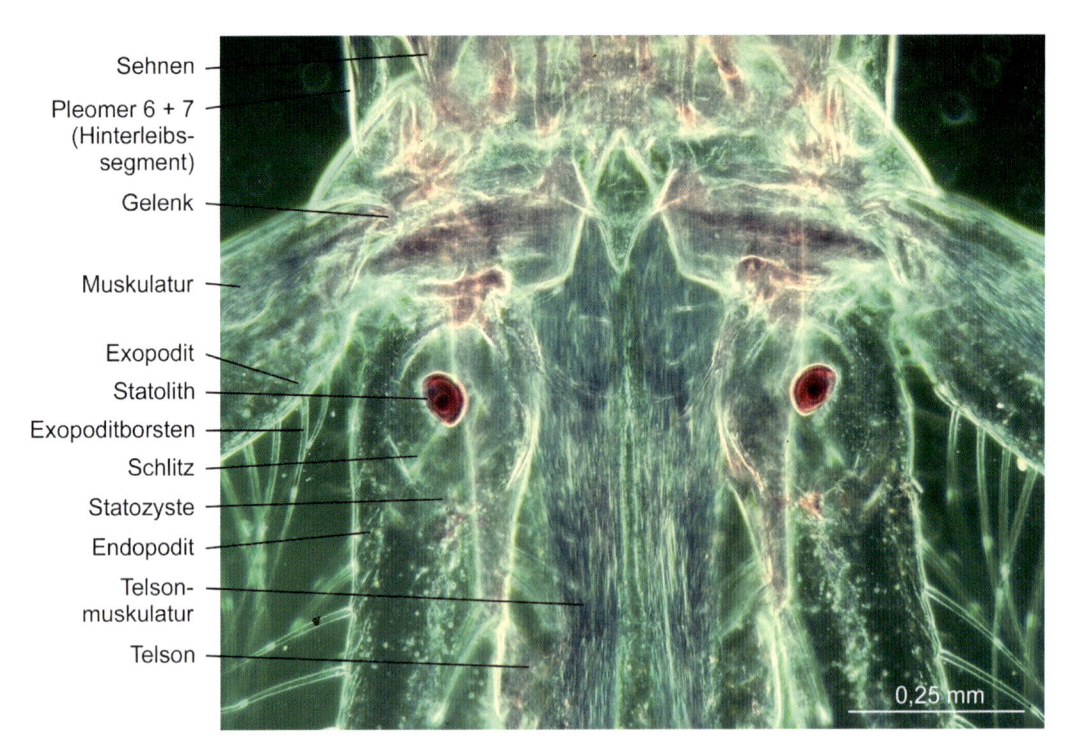

Sehnen
Pleomer 6 + 7 (Hinterleibssegment)
Gelenk
Muskulatur
Exopodit
Statolith
Exopoditborsten
Schlitz
Statozyste
Endopodit
Telsonmuskulatur
Telson

Abb. 182: *Praunus sp.*, Chamäleon-Shrimp: Statozysten in den Endopoditen der Uropoden; Übersicht. Zur Orientierung im Raum dienen allen Schwebegarnelen (*Mysidae*) paarige Statozysten. Sie liegen basal in einer Anschwellung des Endopoditen der Uropoden. Der Statolith hat einen organischen Kern und randständige Calciumfluoridschichten. Der Stein liegt auf den Haarspitzen der Sensillen eines Sinnespolsters, das ventral schräg auf dem Boden eines Hohlraums liegt. Der Hohlraum ist mit Flüssigkeit gefüllt und hat einen Schlitz nach außen. Bei waagerechter Lage der Tiere werden – der schrägen Lage der Sinnespolster wegen – beide Statozysten gleich gereizt. Boraxkarmin/Phako – Dunkelfeld.

Krebse – Crustacea

- Endopodit des Uropodiums
- Chitinhülle der Statozyste
- Statozyste
- Drüsenzellen
- Statolith aus CaF peripher
- Statolith, organischer Kern
- Sinneshaare
- Sinneszellen, Sensillen
- Axon einer Sinneszelle
- Dorsale Sinnesborsten
- Exopodit des Uropodiums

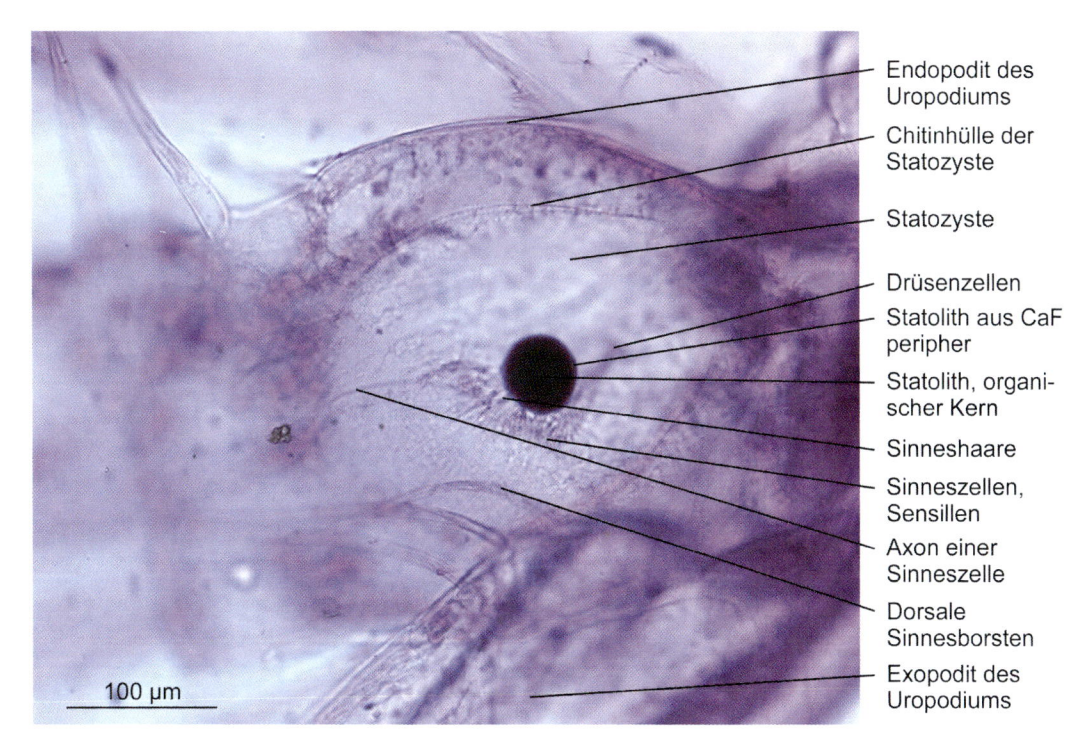

Abb. 183: *Gastrosaccus spinifer*, Dornen-Schwebegarnele: Statozyste und Statolith, Totalpräparat; Übersicht. Um 60 Sensillen bilden ein Sinnespolster in der Statozyste. Zwei bipolare Sinneszellen, neun Hüllzellen und ein Sinneshaar sind die Komponenten einer Sensille. Die Dendriten der Sinneszellen beginnen in den Haarspitzen; auf den Spitzen ruht der bei dieser Gattung kleine und kugelige Statolith. Impulse aus den Statozysten werden im Zentralnervensystem verrechnet und mit Augenbewegungen koordiniert.

- Statozystenwand
- Statolith
- Zuwachsschalen
- Sinneshaare
- Statozystennerv
- Kanäle im Statolith für Sinneshaare der Sensillen
- Organisches Zentrum
- Sensillenpolster
- Uropodenendopodit

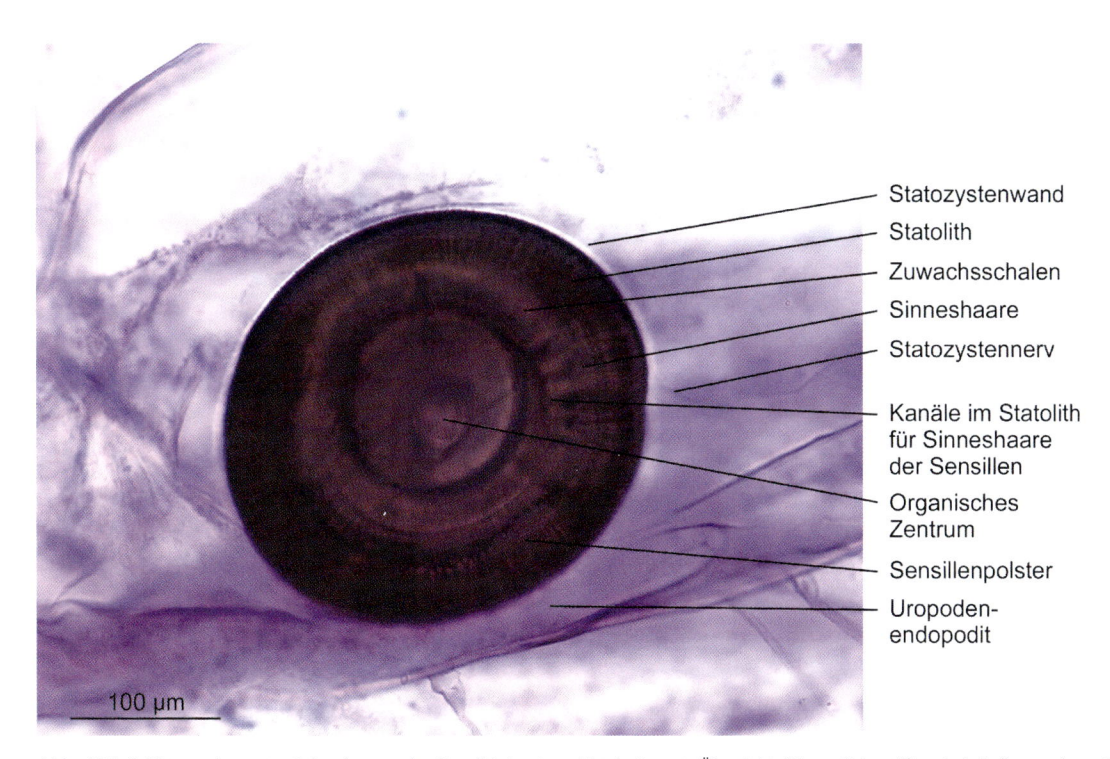

Abb. 184: *Schistomysis ornata*, Schwebegarnele: Statolith in einem Totalpräparat; Übersicht. Wesentlich größer als bei allen anderen Schwebegarnelen sind die Statolithen der um zwölf *Mysis*-Arten (*Hetero-, Hemi-, Schisto-, Para-, Neo-, Lepto-* und *Acanthomysis*). Drüsenzellen im Zentrum des Sensillenpolsters sezernieren die Ausgangsstoffe für die konzentrischen Schalen aus Calciumfluorid.

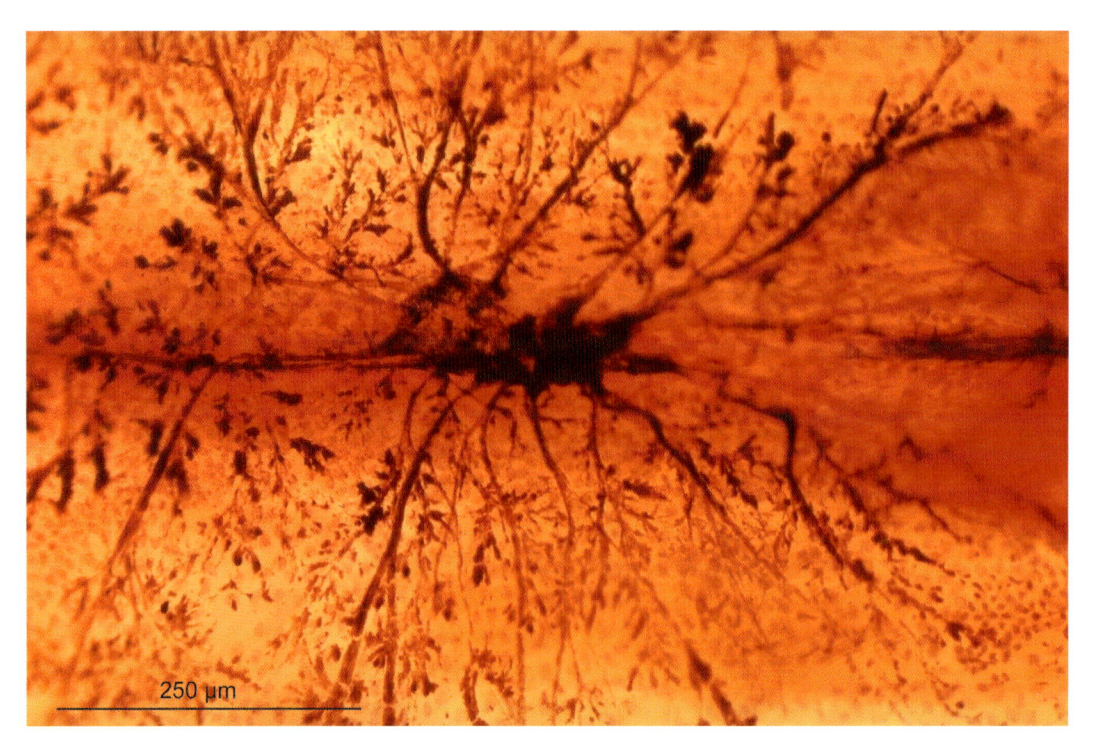

Abb. 185: *Praunus sp.*, Chamäleon-Shrimp I: Ausbreitung der Pigmente einer Chromatophorenzelle in viele Ausläufer der unglaublich verästelten Zelle; Tagwanderung der Pigmente; Tiere dunkel, bräunlich oder grünlich. Totalpräparat; Übersicht. Bei Litoralformen sichern fünf bis neun artspezifische Chromatophoren (Abb.) das Überleben: Tagsüber ruhen die Tiere dunkel am Boden, nachts beim Ausseihen von Kleinpartikeln im Pelagial sind sie völlig transparent. Im Unterschied zu den polychromatischen Chromatophoren in den Schwanzfächern von Nordsee „krabben" haben die monochromatischen Pigmentzellen hier nur dunkle Ommochrome im Zytoplasma. Alaunkarmin.

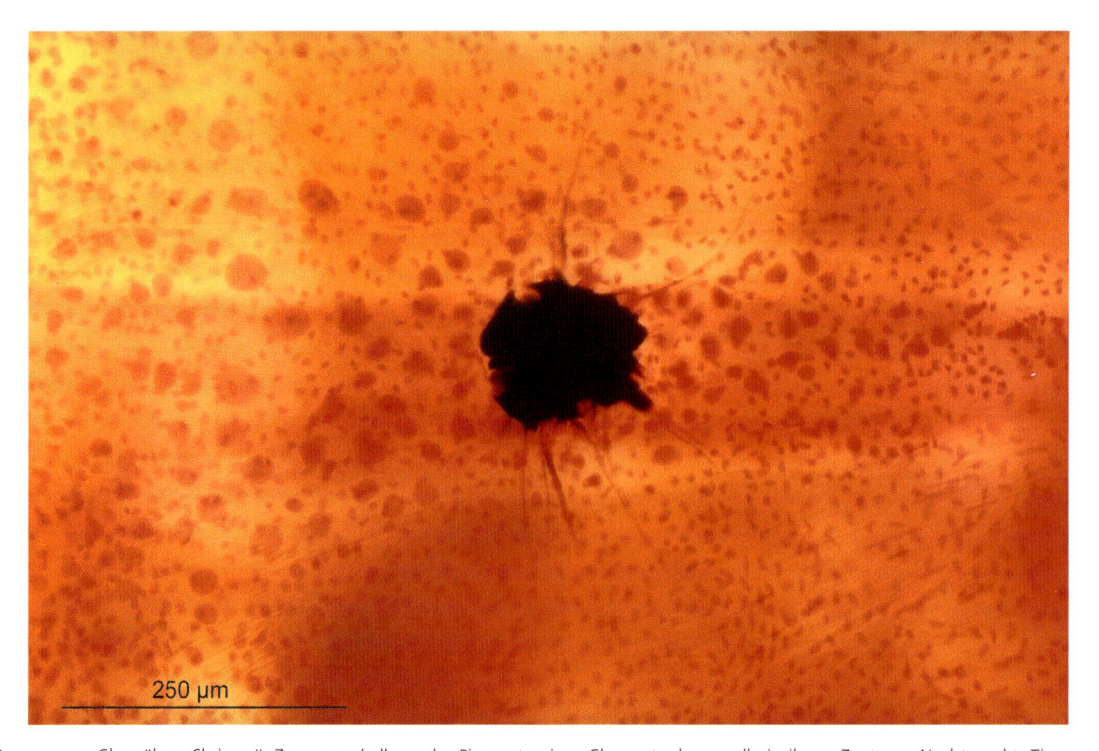

Abb. 186: *Praunus sp.*, Chamäleon-Shrimp II: Zusammenballung der Pigmente einer Chromatophorenzelle in ihrem Zentrum; Nachtaspekt; Tiere vollkommen durchsichtig. Totalpräparat; Übersicht. Die Gestalt der Pigmentzellen im Bindegewebe unter der hellen Epidermis kann sich nicht ändern. Stimulation und Steuerung der Zusammenwanderung der Granula im Zellzentrum beim Farbloswerden (Abb.) gehen von Neurohormonen (Chromatophorotropine) in der Hämolymphe aus. Leitbahnen der Ommochromgranulaverschiebungen sind durch Zytofilamente organisierte Mikrotubulinetze. Als Antriebsmoleküle verschieben Motoprotein-ATPasen die Granula: Kinesine zum Zellzentrum, Dyneine zur Peripherie. Alaunkarmin.

Hundertfüßer – Chilopoda / Urinsekten – Apterygota

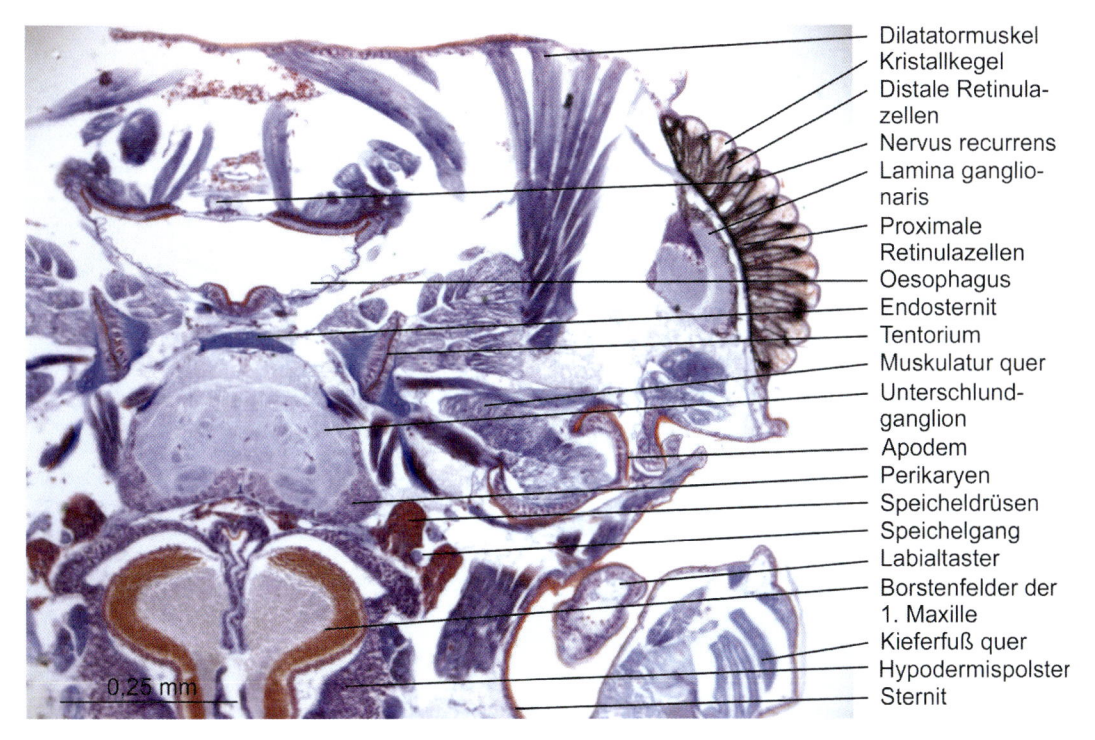

Abb. 187: *Scutigera coleoptrata*, Spinnenassel, Spinnenläufer: Kopfquerschnitt; Ausschnitt. Das Komplexauge von *Scutigera* bekommt mit jeder Häutung (8) weitere Ommatidien; erwachsene Tier haben bis zu 250 Einzelaugen. Unter einer plankonvexen Linse stehen Kristallkegel aus fünf bis neun Zellen (nicht vier wie bei Crustaceen und Insekten). Fünf bis zwölf äußere, distale Retinulazellen bilden um die Kristallkegelspitze ein Trichterrhabdom. Drei bis vier innere Retinulazellen setzen ein zweites Rhabdom dahinter. Die Augen der flinken Räuber spielen beim Fang von Milben, Collembolen, Dipterenlarven, Käfern und Blattläusen keine Rolle; nach Beute tasten die Fühler, Antennen, der „Antennata".

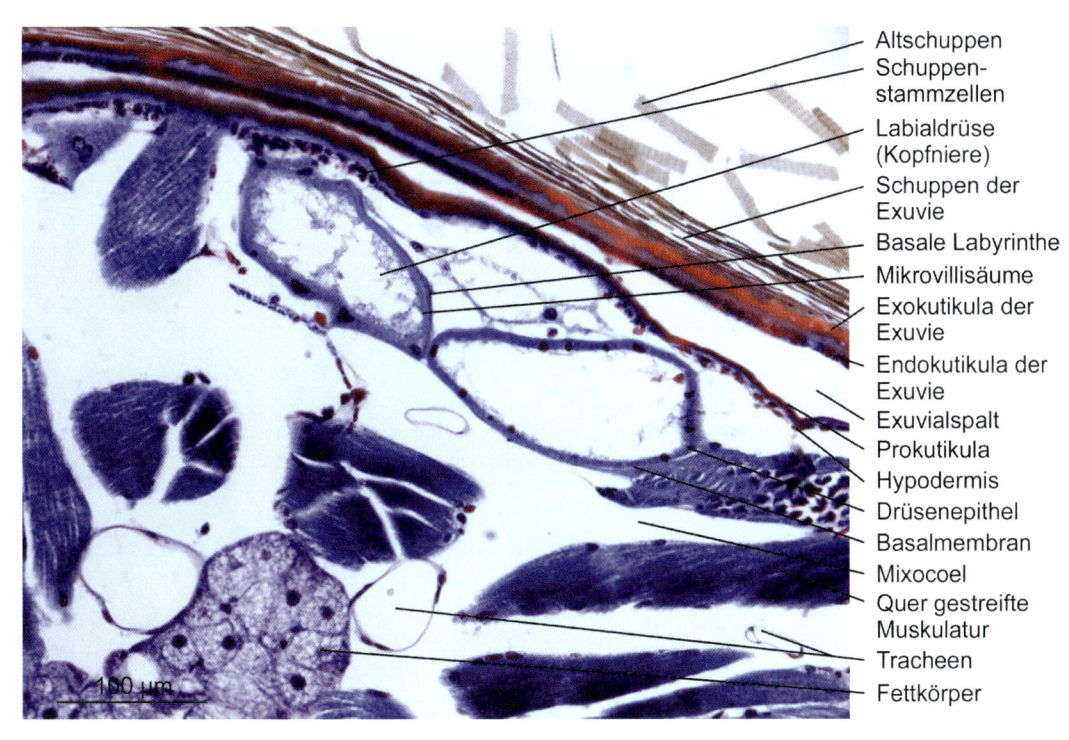

Labels (Abb. 187): Dilatatormuskel, Kristallkegel, Distale Retinulazellen, Nervus recurrens, Lamina ganglionaris, Proximale Retinulazellen, Oesophagus, Endosternit, Tentorium, Muskulatur quer, Unterschlundganglion, Apodem, Perikaryen, Speicheldrüsen, Speichelgang, Labialtaster, Borstenfelder der 1. Maxille, Kieferfuß quer, Hypodermispolster, Sternit

Abb. 188: *Lepismachilis y-signata*, Geröll-Felsenspringer: Kopfquerschnitt; Ausschnitt mit Kopfniere (Labialdrüsen). Labialdrüsen sind paarig und haben einen unpaaren Ausführgang beim Hypopharynx. Bei den primär flügellosen Apterygoten haben die Drüsen ihre ursprüngliche exkretorische und osmoregulatorische Funktion als Metanephridien anachronistisch beibehalten. Funktionsänderungen z. B. sind die Entwicklungen zu Spinndrüsen bei Hymenopteren- und Lepidopterenlarven oder zu Drüsen für blutgerinnungshemmende Sekrete bei blutsaugenden Insekten. Lipoproteine, Pektinasen und Phenolasen charakterisieren die Labialdrüsensekrete von pflanzensaftsaugenden Wanzen und Blattläusen.

Labels (Abb. 188): Altschuppen, Schuppenstammzellen, Labialdrüse (Kopfniere), Schuppen der Exuvie, Basale Labyrinthe, Mikrovillisäume, Exokutikula der Exuvie, Endokutikula der Exuvie, Exuvialspalt, Prokutikula, Hypodermis, Drüsenepithel, Basalmembran, Mixocoel, Quer gestreifte Muskulatur, Tracheen, Fettkörper

Insekten – Hexapoda/Insecta

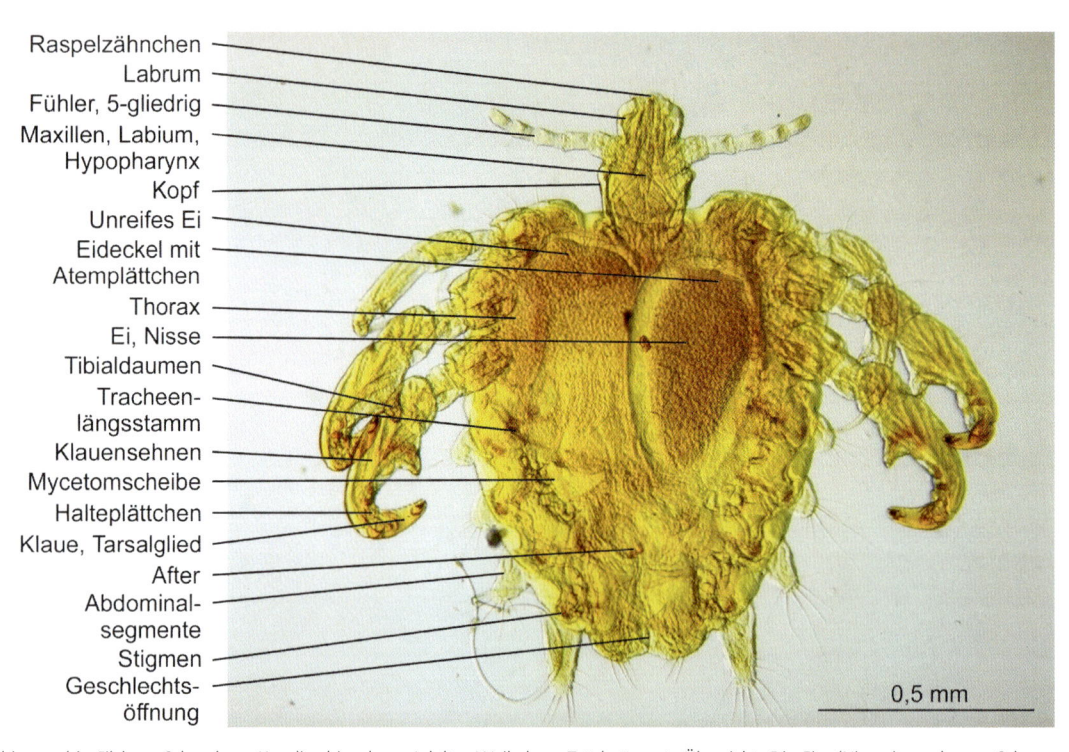

Abb. 189: *Phthirus pubis*, Filzlaus, Schamlaus, Kavaliersbienchen: Adultes Weibchen, Totalpräparat; Übersicht. Die Eier (Nissen) werden an Schamhaaren, Augenbrauen, Achselhaaren abgelegt, angeklebt. Nach einer Woche Embryonalentwicklung schlüpfen die Larven, die nach drei Wochen erwachsen sind (drei Häutungen). Adulte Weibchen leben fast vier Wochen und legen in dieser Zeit 30 Eier ab. Die Wirtsspezifität ist extrem hoch. Gesaugt wird immer Blut an der gleichen Körperstelle; Läusespeichel lässt das Hämoglobin an den Stichstellen bläulich erscheinen; *taches bleux* werden diese Flecken genannt. Heilung durch Insektizide.

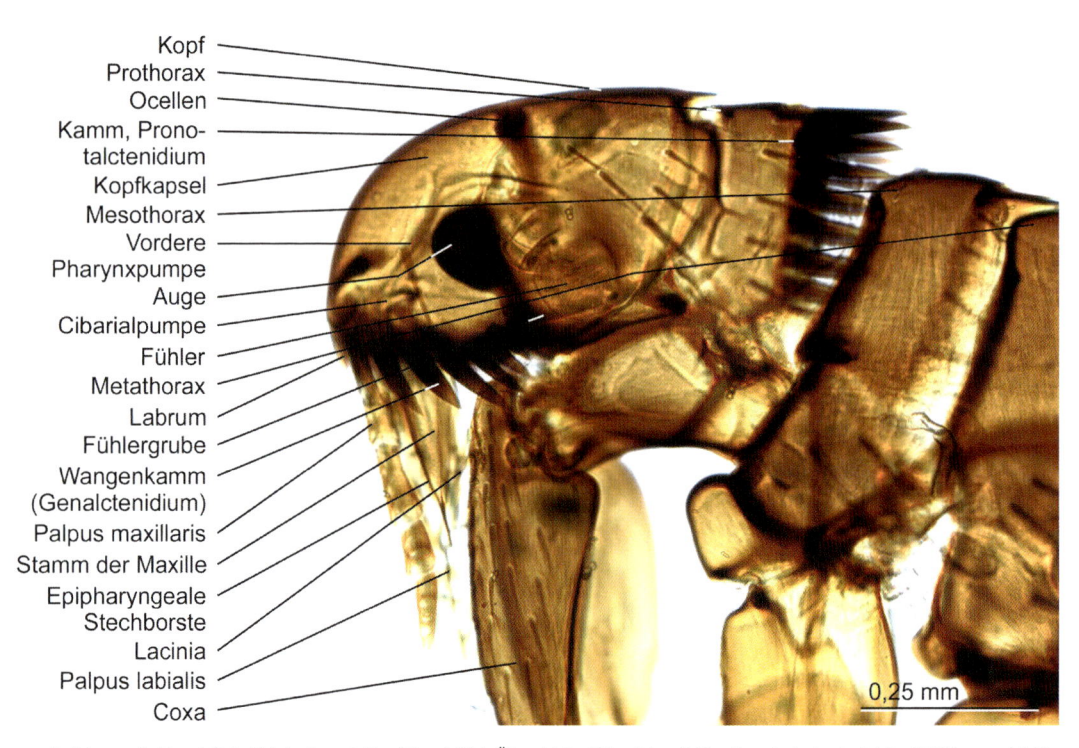

Abb. 190: *Ctenocephalides canis*, Hundefloh: Totalpräparat, Kopf-Brust-Bild; Übersicht. „Wer sich mit Hunden niederlegt, steht mit Flöhen auf." Die Larven leben in der Nähe des Lagers oder Nestes; sie fressen Blutkot, den die Alten beim übermäßigen Saugen hinterlassen – eine spezielle Art der Brutpflege. Die stechend-saugenden Mundwerkzeuge sind klein, nur Epipharynx und Lacinien der Maxillen dringen als Stechborsten in die Haut ein. Gestochen wird sprunghaft da und dort. Tiere braun gefärbt und rundlich; lang gestreckt und schwarz sind Vogelflöhe, die aus Nestern, Nistkästen, Hühnerställen und Taubenschlägen im Freien und im Hause für Menschen sehr unangenehm werden können.

Insekten – Hexapoda/Insecta 101

- Fuß einer Kleinschmetterlingsraupe
- Planta
- Krallentrichome
- Plantavertiefung
- Saugnapf
- Trichomkranz (geschlossen)
- Skleritspange

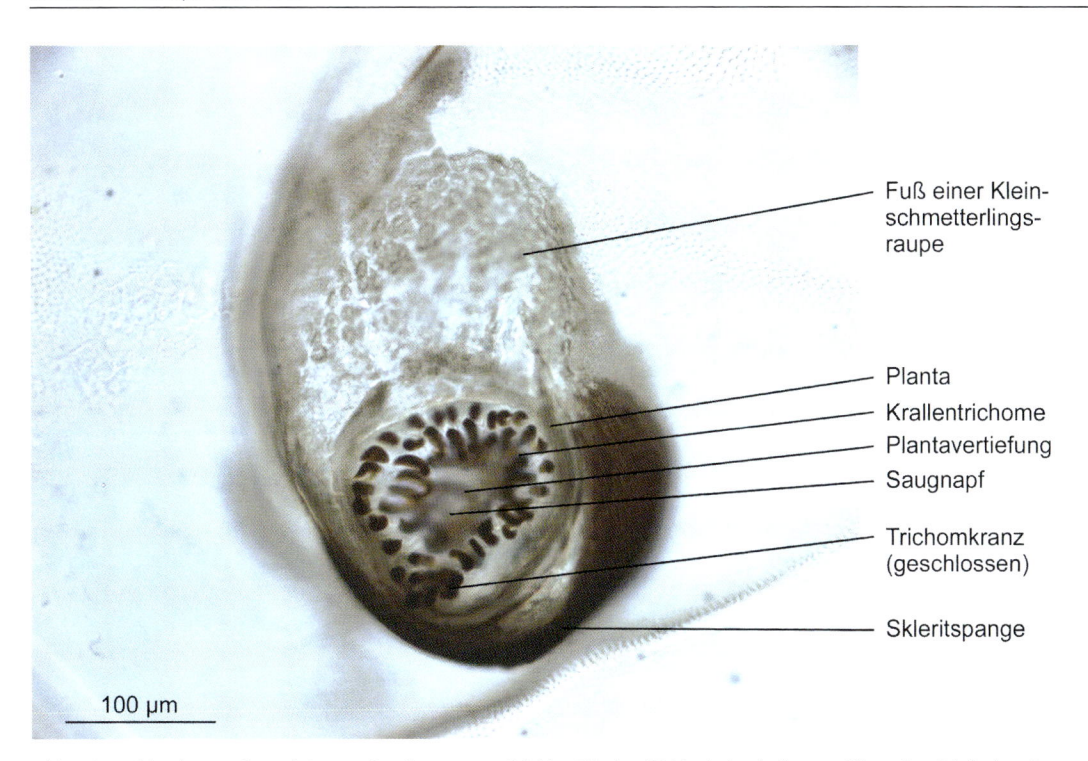

100 µm

Abb. 191: Kleinschmetterlinge (Motten, Gespinstmotten, Wickler, Zünsler, Weidenbohrer): Kranz-, After-, Bauchfuß einer Raupe; Totalpräparat. Bauchfüße sind bei den Schmetterlingslarven Gliedmaßen der Abdominalsegmente 3–6. Kranzfüßer haben eine äußere Platte (Planta) mit Krallenhaaren ringsum. An der zentralen Vertiefung der Planta setzen innen mehrere Muskeln an; bei deren Kontraktion krallen sich die Haare auf griffiger Unterlage fest. Bei glatten Unterlagen stülpt der Hämolymphsack die Planta nach außen; alle Krallen stehen randlich mit den Spitzen nach oben. Nun wirkt, mit feinem Muskelzug, die zentrale Plantavertiefung als Saugnapf.

- Fuß einer Großschmetterlingsraupe
- Zentrale Vertiefung der Planta
- Borsten
- Krallentrichome
- Planta
- Skleritspange
- Trichomlappen

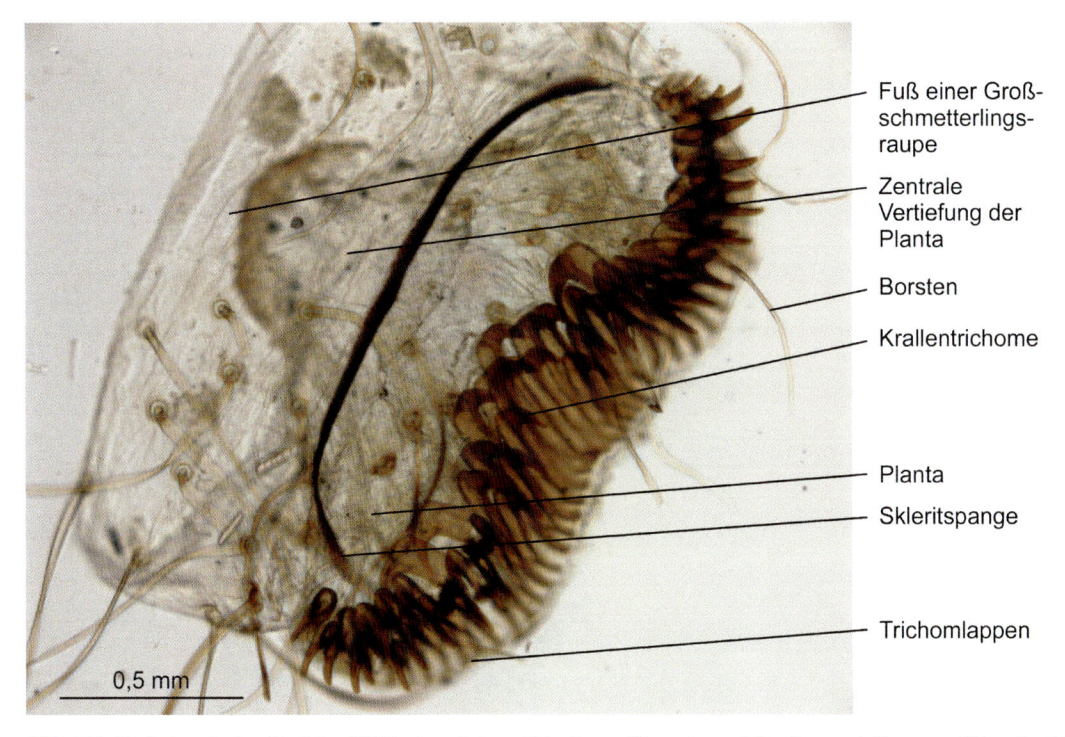

0,5 mm

Abb. 192: Großschmetterling (Tagfalter, Widderchen, Spinner, Schwärmer, Bärenspinner, Eulen, Spanner): Klammer-, After-, Bauchfuß einer Raupe; Totalpräparat. Auch die Klammerfüße ermöglichen Fortbewegungen auf unterschiedlich griffigen Unterlagen. Die Plantamuskeln setzen hinter der Skleritspange an; bei Kontraktion der Muskeln schlagen die Krallentrichome des Hakenlappens nach unten um. Beim völligen Erschlaffen der Fußmuskeln klappt der Trichomlappen nach außen, die Hakenspitzen stehen von glatten Unterlagen weg, die zentrale Vertiefung der Planta kommt nach außen und kann als Haftorgan fungieren.

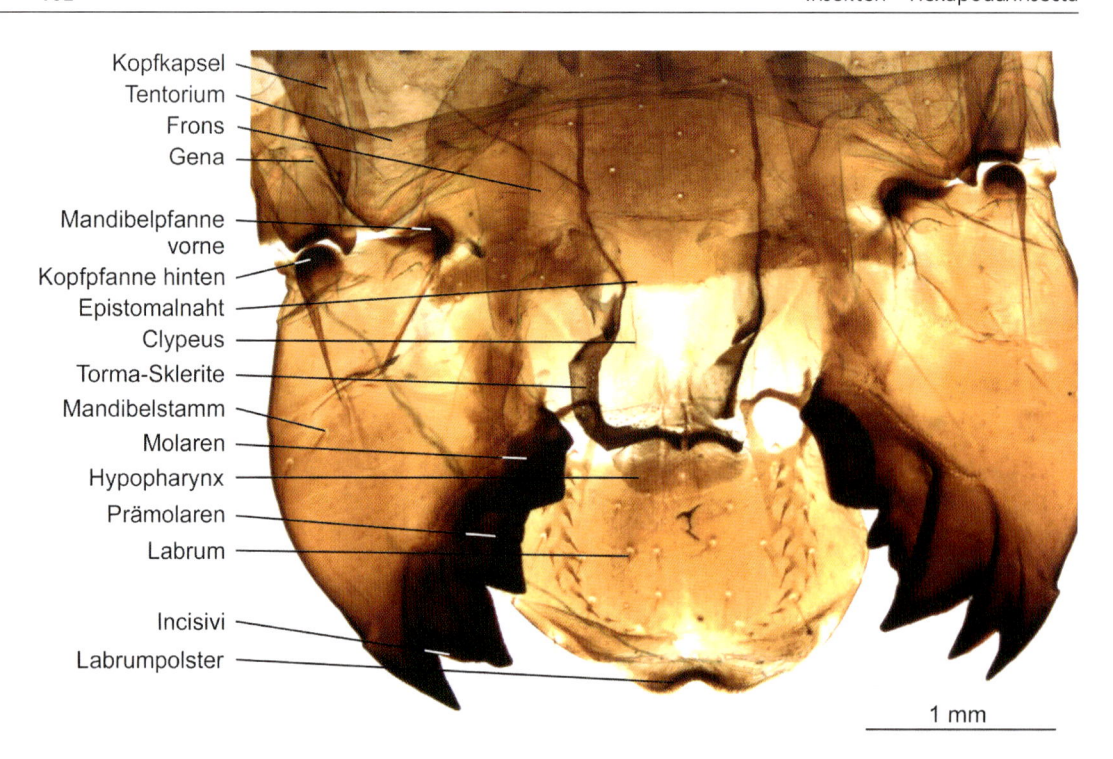

Abb. 193: *Blatta orientalis*, Küchenschabe, Kakerlake: Mundwerkzeuge I, Stirn und Mandibeln; Übersicht. Alle im Chitinpräparat gut sichtbaren Teile sind untereinander durch sehr zarte Membranen verbunden. In Analogie zum Menschen wären die Genae feste Schläfen der Kopfkapsel; Frons, Epistomalnaht, Tormaspangen, Clypeus (Schild) und Labrum machten vorne Stirn bis Oberlippe aus, dahinter Gaumen und Gegenzunge; Mandibeln entsprechen dem Oberkiefer; komplexe Wangenteile formieren die ersten Maxillen mit ihren beiden Kauladen – innen die Lacinia, außen die Galea; wie eine Zunge schiebt sich der unpaare Hypopharynx (Speichelgang) in die Mitte des Mundraums; den Zungenboden samt Unterkiefer und Unterlippe bildet das unpaare Labium. Typ: kauend-leckende, orthopteroide Mundgliedmaßen.

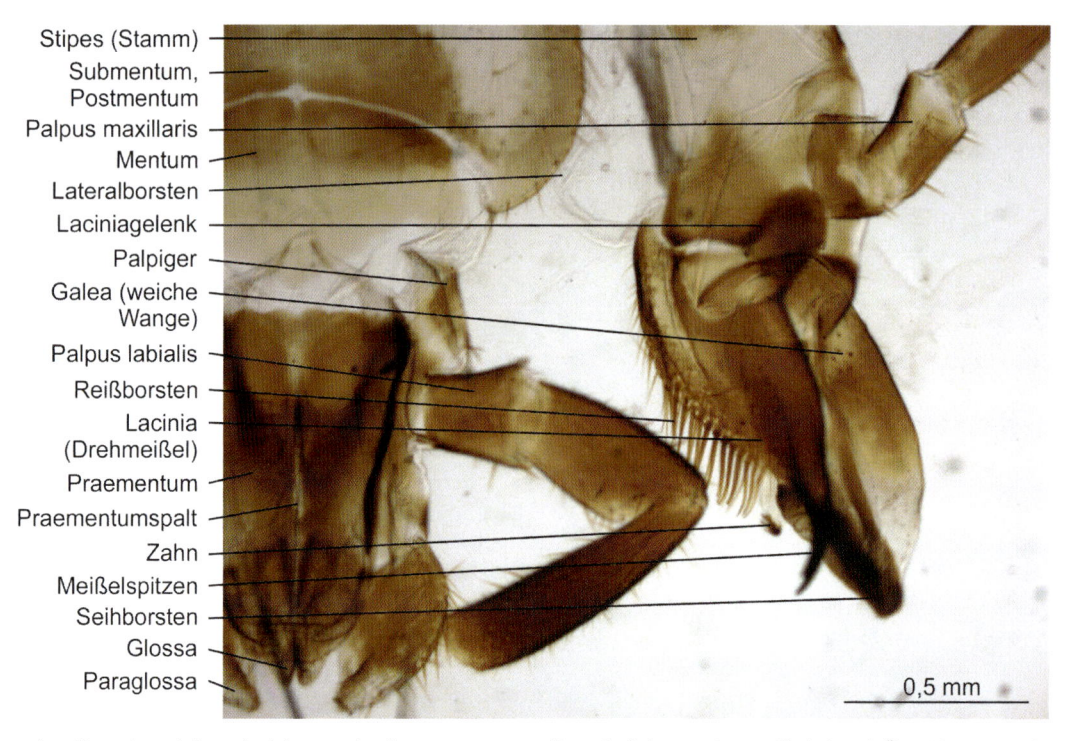

Abb. 194: *Blatta orientalis*, Küchenschabe, Kakerlake: Mundwerkzeuge II, erste Maxille und – links – zweite Maxille (Labium); Übersicht. Die Cardo (Türangel) der ersten Maxille ist in der Abbildung nicht zu sehen. Der anschließende Stipes (Baumstamm, Pfahl) ist gewölbt und bietet Muskeln Ansatzflächen; an seiner Außenseite steht der fünfgliedrige Maxillartaster. Die Lacinia (Fetzen, Zipfel) ist gelenkig mit dem Außenrand des Stipes verbunden; zwei stark sklerotisierte Haken, ein Zahn und solide Borsten gehören zu ihr. Die direkte Fortsetzung des Stipes ist die weichhäutige, werkzeugarme Galea (Helm). Zwischen den Seitenlappen des Submentums eingebettet liegen Mentum und Praementum des Labiums. Ein Spalt markiert die Entstehung aus paarigen Anlagen der letzten Mundgliedmaßen. Klein und spitz bleiben die Glossen (Zungen). Mazerationspräparat.

Insekten – Hexapoda/Insecta 103

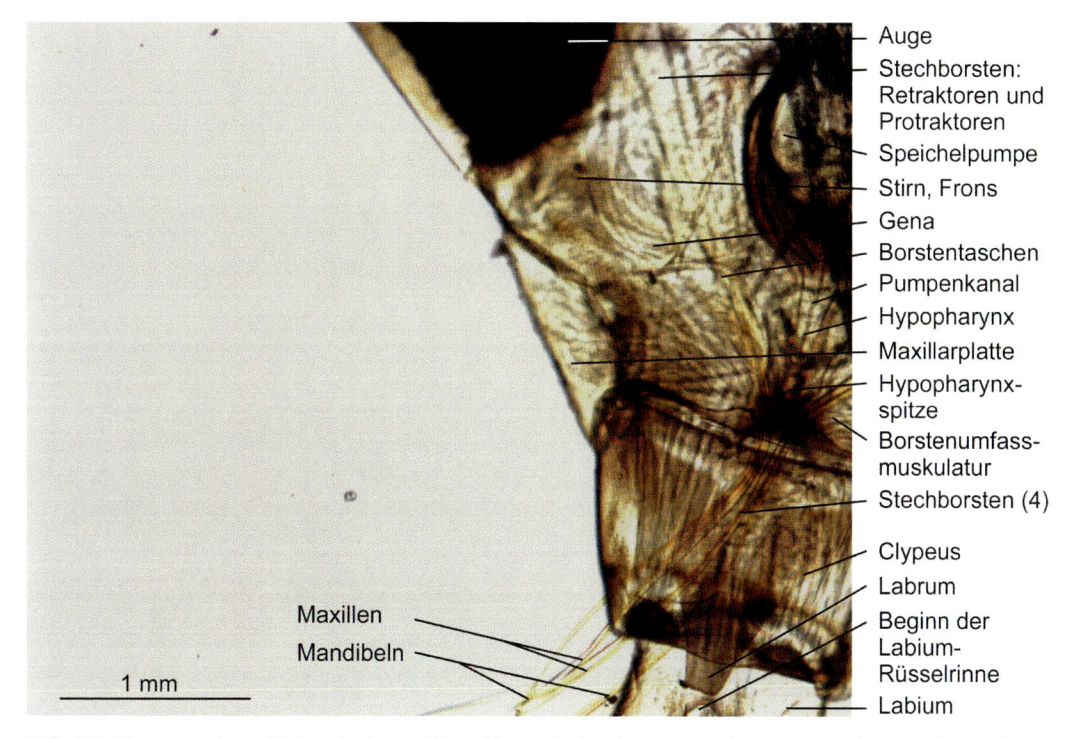

Abb. 195: *Notonecta glauca*, Rückenschwimmer, Wasserbiene: Mundwerkzeuge I, Totalpräparat; Ausschnitt. Bei den stechend-saugenden Mundwerkzeugen sind die Mandibeln und die Lacinien der ersten Maxillen als „haarfeine" Stechborsten gestaltet. Die hohlen Borstenbasen können bis in den Thorax zurückgezogen werden; die Retraktoren beginnen am Tentorium. An der Spitze der Hypopharynxpyramide treffen die vier Borsten zu einem Stechborstenbündel zusammen. Geführt wird das Bündel in einer Falte der Labiumvorderwand. Meist dringen die Mandibelspitzen mit ihren Widerhaken nur so weit in Tiere und Pflanzen ein, dass sie sich verankern können; die Maxillarborsten spießen dann als Bündel alleine weiter vor.

Labels (Abb. 195): Auge; Stechborsten: Retraktoren und Protraktoren; Speichelpumpe; Stirn, Frons; Gena; Borstentaschen; Pumpenkanal; Hypopharynx; Maxillarplatte; Hypopharynxspitze; Borstenumfassmuskulatur; Stechborsten (4); Clypeus; Labrum; Beginn der Labium-Rüsselrinne; Labium; Maxillen; Mandibeln; 1 mm

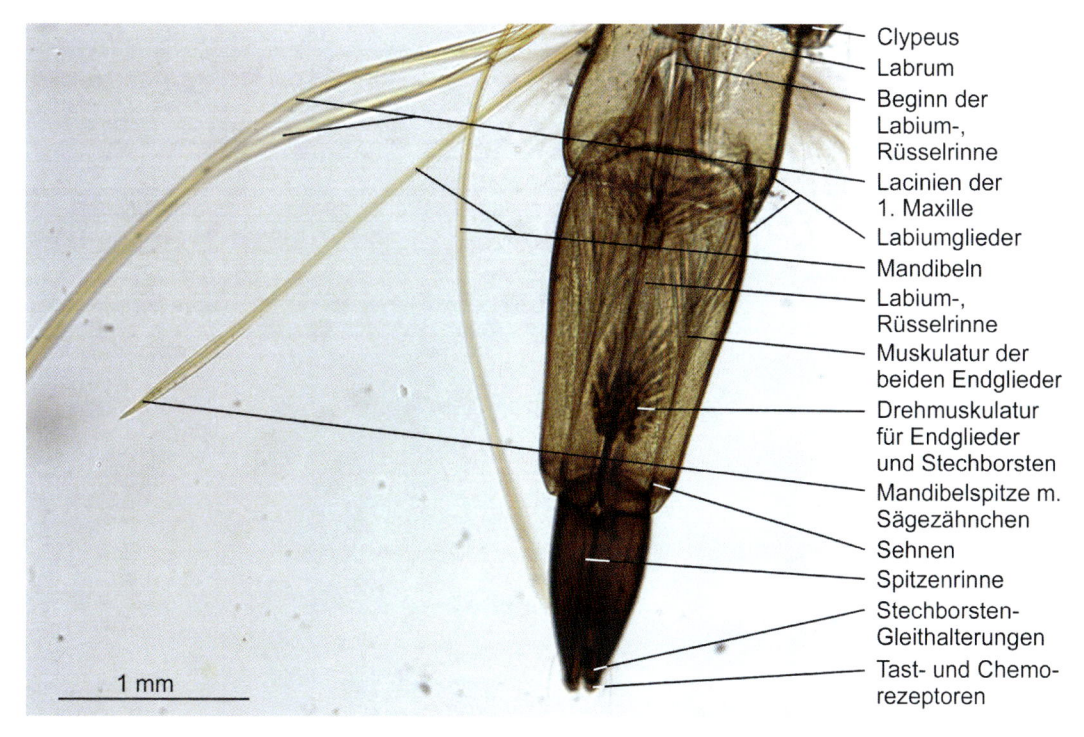

Abb. 196: *Notonecta glauca*, Rückenschwimmer, Wasserbiene: Mundwerkzeuge II, Totalpräparat; Ausschnitt. Über Sehnen und Muskeln kann die Labiumspitze so fein ziseliert bewegt werden, dass zum einen immer drei abwechselnd festgehaltene Stechborsten als Verschiebespur für die vierte dienen und zum anderen die Borsten dem Rüssel gegenüber rechtwinklig nach vorne bzw. nach hinten abgebogen werden können – zu sehen, wenn eine Chironomiden- oder *Chaoborus*-Larve von der Mitte aus recht schnell ausgesaugt wird. Sinneshaare an der Spitze des dreigliedrigen Labiums sind zur Nahorientierung; beim Stechakt dient das Labium der Borstenführung und wird selbst nie eingestochen.

Labels (Abb. 196): Clypeus; Labrum; Beginn der Labium-, Rüsselrinne; Lacinien der 1. Maxille; Labiumglieder; Mandibeln; Labium-, Rüsselrinne; Muskulatur der beiden Endglieder; Drehmuskulatur für Endglieder und Stechborsten; Mandibelspitze m. Sägezähnchen; Sehnen; Spitzenrinne; Stechborsten-Gleithalterungen; Tast- und Chemorezeptoren; 1 mm

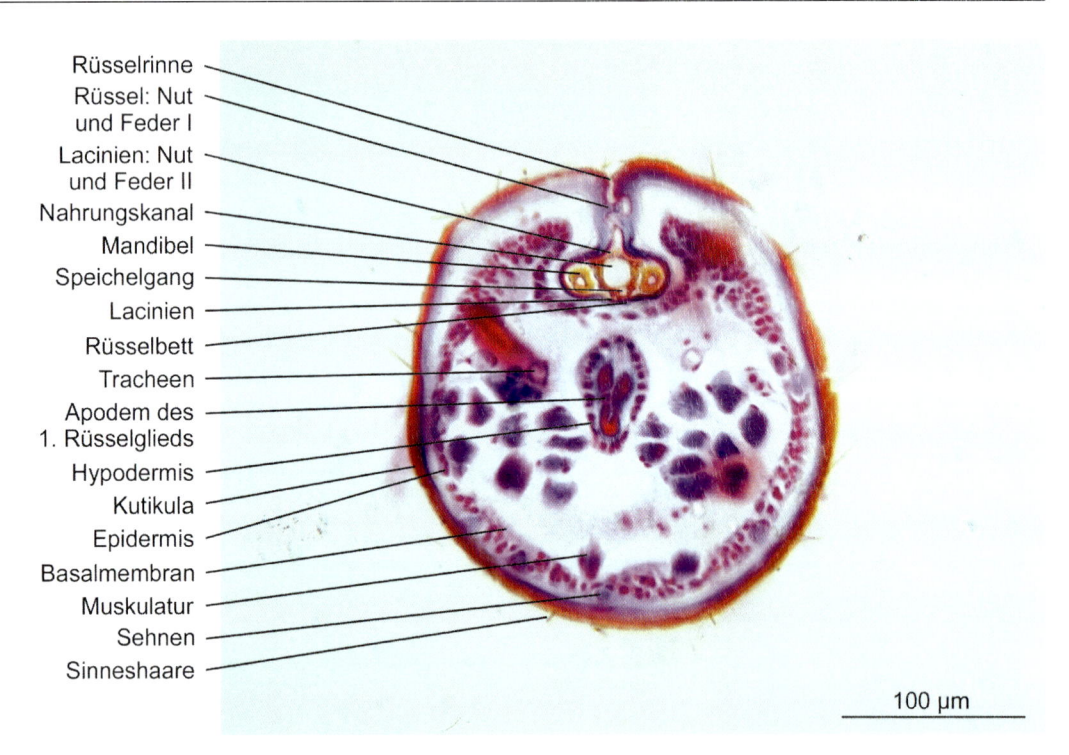

Rüsselrinne
Rüssel: Nut und Feder I
Lacinien: Nut und Feder II
Nahrungskanal
Mandibel
Speichelgang
Lacinien
Rüsselbett
Tracheen
Apodem des 1. Rüsselglieds
Hypodermis
Kutikula
Epidermis
Basalmembran
Muskulatur
Sehnen
Sinneshaare

100 µm

Abb. 197: *Notonecta glauca*, Rückenschwimmer, Wasserbiene: Rüssel-, Labiumquerschnitt; Übersicht. Geschnitten ist das erste Rüsselglied, erkenntlich am zentralen Apodem. Mandibeln und Lacinien „hohl"; sie enthalten zellenlose Partien der Leibeshöhle. Entlang längs geriefter Seiten gleiten Lacinien und Mandibeln aneinander; die im Querschnitt ungleichen Lacinien sind untereinander verfalzt, der Nahrungskanal ist weit größer als der 2–3 µm weite Speichelgang. Die Mandibeln – 10 µm im Durchmesser – sind über 2000 µm lang! Unklar sind die Drucke, die die Speichelpumpe aufbringt, um bei den hohen Wandreibungen und Viskositäten des Speichelsaftes in diesen Dimensionen noch Förderleistung zu erbringen.

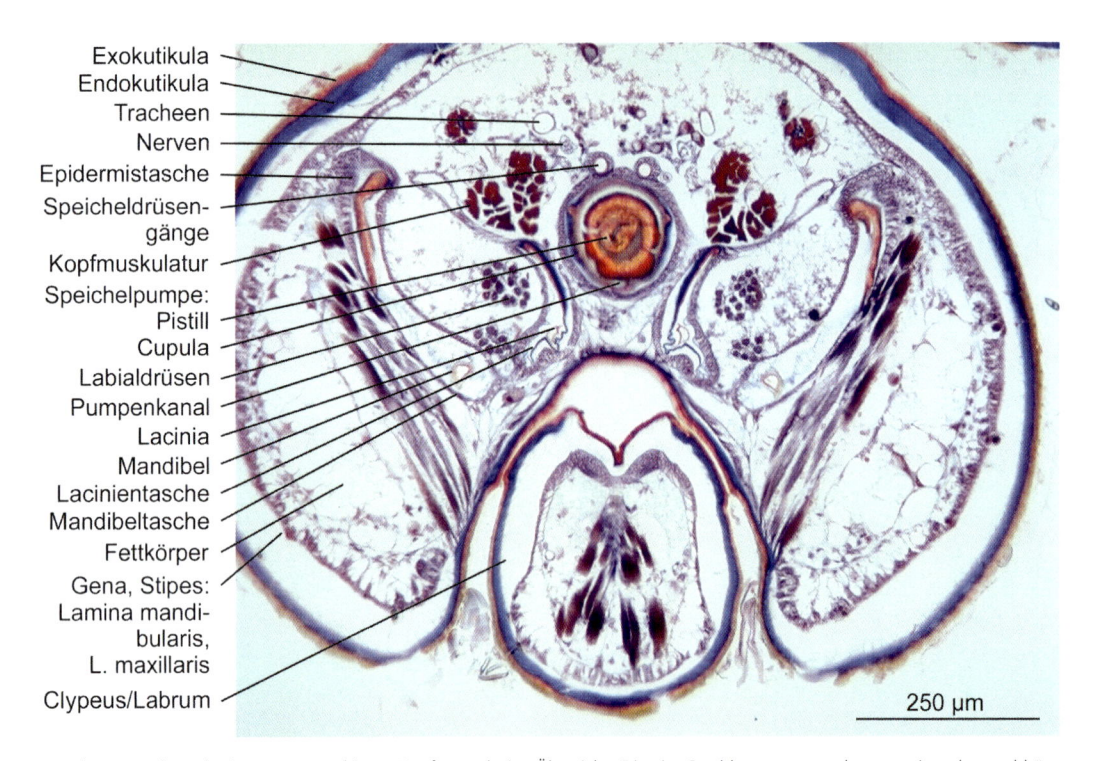

Exokutikula
Endokutikula
Tracheen
Nerven
Epidermistasche
Speicheldrüsengänge
Kopfmuskulatur
Speichelpumpe: Pistill
Cupula
Labialdrüsen
Pumpenkanal
Lacinia
Mandibel
Lacinientasche
Mandibeltasche
Fettkörper
Gena, Stipes: Lamina mandibularis, L. maxillaris
Clypeus/Labrum

250 µm

Abb. 198: *Notonecta glauca*, Rückenschwimmer, Wasserbiene: Kopfquerschnitt; Übersicht. Die vier Stechborsten entstehen voneinander unabhängig im Kopf über Epidermiszellen am Grund von eingesenkten Taschen. Form und Eigenschaften des Borstenchitins sind zu keinem Zeitpunkt während der Bildung identisch. Erstaunlich sind die Asymmetrien der Querschnitte der Lacinien, die beim Hin- und Hergleiten über die Hypopharynxspitze fest verfalzt und leicht getrennt werden. Vorne-oben des Kopfes ist in der Abbildung unten.

Insekten – Hexapoda/Insecta

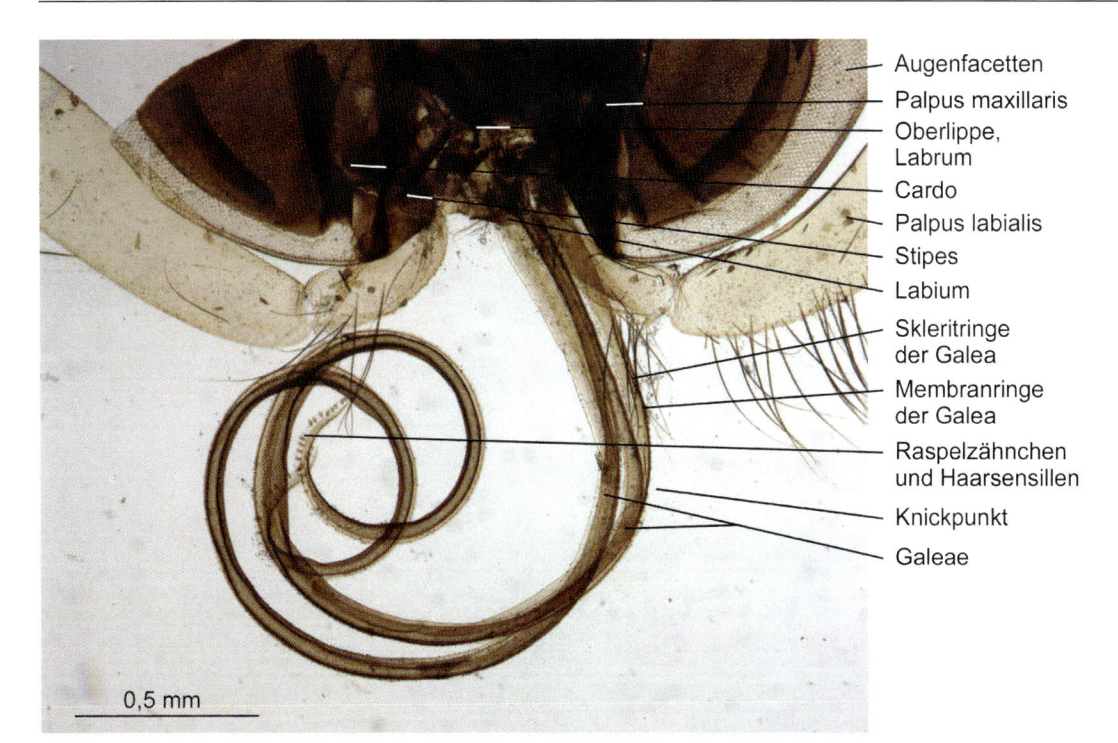

Abb. 199: *Lepidoptera*, Schmetterlinge: Mundwerkzeuge, Totalpräparat; Übersicht. Reduziert sind Mandibeln, Stipes und Lacinien, Maxillarpalpen. Die Galeae hypertrophieren und machen den Saugrüssel aus. Die rinnenförmigen Innenseiten werden an ihren Rändern beiderseits zu einem Rohr, durch das die Nahrung eingesaugt werden kann und die durch Falz und Überlappung zusammenhalten. Im Inneren der Galeae: Nerven, Tracheen, Chitinsepten, Serien kleiner Schrägmuskeln. In Ruhe liegt der Rüssel aufgerollt unten am Kopf. Die Windungen werden durch äußere kleine Rüsselhäkchen fixiert. Eingepumpte Hämolymphe rollt den Rüssel aus; die Elastizität des Chitins rollt ihn ein; zur Endstellung und Verhakung sind die Schrägmuskeln erforderlich. Der funktionell wichtige Knickpunkt des Rüssels gestattet den raschen Besuch vieler Kelche ohne ständiges Rüsselrollen.

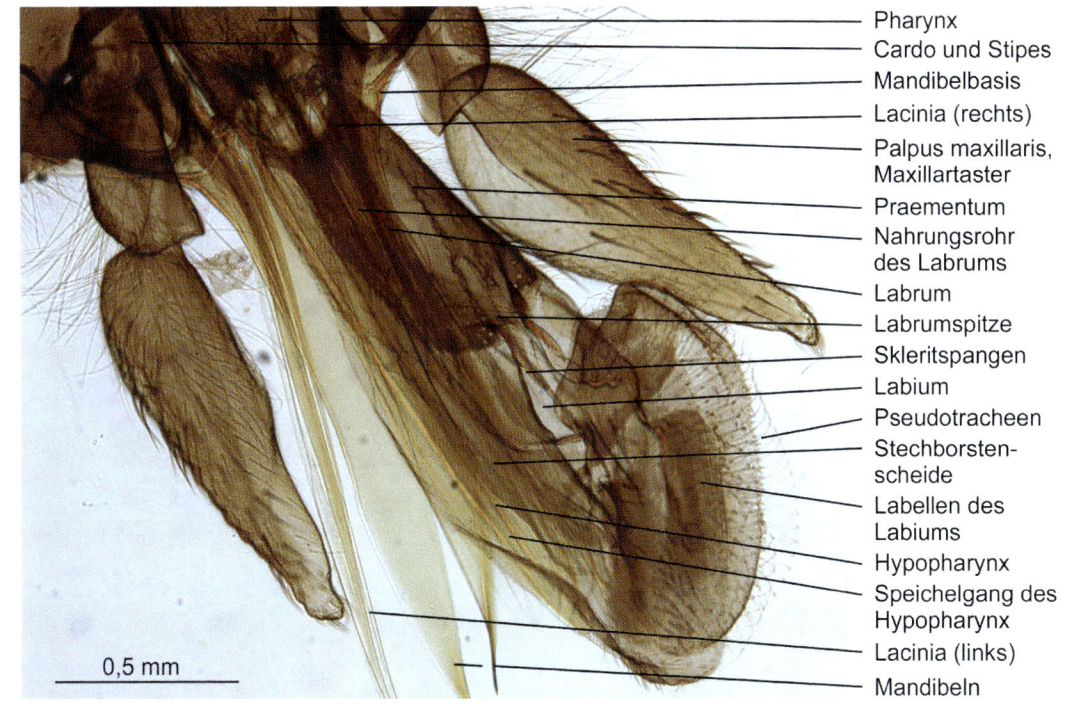

Abb. 200: *Haematopoda pluvialis*, Regenbremse: Mundwerkzeuge, Chitinpräparat; Übersicht. Labrum, Mandibeln, Lacinien und Hypopharynx sind zu einem Stechborstenbündel vereint. Alle sechs Dolche werden beim Saugen eingesenkt, das Labium aber wird wie bei Moskitos und Wanzen nach hinten abgewinkelt; Stechklingen bzw. Stechborsten liegen dann teilweise außerhalb des Gleitrohrs; nur die Labellen bzw. Labiumspitzen führen dann. Regenbremsen sind tagaktiv und nähern sich geräuschlos. Die Mandibelspitzen spannen ein Stückchen Epidermis zwischen sich; die Lacinien durchstoßen leicht den „Trommelfellbereich"; ausquellendes Blut wird über die Labellen und das Labrum-Mandibeln-Paket hochgesaugt.

Abb. 201: *Culex pipiens*, Gemeine Stechmücke: Kopf eines Männchens, Totalpräparat; Übersicht. Da die Männchen kein Blut saugen, sind ihre Stechborsten schwach entwickelt; dagegen sind die Antennen weit buschiger und die Maxillartaster sechsmal länger als bei den Weibchen. Die viergliedrigen Maxillartaster sitzen seitlich auf den Stipesplättchen. Das Labium besteht aus einem sehr langen Basalteil, in den Post- und Praementum eingehen; am Ende sitzen zwei eingliedrige Fortsätze, auch Labellen genannt: die beiden Labialpalpen, Taster der zweiten Maxille. Die vereinigten Glossen und Paraglossen sind nur noch ein winziges Plättchen.

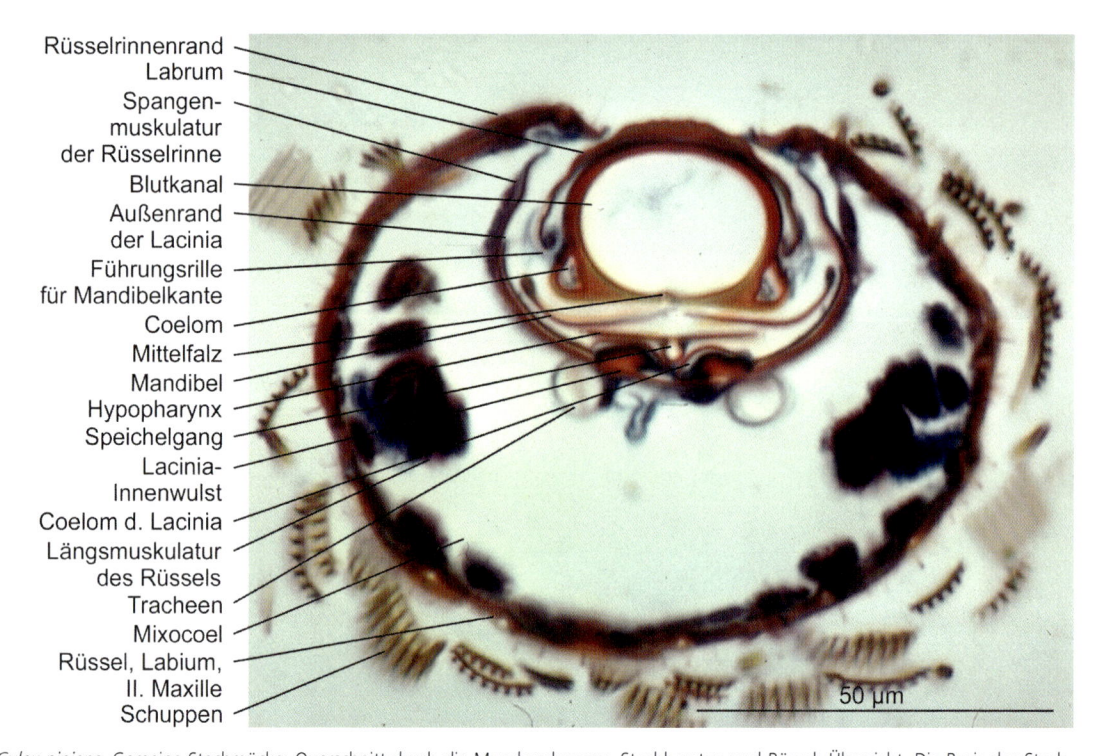

Abb. 202: *Culex pipiens*, Gemeine Stechmücke: Querschnitt durch die Mundwerkzeuge, Stechborsten und Rüssel; Übersicht. Die Basis des Stechborstenbündels ragt nicht in den Kopf hinein, der Gegensatz dazu: Wanzen. Die Ränder des Labrums verfalzen sich zum kompletten Rohr. Im Gegensatz zu den meisten Dipteren sind Mandibeln vorhanden und zu rinnenförmigen Stechborsten mit stabilem Außenrand ausgezogen. Ebenfalls zu formfesten Rinnen sind die Lacinien gebogen. Im Speichel sind Proteine daran beteiligt, die Umgebung des Einstichs zu betäuben, die Hautkapillaren zu weiten und die Blutung aufrecht zu erhalten. Relativ mächtig ist der Blutkanal zur Pharynxpumpe und zuvor zur Cibarialpumpe direkt hinter der Einmündung des Speichelausführgangs in den Hypopharynx. Die Schuppen haben an ihren Basen keine Sinneszellen.

Insekten – Hexapoda/Insecta

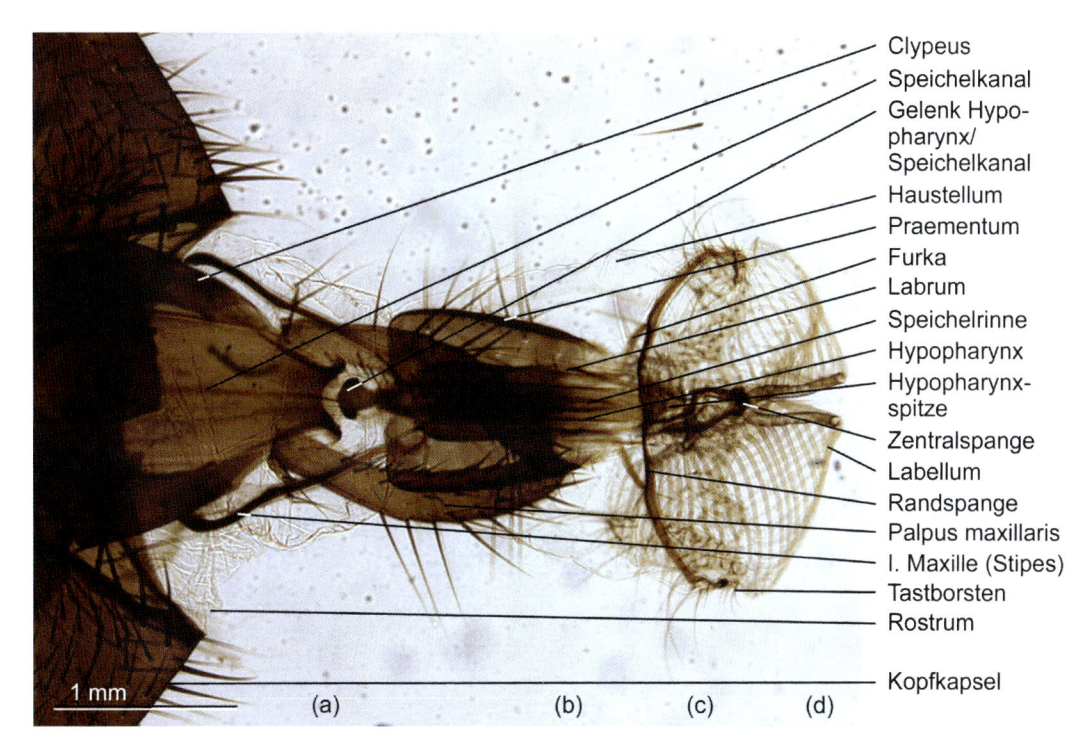

Clypeus
Speichelkanal
Gelenk Hypopharynx/Speichelkanal
Haustellum
Praementum
Furka
Labrum
Speichelrinne
Hypopharynx
Hypopharynxspitze
Zentralspange
Labellum
Randspange
Palpus maxillaris
I. Maxille (Stipes)
Tastborsten
Rostrum
Kopfkapsel

(a) (b) (c) (d)

Abb. 203: *Musca domestica*, Stubenfliege: Rüssel, Totalpräparat; Übersicht. Stubenfliegen stechen nicht; Mandibeln und Galeae werden auch nicht ansatzweise mehr gebildet. Labrum und Hypopharynx enden bzw. beginnen im Bereich der Randspange; Randspange und Gelenk sind die Angelpunkte, wenn der Rüssel Z-förmig dem Kopf angelegt wird. Die weichen Labellen (Labialtaster) werden vielfältig eingesetzt: Zusammengelegt überprüfen Tasthaare die Unterlage (d); ausgebreitet kann Speichel mit Fermenten aufgetupft und aufgesogen werden (c); bei hochgestellten Labellen kommen die Raspelzähne ganz nach unten-außen, sie bearbeiten weiche und feste Nahrung (c). (a)–(d): Höhen der Querschnitte der Abb. **205–208**.

Haustellumrinne
Labrum
Hypopharynx
Medianspalt
Labellensklerit
Speichelverteiler
Raspelzähne
Muskulatur
Praementum
Furka
Einzelpseudotracheen
Tracheenkamm
Pseudotracheen
Kleinsklerite
Labellenrand I
Labellumhaare
Labellenrand II

0,5 mm

Abb. 204: *Sarcophaga carnaria*, Fleischfliege: Labellen und Praementum, Seitenansicht, Totalpräparat; Übersicht. Fleischfliegen und Schmeißfliegen (*Calliphora*) haben besonders stark sklerotisierte Labellen und Raspelzähne sogar in Dreierreihen; Praementum und Haustellumrinne sind steife, solide Teile. Bei blutsaugenden Fliegen der Gattung *Stomoxys* (Stechfliege, Wadenstecher), der Gattung *Glossina* (Tsetsefliegen) und bei den Lausfliegen sind die Mundwerkzeuge zu einem schlanken Rohr umgewandelt; an den kleinen und stark sklerotisierten Labellen dominieren die kleinen Sägezähnchen des Labellenrands, mit denen die Fliegen sich in die Haut einbohren bzw. einsägen. Beim Wadenstecher saugen Weibchen und Männchen.

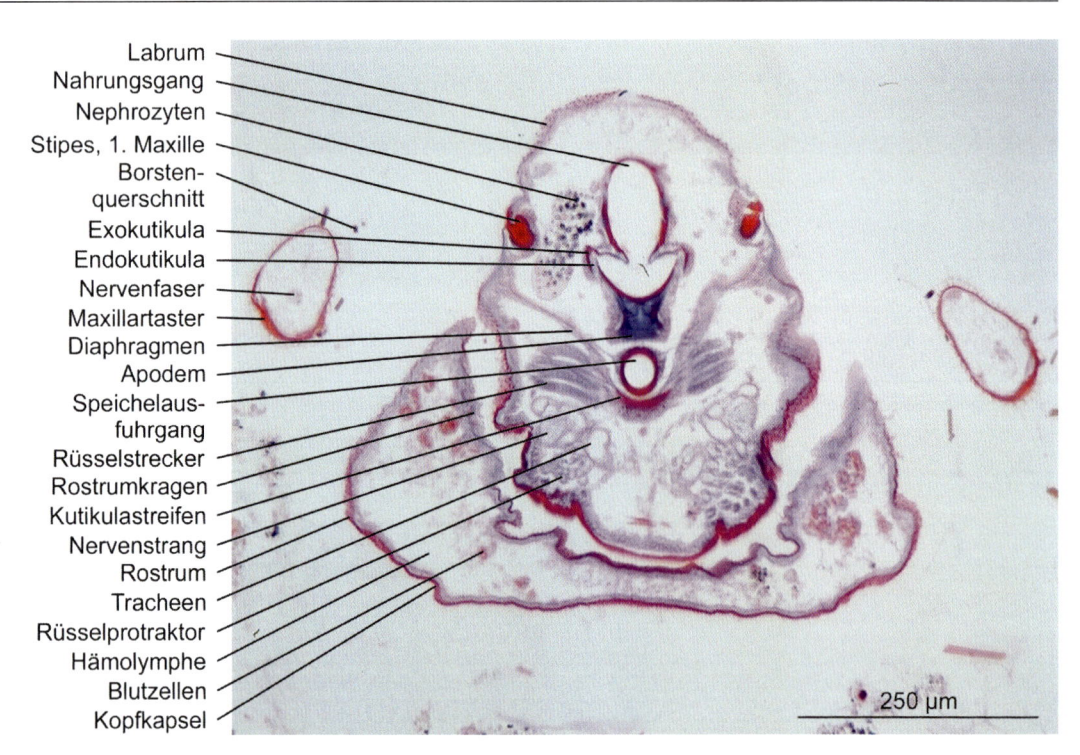

Abb. 205: *Musca domestica*, Stubenfliege: Querschnitt durch den Fliegenrüssel **(a)**; Übersicht. Siehe auch Abb. **203**. Die fein skulpturierten Kutikulae des Rostrums und des Labrums verhindern Adhäsionen. Die ersten Maxillen sind nur noch verdickte Leisten. Ausschließlich weiche Ränder aus Endokutikula ermöglichen Erweiterungen des Nahrungsgangs. Die beiden Diaphragmen aus Epidermiszellen und Basalmembranen machen das Erscheinen von Kutikularsubstanz mitten im Mixocoel einsichtig. Generell sind Insekten extreme „Bindegewebsschwächlinge".

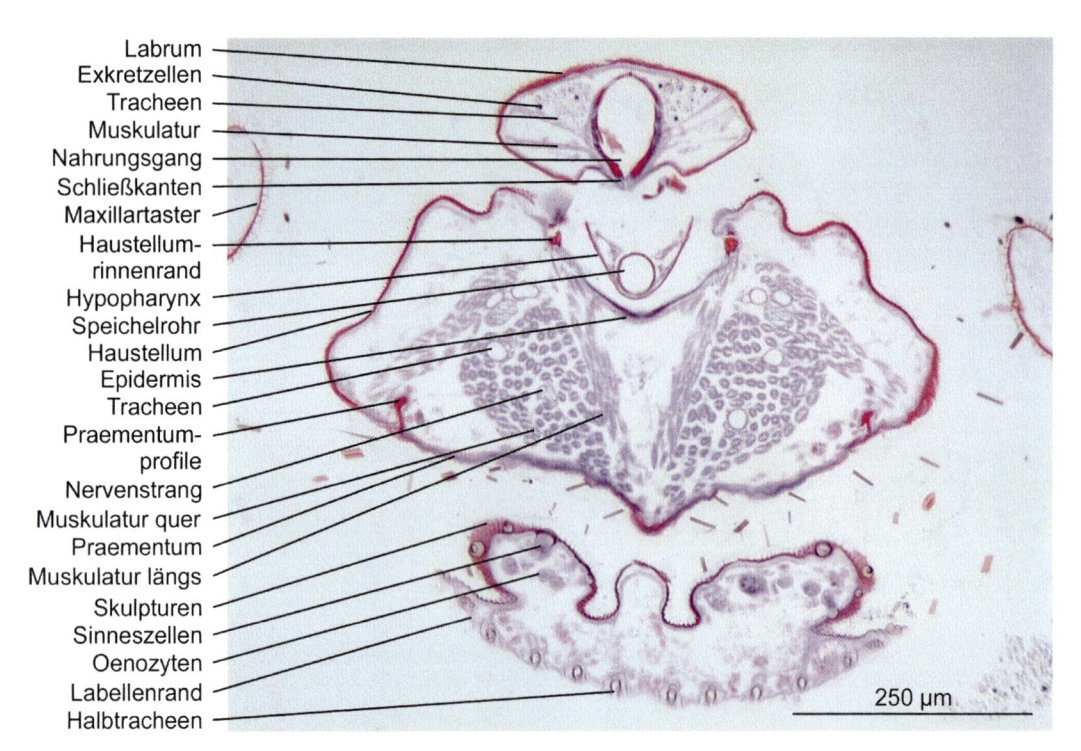

Abb. 206: *Musca domestica*, Stubenfliege: Querschnitt durch den Fliegenrüssel **(b)**; Übersicht. Siehe auch Abb. **203**. Um den Nahrungsgang im Labrum sind Erweiterungsmuskulatur, feine Tracheen, Nervenfasern und Exkretzellen zu sehen. Die unteren Schließkanten des Nahrungsgangs sind nicht miteinander verfalzt oder verwachsen. Den Verschluss des Gangs besorgt die Kutikularinne des Hypopharynx (s. Abb. **207**). Die vielfältige Muskulatur im Haustellum steuert weniger direkt als über laterale Verbiegungen der Rüsselwände und damit Blutdruckänderungen die Stellung der Labellen. Spezielle chemosensorische Haare der Labellen reagieren jeweils auf Säuren, Alkohole, Salze oder Zucker.

Insekten – Hexapoda/Insecta

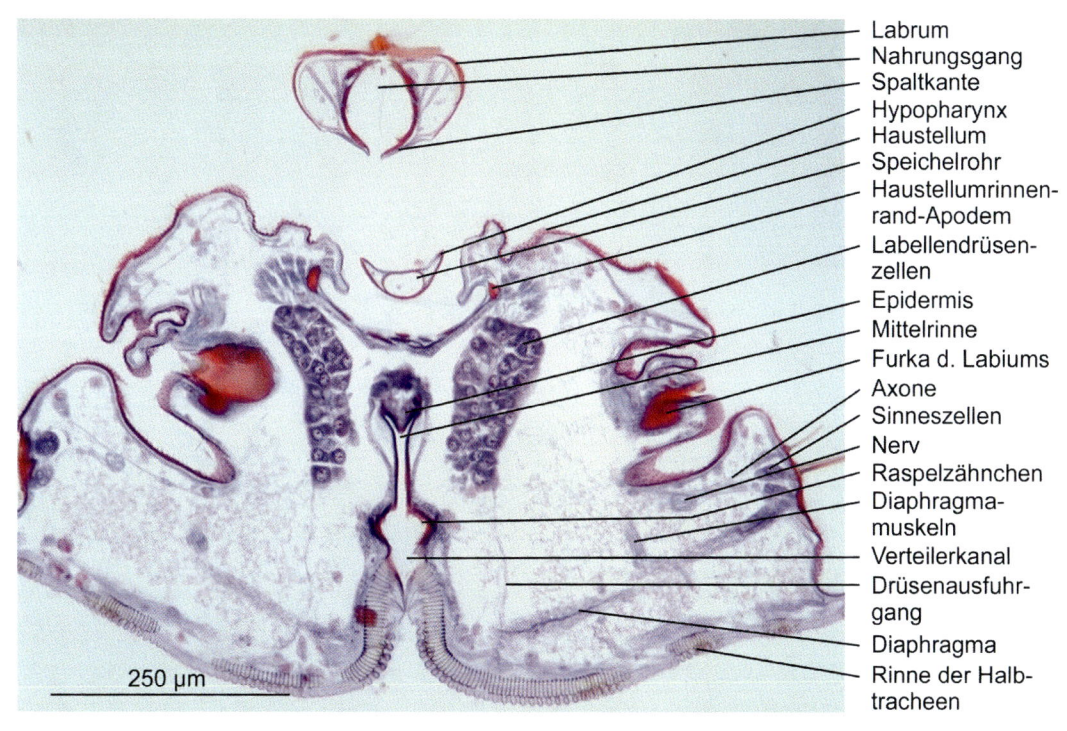

Labrum
Nahrungsgang
Spaltkante
Hypopharynx
Haustellum
Speichelrohr
Haustellumrinnen-
rand-Apodem
Labellendrüsen-
zellen
Epidermis
Mittelrinne
Furka d. Labiums
Axone
Sinneszellen
Nerv
Raspelzähnchen
Diaphragma-
muskeln
Verteilerkanal
Drüsenausfuhr-
gang
Diaphragma
Rinne der Halb-
tracheen

250 µm

Abb. 207: *Musca domestica*, Stubenfliege: Querschnitt durch den Fliegenrüssel **(c)**; Übersicht. Siehe auch Abb. **203**. Die Randpartien der Labellen sind mit langen mechano- und chemosensorischen Haaren versehen. Zwischen den Pseudotracheen sind viele versenkte chemosensorische Haare vorhanden. Dendritische Endigungen von Propriorezeptoren registrieren die Streckung der membranösen Kutikulateile. Diaphragmen stellen im Hämolymphraum Bereiche und Räume her, in denen die Binnendrucke unterschiedlich sein können. Die Zellen der beiden Drüsenpakete sind gegen die Hämolymphe durch Basalmembranen abgegrenzt; ableitende „Ausleitungskanalzellen" sind mit Epikutikula ausgekleidet.

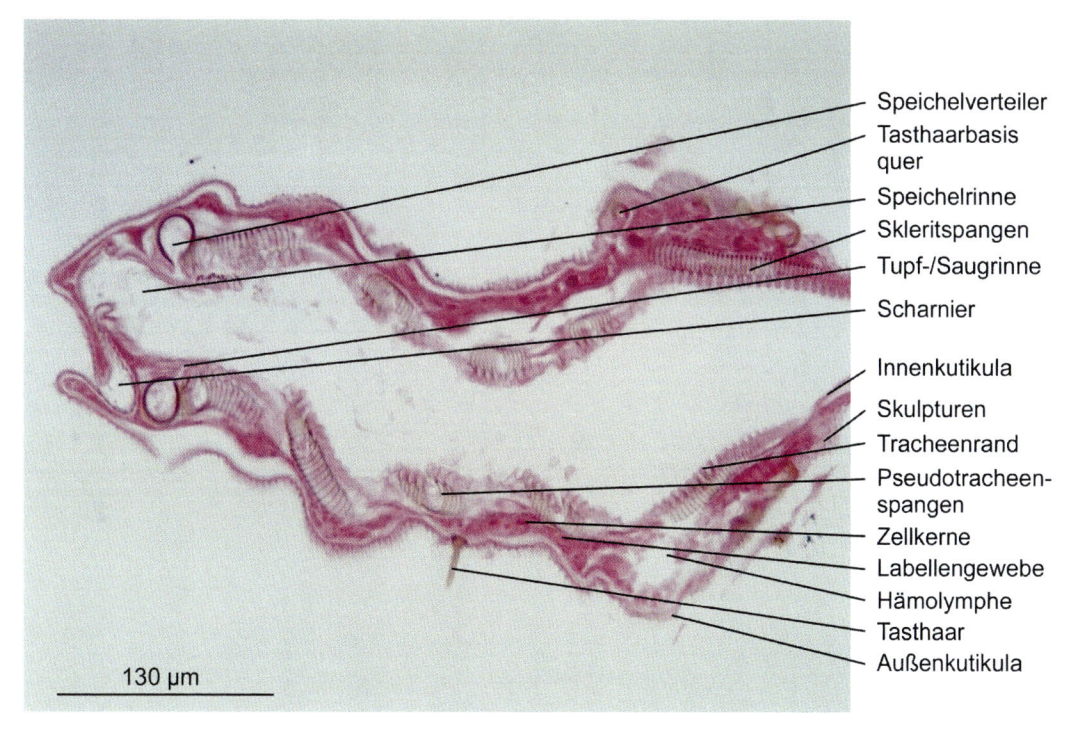

Speichelverteiler
Tasthaarbasis
quer
Speichelrinne
Skleritspangen
Tupf-/Saugrinne
Scharnier
Innenkutikula
Skulpturen
Tracheenrand
Pseudotracheen-
spangen
Zellkerne
Labellengewebe
Hämolymphe
Tasthaar
Außenkutikula

130 µm

Abb. 208: *Musca domestica*, Stubenfliege: Querschnitt durch den Fliegenrüssel **(d)**; Übersicht. Siehe auch Abb. **203**. Entfällt der Druck der Hämolymphe, legen sich die im oberen Teil asymmetrischen Labellen (links) zusammen. Scharnier ist ein schlichtes Nut- und Federprofil. Die Zellelemente des Labellenbinnenraums sind nach Erschlaffen nicht mehr getrennt auszumachen. In dieser Labellenkonfiguration werden Unterlagen nach möglichen Nahrungsquellen abgesucht.

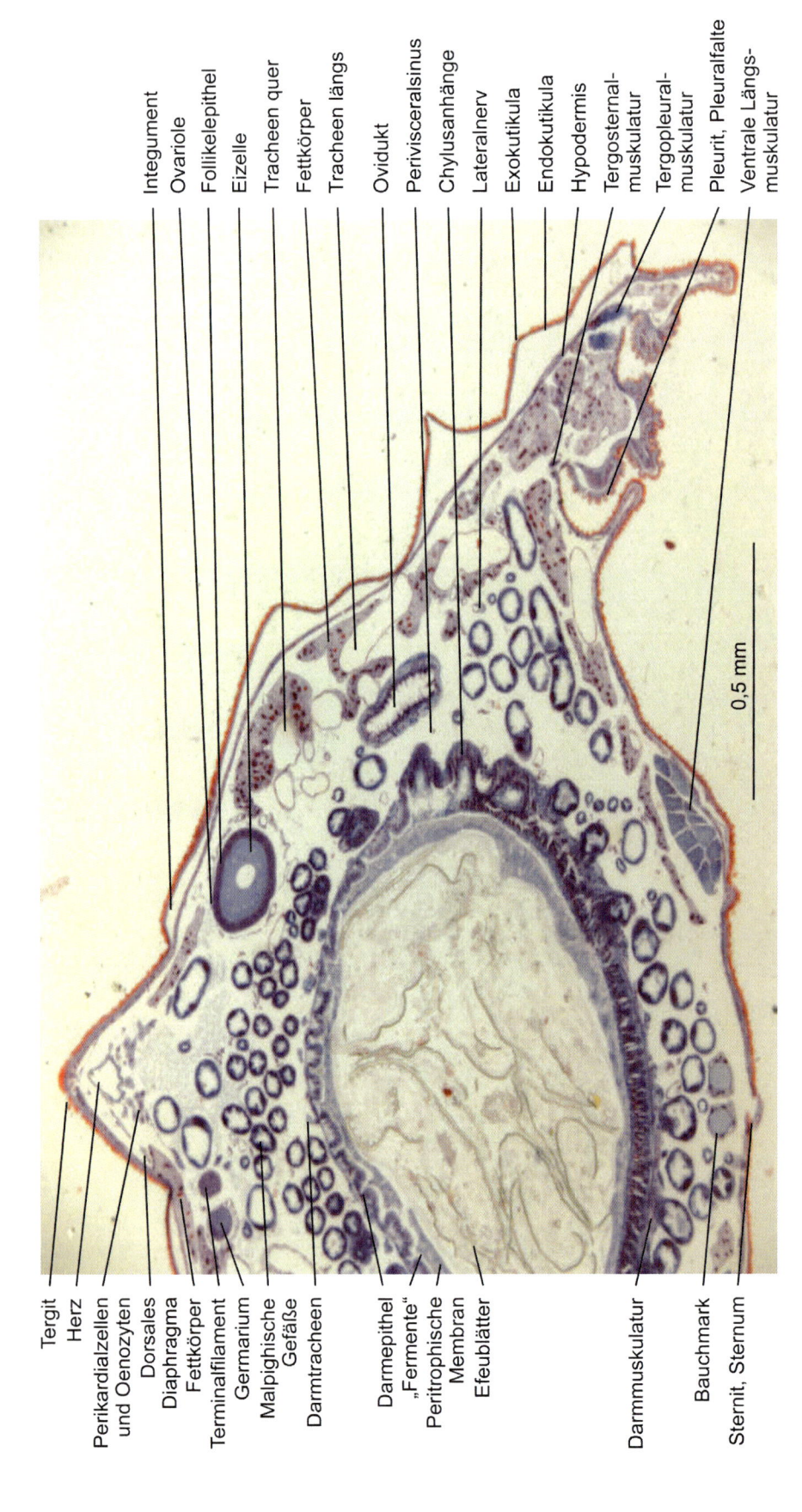

Abb. 209: *Carausius morosus*, Indische Stabheuschrecke: Querschnitt durch das Abdomen, Mitteldarmregion; Übersicht. Das Integument des Abdomens ist in die sklerotisierten Bereiche Tergum, Pleurum und Sternum gegliedert; die Pleura, die weichhäutige seitliche Segmentwand, ermöglicht Änderungen der Leibesfülle beim Atmen und Wachstum. Der Fettkörper ist ein wenig unterbrochener Ring der Peripherie. Verblüffend zahlreich sind Malpighische Gefäße angeschnitten. Eine peritrophische Membran schützt mechanisch die polyploiden und nicht mehr teilungswilligen Darmepithelzellen. Das Mixocoel ist durch Tracheen oder gar zusätzliche Luftsäcke nicht sonderlich eingeengt.

Insekten – Hexapoda/Insecta

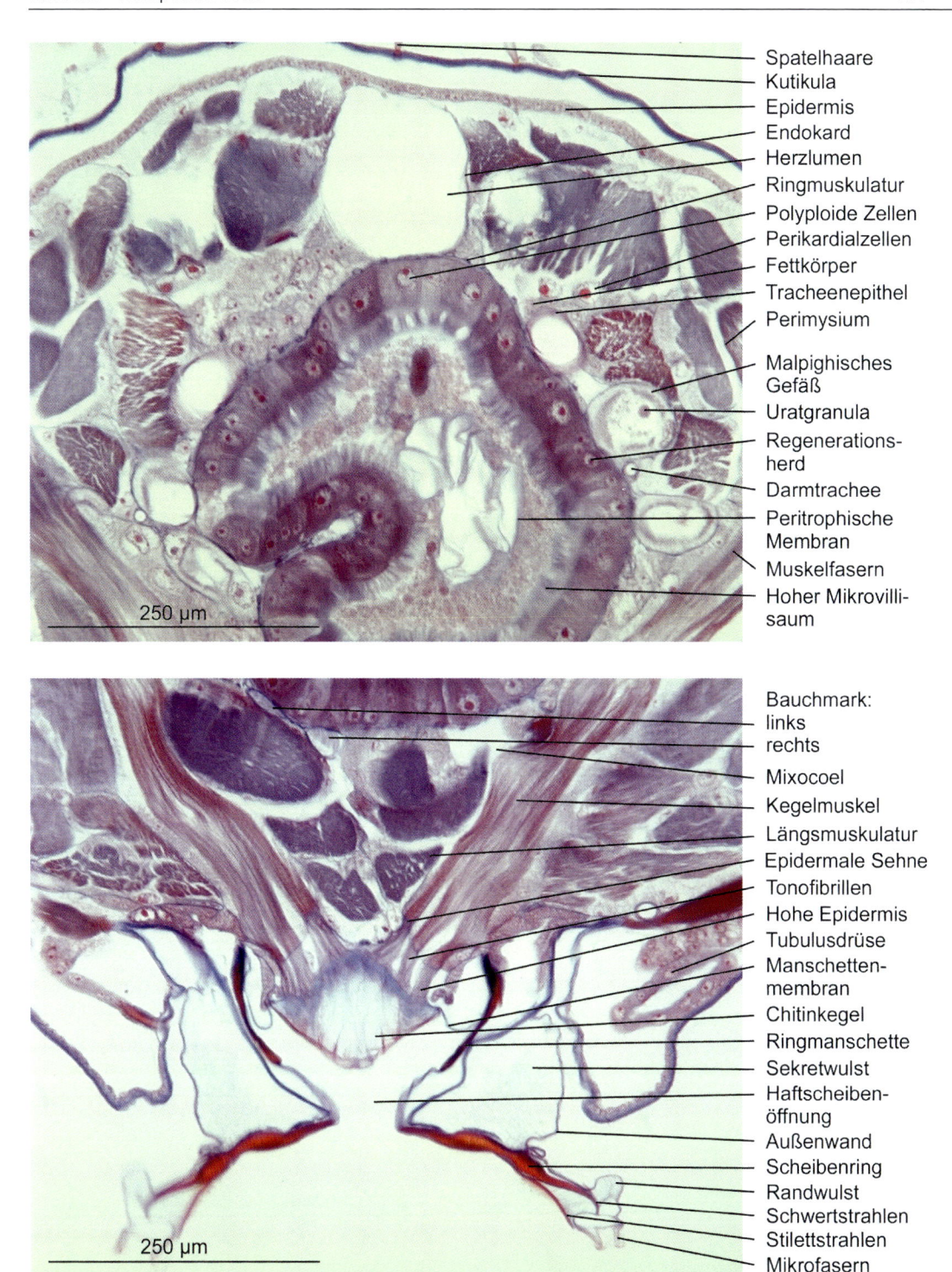

Spatelhaare
Kutikula
Epidermis
Endokard
Herzlumen
Ringmuskulatur
Polyploide Zellen
Perikardialzellen
Fettkörper
Tracheenepithel
Perimysium

Malpighisches Gefäß
Uratgranula
Regenerationsherd
Darmtrachee
Peritrophische Membran
Muskelfasern
Hoher Mikrovillisaum

250 µm

Bauchmark:
links
rechts
Mixocoel
Kegelmuskel
Längsmuskulatur
Epidermale Sehne
Tonofibrillen
Hohe Epidermis
Tubulusdrüse
Manschettenmembran
Chitinkegel
Ringmanschette
Sekretwulst
Haftscheibenöffnung
Außenwand
Scheibenring
Randwulst
Schwertstrahlen
Stilettstrahlen
Mikrofasern

250 µm

Abb. 210/211: *Liponeura sp.*, Lidmücken-Larve: Querschnitt, Mitteldarm quer und Saugnapf längs getroffen; Übersicht. Ohne Konkurrenten nagen die Larven mit kräftigen Mandibeln in Gebirgsbächen auf Steinen hinter Wasserkaskaden an Diatomeenrasen und glitschigen Lagern der Goldalge *Hydrurus foetidus* (Stinkender Wasserschweif). Kleine Kiemenbüschel stehen neben sechs Bauchsaugnäpfen. Das Festsaugen der schmiegsamen Haftscheiben durch Kontraktion der Kegelmuskeln und Umkrempeln der Manschettenmembran ist aus der Abbildung ersichtlich. Das Loslassen durch Senken des Chitinkegels erfolgt durch Blutdruck; anatomische Besonderheiten wie ein großes Herz und ein winziges Mixocoel sind dafür Voraussetzung, ähnlich wie bei Spinnentieren. Seitliche Körperfortsätze mögen beim Abstemmen behilflich sein. Beim Kriechen wie Spannerraupen sind immer fünf Näpfe festgesaugt; beim Seitwärtsgleiten sind jeweils drei vordere oder hintere Näpfe abwechselnd in Aktion. Vier Larvenstadien; die Puppen haben keine Saugnäpfe mehr, sie kleben auf flachen Steinen.

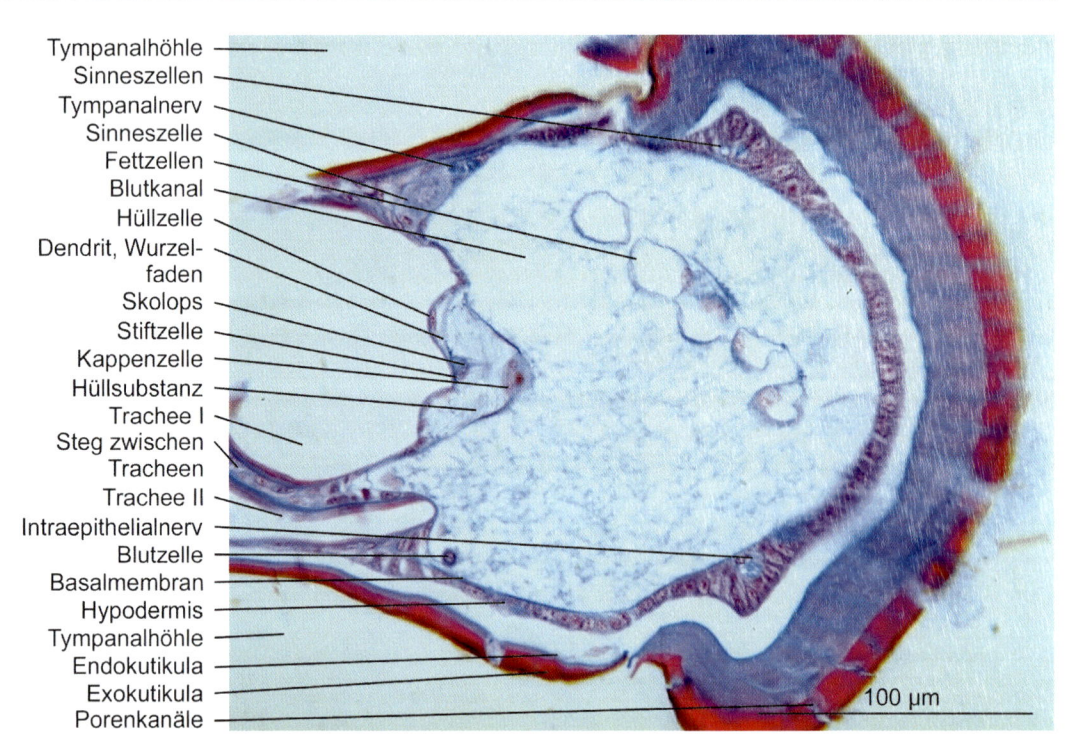

Tympanalhöhle
Sinneszellen
Tympanalnerv
Sinneszelle
Fettzellen
Blutkanal
Hüllzelle
Dendrit, Wurzelfaden
Skolops
Stiftzelle
Kappenzelle
Hüllsubstanz
Trachee I
Steg zwischen Tracheen
Trachee II
Intraepithelialnerv
Blutzelle
Basalmembran
Hypodermis
Tympanalhöhle
Endokutikula
Exokutikula
Porenkanäle

100 µm

Abb. 212: *Tettigonia viridissima*, Grünes Heupferd: Querschnitt durch die Vordertibia mit Tympanalorgan; Ausschnitt. Der primäre Empfangsteil des Gehörorgans liegt zwischen den Randflächen in der verquollenen „Hüllsubstanz" der Endokutikula: Kappenzellen, Skolops mit Kappe und Hülle, Cilie, Dendrit der „weitab" seitlich beim Terminalnerv gelegenen Sinneszelle und Stiftzelle. Resonanzboden ist das Dach der größeren der beiden Beintracheen. Der Skolops liegt in der Stiftzelle; das Skolopalorgan wirkt in einem spezialisierten Kutikulastreifen der Tracheenintima.

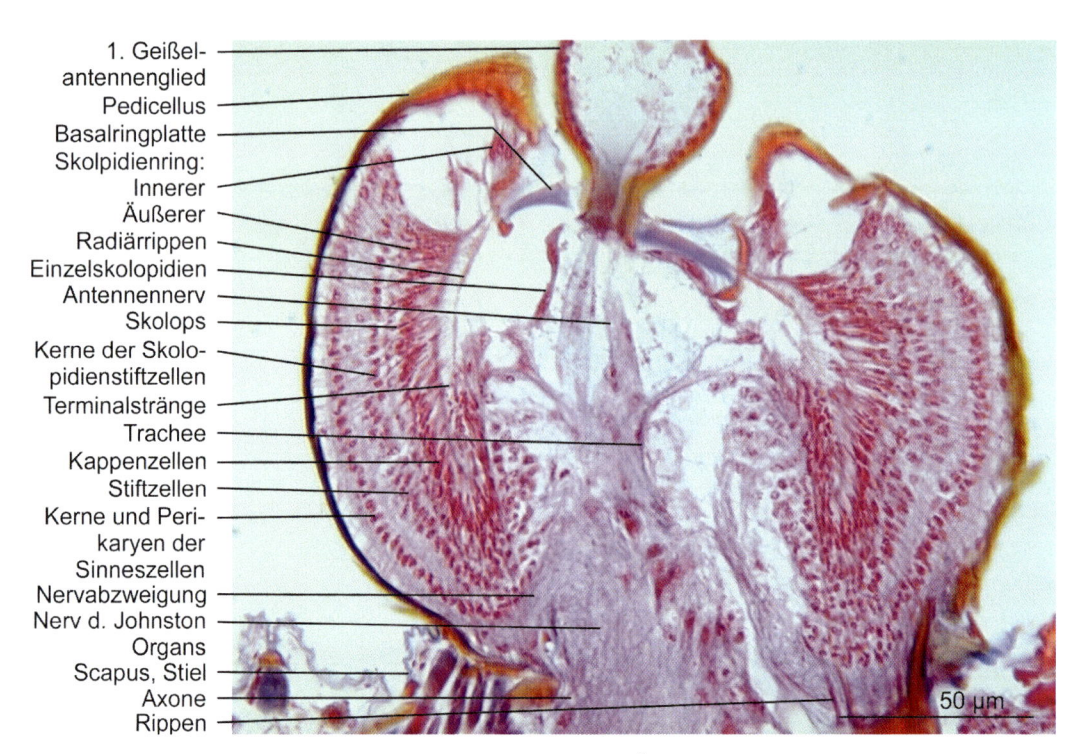

1. Geißelantennenglied
Pedicellus
Basalringplatte
Skolpidienring:
Innerer
Äußerer
Radiärrippen
Einzelskolopidien
Antennennerv
Skolops
Kerne der Skolopidienstiftzellen
Terminalstränge
Trachee
Kappenzellen
Stiftzellen
Kerne und Perikaryen der Sinneszellen
Nervabzweigung
Nerv d. Johnston Organs
Scapus, Stiel
Axone
Rippen

50 µm

Abb. 213: *Culex sp.* Stechmücke: Längsschnitt durch ein Johnston'sches Organ (Männchen); Übersicht. Vom äußeren Rand der Basalplatte gehen viele radiäre Kutikularippen nach innen. Zwischen der peripheren Perikaryenschicht der Sinneszellen und den Rippen finden sich die Schichten der Stiftzellen, der Sinnesstifte (Skolops) und der Hüllzellen. Die ca. 30 000 Skolopidien nehmen Luftströmungen und Erschütterungen wahr; sie hören den 440-Hertz-Kammerton „a", die Flügelfrequenz schwirrender Weibchen. Die Impulse aus dem sensorischen Teil des Antennennervs und dem Hohlzylinder von Skolopidien im Organ werden in den Glomerulistrukturen des Deutocerebrums heruntertransformiert.

Insekten – Hexapoda/Insecta

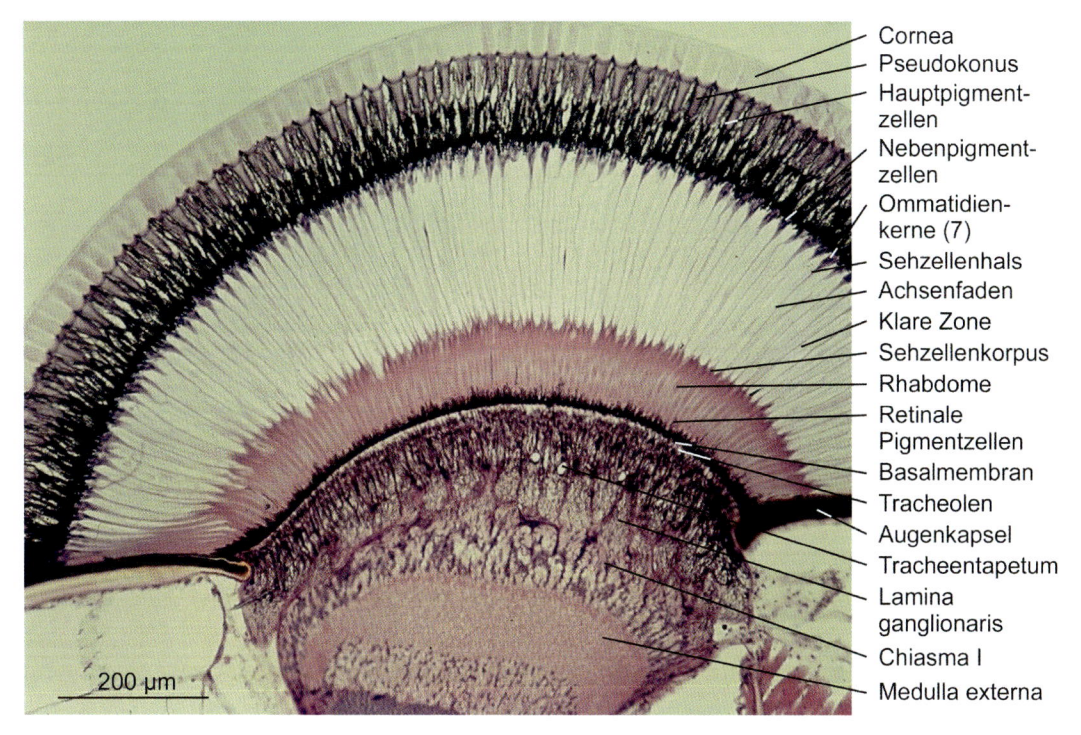

Cornea
Pseudokonus
Hauptpigmentzellen
Nebenpigmentzellen
Ommatidienkerne (7)
Sehzellenhals
Achsenfaden
Klare Zone
Sehzellenkorpus
Rhabdome
Retinale Pigmentzellen
Basalmembran
Tracheolen
Augenkapsel
Tracheentapetum
Lamina ganglionaris
Chiasma I
Medulla externa

Abb. 214: *Melolontha melolontha*, Maikäfer: Querschnitt durch ein Facettenauge; Übersicht. Optische Superpositionsaugen (Abb.) sind bei Insekten der häufigste Facettenaugentyp; Appositionsaugen mit optisch vollständig voneinander isolierten Ommatidien haben z. B. Bienen, Ameisen, Heuschrecken und Libellen. Bei Superpositionsaugen sind die Pigmente der Hauptpigmentzellen Pteridine, die der Nebenpigmentzellen Ommochrome. Lange Achsenfäden der Sehzellen überbrücken als Lichtleiter mit hoher Brechzahl die klare Zone; pigmentfreie Teile der Nebenpigmentzellen machen die klare Zone aus. Beim pseudokonen Auge (Abb.) scheiden die Kristallzellen einen Linsenkegel nach der Cornea hin aus.

Lichtleiterporen
Cornea
Kristallkegelzellen
Kristallkegel
Hauptpigmentzellen
Nebenpigmentzellen
Lichtleiterhärchen
Sinneszellen
Rhabdome
Tracheenwand
Basalmembran
Retinale Pigmentzellen
Futtersaftdrüse
Axone
Lamina ganglionaris
Perikaryen
Äußeres Chiasma

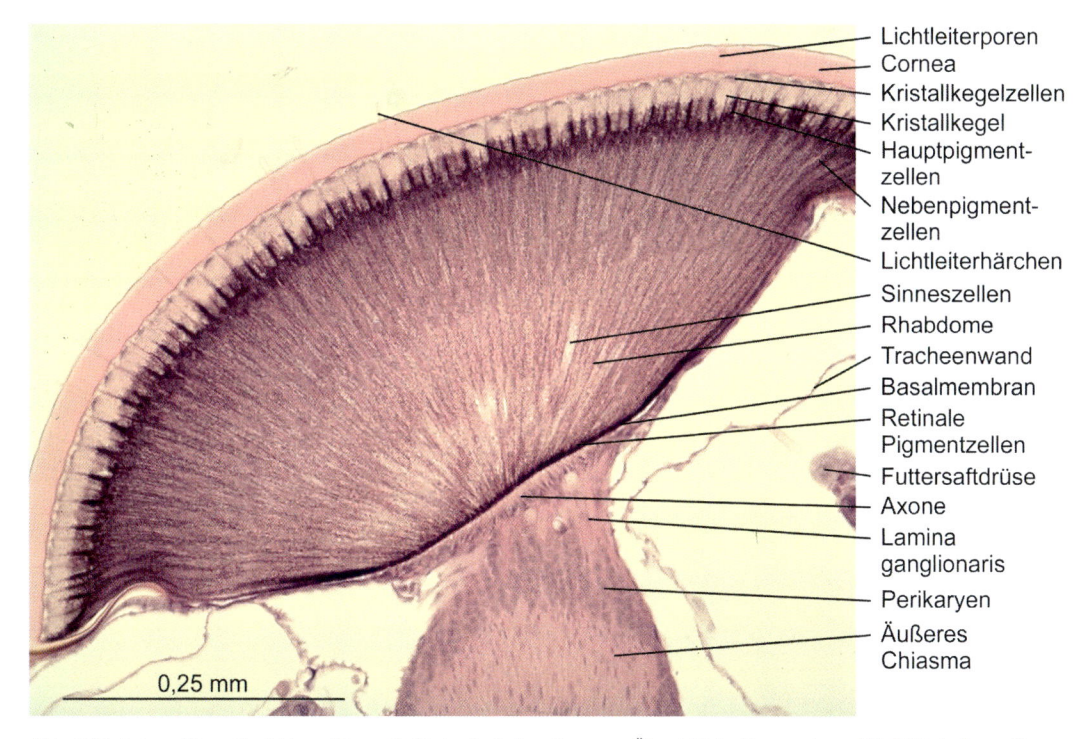

Abb. 215: *Apis mellifera*, Honigbiene: Längsschnitt durch ein Facettenauge; Übersicht. Im Gegensatz zu Abb. **214** ein Appositionsauge. Ein Ommatidium hat acht oder neun Sinneszellen, deren Rhabdomere zu einem Rhabdom fusioniert sind. Das äußere Ende des Rhabdoms beginnt direkt hinter dem Kristallkegel, hat wenige µm Durchmesser und ist etwa 100 µm lang. Ebenso lange Nebenpigmentzellen und Pigmente der Sinneszellen isolieren die Einzelaugen optisch voneinander. Die Facettenlinsen sammeln das Licht ihrer Achse am Rhabdomende, das Rhabdom als Lichtleiter führt zu den Photopigmenten. Jedes Ommatidium liefert einzeln nicht auswertbare Bilder, das Gesamtbild orientiert über die Umgebung. H.-E.

Insekten – Hexapoda/Insecta

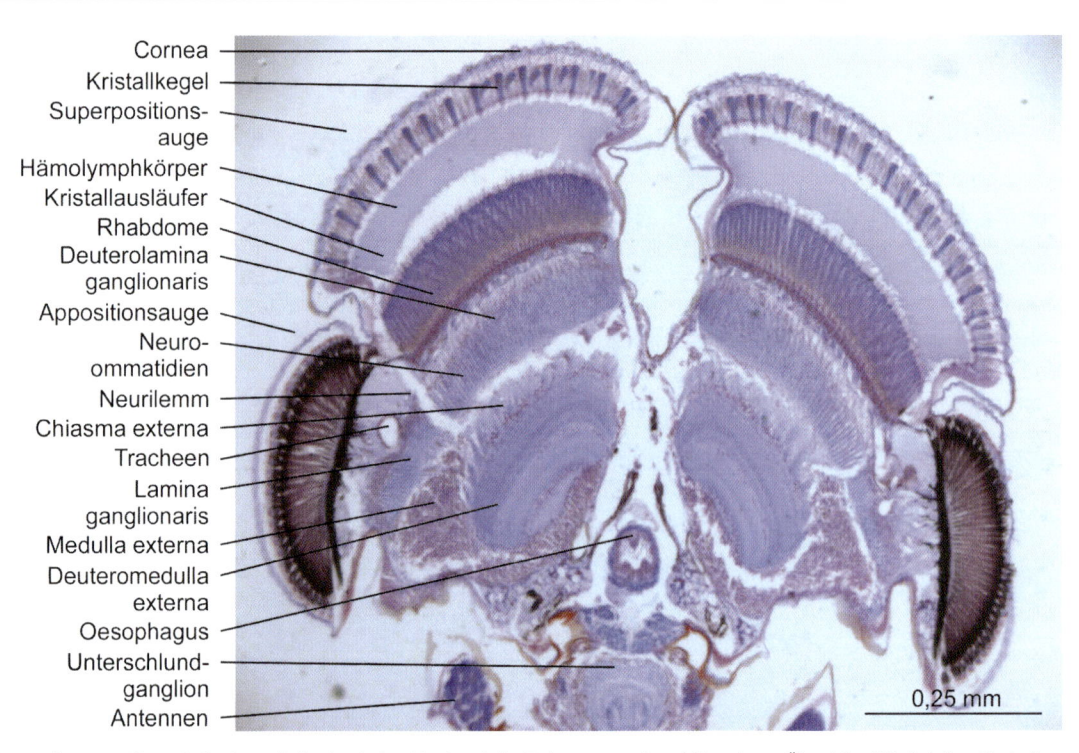

Abb. 216: *Cloeon dipterum*, Fliegenhaft: Querschnitt durch den Kopf und die Turbanaugen eines Männchens; Übersicht. Wie bei den Glashaften (*Baetis*-Arten) haben die Männchen von *Cloeon* auffällige „Turbanaugen" – nach oben und seitlich blickende Augen: nebeneinander Superpositions- und Appositionsaugen. Beide Komplexaugentypen bleiben gleich hoch, wenn sich während der Häutung der Subimago zur Imago der Hämolymphkörper (s. a. Abb. **217**) nicht entwickelt. Das Appositionsauge ist ein weitwinkeliges Tagessichtgerät, das Superpositionsauge ein dämmerungstaugliches Organ mit engem Sichtwinkel. *Cloeon dipterum* lebt als Imago 3 Wochen, alle anderen Eintagsfliegenarten nur Stunden.

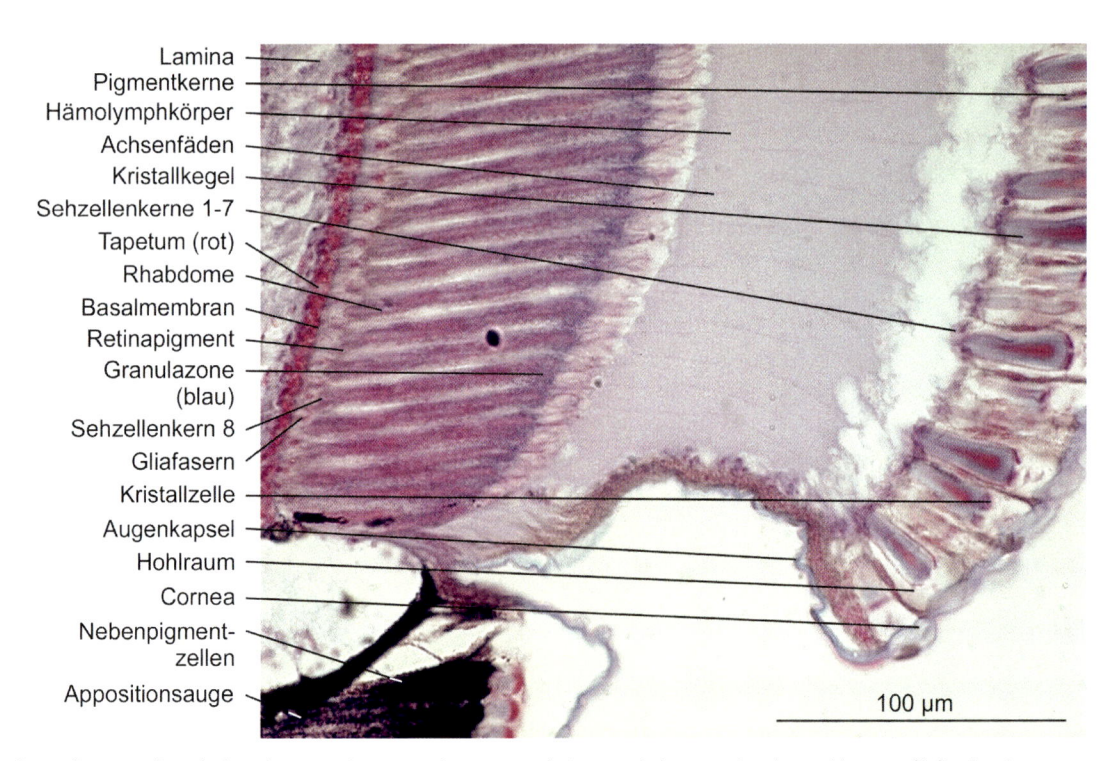

Abb. 217: *Cloeon dipterum*, Fliegenhaft: Turbanauge eines Männchens, Längsschnitt; Ausschnitt. An stehenden und langsam fließenden Gewässern tauchen die kurzlebigen Männchen sporadisch in riesigen Schwärmen auf. Hinterflügel fehlen beiden Geschlechtern. Nach der Begattung verbergen sich die Weibchen, um 2 Wochen später am Brutgewässer mehrere hundert Eier abzuwerfen. Aus den Eiern schlüpfen auf dem Wasser die Erstlingslarven innerhalb einer Minute – Ovoviviparie. Zwischen den Appositionsaugen der Tiere sitzen drei Stirnocellen, die Helligkeiten registrieren.

Insekten – Hexapoda/Insecta

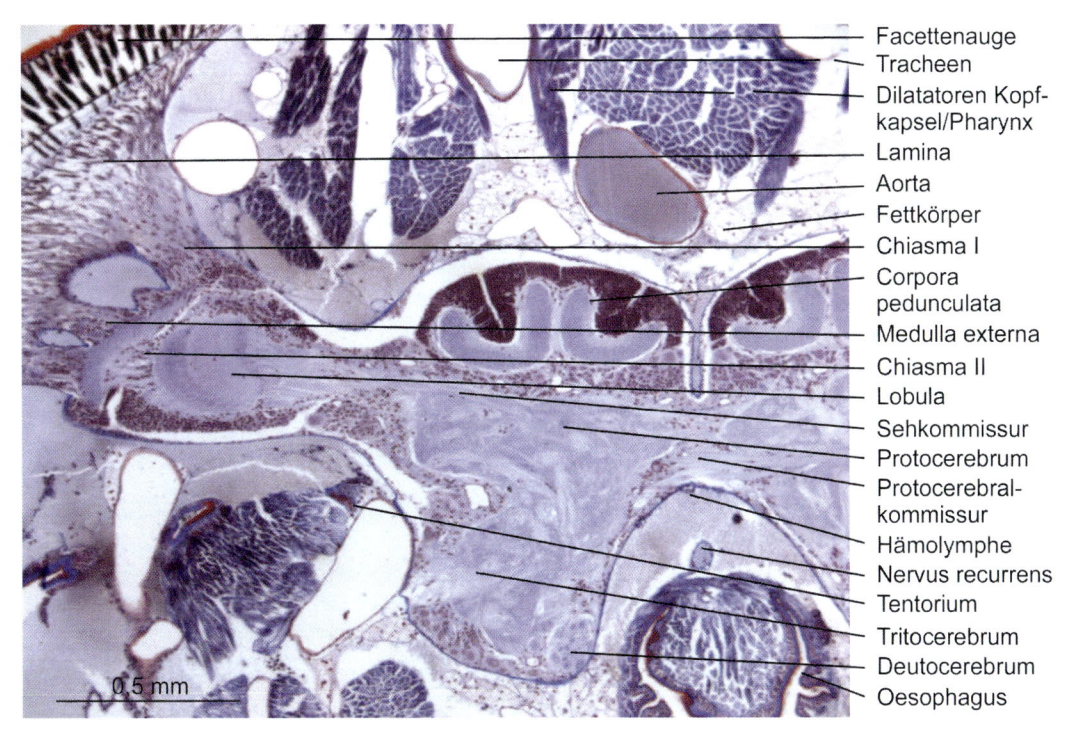

Facettenauge
Tracheen
Dilatatoren Kopf-
kapsel/Pharynx
Lamina
Aorta
Fettkörper
Chiasma I
Corpora
pedunculata
Medulla externa
Chiasma II
Lobula
Sehkommissur
Protocerebrum
Protocerebral-
kommissur
Hämolymphe
Nervus recurrens
Tentorium
Tritocerebrum
Deutocerebrum
Oesophagus

Abb. 218: *Blatta orientalis*, Küchenschabe, Kakerlake: Kopfquerschnitt; Ausschnitt. Facettenauge, optische Ganglien, Zentralnervensystem, Tentorialarme, Muskulatur, Nerven, Fettkörperzellen und Oesophagus machen in der Kopfkapsel als Organe ungefähr zwei Drittel aus; ein Drittel des Volumens machen die luftgefüllten Tracheen und die mit Hämolymphe gefüllten Sinusräume des Mixocoels aus. Auffälligste Strukturen im Neuropilem (Faserfilz) des Protocerebrums sind die bei Schaben und Bienen paarigen Pilzkörper, Corpora pedunculata (s. a. Abb. **222–224**). Schwärmer und Fliegen haben Pilzkörper mit drei Loben.

Aorta
Tracheen
Fettkörper
Corpora-cardiaca-
Nerv
Dilatator
Tentorialarm
Hypocerebral-
ganglion
Nervus recurrens
Ringmuskulatur
Längsmuskulatur
Hämolymphe
Pharynx
Chitinintima
Subgenaleiste
Dilatatoren
Mandibelmuskeln
Suspensorium
Unterschlund-
ganglion
Corpotentorium

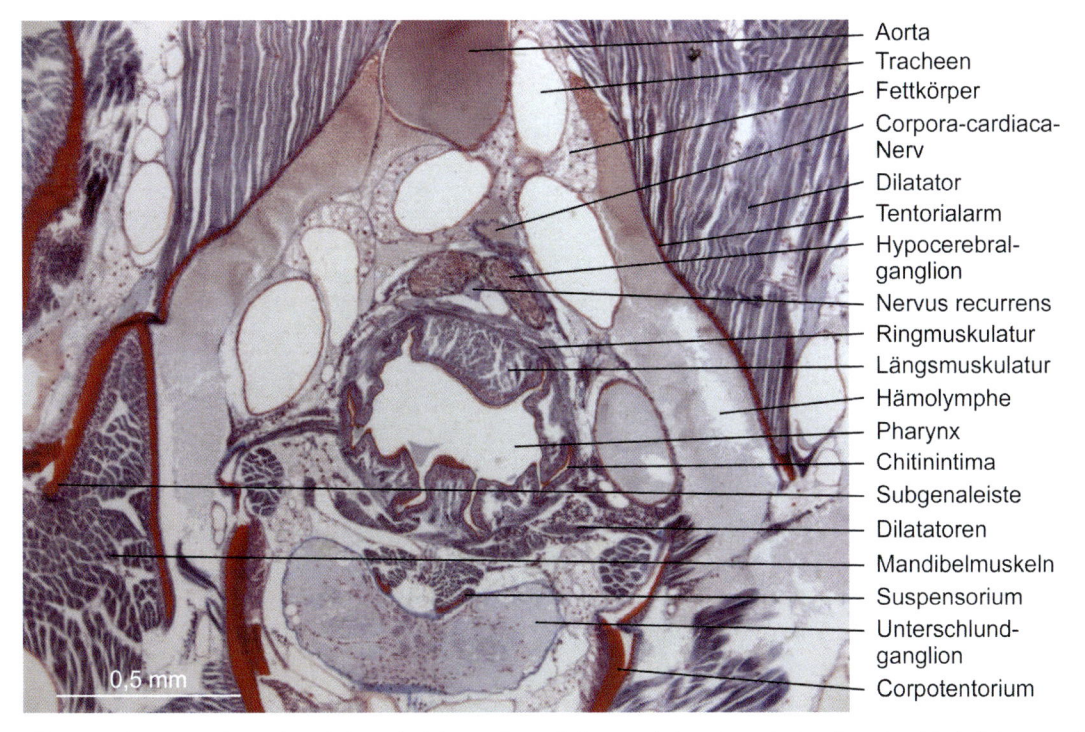

Abb. 219: *Blatta orientalis*, Küchenschabe, Kakerlake: Kopfquerschnitt; Ausschnitt. Leisten der Kopfkapsel und Endoskelettverstrebungen geben Festigkeit und sind Muskelansatzstellen. Zwei paarige hohle Einstülpungen (Tentorium) der Haut beim Mandibelgelenk (Entapophysen) verschmelzen miteinander zum Tentorium. Über der flächigen Vereinigungszone (Corpotentorium) verläuft der Vorderdarm, in und unter ihr liegen das Unterschlundganglion sowie der Vorderteil der ventralen Ganglienkette.

Insekten – Hexapoda/Insecta

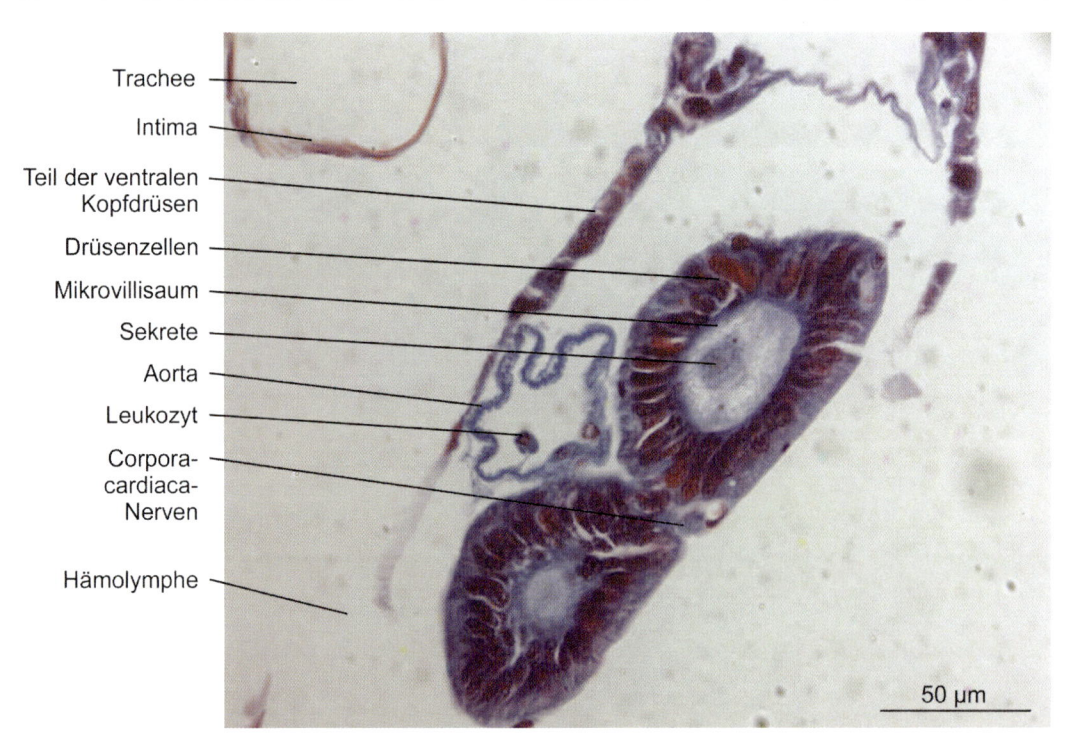

Labels (Abb. 220):
- Trachee
- Intima
- Teil der ventralen Kopfdrüsen
- Drüsenzellen
- Mikrovillisaum
- Sekrete
- Aorta
- Leukozyt
- Corpora-cardiaca-Nerven
- Hämolymphe

Abb. 220: *Carausius morosus*, Indische Stabheuschrecke: Corpora allata, Querschnitt; Übersicht. Die „Sackkörper" sind einmal als Empfänger von Neurosekreten aus dem Zentralnervensystem Neurohämalorgane, dann produzieren die einschichtigen Wände der Drüsensäckchen die Juvenilhormone. Juvenilhormon I ist ein Sesquiterpenoid, das über die Hämolymphe an intrazelluläre Rezeptoren bindet und mit Plasmamembranen Wechselwirkungen eingeht. Juvenilhormone sind zunächst für die Aufrechterhaltung des Larvenzustands verantwortlich; bei adulten Tieren steuern sie die Synthese von Vitellogenin im Fettkörper, Gefrierschutz durch Proteine, Sexualverhalten, spezifische Färbungen.

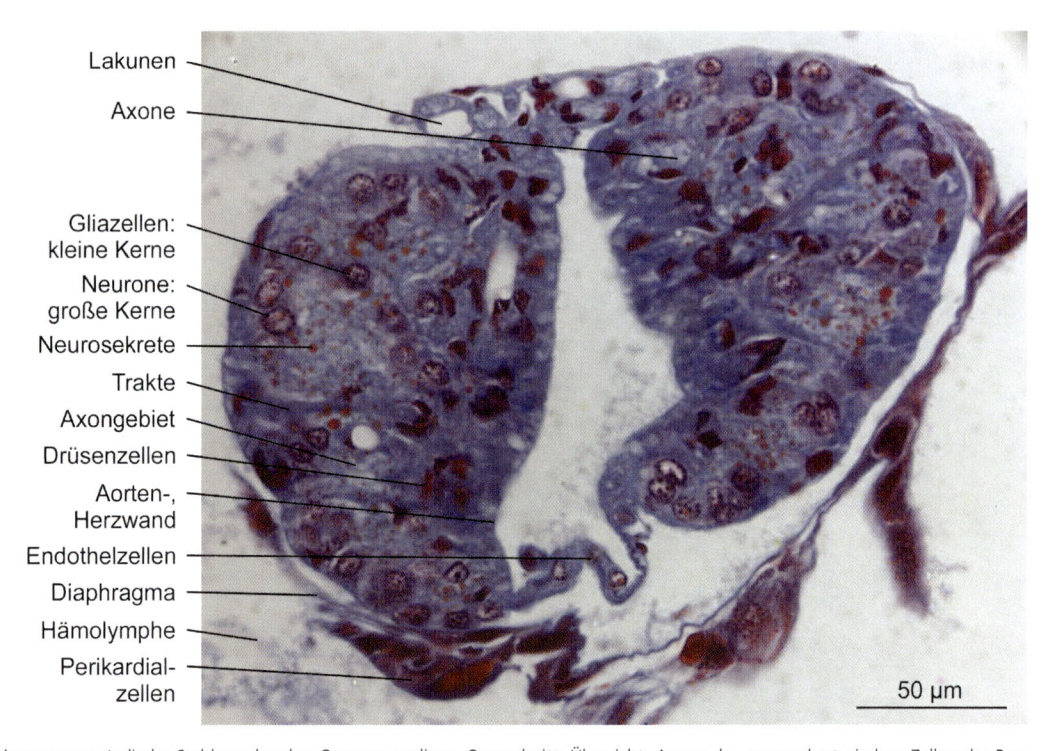

Labels (Abb. 221):
- Lakunen
- Axone
- Gliazellen: kleine Kerne
- Neurone: große Kerne
- Neurosekrete
- Trakte
- Axongebiet
- Drüsenzellen
- Aorten-, Herzwand
- Endothelzellen
- Diaphragma
- Hämolymphe
- Perikardialzellen

Abb. 221: *Carausius morosus*, Indische Stabheuschrecke: Corpora cardiaca, Querschnitt; Übersicht. Axone der neurosekretorischen Zellen der Pars intercerebralis ziehen in die Neurohämalorgane Corpora cardiaca. C. cardiaca und C. allata gehören zum retrocerebralen Komplex; sie erfüllen als Hormondrüsen lebensnotwendige Steuerungen u. a. bei Häutungen und Metamorphosen. Drei Zelltypen: Gliazellen; neuronale Zellen speichern und sezernieren Neurohormone; Drüsenzellen produzieren adipokinetische Hormone (AKH). AKH-Peptide bestehen aus acht bis zehn Aminosäuren und mobilisieren Energie aus Lipid- und Glykogenspeichern.

Insekten – Hexapoda/Insecta 117

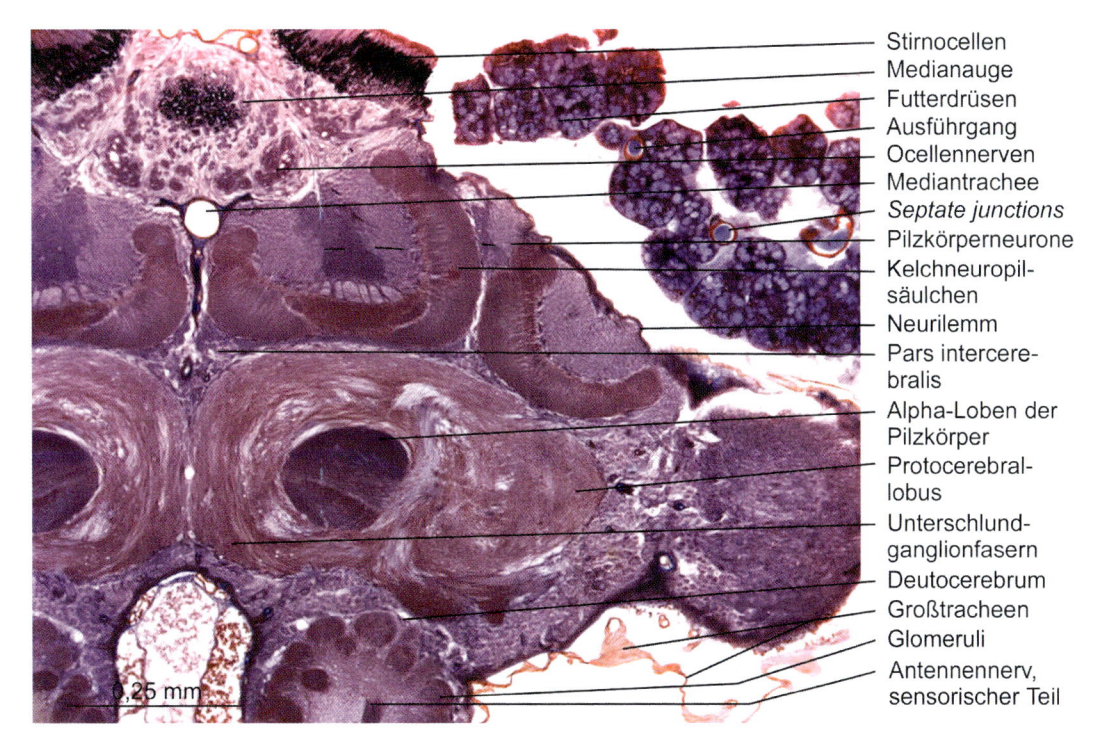

- Stirnocellen
- Medianauge
- Futterdrüsen
- Ausführgang
- Ocellennerven
- Mediantrachee
- *Septate junctions*
- Pilzkörperneurone
- Kelchneuropilsäulchen
- Neurilemm
- Pars intercerebralis
- Alpha-Loben der Pilzkörper
- Protocerebrallobus
- Unterschlundganglionfasern
- Deutocerebrum
- Großtracheen
- Glomeruli
- Antennennerv, sensorischer Teil

Abb. 222: *Apis mellifera*, Honigbiene: Gehirnquerschnitt; Ausschnitt. Die in der Abbildung auffälligsten Hirnteile: Von den Ocellen bis in die Thorakalganglien bilden große Interneurone mit weiten Axonen einen respektablen Trakt. Die Kelche der vier Pilzkörper der Bienen sind peripher angeschnitten. Eine Unzahl feinster, paralleler Kenyonzellenfasern bilden den Pilzkörperstiel; ein Endbereich des Stiels ist quer angeschnitten, der Alpha-Lobus. Zonen diverser Synapsenhorizonte lassen den Lobus geschichtet erscheinen. In den Glomeruli-Neuropilemstrukturen werden Zehn- bis Hunderttausende Sensillenreize von den Antennen auf wenige Projektionsneurone gebündelt und wieder auf Kenyonzellen aufgefasert verschaltet.

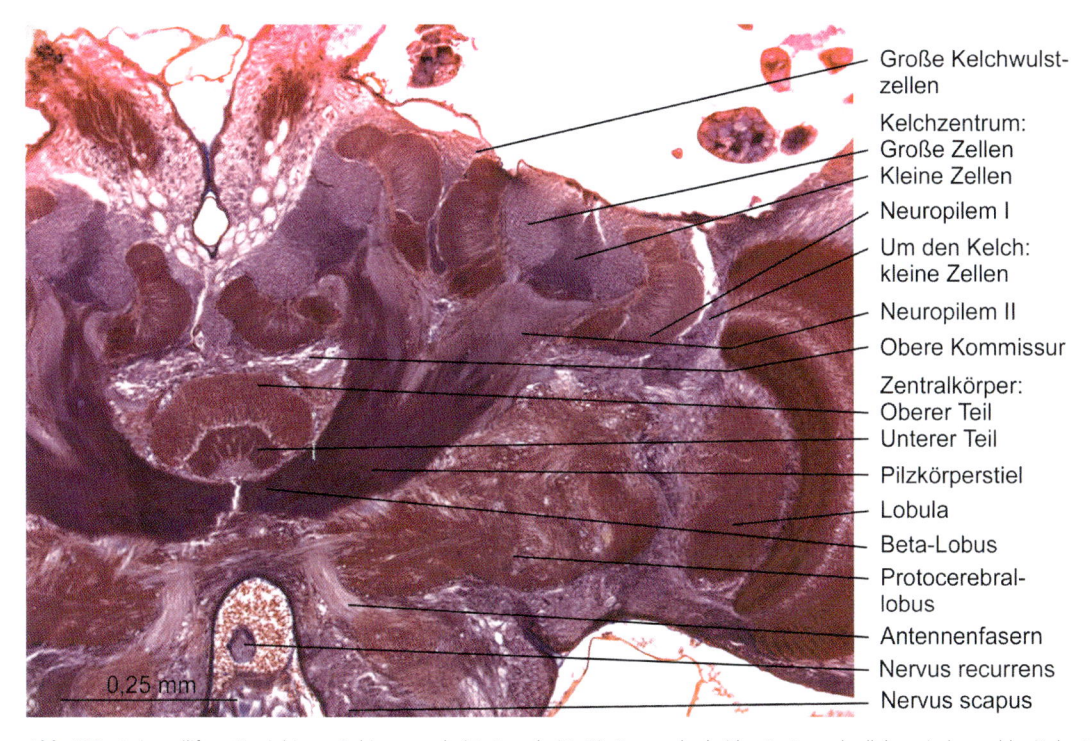

- Große Kelchwulstzellen
- Kelchzentrum: Große Zellen / Kleine Zellen
- Neuropilem I
- Um den Kelch: kleine Zellen
- Neuropilem II
- Obere Kommissur
- Zentralkörper: Oberer Teil / Unterer Teil
- Pilzkörperstiel
- Lobula
- Beta-Lobus
- Protocerebrallobus
- Antennenfasern
- Nervus recurrens
- Nervus scapus

Abb. 223: *Apis mellifera*, Honigbiene: Gehirnquerschnitt, Ausschnitt. Die Fasern der beiden Protocerebralloben sind sowohl mit den Zentralkörperteilen wie mit den Pilzkörperstielen und den Pilzkörpern (Corpora pedunculata, C. ped.) verschaltet. Die Calyces (Pilzkörperneuropilem) umfassen die Dendritenverzweigungen der Kenyonzellen sowie deren Axone, die im Stiel geordnet in die Alpha- und Beta-Loben (Abb.) ziehen. Wie „alle" Neurone der Wirbellosen sind die Kenyonzellen pseudounipolar; sie bauen in viererlei Gestalt die Calyces auf: kleine Zellen im Kelchzentrum als Spitzkegel; große Zellen im Kelchlumen als Kegelmantel; große, helle Zellen als Wulst am Kelchrand und kleine, dunkle Zellen rund um den Kelch.

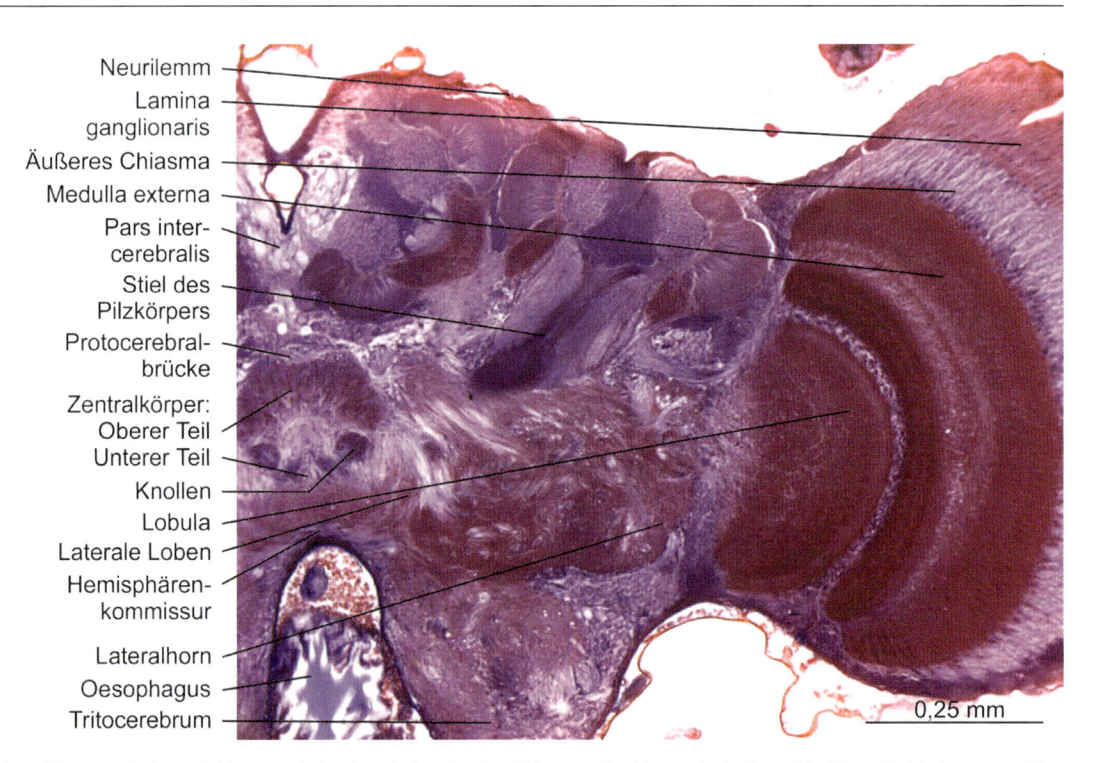

Abb. 224: *Apis mellifera*, Honigbiene: Gehirnquerschnitt; Ausschnitt. Von den Pilzkörpern flankiert und mit einer Vielzahl von Verbindungen zur Umgebung liegt im Zentrum des Insektengehirns der Zentralkomplex. Die komplexe Architektur gliedert sich grob in die Protocerebralbrücke, den segmentierten oberen Teil des Zentralkörpers, zwei glomeruläre Knollen, den unteren Zentralkörperteil und die lateralen akzessorischen Loben. Kontrolle und Koordination der Motorik sowie Aufarbeitung der Informationen aus den Augen sind wohl Teilaufgaben der Zentrale. Von Lamina, Medulla und Lobula hat die Medulla den wesentlichsten Anteil an Neuroommatidien, axonlosen Amakrinen und Purkinjezellen ähnlichen Tangentialneuronen.

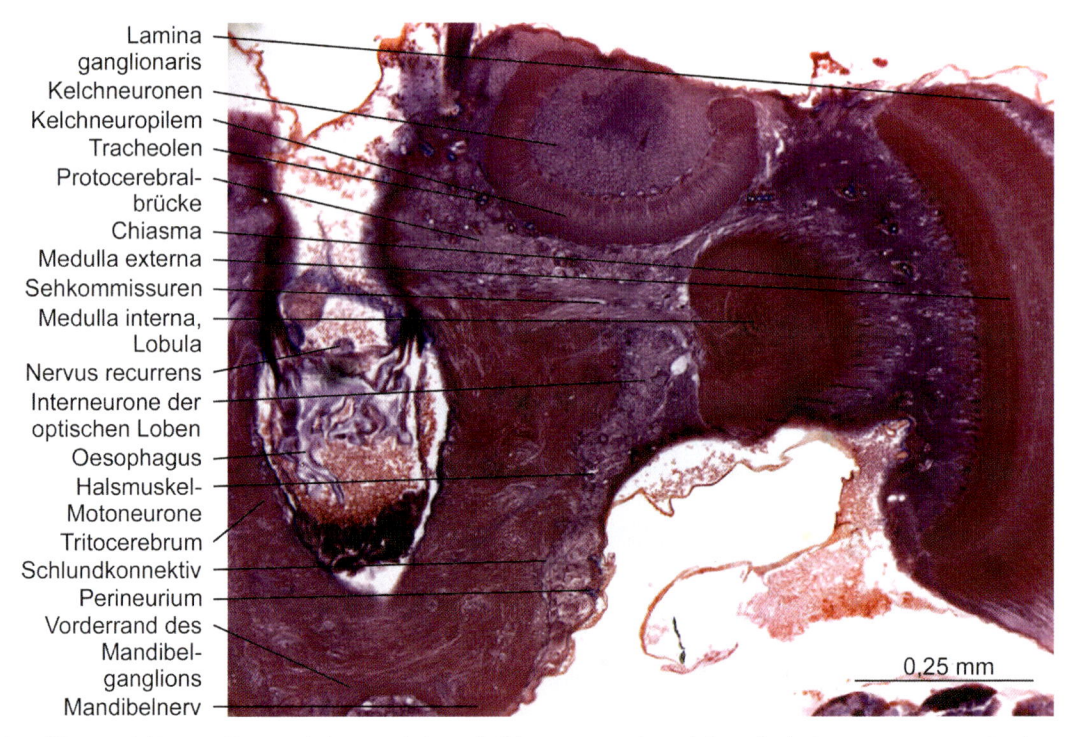

Abb. 225: *Apis mellifera*, Honigbiene: Gehirnquerschnitt; Ausschnitt. Auf Bildern von TEM-Querschnitten durch Antennennerven von Ameisen können 80 000, von Bienen eine Million Fasern gezählt werden. Solche Zahlen mit allen Aus- und Eingängen schließen präzise Einzelaussagen aus. Die Kleinheit der Insektengehirne gegenüber Wirbeltieren bei entsprechender Leistungsfähigkeit hat histologische und mikroanatomische Gründe: Blutgefäße fehlen; wenige Tracheolen versorgen das Gehirn; bei den kurzen Wegen entfallen Myelinscheiden bis auf dünne Gliahüllen; Faserquerschnitte sind um die Hälfte bis ein Fünftel kleiner; *gap junctions* mit Tunnelproteinen ermöglichen direkten Ionentransport.

Insekten – Hexapoda/Insecta

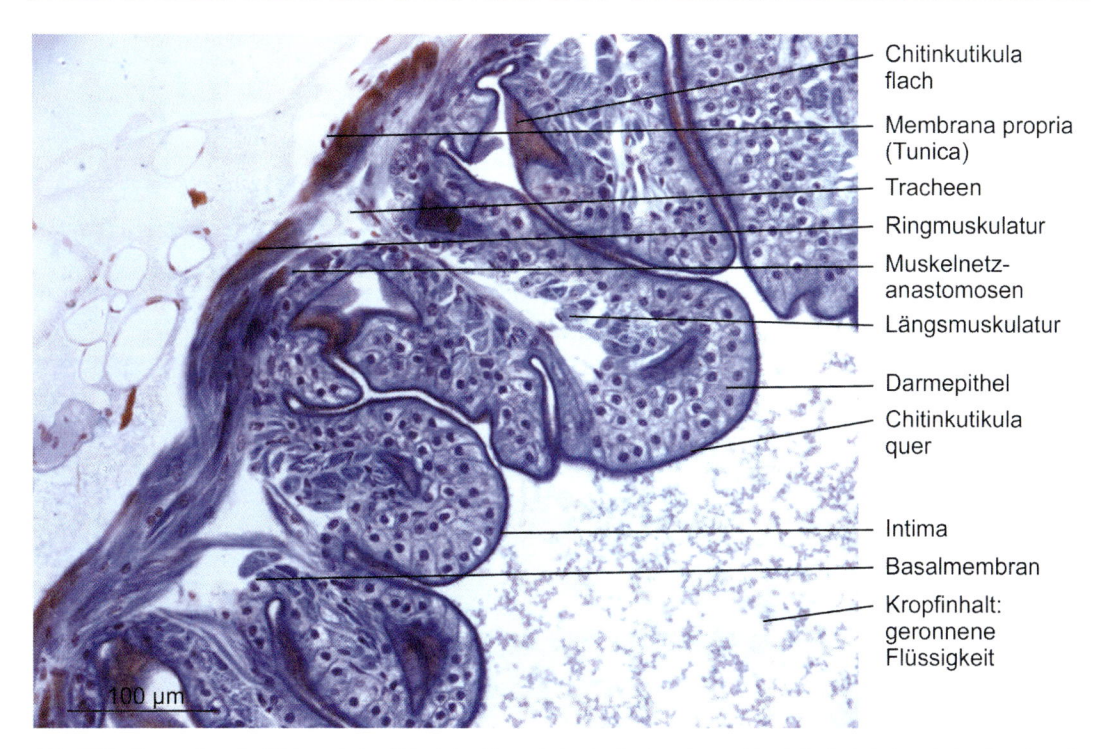

Labels (Abb. 226):
- Chitinkutikula flach
- Membrana propria (Tunica)
- Tracheen
- Ringmuskulatur
- Muskelnetzanastomosen
- Längsmuskulatur
- Darmepithel
- Chitinkutikula quer
- Intima
- Basalmembran
- Kropfinhalt: geronnene Flüssigkeit

Abb. 226: *Blatta orientalis*, Küchenschabe, Kakerlake: Querschnitt durch einen leeren Kropf (Ingluvies); Ausschnitt. Der Oesophagus reicht bei der Schabe bis zur Mitte des Thorax, seine Fortsetzung als keulenförmiger Kropf über die Mitte des Abdomens hinaus. Die rasch fressenden Tiere brauchen einen großen, erweiterungsfähigen Kropf; sie speichern in ihm grob zerkaute Nahrung, und durch die Sekrete der Speicheldrüsen beginnt die Verdauung. Amylasen und Invertasen sind bei Schaben das Hauptprodukt der Speicheldrüsen, denen als Reservoir jeweils ein Sack mit Harnstoff und Kreatin als Exkretstoffe angegliedert ist.

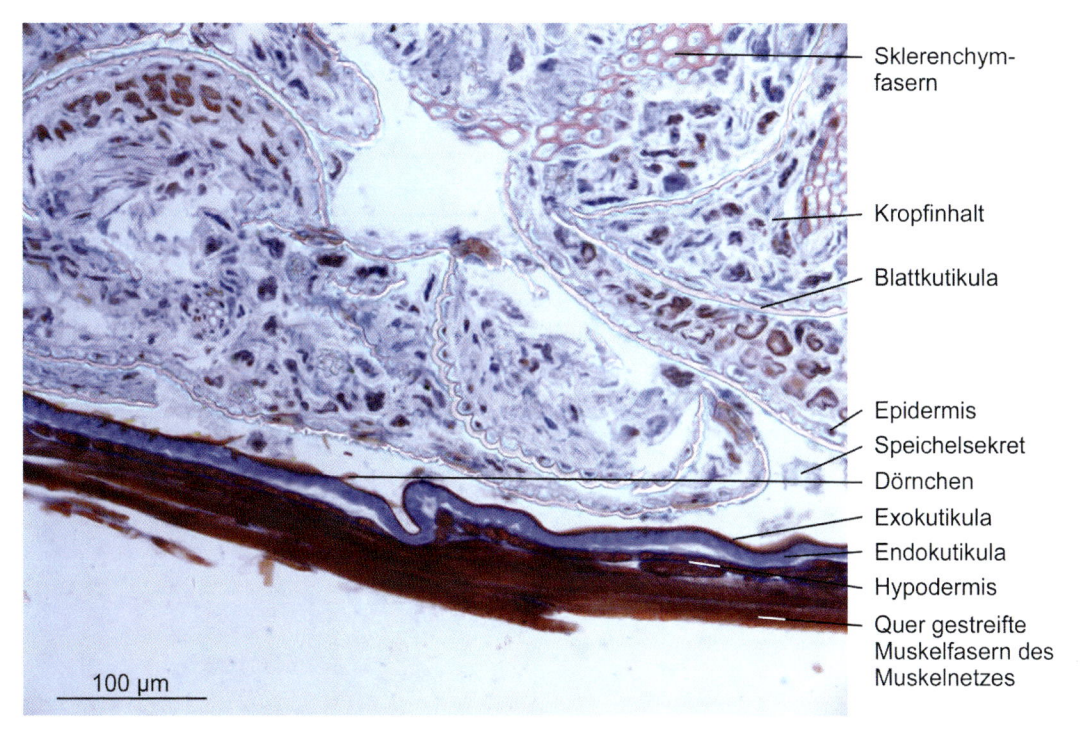

Labels (Abb. 227):
- Sklerenchymfasern
- Kropfinhalt
- Blattkutikula
- Epidermis
- Speichelsekret
- Dörnchen
- Exokutikula
- Endokutikula
- Hypodermis
- Quer gestreifte Muskelfasern des Muskelnetzes

Abb. 227: *Blatta orientalis*, Küchenschabe, Kakerlake: Querschnitt durch einen gefüllten Kropf (Ingluvies); Ausschnitt. Bei vollem Kropf sind die Längsfalten geglättet. Kontraktionswellen des Muskelnetzes erzeugen etwas Peristaltik, kleine Dörnchen lassen die Nahrung nur nach hinten rutschen. Durch die Epikutikula der Kutikula-Auskleidung ist der Kropf undurchlässig; Absorption von Nährstoffen findet erst im Mitteldarm statt. Andererseits verquellen und lösen Fermente aus dem Mitteldarm bereits im Kropf die Mittellamellen und Zellulosewände der Floraparenchyme und Mesophylle.

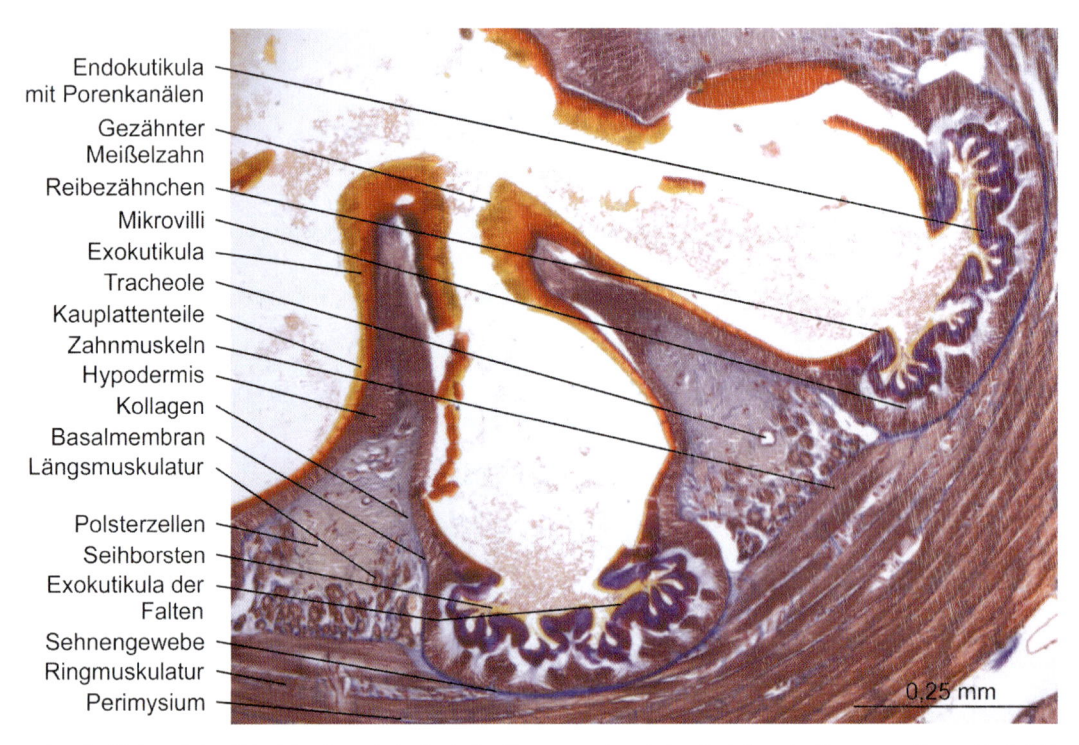

Endokutikula mit Porenkanälen
Gezähnter Meißelzahn
Reibezähnchen
Mikrovilli
Exokutikula
Tracheole
Kauplattenteile
Zahnmuskeln
Hypodermis
Kollagen
Basalmembran
Längsmuskulatur

Polsterzellen
Seihborsten
Exokutikula der Falten
Sehnengewebe
Ringmuskulatur
Perimysium

Abb. 228: *Blatta orientalis*, Küchenschabe, Kakerlake: Querschnitt durch den Kaumagen; Ausschnitt. Die Intima des Kaumagens (Proventriculus) ist bei Schaben und Heuschrecken mit Längsreihen kräftiger Zähne ausgestattet. Ringmuskeln schließen, Längsmuskeln öffnen die sechs Zahnreihen; Verschieben der Zahnkanten und Reibepolster ermöglichen die lockeren primären und sekundären Längsfaltenzonen direkt unter der durchgehenden Ringmuskulatur. Zahnmuskulatur verringert das Volumen der Leisten und schiebt die Kanten nach innen vor. Den durchgekauten Nahrungsbrei filtern die Seihborsten; nur hinreichend feine Teile können in den Mitteldarm kommen.

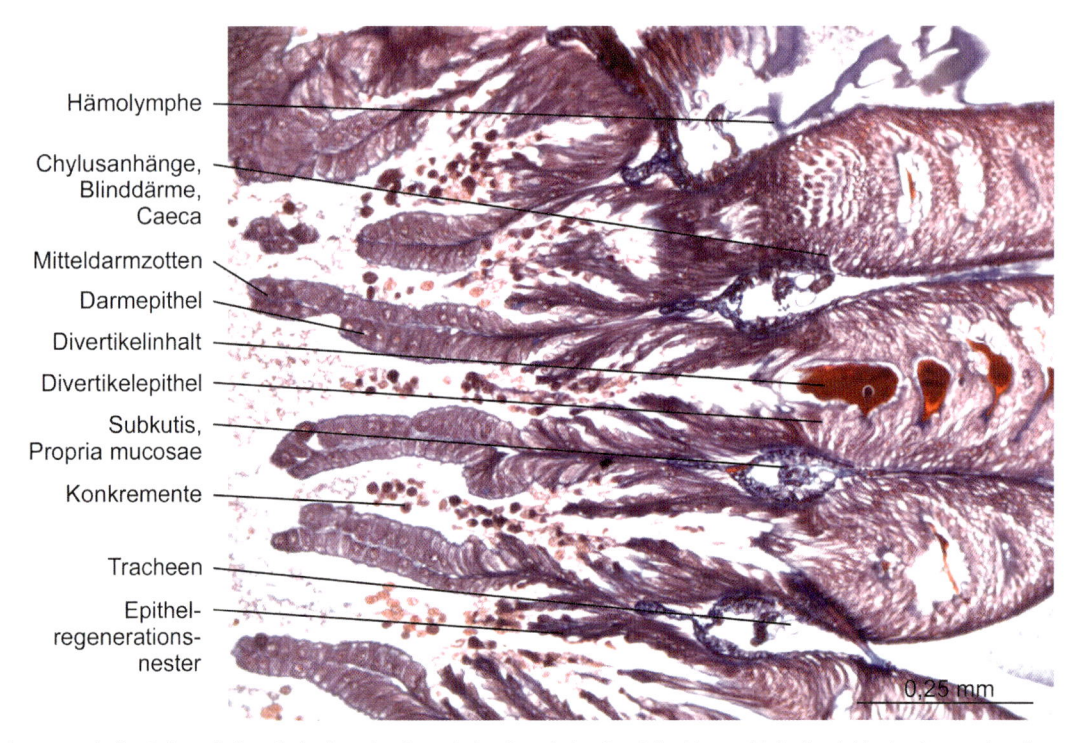

Hämolymphe
Chylusanhänge, Blinddärme, Caeca
Mitteldarmzotten
Darmepithel
Divertikelinhalt
Divertikelepithel
Subkutis, Propria mucosae
Konkremente
Tracheen
Epithelregenerationsnester

Abb. 229: *Dytiscus marginalis*, Gelbrandkäfer: Chylusdarm im Querschnitt; Ausschnitt. Den Mitteldarmepithelzellen fehlt eine Innervation; ihre Tätigkeitsrhythmen werden durch Hormone gesteuert: Während der Sekretionsphasen werden – hier wohl holokrin – Konkremente aus Calcium, Saccharase, Hydrolasen, Proteasen u. a. abgegeben; die Absorption und Resorption abgebauter Nährstoffe, von Ionen und Wasser findet außerhalb der peritrophischen Membran statt. Alle Darmzellen haben hohe Mikrovillisäume und basale Labyrinthe.

Insekten – Hexapoda/Insecta

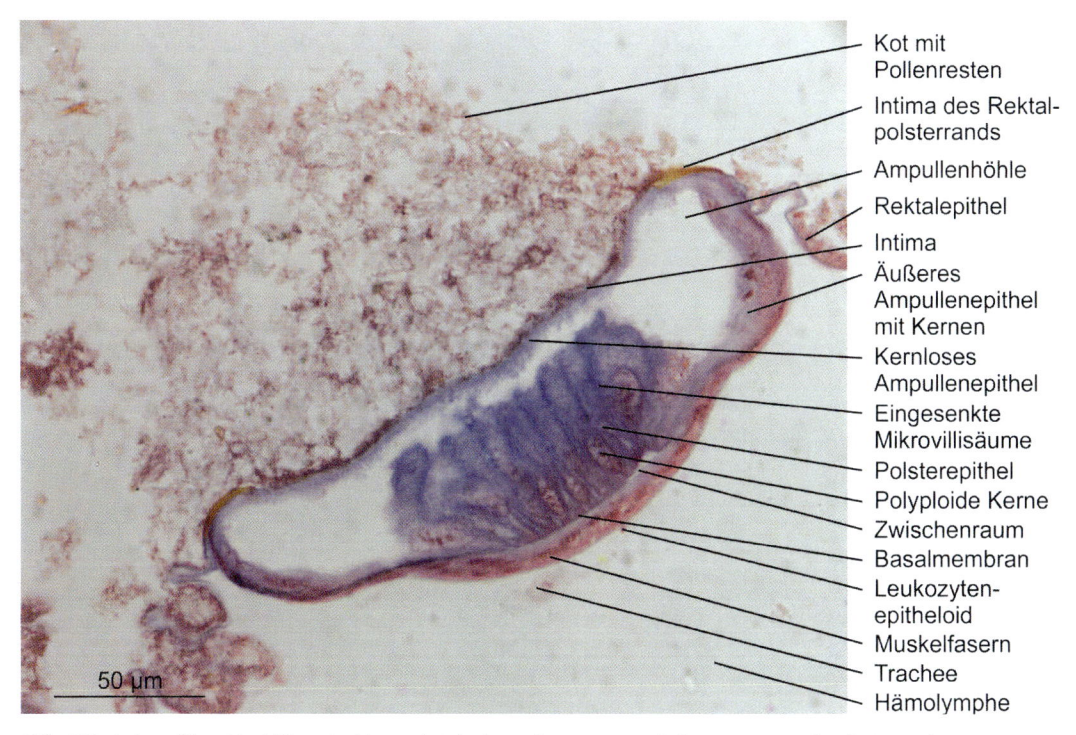

Kot mit Pollenresten
Intima des Rektalpolsterrands
Ampullenhöhle
Rektalepithel
Intima
Äußeres Ampullenepithel mit Kernen
Kernloses Ampullenepithel
Eingesenkte Mikrovillisäume
Polsterepithel
Polyploide Kerne
Zwischenraum
Basalmembran
Leukozytenepitheloid
Muskelfasern
Trachee
Hämolymphe

Abb. 230: *Apis mellifera*, Honigbiene: Enddarm mit Rektalampullen quer; Ausschnitt. Hauptmotor für die Resorption von Wasser, Zuckern, Aminosäuren und gelösten organischen Stoffen in den sechs Rektalleisten des Rektums sind Zellen, die bis 100 μm hoch werden können. Wichtige Funktionsstrukturen sind apikale Mikrovillisäume und zwischen den Leistenzellen ausgedehnte Kanalsysteme. Ionen werden recycelt. Eingedickter Kot kann, z. B. bei Raupen, die Form von zahnradähnlichen Walzen mit sechs Riefen haben.

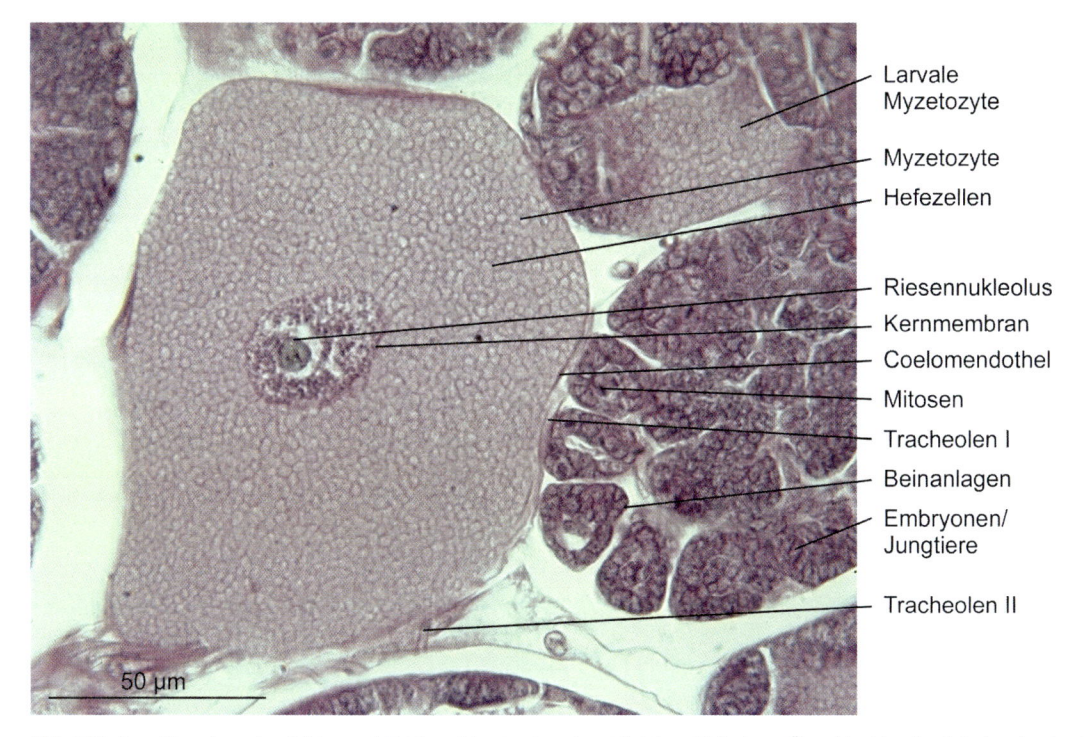

Larvale Myzetozyte
Myzetozyte
Hefezellen
Riesennukleolus
Kernmembran
Coelomendothel
Mitosen
Tracheolen I
Beinanlagen
Embryonen/Jungtiere
Tracheolen II

Abb. 231: *Pemphigus bursarius*, Salatwurzel-Blattlaus: Myzetozyten eines trächtigen Weibchens; Übersicht. Ursprünglich eine einzelne Fettkörperzelle, ist die Myzetozyte hier bereits von ganz frühen Entwicklungsstadien an mit Hefezellen als Endosymbionten besiedelt. Schon innerhalb des Ovars werden die Eier durch die Wände der Ovariolen hindurch infiziert; die larvalen Mycetozyten (s. Abb. rechts oben) vergrößern sich später oder sind transitorisch. Mit zunehmendem Alter vergrößert sich die Myzetozyte, und ihr Kern wird hochgradig bis 512-fach polyploid. *Pemphigus*-Mütter sind lebendgebärend. Hämalaun-Eosin.

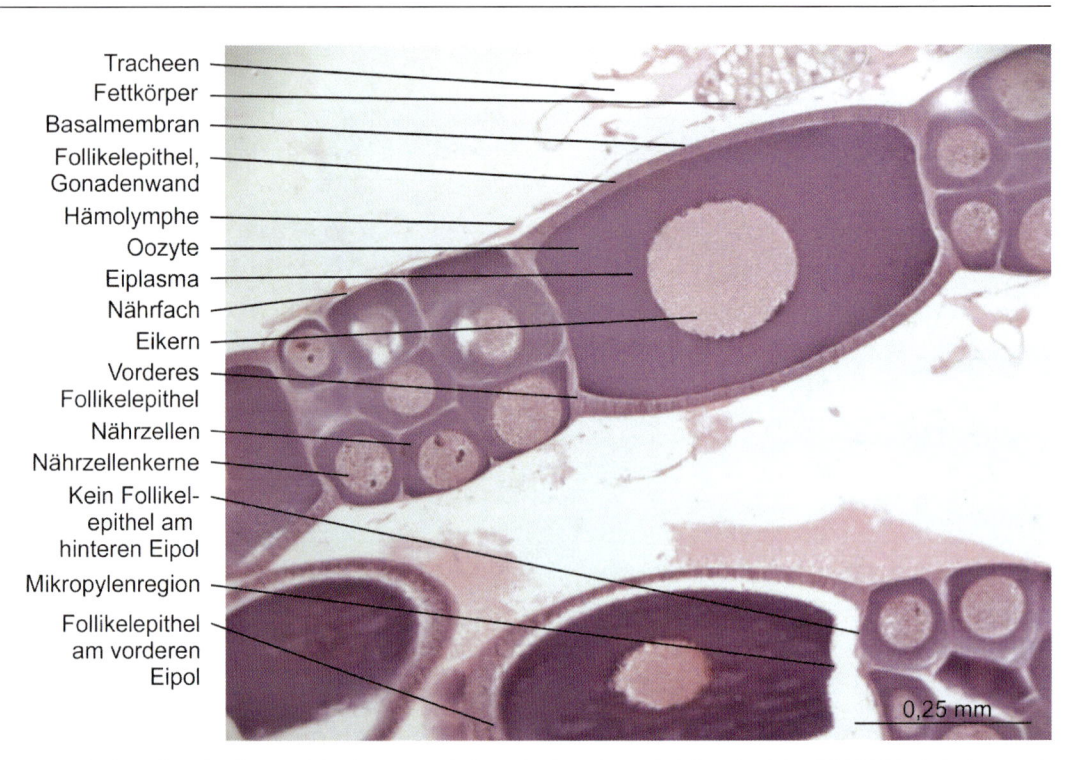

Abb. 232: *Dytiscus marginalis*, Gelbrand-Käfer: Ovariolen längs; Ausschnitt. Bei polytroph-meroistischen Ovariolen (Abb.) bildet jede Oozyte mit ihrem Nährzellenverband eine Eikammer aus einem Ei- und einem Nährfach; beide Fächer sind von einem einschichtigen Follikelepithel umhüllt, dessen Zellen im Eifach zylindrisch, im Nährfach nieder und platt sind. Aus Urgeschlechtszellen entstehen nach vier Mitosen je eine Oozyte und 15 Nährzellen. Durch Endomitosen sind die Nährzellen polyploid, über Zellbrücken versorgen sie die Oozyten mit mRNA und rRNA in Form von Ribosomen. Der Fettkörper synthetisiert Dotterproteine; sie kommen mit Lipiden und Glykogen über das Follikelepithel in das Eiplasma.

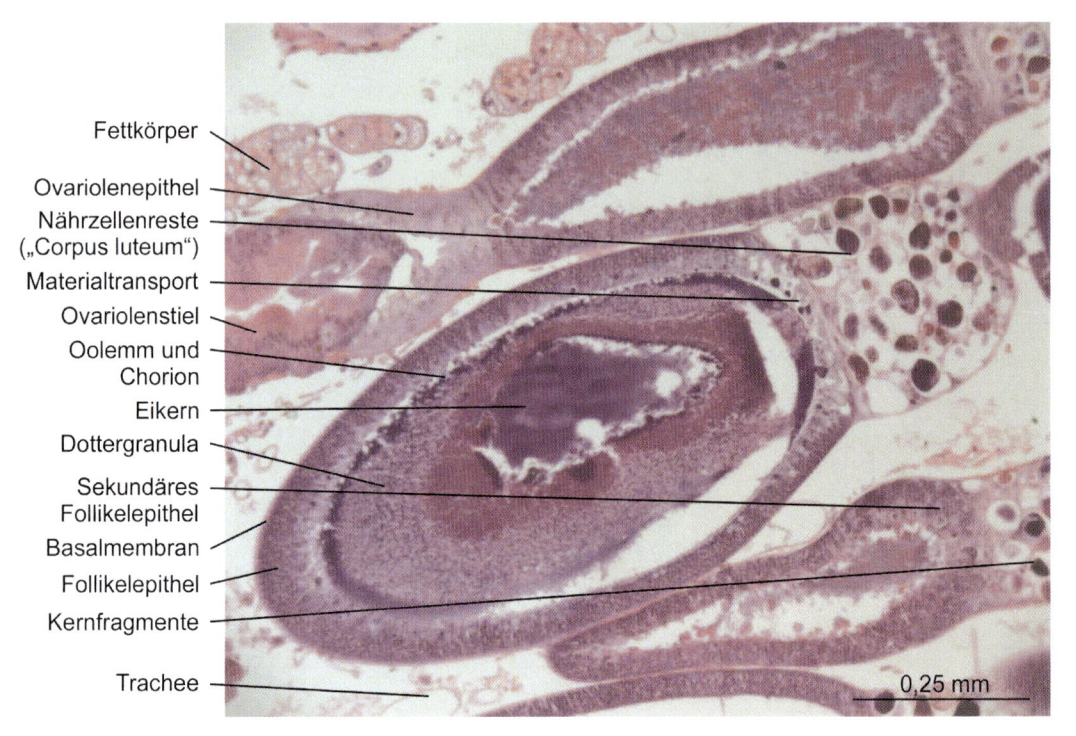

Abb. 233: *Dytiscus marginalis*, Gelbrand-Käfer: Ovariolen längs; Ausschnitt. Näher beim Ovariolenstiel und Oviduct liegende Eizellen sind älter als die Oozyten in Abb. **232**. Gegen Ende der Wachstumsperiode strömt das Zytoplasma der Nährzellen in ihre Oozyte. Die Zellkerne degenerieren und klumpen. Das Follikelepithel umschließt die Eizellen dann ganz und ändert seine Funktion: Vitellinmembranen, Endochorion und Exochorion werden als komplexe Umhüllungen sezerniert. Während 10 Wochen im Frühjahr sticht das Weibchen 200–1000 Eier tief in Stängel und Blätter von Wasserpflanzen; Eier mit tertiären Hüllen von Drüsen der Geschlechtswege sind 7 mm lang und 1,2 mm dick.

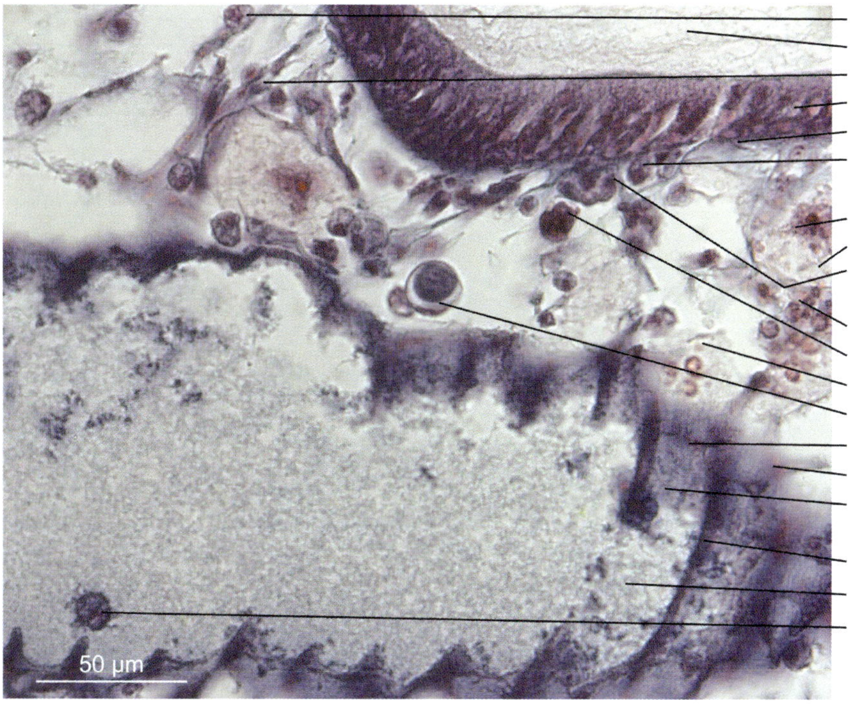
Prohämatozyt
Exuvialliquor
Bindegewebe
Hypodermis
Basalmembran
Hautdrüsen
Fettkörperzellen:
Kern
Fettvakuolen
Larvale, 4-zellige
Drüseneinheit
Albuminoidgranula
Granulozyte
Hämolymphe
Adipohämatozyte
Endokard
Adventitia
Herzschlauch,
Dorsalgefäß
Ringmuskelfasern
Hämolymphe
Prohämatozyt
50 µm

Abb. 234: *Apis mellifera*, Honigbiene: Streckmade längs; Ausschnitt. Bei ausgewachsenen Bienenlarven macht der Fettkörper um 65 % des Körpergewichts aus; ihn betreffen neben Darm, Tracheen und Nervensystem sowie Sinnesorganen die gravierendsten Veränderungen während der inneren Metamorphose. Das Dorsalgefäß, viele Muskeln und Malpighi-Gefäße dagegen werden unverändert von der Imago übernommen, ebenso die kontinuierlich heranreifenden Gonaden. Der larvale Fettkörper bei der Biene löst sich weitgehend auf (Abb.); Fettvakuolen und Granula sind in den verbleibenden Fettkörperzellen nebeneinander als Organellen vorhanden; sehr undeutlich ist dann die Kernhülle.

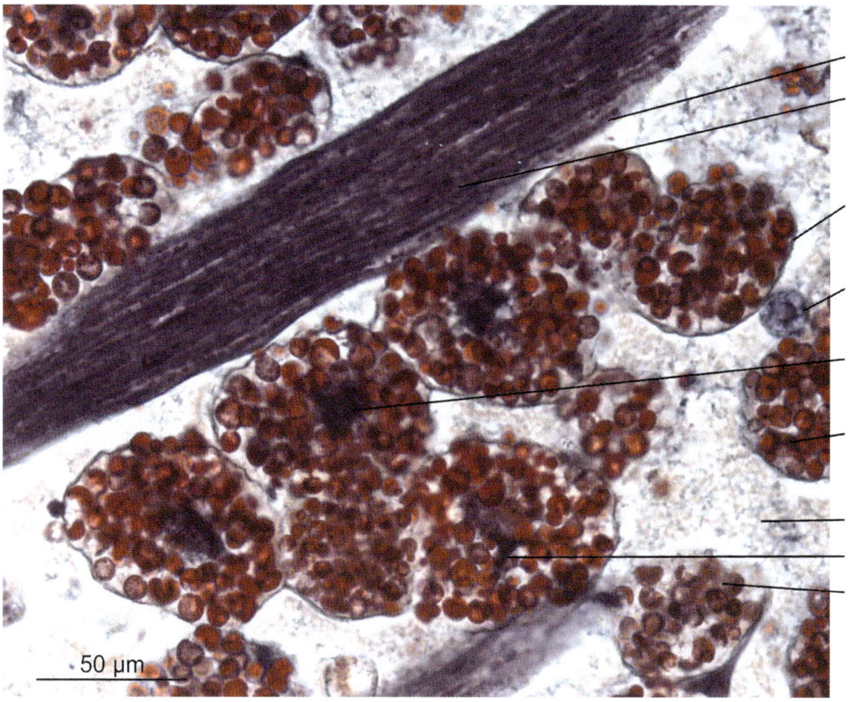
Myoblasten
Neothorakal-
muskulatur
Basalmembran
Junge Fettzelle,
Adipohämatozyt
Rundkern
Trophozyten als
Sphaerulozyten
Hämolymphe
Zipfelkern
Fettzellenzerfall
50 µm

Abb. 235: *Apis mellifera*, Honigbiene: Puppe längs; Ausschnitt. Bei der jungen Puppe verschwinden während und nach der Metamorphose in den Fettkörperzellen die Fettvakuolen, die Kernmembran wird wieder deutlich, und Albuminoidkügelchen bilden sich in großer Zahl. Sehr markant wird die Basalmembran, die die Fettzellen generell umgibt. Neu gebildete Muskelfasern besitzen noch keine Querstreifung. Während der Metamorphose verbliebene und aus Hämatozyten neu entstandene Fettkörperzellen speichern als Trophozyten Albumine in parakristalliner Form, Glykogen und Trehalose; die Zellkerne dieser Speicherzellen sind kugelig. Die Trophozyten zerfallen bald nachdem die Kerne zipfelig geworden sind.

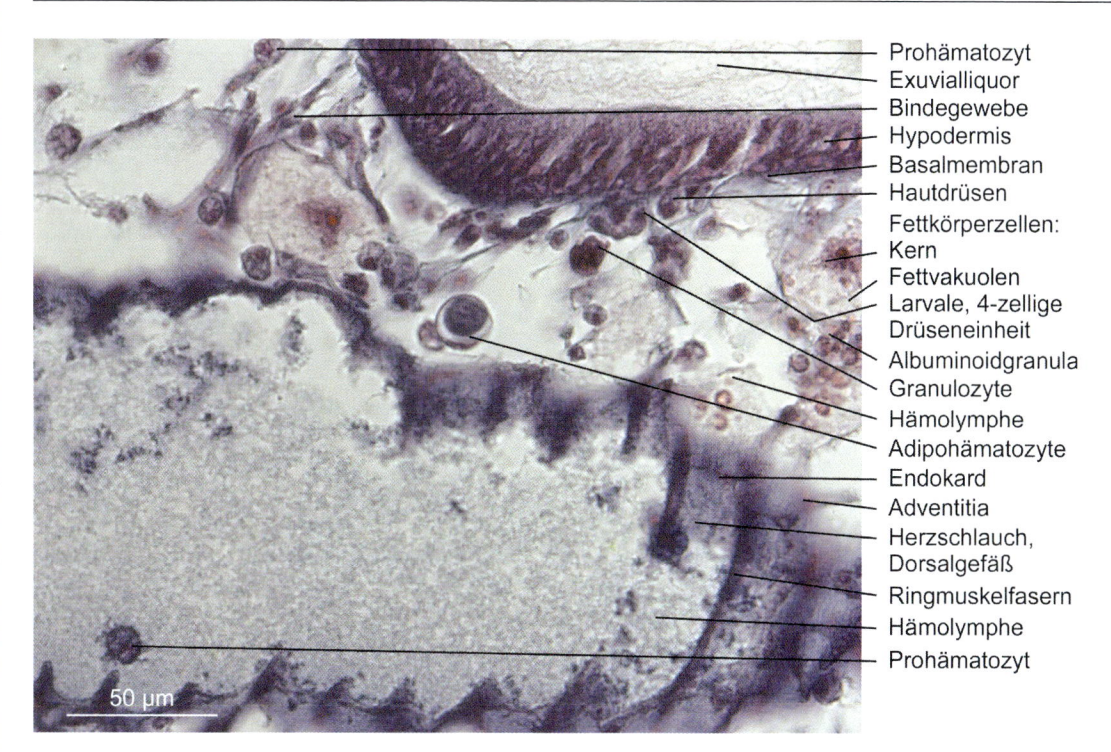

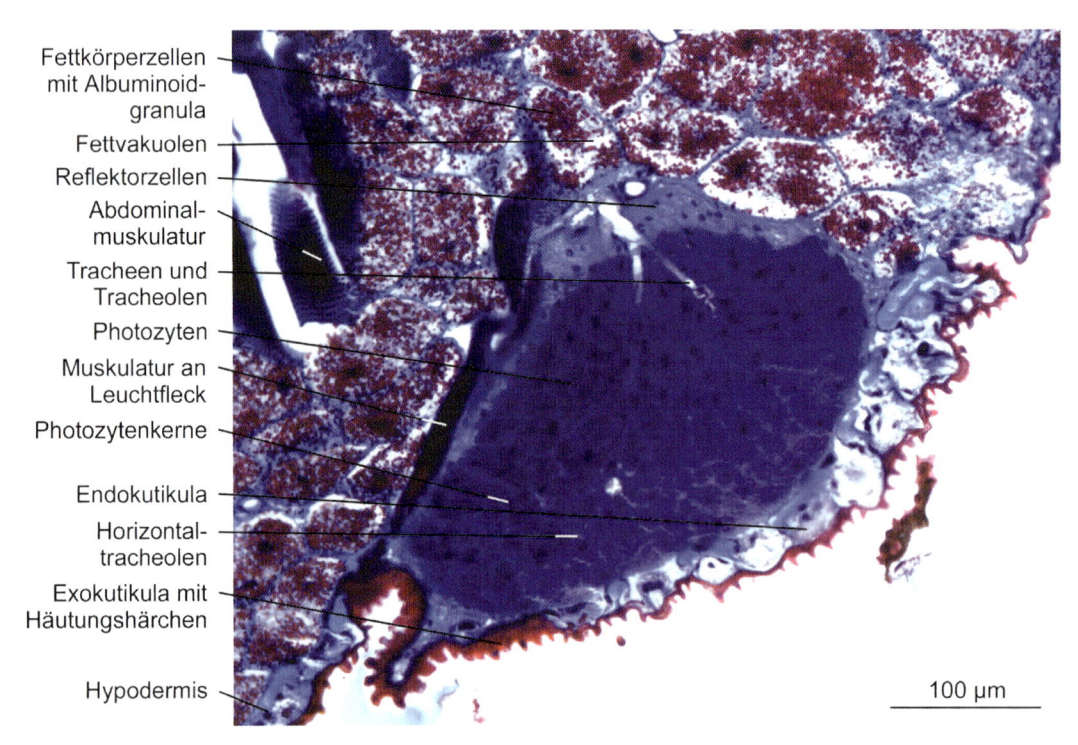

Labels (Abb. 236, top figure):
- Fettkörperzellen mit Albuminoidgranula
- Fettvakuolen
- Reflektorzellen
- Abdominalmuskulatur
- Tracheen und Tracheolen
- Photozyten
- Muskulatur an Leuchtfleck
- Photozytenkerne
- Endokutikula
- Horizontaltracheolen
- Exokutikula mit Häutungshärchen
- Hypodermis
- 100 µm

Abb. 236: *Lampyris noctiluca*, Glühwürmchen: Larvales Leuchtorgan; Übersicht. Die seitlichen Leuchtflecken der schneckenfressenden Larven divergieren ziemlich gegenüber Leuchtorganen der Imagines nach der Metamorphose: Die Platzierung ist anders; die Leuchtzellen, die Photozyten, sind erheblich kleiner und ihre Leuchtlysosomen dichter gepackt; die Reflektorzellen sind ungeordneter; und alle Zellkerne des Organs bleiben kleiner. Welche Rollen Nervenendigungen mit Neurosekret- und Acetylcholinvesikeln sowie die Sauerstoffversorgung durch Tracheolarzellen beim Ein- und Ausschalten des Leuchtens spielen, ist unentschieden. Die Reflektorzellen enthalten zahlreiche Uratkristalle.

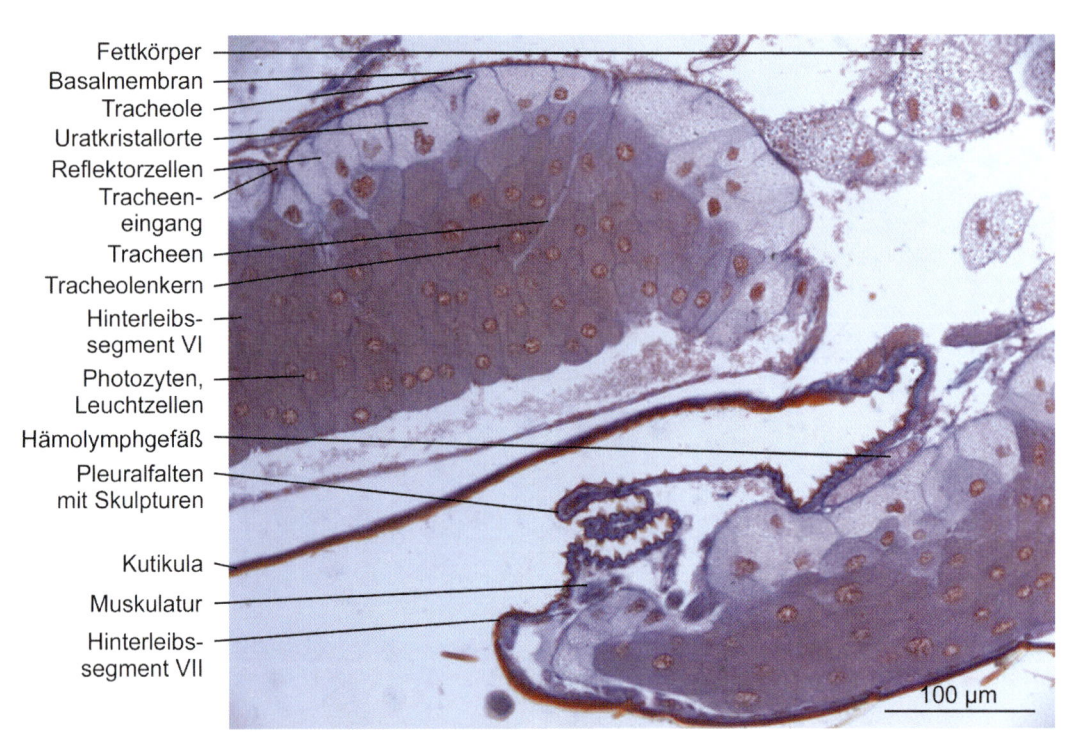

Labels (Abb. 237, bottom figure):
- Fettkörper
- Basalmembran
- Tracheole
- Uratkristallorte
- Reflektorzellen
- Tracheeneingang
- Tracheen
- Tracheolenkern
- Hinterleibssegment VI
- Photozyten, Leuchtzellen
- Hämolymphgefäß
- Pleuralfalten mit Skulpturen
- Kutikula
- Muskulatur
- Hinterleibssegment VII
- 100 µm

Abb. 237: *Lampyris noctiluca*, Großer Leuchtkäfer, Johanniswürmchen: Leuchtorgan eines Weibchens längs; Übersicht. Die Weibchen leuchten kontinuierlich, bis ein herbeigeflogener Mann sich auf eines fallen lässt; nach Lichtlöschen und Geruchsüberprüfung findet die Kopulation statt. Ein Käfer hat etwa 15 000 Leuchtzellen; in ihren zahlreichen Granula sind kristallin Luciferin (Benzothiazolderivat) sowie das dimere Enzym Luciferase (MG 124000) membranverpackt. Magnesiumionen, ATP und O_2 sind nötig, um Luciferin unter CO_2-, H_2O- und Lichtabgabe zu oxidieren; nur 1 % der Reaktionsenergie ist Wärme, 99 % sind Licht von 560 nm Wellenlänge.

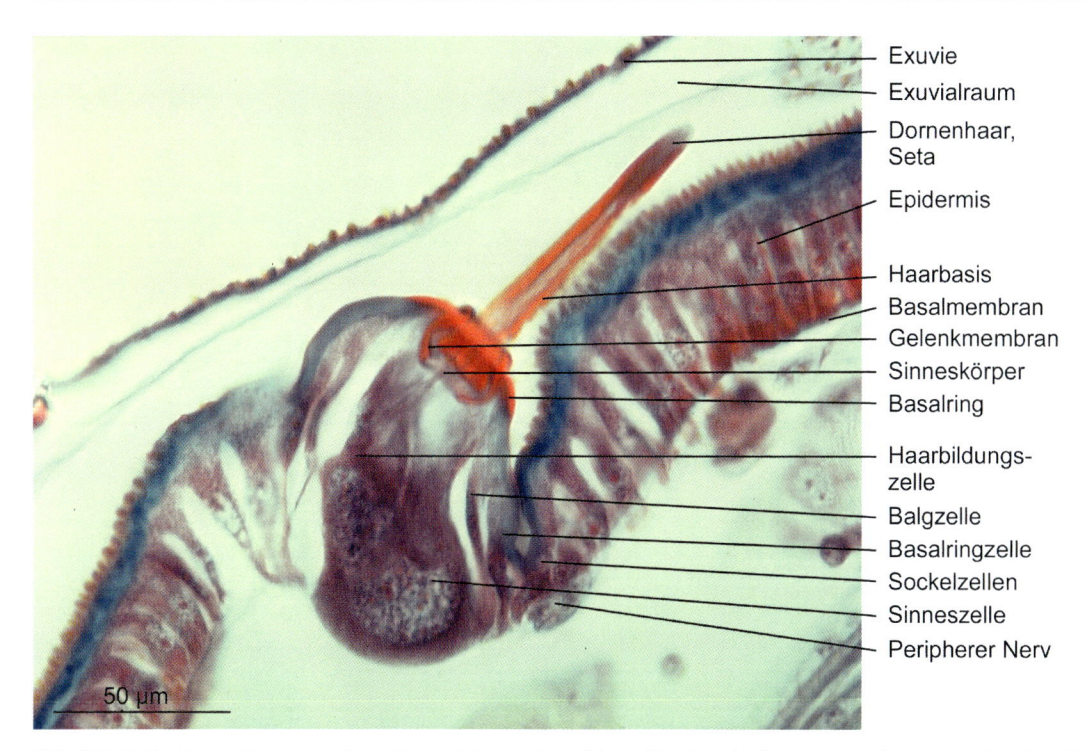

Abb. 238: *Sphinx ligustri*, Ligusterschwärmer-Raupe, Häutung: Haarbildung; Übersicht. Als Tastorgan aus einem Haar, seinen Begleitzellen und einer Sinneszelle ist ein Tasthaar entstanden; das alte Haar und seine Gelenke sind mit dem neuen bis zur Häutung durch eine zarte kutikulare Hülle des Sinneszellfortsatzes verbunden. Die Abfolge der „Kreise" vom Zentrum aus: Sinneszelle mit Fortsatz (Sinneskörper, kutikulare Scheide, Tubularkörper), Haarbildungszellen (trichogene Zellen), Balgzellen (Membranringzellen, tormogene Zellen) und Basalringzellen.

Moostierchen – Bryozoa

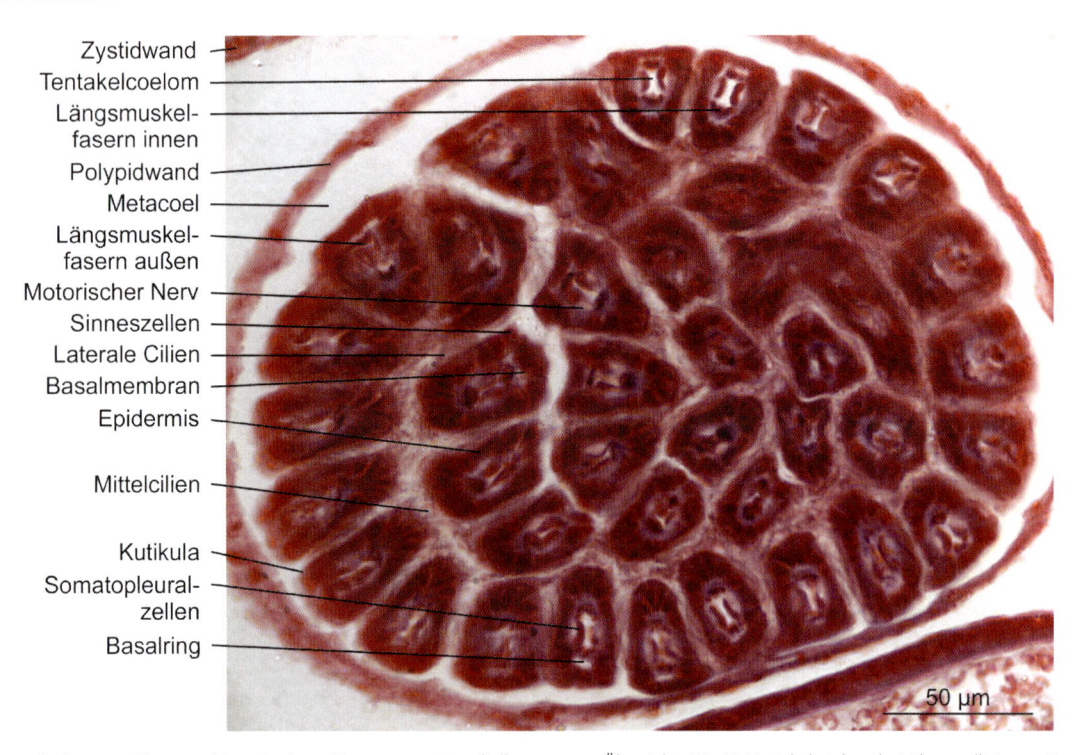

Zystidwand
Tentakelcoelom
Längsmuskelfasern innen
Polypidwand
Metacoel
Längsmuskelfasern außen
Motorischer Nerv
Sinneszellen
Laterale Cilien
Basalmembran
Epidermis
Mittelcilien
Kutikula
Somatopleuralzellen
Basalring

50 µm

Abb. 239: *Plumatella fungosa*, Klumpen-Moostierchen: Eingezogene Tentakelkrone quer; Übersicht. 38–40 Tentakel stehen bei *Plumatella* in zwei Reihen auf dem hufeisenförmigen Tentakelträger. Die Cilien jedes Tentakels schlagen in zwei Seitenbändern und einem Mittelstreifen. Die Seitencilien filtern aus dem Sog in Richtung Mundtrichter Grün-, Kiesel-, Zieralgen, Flagellaten, Ciliaten, Rädertiere sowie Detritus heraus; Ausgeseihtes wird zum Mund befördert, Missliebiges durch eine Oberlippe ferngehalten. Die schlecht verdaubaren Membranen von Grünalgen sind in den grünlichen Kotwürstchen wiederzufinden und leicht bestimmbar.

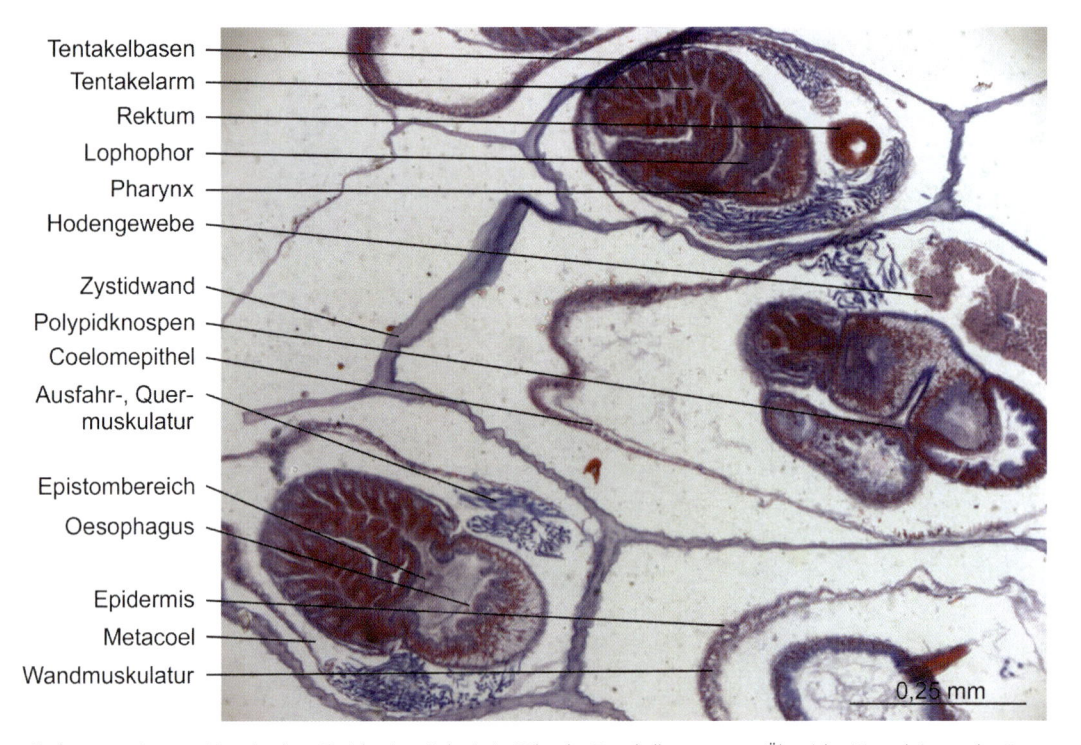

Tentakelbasen
Tentakelarm
Rektum
Lophophor
Pharynx
Hodengewebe

Zystidwand
Polypidknospen
Coelomepithel
Ausfahr-, Quermuskulatur

Epistombereich
Oesophagus

Epidermis
Metacoel
Wandmuskulatur

0,25 mm

Abb. 240: *Plumatella fungosa*, Klumpen-Moostierchen: Zooide einer Kolonie in Höhe der Tentakelkronen quer; Übersicht. Kontraktionen der Quermuskelfasern erhöhen den Binnendruck und heben die Tentakelkronen über das Kolonienniveau; Gegenspieler sind die Retraktormuskeln. Knospen: Beim Wachstum der Stöcke spielt die ungeschlechtliche Vermehrungsart die Hauptrolle; die Regeln der Knospungsvorgänge bestimmen die artspezifischen Wuchsformen als Klumpen, Krusten, Ketten, geweihartige Gebilde. Meist entstehen gleichzeitig drei Knospen an einem Zooid.

Moostierchen – Bryozoa 127

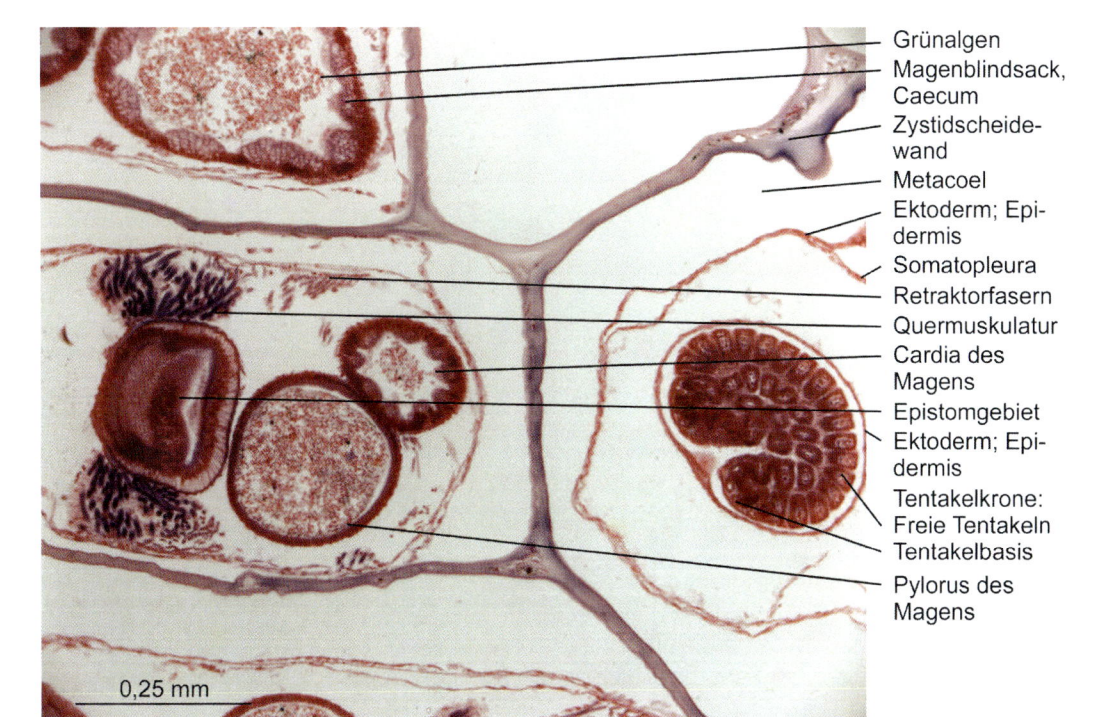

- Grünalgen
- Magenblindsack, Caecum
- Zystidscheidewand
- Metacoel
- Ektoderm; Epidermis
- Somatopleura
- Retraktorfasern
- Quermuskulatur
- Cardia des Magens
- Epistomgebiet
- Ektoderm; Epidermis
- Tentakelkrone: Freie Tentakeln
- Tentakelbasis
- Pylorus des Magens

0,25 mm

Abb. 241: *Plumatella fungosa*, Klumpen-Moostierchen: Zooide einer Kolonie in Höhe wenig unter der Kolonie-Oberfläche quer, Polypide zurückgezogen; Übersicht. In die nicht verkalkten Zystidwände sind Mengen von Kieselalgenbruch als geringer Fraßschutz gegen Chironomidenlarven eingebaut. Befruchtete Eier der Ovarien (nicht in der Abb.) gelangen in einen inneren Brutsack als Uterus; in der Brutkammer entwickelt sich der massive Keim zu einer doppelwandigen Blase mit Anlagen für zwei Polypidknospen; über die beiden Knospen wachsen zwei bewimperte Schalenteile; in warmen Sommernächten und nur kurzzeitig werden die Larven einer Kolonie in ganzen Wolken abgestoßen.

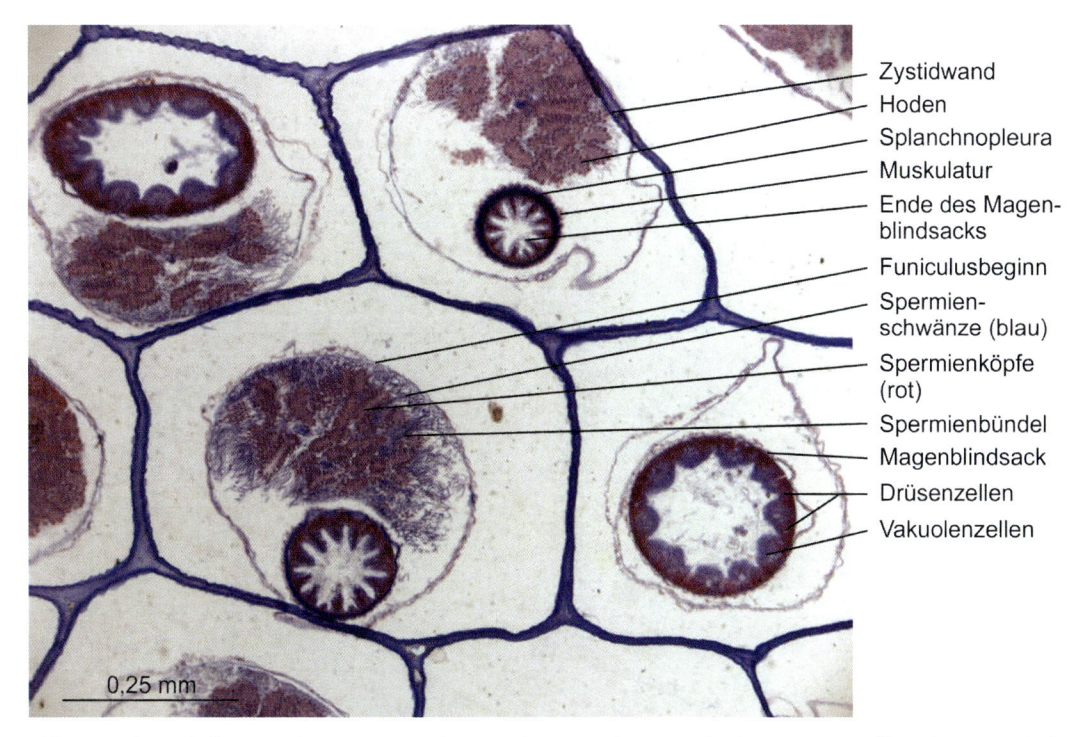

- Zystidwand
- Hoden
- Splanchnopleura
- Muskulatur
- Ende des Magenblindsacks
- Funiculusbeginn
- Spermienschwänze (blau)
- Spermienköpfe (rot)
- Spermienbündel
- Magenblindsack
- Drüsenzellen
- Vakuolenzellen

0,25 mm

Abb. 242: *Plumatella fungosa*, Klumpen-Moostierchen: Zooide einer Kolonie in Höhe der Hoden quer; Übersicht. Die Hodenfollikel gehen vom Funikulusschlauch aus. Um Zytophoren als Nähr- und Phagozytosezellen liegen in kleinen Balken und „Würsten" Spermatogonien, Spermatozyten, Spermatiden und Spermien. Reife Spermien beginnen an der Spitze mit einer Stereocilie; hinter Akrosom, Spermienkopf und Zwischenregion liegt eine Zentriole als Geißelbasis. In der Kolonienbasis bilden zunächst unspezifische Zellen in den Schläuchen der Funiculi Statoblasten mit äußeren zystigenen Blättern, Schalen, inneren zystigenen Blättern, deutoplasmatischen Zellen im Zentrum (Mesoderm- und Ektodermzellen).

Stachelhäuter – Echinodermata

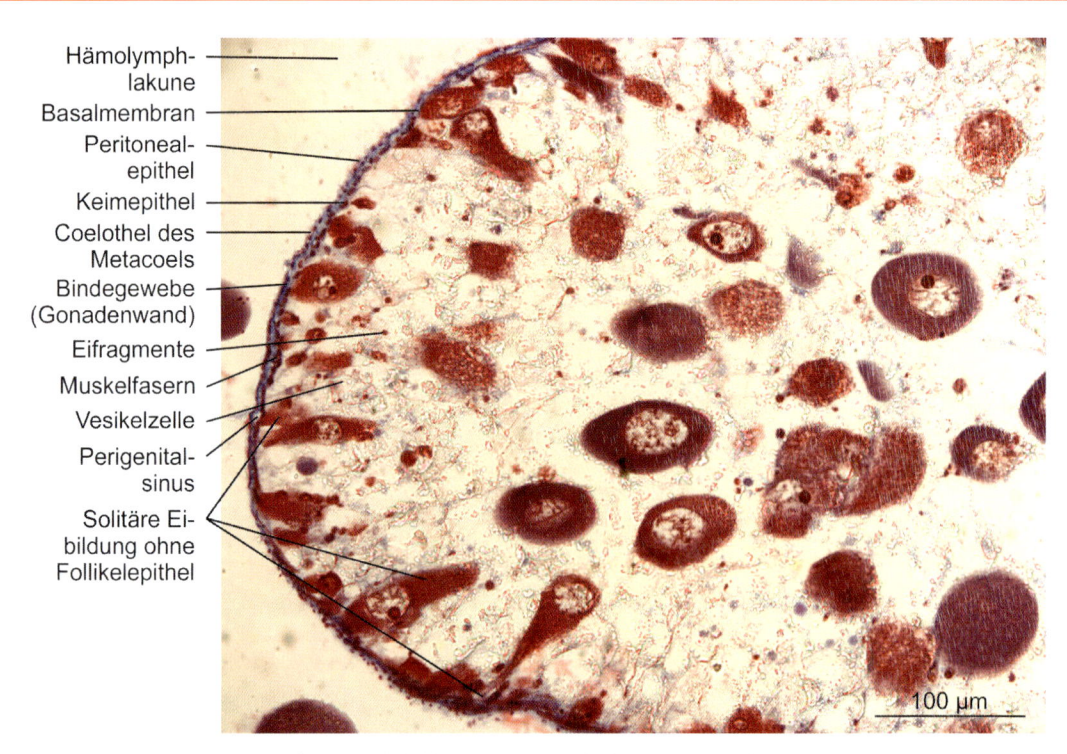

Hämolymph-
lakune
Basalmembran
Peritoneal-
epithel
Keimepithel
Coelothel des
Metacoels
Bindegewebe
(Gonadenwand)
Eifragmente
Muskelfasern
Vesikelzelle
Perigenital-
sinus
Solitäre Ei-
bildung ohne
Follikelepithel

100 µm

Abb. 243: *Sphaerechinus granularis*, Violetter Seeigel: Ovar und Eibildung, Querschnitt durch einen Ovarialschlauch; Ausschnitt. Im Gegensatz zur alimentären, nutrimentären oder follikulären Eibildung bilden sich bei Echinodermen und Mollusken die Eier solitär, ohne Beihilfe von anderen Zellen. Die Eizellen wachsen über das Keimepithel hinaus und bleiben durch einen Stiel lange mit ihm verbunden. Die Eier sind daher sehr früh dorsoventral polar; die Stielpartie wird zum vegetativen Pol. Vesikelzellen zwischen den ganz jungen Eizellen phagozytieren fehlentwickelte Eier und bilden Reserven für neue Schübe. Hydrozoen, Säuger und Echinodermen haben die kleinsten Eizellen, Haie und Vögel die größten.

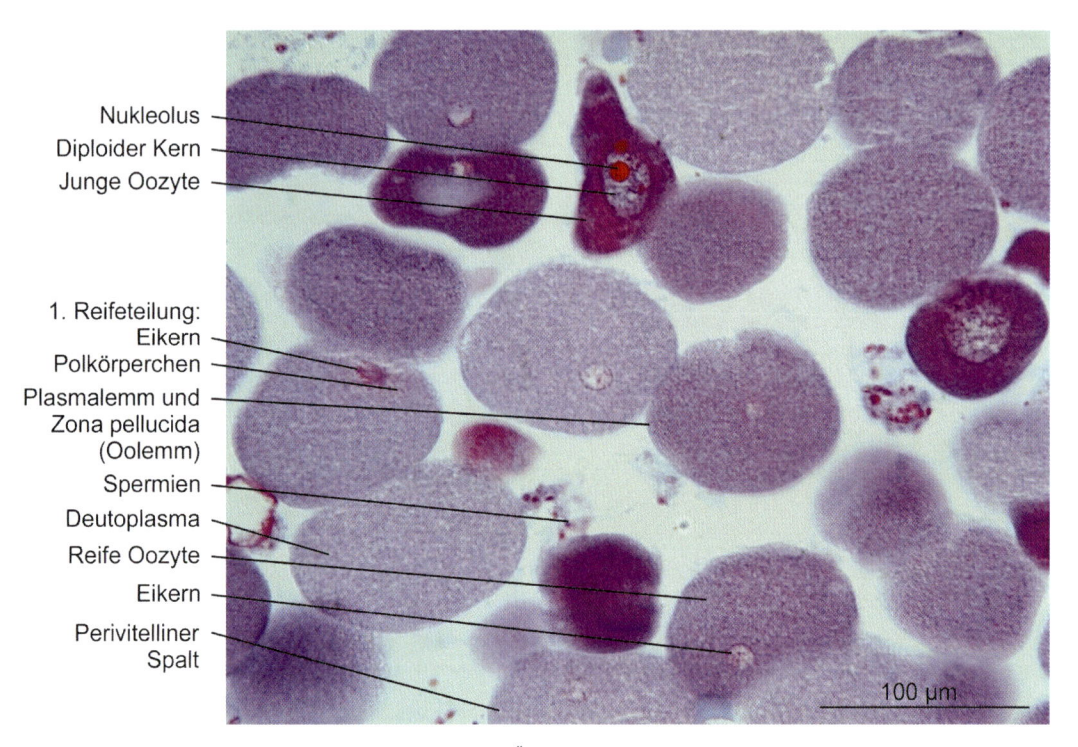

Nukleolus
Diploider Kern
Junge Oozyte

1. Reifeteilung:
Eikern
Polkörperchen
Plasmalemm und
Zona pellucida
(Oolemm)
Spermien
Deutoplasma
Reife Oozyte
Eikern
Perivitelliner
Spalt

100 µm

Abb. 244: *Sphaerechinus granularis*, Violetter Seeigel: Reife und unreife Eier; Übersicht. Junge Eizellen haben flexible Formen und relativ riesige Arbeitskerne mit oft unscharfen Kernmembranen, um rRNA- und Histongene zu vervielfachen (amplifizieren). Die Kerne reifer Oozyten sind in der meiotischen Prophase klein, zentral, diploid. Zur Reifeteilung wandern die Kerne zur Peripherie. Während bei vielen Wirbeltieren die zweite Reifeteilung erst durch den Kontakt mit Spermien ausgelöst wird, laufen bei Seeigeln beide Reifeteilungen, Reduktions- und Äquationsteilung, bereits vor dem Eindringen eines Spermiums ab. Eizellen hier sind 100 µm groß; zum Vergleich: bei der Maus 75 µm.

Stachelhäuter – Echinodermata

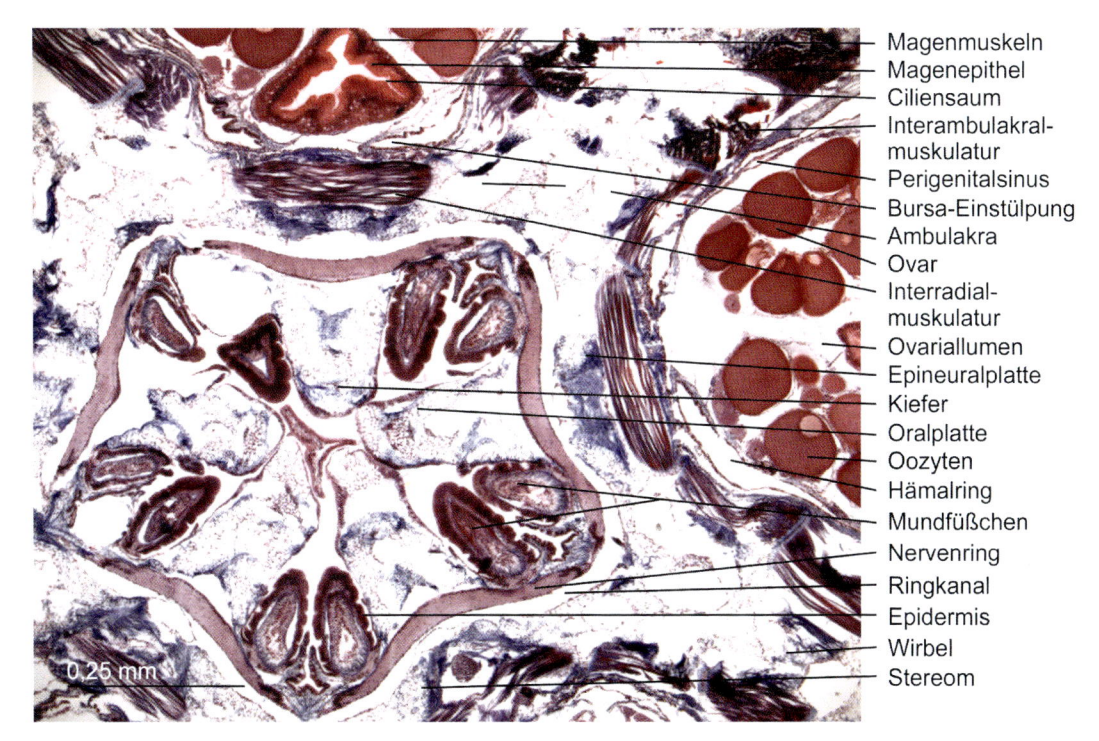

- Magenmuskeln
- Magenepithel
- Ciliensaum
- Interambulakralmuskulatur
- Perigenitalsinus
- Bursa-Einstülpung
- Ambulakra
- Ovar
- Interradialmuskulatur
- Ovariallumen
- Epineuralplatte
- Kiefer
- Oralplatte
- Oozyten
- Hämalring
- Mundfüßchen
- Nervenring
- Ringkanal
- Epidermis
- Wirbel
- Stereom

0,25 mm

Abb. 245: *Ophiura albida*, Rotbrauner Schlangenstern: Rumpfscheibe horizontal; Ausschnitt. Die Arme der Ophiuroiden gehen vom Zentrum der Zentralscheibe aus; hier bilden sie mit zugehörenden Seitenplatten dreieckige Kiefer um die Bauchöffnung. In den Kieferspalten arbeiten je zwei starke Mundfüßchen. Die Mundöffnung ist nach innen verlagert. Außer Seegurken haben alle Echinodermen ein vielgliedriges mesodermales Calcitskelett als „Stereom". Ein Syncytium aus Sklerozyten, Skelettbildungszellen, bildet intrasyncytiale Vakuolen. In organischen Hüllen in den Vakuolen wird Calcit abgelagert. Bindegewebe umgibt die dreidimensionalen Netzwerke aus Mineralteilen dann direkt, wenn die Vakuolen schwinden und die Syncytiumräume perforieren. Abb.: Calcit fehlt völlig, da mit TCA aufgelöst; die Kollagene der Skelettglieder färben sich blau.

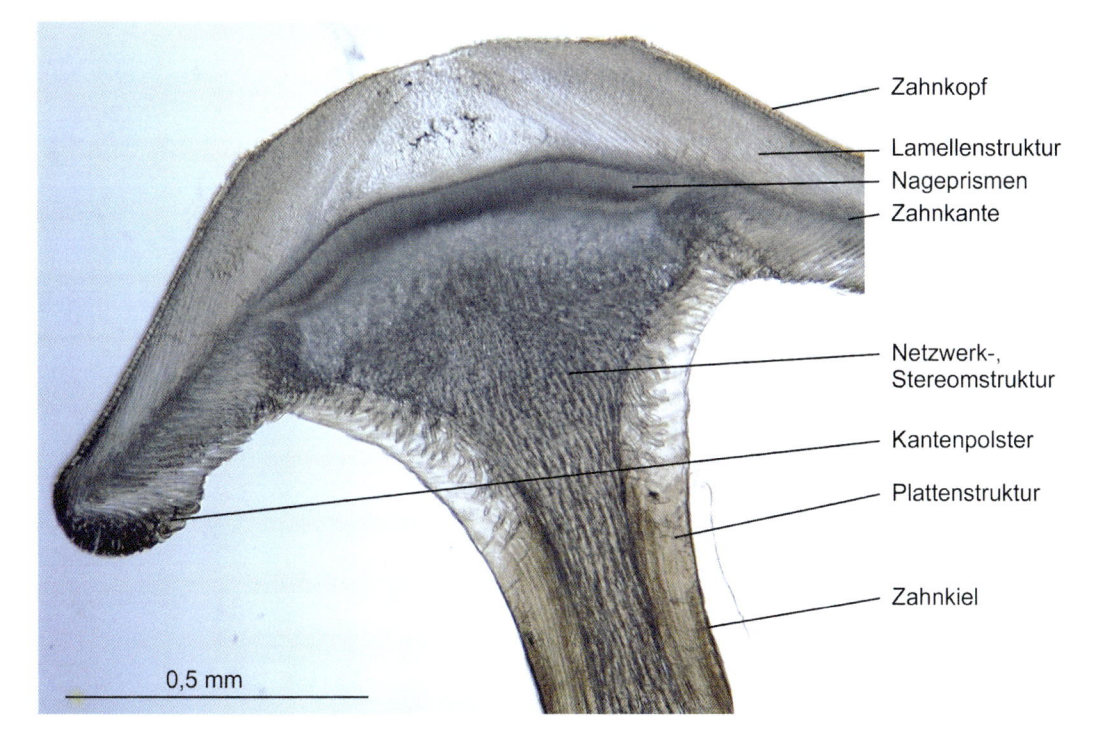

- Zahnkopf
- Lamellenstruktur
- Nageprismen
- Zahnkante
- Netzwerk-, Stereomstruktur
- Kantenpolster
- Plattenstruktur
- Zahnkiel

0,5 mm

Abb. 246: *Paracentrotus lividus*, Steinseeigel: Querschliff durch einen Zahn; Ausschnitt. Die fünf weißen Zähne einer „Laterne des Aristoteles" wachsen aus den Zahnblasen des Kiefercoeloms ständig nach. Im unvollständig mit KOH mazerierten Schliff erscheinen organische Reste dunkel, Calcit hell. Hart wie Fluorit ist die Nageprismenpartie; sie wird an der Zahnspitze zum Meißel, wenn die Kantenpolster und Lamellen sowie die Kielstrukturen abgenutzt sind. Mit Ambulakralfüßchen verankert, weiden Seeigel mit ihrem fünfzähnigen Greifer auf Hartböden Seegras, Astalgen, Krustenrotalgen, Blaualgen im Gestein, Schwämme, Hydrozoenstöckchen, Moostierchen und kleine Kalkröhrenwürmer ab.

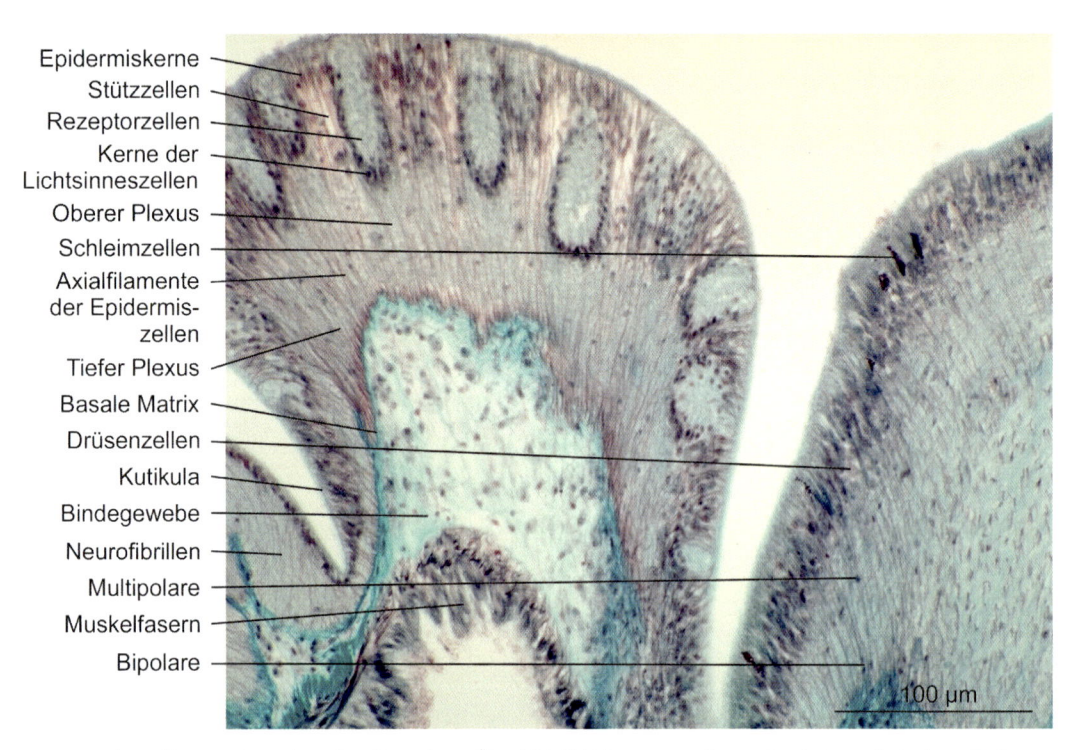

Abb. 247: *Astropecten aranciacus,* Kammseestern: Armspitze längs, Auge; Übersicht. Lichtsinnesorgane liegen als rot pigmentierte Augenflecken an den hochbiegbaren Unterseiten der Armspitzen. Die Photorezeptoren bilden 150–180 Rezeptorpole direkt unter der lockeren Kutikula (s. Abb. **248**); bei *Asterias, Asterina* und *Echinaster* bildet die Kutikula als „Kristallin" eine Art Linse über den Einzelaugen, und die Gruben sind außerdem mit „Gelee" gefüllt. Die roten Carotinoidpigmente der Retinazellen lösen sich in den Alkoholstufen bei der Paraffineinbettung auf. Gom.

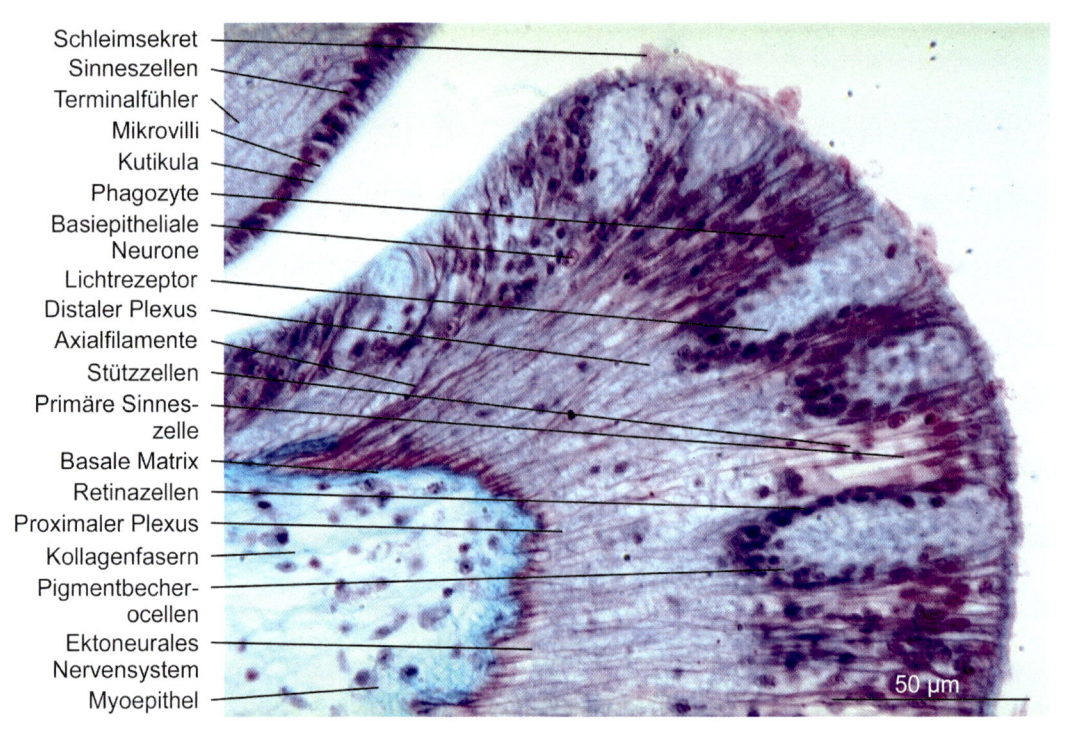

Labels (Abb. 247): Epidermiskerne, Stützzellen, Rezeptorzellen, Kerne der Lichtsinneszellen, Oberer Plexus, Schleimzellen, Axialfilamente der Epidermiszellen, Tiefer Plexus, Basale Matrix, Drüsenzellen, Kutikula, Bindegewebe, Neurofibrillen, Multipolare Muskelfasern, Bipolare

Abb. 248: *Astropecten aranciacus,* Kammseestern: Armspitze längs, Auge; Ausschnitt. In der Epidermis kommen 4000 und mehr primäre Sinneszellen auf 1 mm². Die Zellen sind alle von einem morphologischen Typ: spindelförmige Bipolare, 6–10 µm lang, 1,5 µm breit, ihre Endfasern verzweigen sich beim Eintritt in den proximalen Plexus. Die Retinazellen haben als Rezeptorpole apikal über einem Cilienapparat eine Cilie. Vom Grund der Cilie gehen rhabdomähnlich Mikrovilli ab. Schatten bewirkt kaum eine Reaktion der Seesterne, da sie außer anderen Seesternarten keine Feinde haben. Gom.

Labels (Abb. 248): Schleimsekret, Sinneszellen, Terminalfühler, Mikrovilli, Kutikula, Phagozyte, Basiepitheliale Neurone, Lichtrezeptor, Distaler Plexus, Axialfilamente, Stützzellen, Primäre Sinneszelle, Basale Matrix, Retinazellen, Proximaler Plexus, Kollagenfasern, Pigmentbecherocellen, Ektoneurales Nervensystem, Myoepithel

Eichelwürmer – Enteropneusta

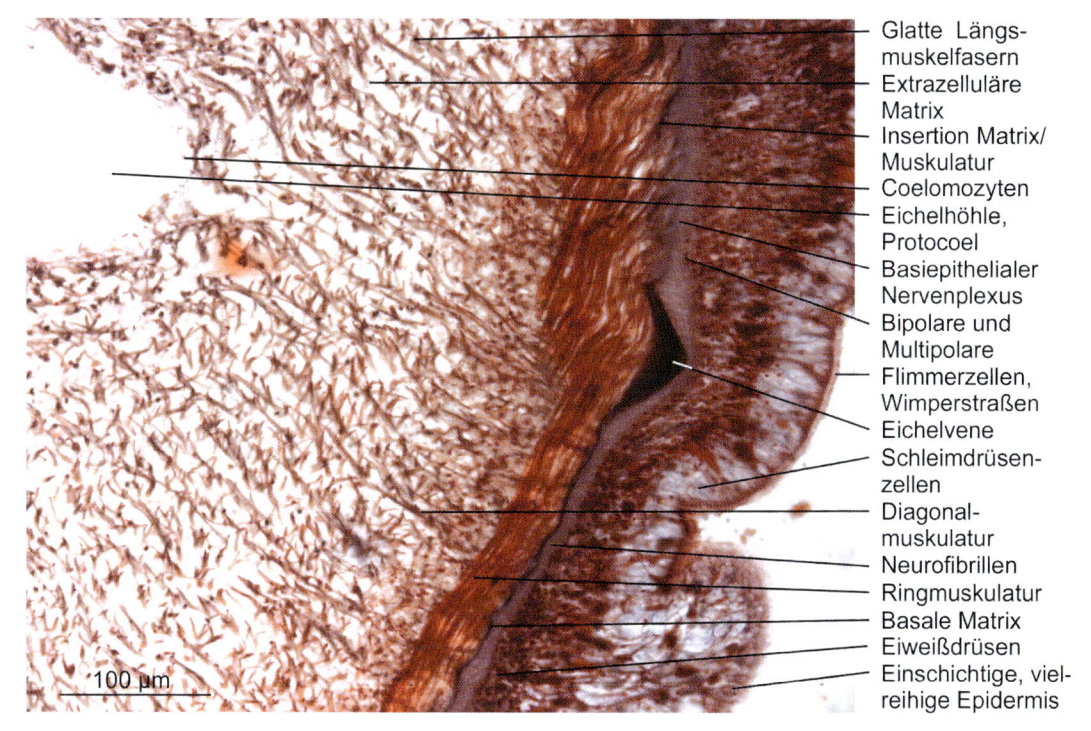

Labels (Abb. 249):
- Glatte Längsmuskelfasern
- Extrazelluläre Matrix
- Insertion Matrix/Muskulatur
- Coelomozyten
- Eichelhöhle, Protocoel
- Basiepithelialer Nervenplexus
- Bipolare und Multipolare Flimmerzellen, Wimperstraßen
- Eichelvene
- Schleimdrüsenzellen
- Diagonalmuskulatur
- Neurofibrillen
- Ringmuskulatur
- Basale Matrix
- Eiweißdrüsen
- Einschichtige, vielreihige Epidermis

100 µm

Abb. 249: *Balanoglossus sp.*, Eichelwurm: Vorderer Eichelbereich quer; Ausschnitt. Die Eichel ist ein Bohrorgan, das nach vorne anschwellen kann und über das peristaltisch nach hinten Ringwülste laufen. Ein Dutzend solcher Wellen laufen pro Minute nach hinten. Die Bohrgänge mit Sackungstrichter und Kotwürstepartie gleichen denen von *Arenicola*; über ein separates Gangstück neben dem Trichter kann reines Atemwasser gezogen werden. Die Gänge werden ständig umgebaut und neu mit Epidermisschleim tapeziert. Die Cilien der Eichel und des Kragens lenken einen Wasserstrom gegen den Mund; schleimverpackte Nahrungspartikel werden herausgeflimmert.

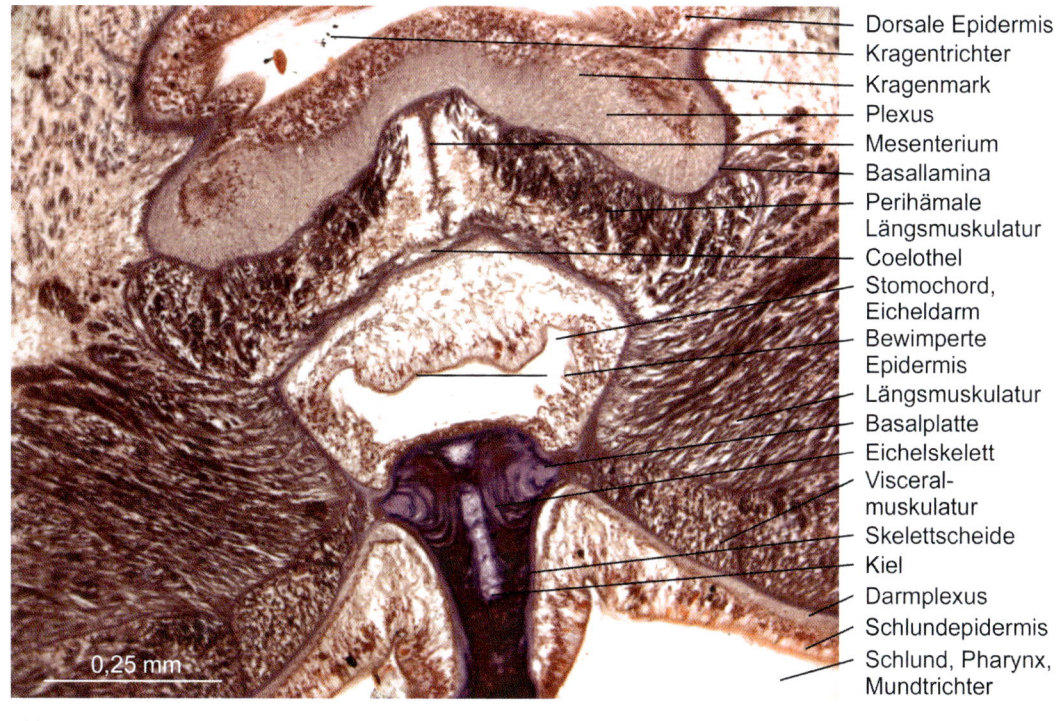

Labels (Abb. 250):
- Dorsale Epidermis
- Kragentrichter
- Kragenmark
- Plexus
- Mesenterium
- Basallamina
- Perihämale Längsmuskulatur
- Coelothel
- Stomochord, Eicheldarm
- Bewimperte Epidermis
- Längsmuskulatur
- Basalplatte
- Eichelskelett
- Visceralmuskulatur
- Skelettscheide
- Kiel
- Darmplexus
- Schlundepidermis
- Schlund, Pharynx, Mundtrichter

0,25 mm

Abb. 250: *Balanoglossus sp.*, Eichelwurm: Kragenregion quer; Ausschnitt. Ein epidermales Rohr durchzieht zwischen Vorder- und Hinterwulst den Kragen; seine dicken ventralen Fasermassen haben viele Bezeichnungen: Kragenmark, Zentralkanal, Neuroporus, Neurochord. Diesen Teil mit dem Neuralrohr der Chordatiere zu homologisieren, ist falsch: Ein Zentralkanal ist nicht vorhanden; der Plexusteil hat keinerlei zentralnervöse Funktionen; es gehen keine Nerven aus und ein; die basiepithelialen Fasern entstehen sehr spät während der Tornarienmetamorphose. Das Eichelskelett enthält keine Zellen; Schichtaufbauten der Basalmatrix machen seine erstaunlichen Intimstrukturen aus.

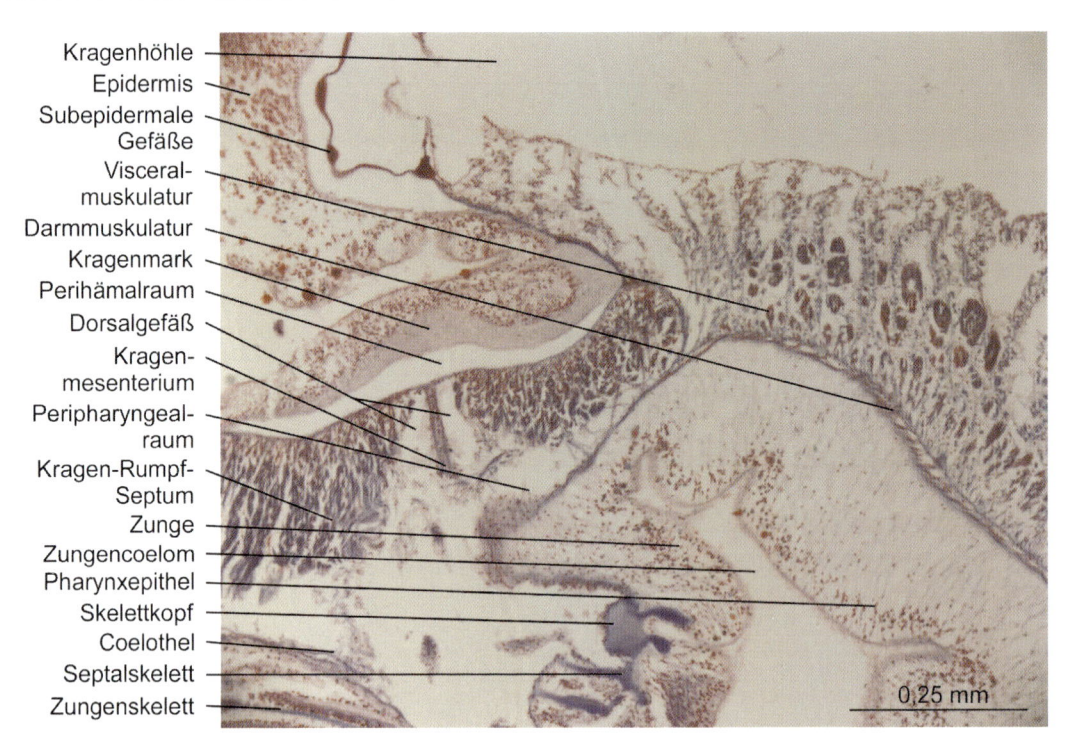

Abb. 251: *Balanoglossus sp.*, Eichelwurm: Querschnitt durch die Kragen-Rumpf-Region; dorsaler Ausschnitt. Der ventrale Teil des Pharynx (Pars nutritiva) ist durch paarige Leisten (Grenzwulst) gegen den spaltentragenden Abschnitt (Pars respiratoria) abgegrenzt. Das gesamte Darmepithel ist innerviert; im hinteren Teil bilden Epithelmuskelzellen die einschichtigen Darmwände. Aus den Substraten herausgeflimmert werden Kieselalgen, Ciliaten, Nematoden, Diskonauplien, Turbanella und selbst so große Turbellarien wie *Notokaryoplanella glandulosa*; neben diesen Formen der Sandlückenfauna nehmen Eichelwürmer Substrat selbst auf – der Bakterienrasen und der Partikel wegen.

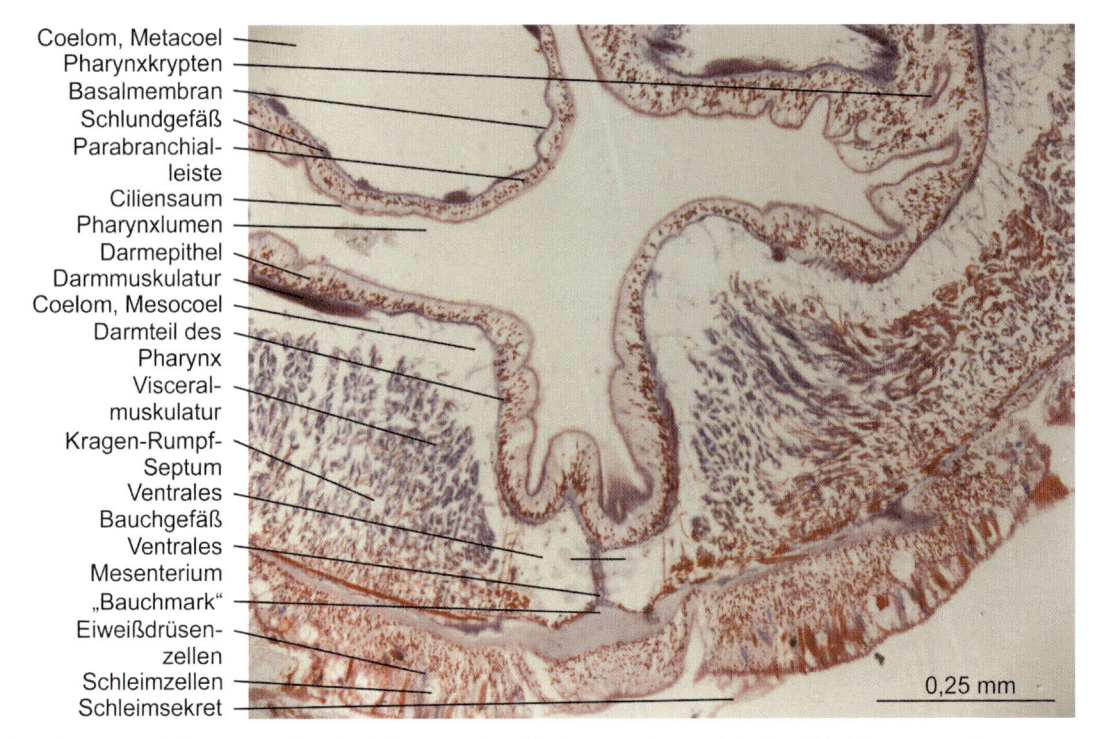

Abb. 252: *Balanoglossus sp.*, Eichelwurm: Querschnitt durch die Kragen-Rumpf-Region; ventraler Ausschnitt. Das Epithel des gesamten Darmsystems ist einschichtig und vielreihig; Flimmerbesätze und Mikrovilli grenzen an die Lumina. Hauptsächlich Wimperströme besorgen den Nahrungstransport. Die Muskulatur aus glatten Muskelfasern (hier blau) ist stark von kollagenartigen Bindegewebsfasern (rot) durchwoben.

Eichelwürmer – Enteropneusta 133

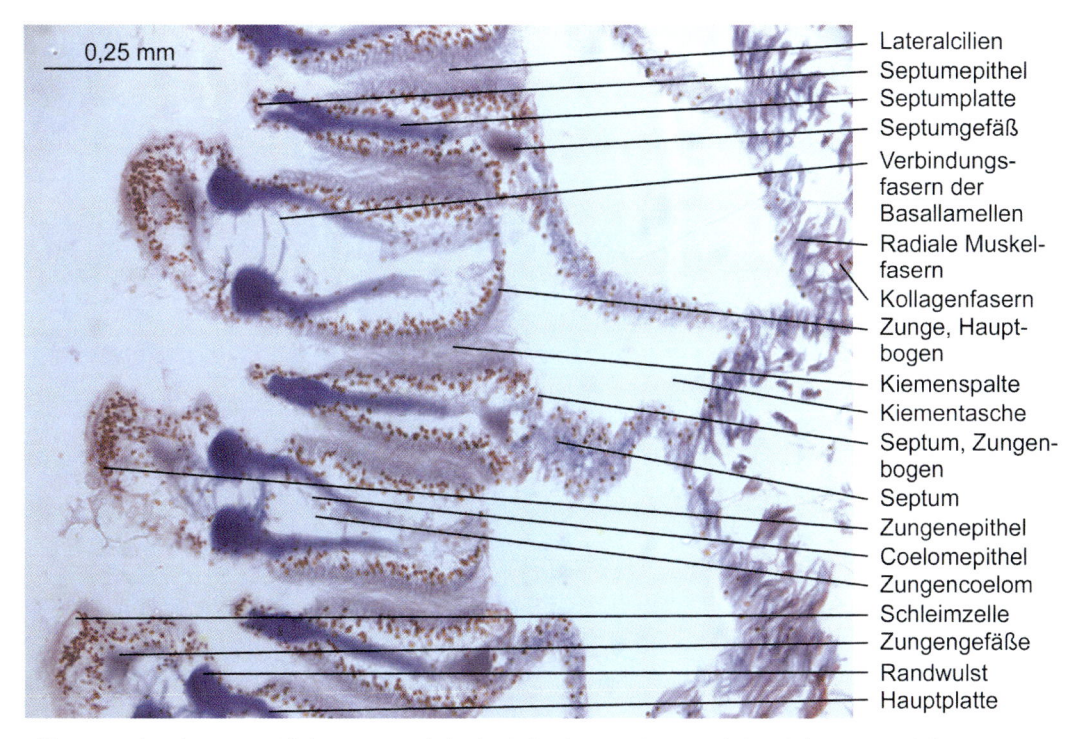

Abb. 253: *Balanoglossus sp.*, Eichelwurm: Querschnitt durch die Kiemenregion; Ausschnitt. Die langen Lateralcilien – um 30 pro Zelle – auf den Nachbarflächen zwischen Septen und Zungen besorgen einen Wasserstrom nach außen (in der Abbildung von links nach rechts). Zweifelhaft ist die Kiemenfunktion des Kiemendarms; branchiostomaparallel sind die Epithelien für einen Gasaustausch viel zu dick. Durch Septen entstehen zu Beginn der Metamorphose Kiemenspalten; später von oben vorwachsende Zungen mit je einem Metacoelschlauch vergrößern die Oberfläche.

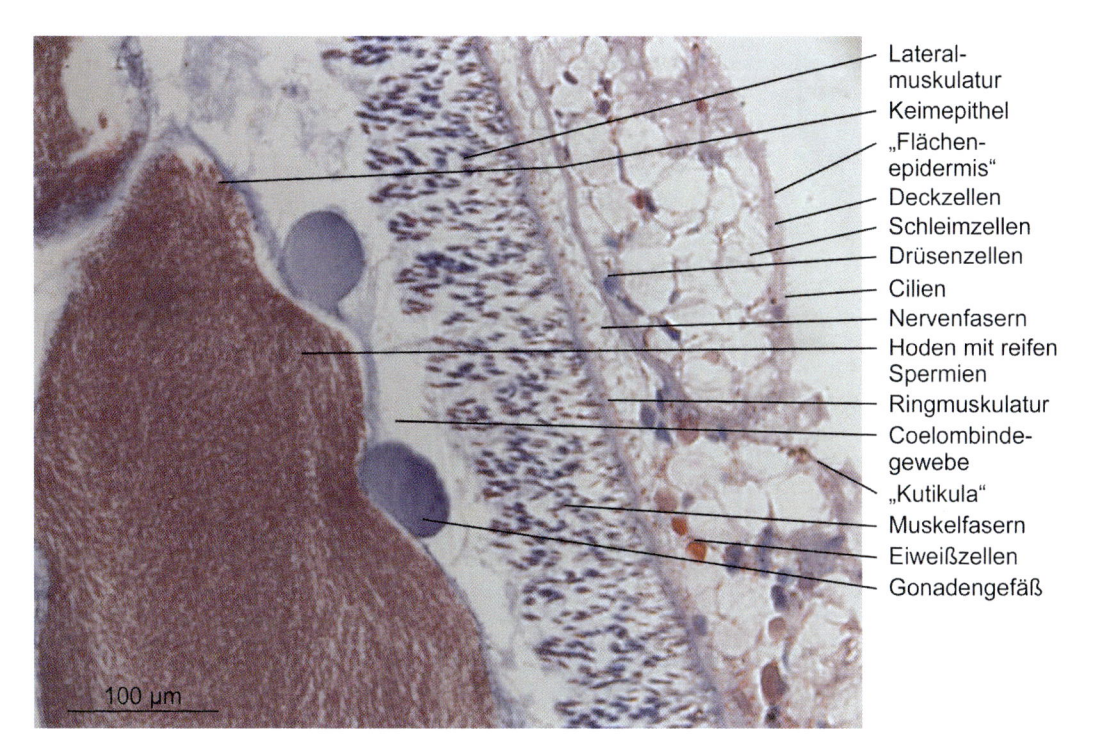

Abb. 254: *Balanoglossus sp.*, Eichelwurm: Querschnitt durch die Gonadenregion eines Männchens; Ausschnitt. Eichelwürmer sind getrenntgeschlechtlich, Gonaden reifen in den seitlichen Genitalflügeln. Die Hoden und Ovarien liegen außerhalb des Coeloms; bei der Reifung verbinden sich lokal die Basallamina von Epidermis und Metacoel: Gonoporen entstehen. Das Ablaichen dauert 1,5 Stunden; Eistränge zerlegen sich bei tiefer Ebbe auf dem Sediment in Einzeleier; dann erst laichen im stillstehenden Wasser die Männchen. Tornaria-Larven mit vier vielfach gewundenen Wimperschnüren tauchen selten im Mittelmeer-, Atlantik- und Nordseeplankton auf, wenn, dann in Wolken.

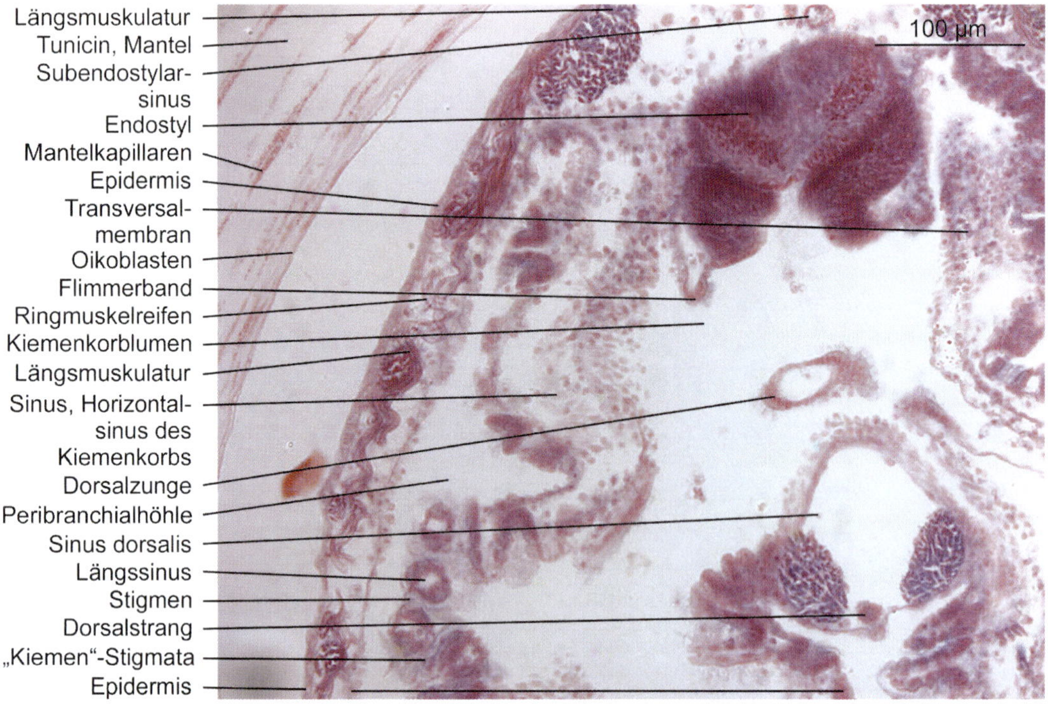
Längsmuskulatur
Tunicin, Mantel
Subendostylar-sinus
Endostyl
Mantelkapillaren
Epidermis
Transversal-membran
Oikoblasten
Flimmerband
Ringmuskelreifen
Kiemenkorblumen
Längsmuskulatur
Sinus, Horizontal-sinus des Kiemenkorbs
Dorsalzunge
Peribranchialhöhle
Sinus dorsalis
Längssinus
Stigmen
Dorsalstrang
„Kiemen"-Stigmata
Epidermis
100 µm

Abb. 255: *Aplidium conicum*, Zuckerrüben-Synascidienkolonie: Kiemendarmregion eines Einzeltiers quer; Ausschnitt. Das herbeigestrudelte Wasser läuft vom Lumen des Kiemenkorbs durch die Kiemenöffnungen über den sehr schmalen Peribranchialraum mit recht hoher Geschwindigkeit durch die Egestionsöffnung ab. Eigentliches Filtriernetz ist ein Schleimprodukt des Endostyls (s. Abb. **257**), das Nanoplankton und Bakterien sowie Molekülkomplexe ausseihen kann; die Dorsalzunge verdrillt das Netz samt Fang und flimmert beides in den Oesophagus. Die orangefarbene Art wird als Kolonie in der Adria 20–40 cm hoch; fünf Atlantikarten der Gattung bleiben unter 5 cm Höhe.

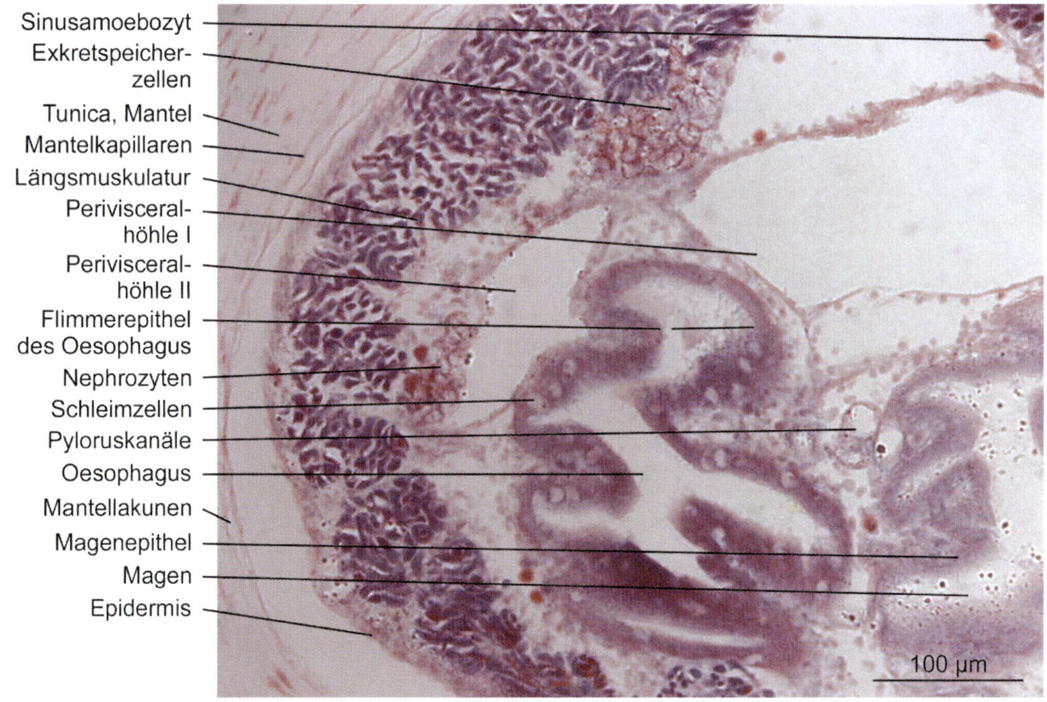
Sinusamoebozyt
Exkretspeicher-zellen
Tunica, Mantel
Mantelkapillaren
Längsmuskulatur
Perivisceral-höhle I
Perivisceral-höhle II
Flimmerepithel des Oesophagus
Nephrozyten
Schleimzellen
Pyloruskanäle
Oesophagus
Mantellakunen
Magenepithel
Magen
Epidermis
100 µm

Abb. 256: *Aplidium conicum*, Zuckerrüben-Synascidienkolonie: Darmregion eines Einzeltiers quer; Ausschnitt. Um 60 % Zellulose, 27 % Chitin und Proteine sowie 13 % anorganische Bestandteile machen den Tunicinmantel aus. Bei Synascidien bilden Myozyten im gemeinsamen Mantel ein Netzwerk von Fortsätzen mit Aktinfilamenten; bei Berührung kontrahiert sich die Tunica langsam. Die Perivisceralhöhlen um Eingeweide und Herz sind epitheliale Aussackungen des Kiemendarmbodens. Den Eingeweiden fehlt jegliche Darmmuskulatur. Muskelfasern sind glatt; quergestreifte Muskeln kommen bei freischwimmenden Larvenstadien vor.

Seescheiden – Ascidiae

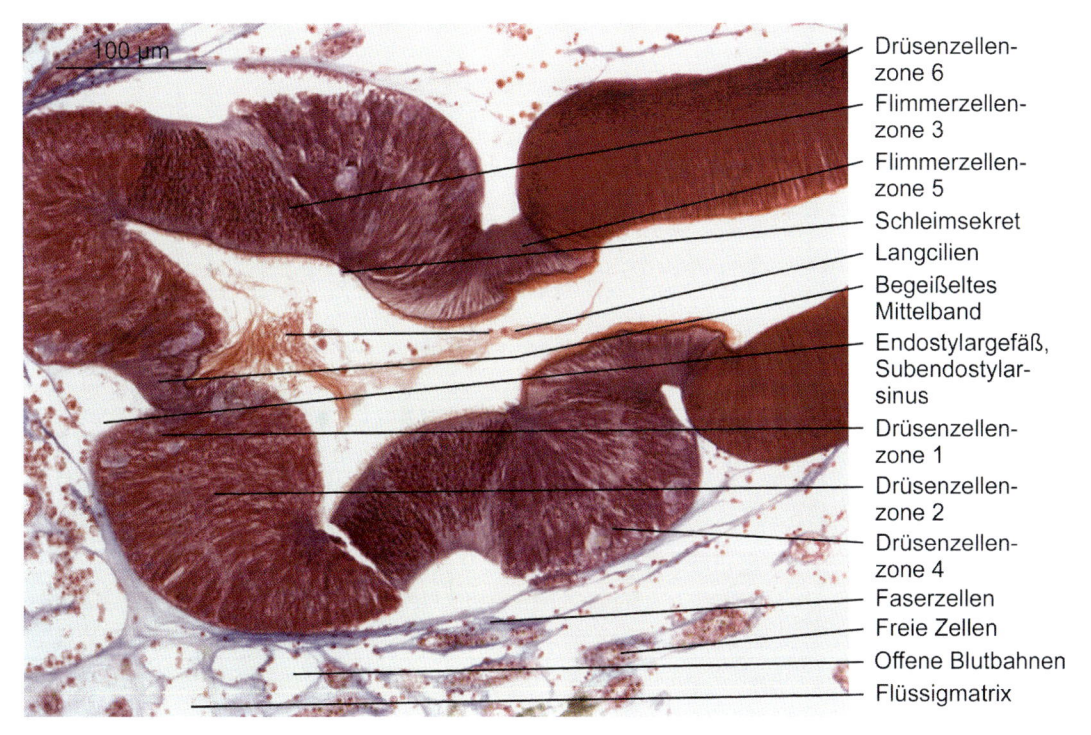

- Drüsenzellenzone 6
- Flimmerzellenzone 3
- Flimmerzellenzone 5
- Schleimsekret
- Langcilien
- Begeißeltes Mittelband
- Endostylargefäß, Subendostylarsinus
- Drüsenzellenzone 1
- Drüsenzellenzone 2
- Drüsenzellenzone 4
- Faserzellen
- Freie Zellen
- Offene Blutbahnen
- Flüssigmatrix

Abb. 257: *Microcosmus sabatini*, Mikrokosmos-Ascidie, Violet de mer: Endostyl, Hypobranchialrinne quer; Ausschnitt. Die verschiedenen Zellzonen der offenen Endostylrinne haben zweierlei Funktionen: Mittelband, Zone 3, Zone 5 und eine außerhalb rechts der Abbildung gelegene Zone 8 flimmern Schleimfilm und Organismen aus den bodennahen Meeresströmungen zum schmalen Dorsalorgan. In den Zonen 1, 2, 4, 6, und 7 (rechts außerhalb der Abbildung) werden Mucoproteine und -polysaccharide für das zarte Schleimnetz gebaut; Zone 6 steuert klebriges Sekret, Zone 7 jodhaltige Proteine bei. Maschenweiten der Netze liegen im µm-Bereich und darunter, Fadenstärken 10–30 nm.

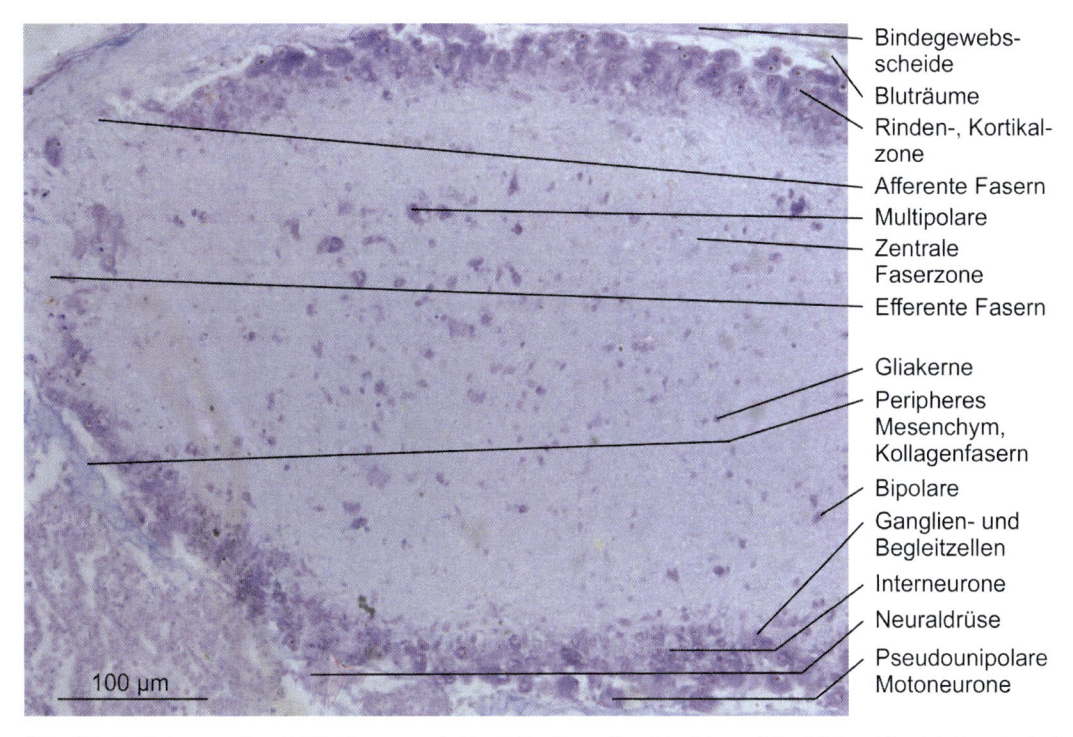

- Bindegewebsscheide
- Bluträume
- Rinden-, Kortikalzone
- Afferente Fasern
- Multipolare
- Zentrale Faserzone
- Efferente Fasern
- Gliakerne
- Peripheres Mesenchym, Kollagenfasern
- Bipolare
- Ganglien- und Begleitzellen
- Interneurone
- Neuraldrüse
- Pseudounipolare Motoneurone

Abb. 258: *Phallusia mammilata*, Weiße Warzenseescheide: Gehirn längs; Übersicht. Die stattliche Solitärascidie wird 14 cm hoch, ihr Zentralnervensystem 0,8 mm lang. Histologisch ist das Gehirn ein typisches Wirbellosenganglion mit ein bis vier Perikaryenschichten außen und Fasermassen im Inneren. Vom Ganglion geht ein viscerales System aus, das die Aktivität des Darmtrakts steuert. Siphonen reagieren auf Licht und Schatten; Photorezeptoren sind bis jetzt nicht nachgewiesen. Neuraldrüse und Gehirn regenerieren bei Ascidien. Ein anderes, sehr effektiv arbeitendes System der Erregungsleitung sind flache Epithelzellen mit sehr vielen *gap junctions*.

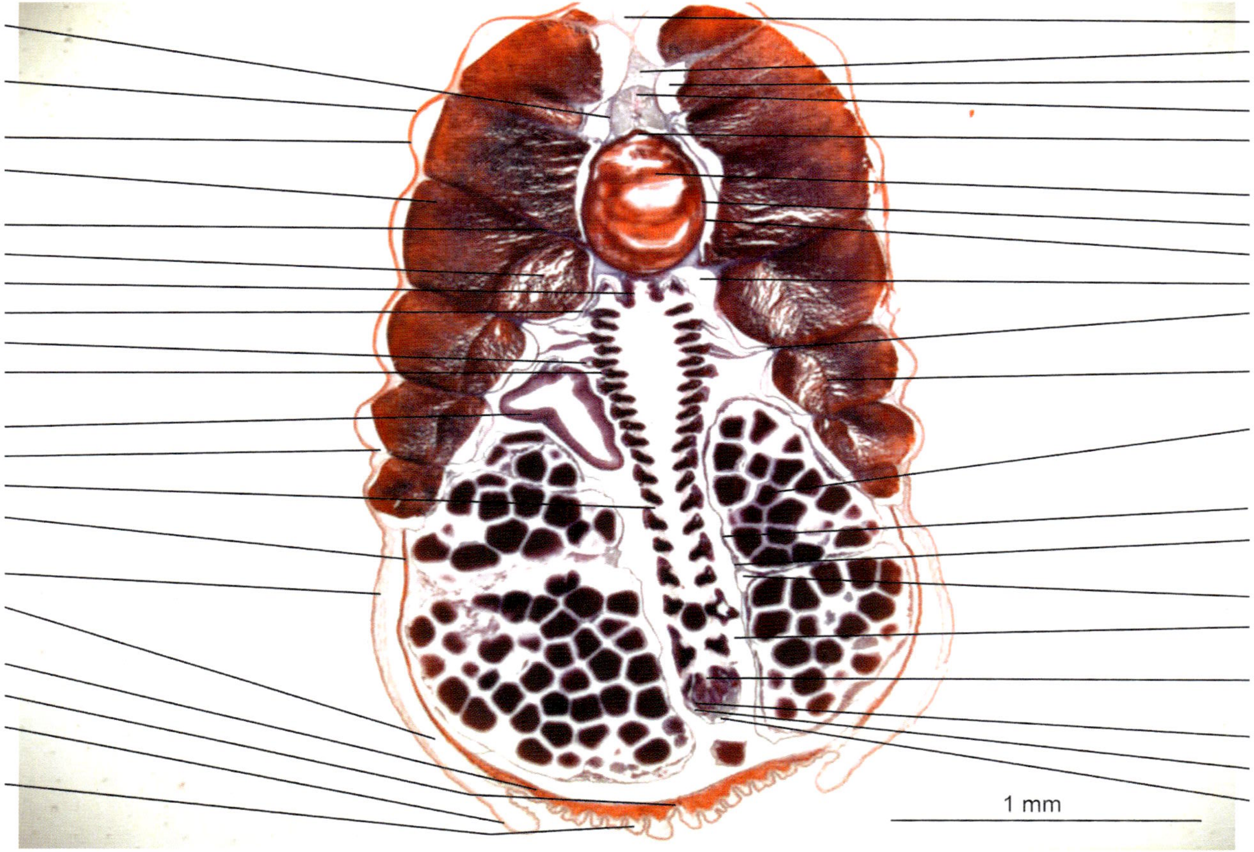

Perimedulläres Bindegewebe
Epidermis mit Mikrovillisaum
Kutis
Muskelblätter, Myomere
Myosepten
Muskelsäulchen
Epibranchialrinne
Cyrtopodozyten
Hauptbogen
Nebenkiemenbogen
Leberepithel
Myocoel
Kiemenspalten
Visceralmuskulatur
Subkutis
Seitenkanal, Metapleuralcoelom
Pterygialmuskel
Raphe
Metapleuralfalten
Subepidermale Gallerträume
Flossenstrahl
Dachraum
Sklerocoel
Neuralrinne
Müllersches Gewebe
Chordaplatten
Chordaepithel
Chordascheide
Subchordalcoelom
Ligamentum denticulatum
Muskelfortsätze zum Rückenmark
Ovar, Eizellen, Follikelmembran
Keimepithel
Peribranchialepithel
Gonadencoelom
Peribranchialraum
Hypobranchialrinne
Endostylplatte
Endostylcoelom
Endostylarterie
1 mm

Abb. 259: *Branchiostoma lanceolatum*, Lanzettfischchen: Querschnitt durch die Kiemendarmregion eines Weibchens; Übersicht. Zum Sujet hier lediglich Stichworte: Die kubischen Epithelzellen der einschichtigen Epidermis haben an ihren Außenflächen mit Sekreten angefüllte submikroskopische Einsenkungen; die Pfosten zwischen den Gruben tragen Mikrovilli; seitliche Fortsätze verzahnen die Nachbarzellen; Tonofibrillen im Zytoplasma laufen zum Teil auf Desmosomen zu; die Epidermis ist wohl Atemorgan, die Kiemen sind Transportorgan für Wasser. Unter der Epidermis wechseln rechtwinklig gegeneinander versetzte Lagen von Kollagenfibrillen in vielschichtigen Stapeln. Das hochprismatische, einschichtig-mehrreihige Leberepithel trägt lumenwärts Cilien. Nicht gametogene Zellen im Ovar bedecken in dünnen Schichten die heranwachsenden Eier und ähneln Follikelzellen; den Zellen werden auch endokrine Funktionen nachgesagt. Die dotterarmen, 110 μm großen reifen Eier sind extrem polar gebaut; das erste Polkörperchen kennzeichnet den animalen Pol. Lebensdauer: 7 Monate.

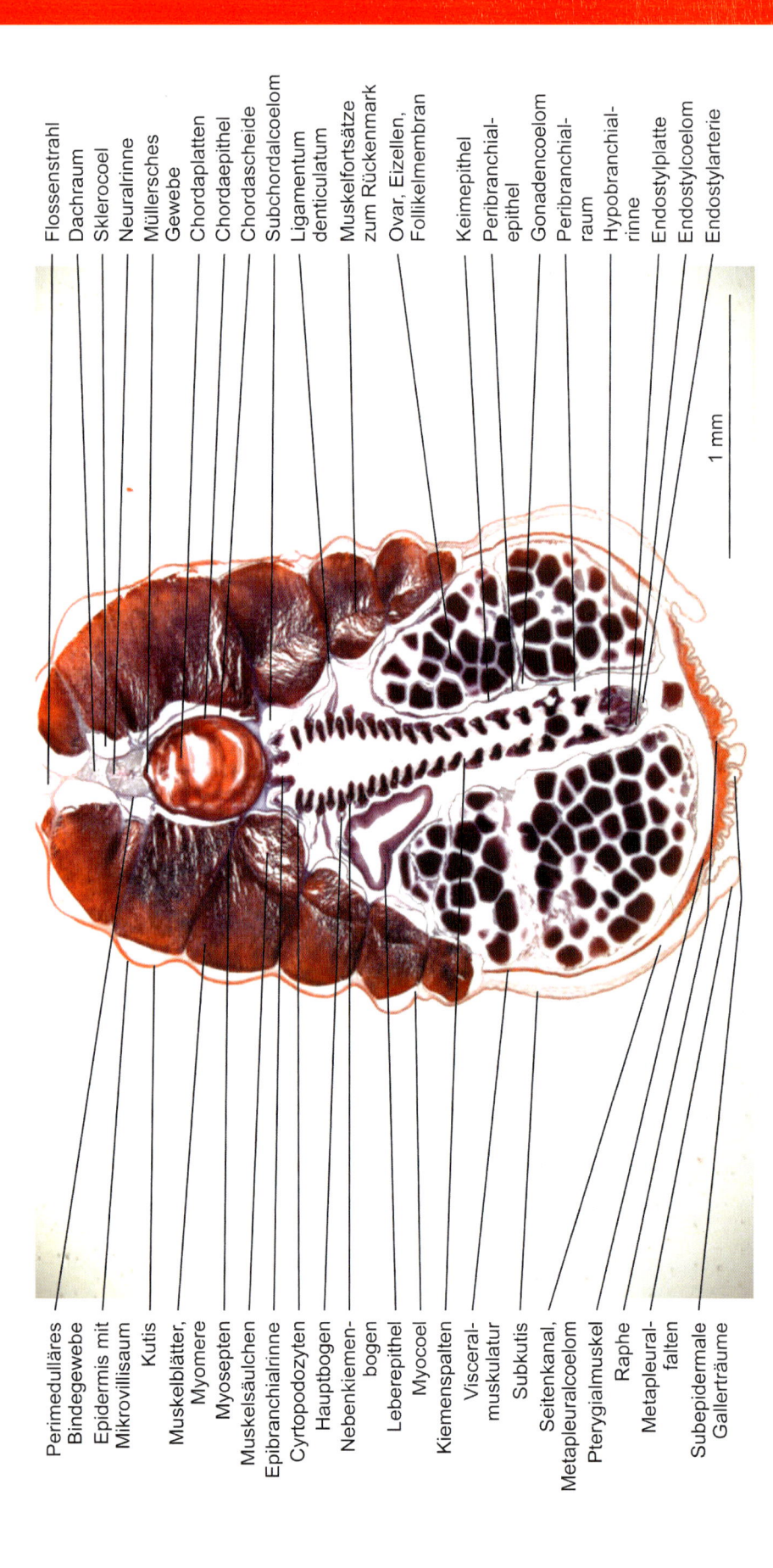

Lanzettfischchen – Acrania

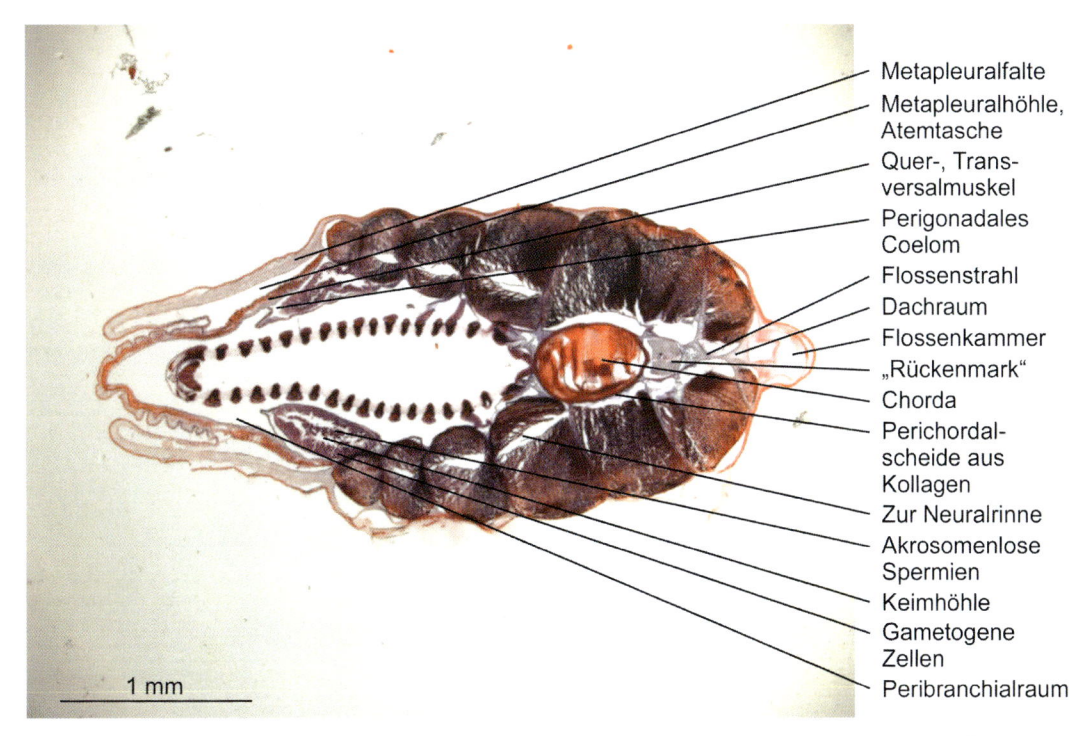

Abb. 260: *Branchiostoma lanceolatum*, Lanzettfischchen: Querschnitt durch die Kiemendarmregion eines Männchens; Übersicht. Die Rumpfmuskeln von *Amphioxus* sind sehr dünne Platten mit langen zarten Schwänzen; die Fortsätze kommen in die Nähe der zweischichtigen Faserlagen der Rückenmarkshülle; dort bilden sie myoneurale Synapsen mit 70 nm großen Vesikeln der äußeren und 120 nm großen Vesikeln der inneren Muskelblättchen. Zwischen beiden Muskeltypen ermöglichen zusätzlich *gap junctions* elektrische Kopplung. Die nicht gametogenen Zellen im Hoden mit auffällig großen Kernen sind den Sertoli-Zellen der Wirbeltierhoden ähnlich.

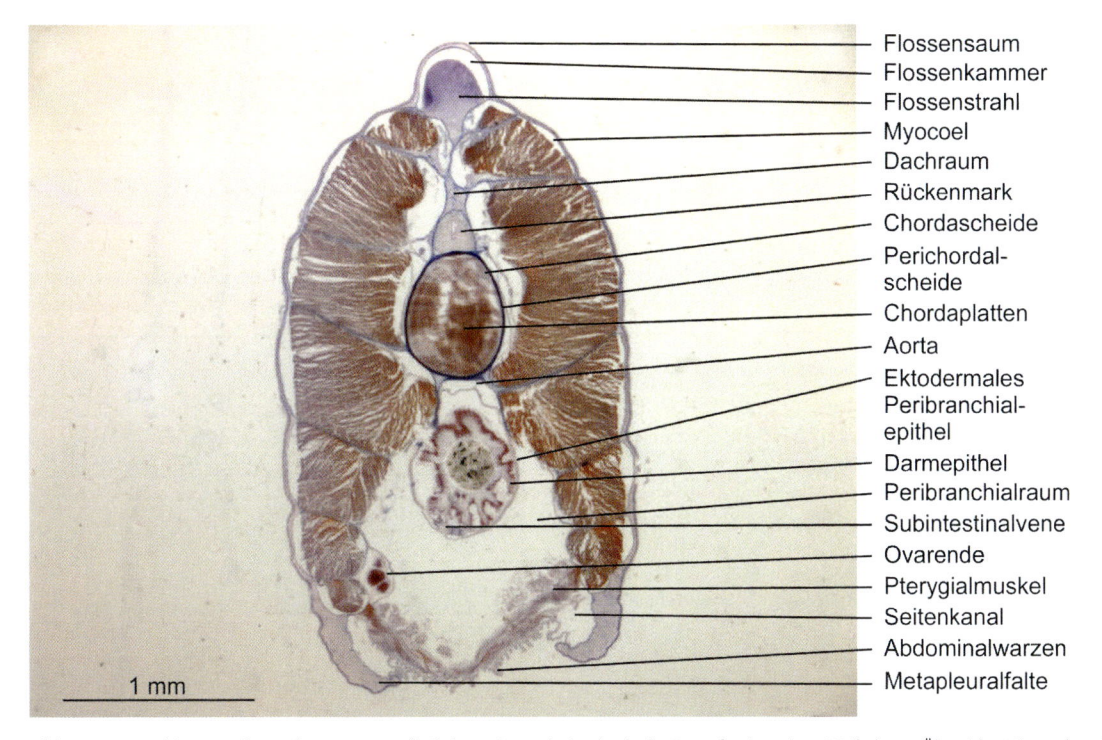

Abb. 261: *Branchiostoma lanceolatum*, Lanzettfischchen: Querschnitt durch die Rumpfregion eines Weibchens; Übersicht. Hinter dem Kiemendarm geht ein kurzes, dorsales Oesophagusstück in den Mitteldarm über. Hinter dem Porus abdominalis, mit dem der Peribranchialraum endet, führt der Enddarm zum asymmetrischen After. Das gesamte Darmepithel flimmert mit Cilien und transportiert den Inhalt. Sezernierende Partien des Wimperepithels umhüllen Tonkolloide, Sande, Kieselalgen und Detritus mit einer peritrophischen Membran (Abb.). Paketweise wird der Kot mit der Membran abgegeben.

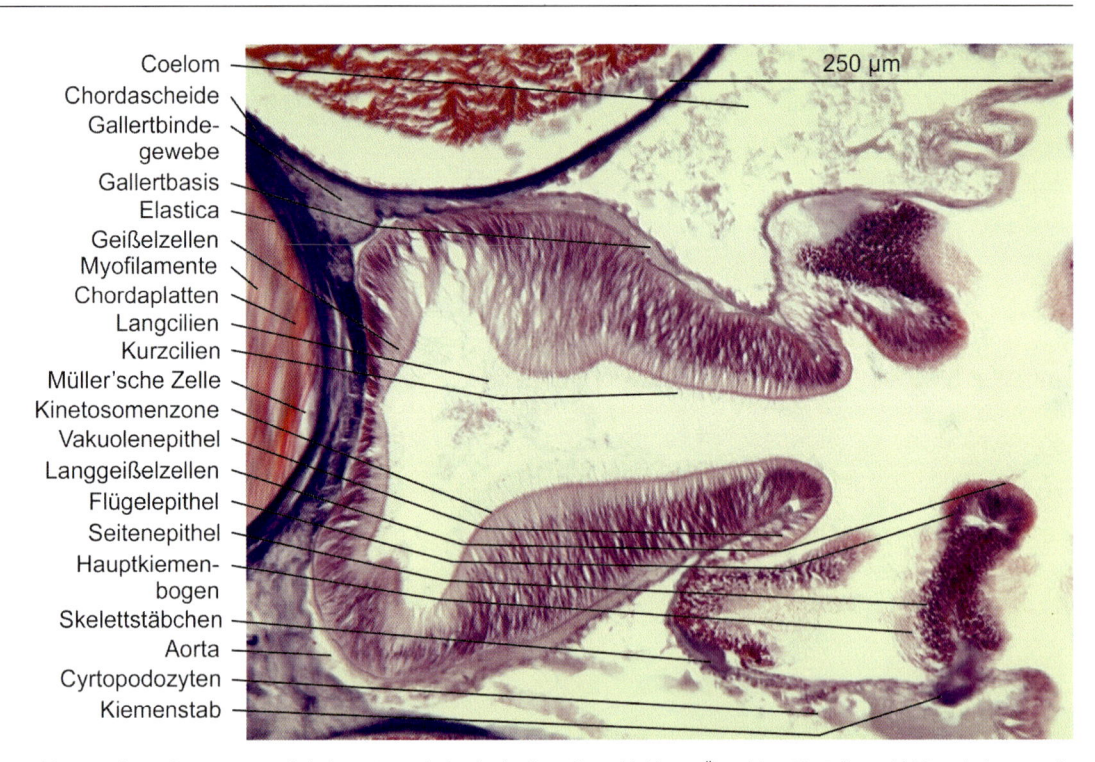

Abb. 262: *Branchiostoma lanceolatum*, Lanzettfischchen: Querschnitt durch die Epibranchialrinne; Übersicht. Die Epibranchialrinne bekommt die eingeschleimten Nahrungspartikel zugeflimmert; ihre unterschiedlichen Cilien im Dach des Kiemendarms befördern Ausgefiltertes nach hinten in den Oesophagus beim Abzweig des Leberblindsackes. Das Kiemenbogencoelom der Hauptkiemenbögen ist hier in der Rinnennähe noch das umfangreiche Subchordalcoelom. Der Motor des Stroms von innen nach außen sind die Cilien der Seitenepithelien. Kiemenskelette und Chordakorsette sind aus Kollegenfasern; Knochen oder gar Knorpel gibt es nicht. Zusammenhängend tauchen dorsale Koppelstücke, Stäbchen und ventrale Gabeln des Kiemenskeletts in Mägen von Knurrhähnen, Schleimfischen, Himmelsguckern, Grauen Lippfischen, Brassen, Meerbarben und Gabeldorschen auf.

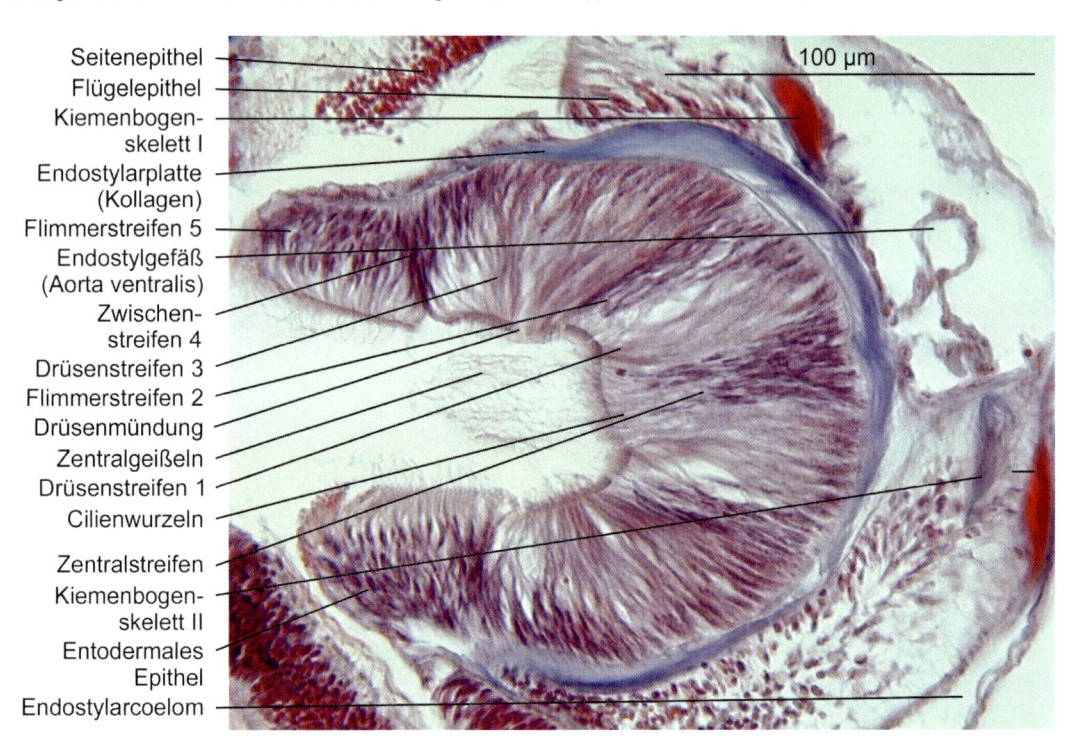

Abb. 263: *Branchiostoma lanceolatum*, Lanzettfischchen: Endostyl, Hypobranchialrinne quer; Übersicht. Die entodermalen Epithelzellen aller Streifen des Endostyls sind hochprismatisch und plus-minus dicht und lang beflimmert. Die Zellen des Flimmerstreifens 2 enthalten elektronendichte Granula, sie vermögen Jod zu binden und können Thyreoglobulin erzeugen. Hauptfunktion der Rinne ist die Sekretion von Schleim für die Nahrungsaufnahme. Grobe Partikel kommen nicht mehr in diesen Bereich, sie werden von den Mundcirren am Rand der Präoralhöhle weggesiebt.

Neunaugen – Petromyzonta

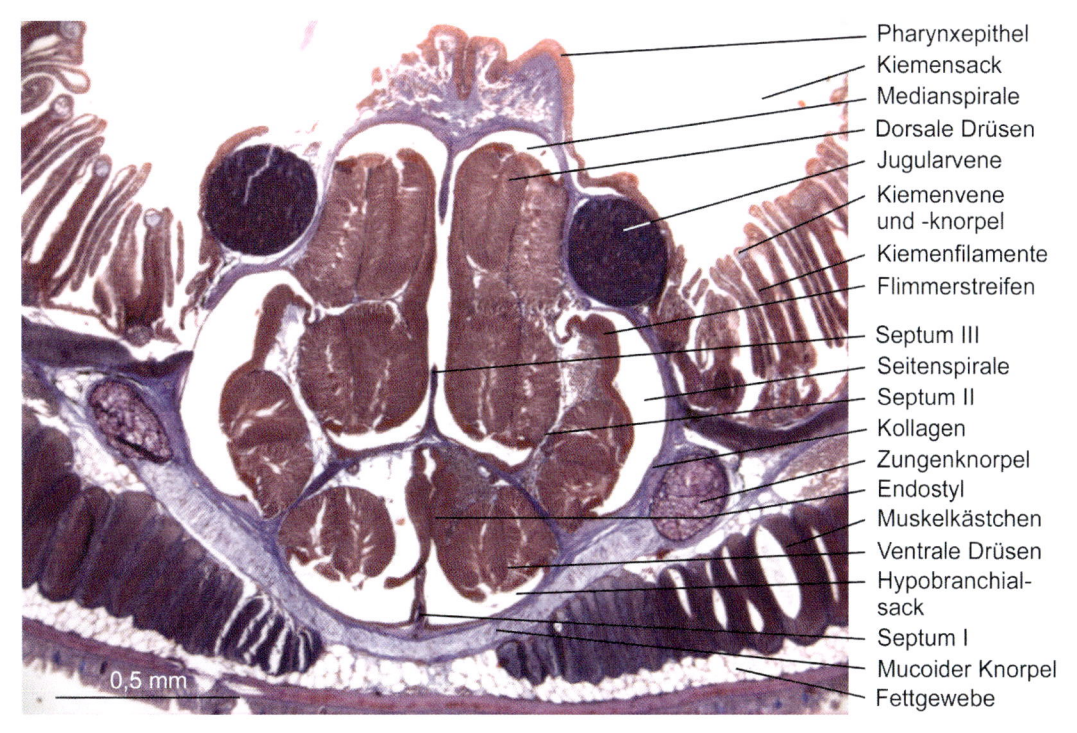

Abb. 264: *Petromyzon marinus*, Meerneunauge: Schilddrüsenanlage einer Larve (Querder, Ammocoetes) quer; Übersicht. Bei erwachsenen Neunaugen sind die Schilddrüsenfollikel locker im Pharynxbodengewebe verstreut; sie knospen aus wenigen primären Röhrenfollikeln, die wiederum während der Metamorphose aus Epithelien der Mündung des Endostylorgans kommen. Flimmerstreifen des Organs sind niedrig, Drüsenstreifen hoch. Die schlanken Drüsenzellen haben jeweils eine Geißel. Über eine enge Öffnung kommuniziert das Organ mit dem Kiemendarm, dem entodermalen Pharynx.

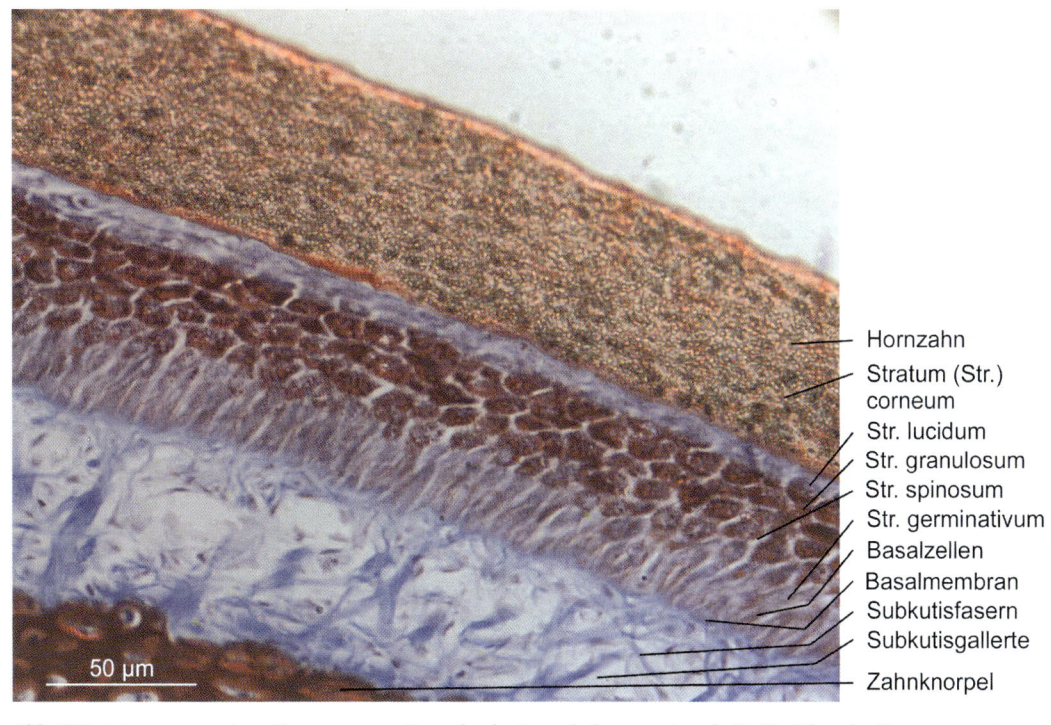

Labels: Pharynxepithel, Kiemensack, Medianspirale, Dorsale Drüsen, Jugularvene, Kiemenvene und -knorpel, Kiemenfilamente, Flimmerstreifen, Septum III, Seitenspirale, Septum II, Kollagen, Zungenknorpel, Endostyl, Muskelkästchen, Ventrale Drüsen, Hypobranchialsack, Septum I, Mucoider Knorpel, Fettgewebe

Abb. 265: *Petromyzon marinus*, Meerneunauge: Hornzahn der Saugscheibe quer; Ausschnitt. Die Zähne der Neunaugen an Zunge und Saugscheibe sind einfache Hornbildungen; immerhin wird der „Wunderstoff" Keratin mit bis zu 24 % Gehalt an Zystin (Disulfidbrücken!) gebildet. Eng miteinander verzahnt und durch Hemidesmosomen verbunden sind Basallamina (blau) und die Zellen des Stratum basale mit roten Zytokeratin-, Tonofilamenten. Emporgerückt ins Stratum spinosum runden sich Zellen und Kerne ab, die Keratinisierung mit Filaggrinen beginnt, kurze Zellfortsätze überbrücken mit Lymphe gefüllte Interzellularspalten und sind über Desmosomen mit Fortsätzen der Nachbarzellen verbunden. Nekrobiosen von Keratinozytenorganellen laufen im Stratum lucidum ab. Den Zusammenhalt im Stratum corneum ermöglichen Acylglykosylceramide als Interzellularkitt.

Labels: Hornzahn, Stratum (Str.) corneum, Str. lucidum, Str. granulosum, Str. spinosum, Str. germinativum, Basalzellen, Basalmembran, Subkutisfasern, Subkutisgallerte, Zahnknorpel

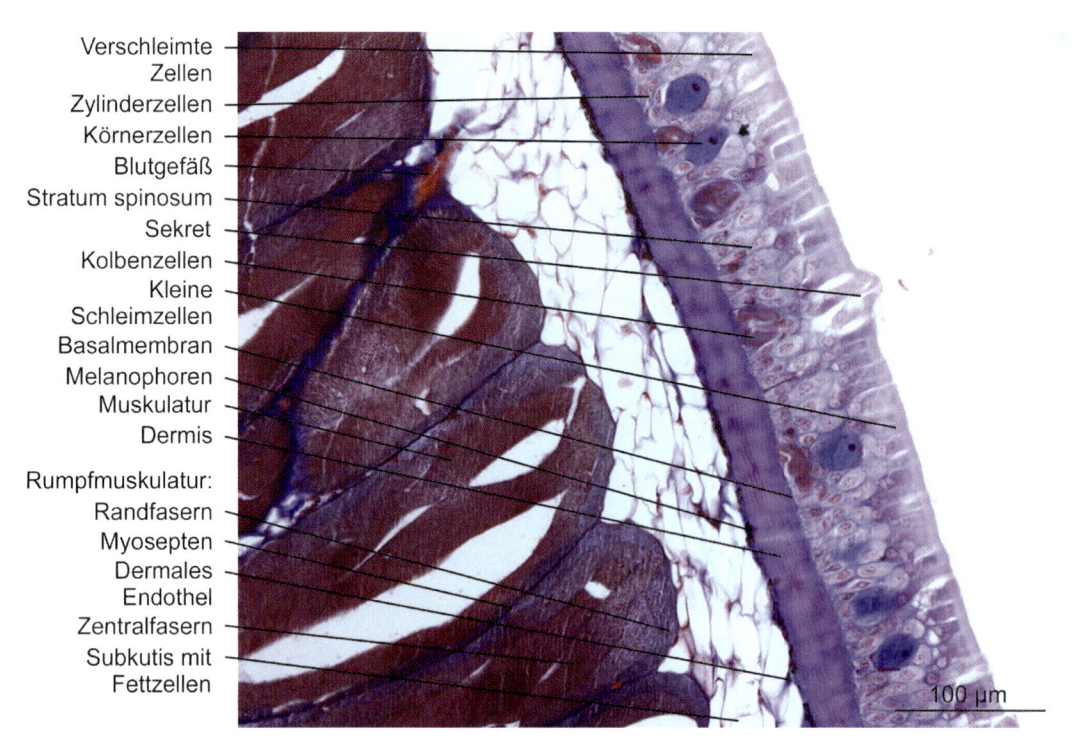

Abb. 266: *Petromyzon marinus*, Meerneunauge: Querschnitt durch ein adultes Tier; Ausschnitt. Die um 110 paarigen Myomere der Rumpfmuskulatur eines Neunauges sind rechteckige Faserpakete, die kein Horizontalseptum haben, also nicht in epaxone und hypaxone Bereiche untergliedert sind. Die im Querschnitt kleinen Fasern der Ränder sind reich an Myoglobin, als rote Muskulatur tonisch. Die plattenförmigen weißen Muskelfasern kommen zentral zu liegen. Zwischen den Epithelzellen der mehrschichtigen Epidermis liegen basal große Kolbenzellen ohne Verbindung zur Oberfläche; inmitten gelegene Körnerzellen wirken toxisch; die kleinen Zellen der Außenseite verschleimen.

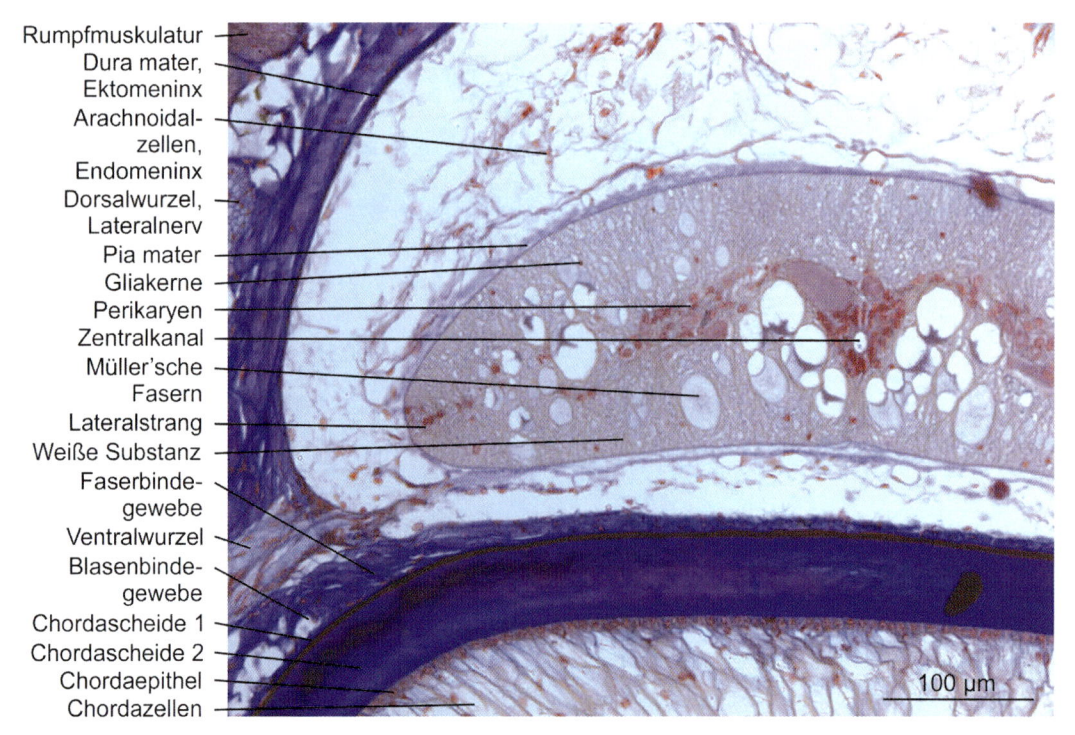

Abb. 267: *Petromyzon marinus*, Meerneunauge: Querschnitt durch Meningen, Rückenmark und Chorda; Ausschnitt. Das Rückenmark ist ein flacher Strang; Ependymzellen begrenzen den Zentralkanal; im Kanal der Reissner'sche Faden; graue Substanz aus den Perikaryen unterschiedlich großer Neurone; Axone und Dendriten der weißen Substanz meist quer getroffen; Myelinscheiden sind nicht vorhanden; ungewöhnlich dicke Nervenzellfortsätze sind die Müller'schen Fasern. Die zunächst kubischen, dann hoch vakuolisierten Chordazellen werden von einer dicken Basallamina (Elastica interna) umhüllt. Chordascheide 1 ist dann gefäßfreies Kollagen- und Elastinbindegewebe aus sehr feinen Mikrofibrillen.

Knorpelfische – Chondrichthyes

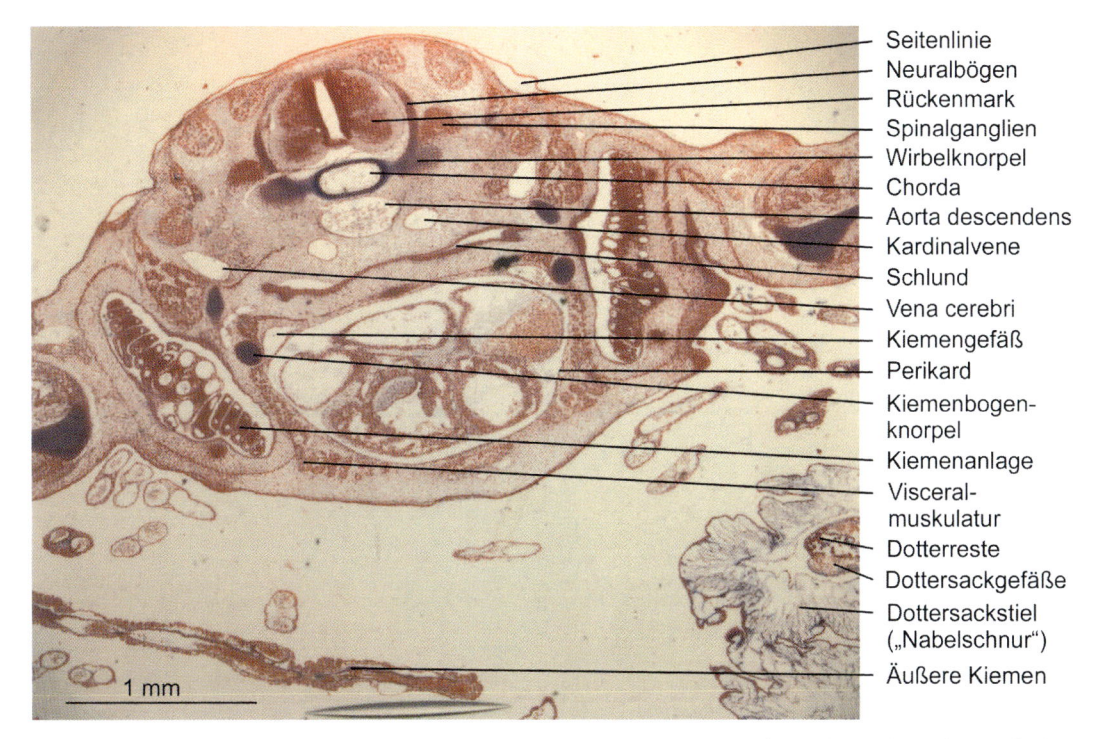

Labels (Abb. 268):
- Seitenlinie
- Neuralbögen
- Rückenmark
- Spinalganglien
- Wirbelknorpel
- Chorda
- Aorta descendens
- Kardinalvene
- Schlund
- Vena cerebri
- Kiemengefäß
- Perikard
- Kiemenbogenknorpel
- Kiemenanlage
- Visceralmuskulatur
- Dotterreste
- Dottersackgefäße
- Dottersackstiel („Nabelschnur")
- Äußere Kiemen

1 mm

Abb. 268: *Rajidae*, Rochen: Querschnitt durch einen Fetus; Ausschnitt. Der Dottersack steht mit dem embryonalen und fetalen Darm in offener Verbindung. Zum Atmen wachsen bis zum Funktionieren der eigentlichen inneren Kiemen äußere Kiemenfäden und Lamellen als Auswüchse der randständigen Kiementeile heran. Noch kaum entwickelt ist das System der elektrosensorischen Lorenzinischen Ampullen, deren Kanäle später zwischen Haut und Muskulatur bei Rochen bis in die Brustflossen reichen.

Labels (Abb. 269):
- Kapillare
- Ampullenkanäle quer
- Sinnesepithel
- Basallamina
- Ampullennerv
- Epithel, Isolator
- Propria-Kapsel der Ampullenkanäle
- Schleimgallerte
- Gallertbindegewebe

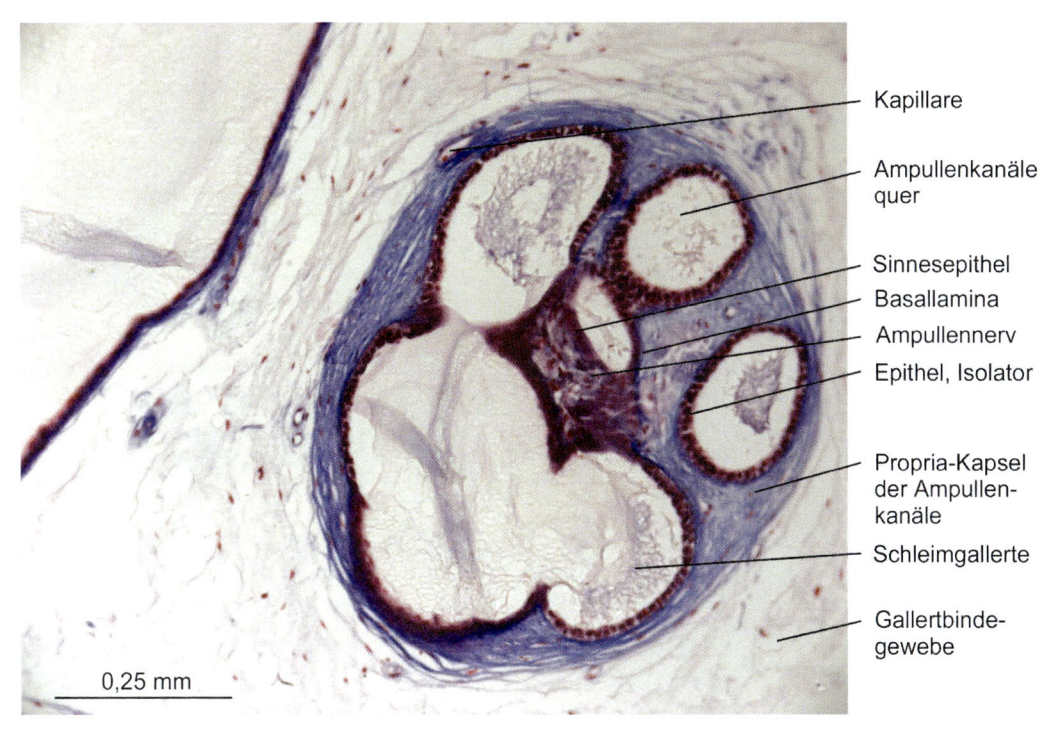

0,25 mm

Abb. 269: *Etmopterus spinax*, Schwarzer Dornhai: Lorenzinische Ampullen, Ampullenkanäle im Querschnitt; Übersicht. In Gruppen stehende nadelfeine Poren am Kopf des Haies sind die Mündungen der Elektrosensoren; sie messen niederfrequente elektrische Felder und feinste Potentialdifferenzen. Als Leiter zwischen Seewasser außen und Rezeptorzellen, Stützzellen und afferenten Axonen am Ampullengrund fungiert die Schleimgallerte der bis 1 cm langen tubulären Kanäle. Hochgradiger Isolator ist die Basallamina der Tubuli. Das System führt eher zum Zubeißen als Riechen und Sehen, da die Muskelaktivität von Beutetieren, auch eingegrabenen, erkannt wird. Indirekte Wirkungen des Erdmagnetismus dienen der Navigation.

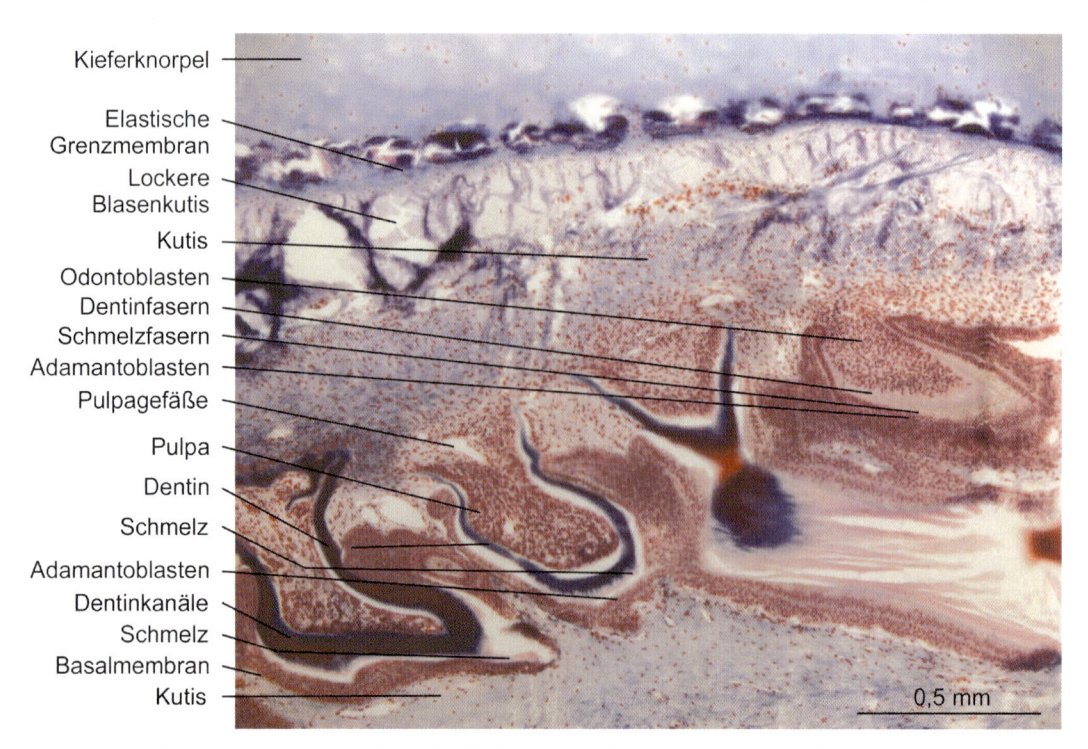

Kieferknorpel
Elastische Grenzmembran
Lockere Blasenkutis
Kutis
Odontoblasten
Dentinfasern
Schmelzfasern
Adamantoblasten
Pulpagefäße
Pulpa
Dentin
Schmelz
Adamantoblasten
Dentinkanäle
Schmelz
Basalmembran
Kutis

0,5 mm

Abb. 270: *Scyliorhinus canicula*, Katzenhai: Zahnleiste längs; Übersicht. Die Zähne der Kiefer stehen in mehreren Reihen hintereinander; die Zähne sind spitze Haken oder dreieckige, messerscharfe Reißzähne mit Nebenzähnchen. Die vordersten Zähne werden durch nachrückende der nächsten Zahngeneration ersetzt. Ektodermale Adamantoblastenzellen der Zahnleisten bilden Schmelz, der beim notwendigen Entkalken vor der Anfertigung von Schnitten weitgehend gelöst wird. Die Form der mesodermalen Zahnteile – Dentin (Zahnbein) und basaler Knochen – bleibt hingegen nach Behandlung der Objekte mit 5 % TCA ihres Gehalts an Kollagenfasern wegen erhalten. Zahnbeinbildner sind die peripheren Pulpazellen mit ausgeprägten Zytoplasmafortsätzen nach außen – Odontoblasten mit Tomes-Fasern.

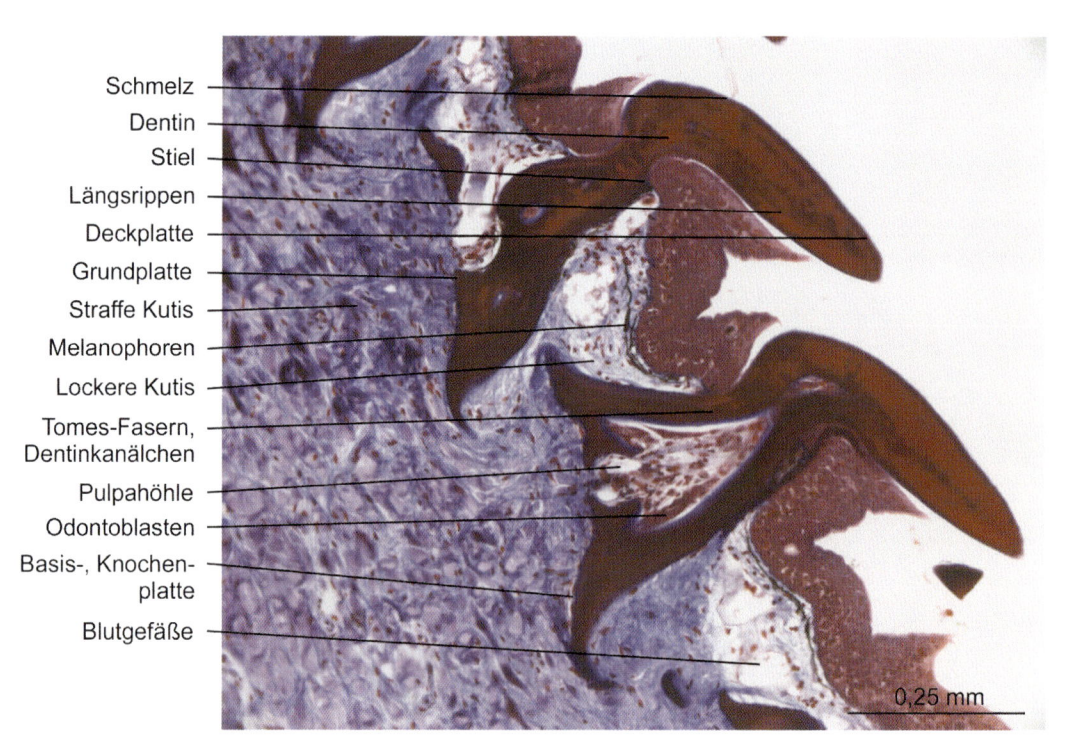

Schmelz
Dentin
Stiel
Längsrippen
Deckplatte
Grundplatte
Straffe Kutis
Melanophoren
Lockere Kutis
Tomes-Fasern, Dentinkanälchen
Pulpahöhle
Odontoblasten
Basis-, Knochenplatte
Blutgefäße

0,25 mm

Abb. 271: *Scyliorhinus canicula*, Katzenhai: Haut mit Plakoidschuppen längs; Ausschnitt. Die Plakoidschuppen der Haie sind Hautzähne, die mit einer harten Schmelzschicht überzogen sind. Die Spitzen der Zähne durchbrechen die Epidermis und sind immer nach hinten gebogen. Die im Corium verankerte Basalplatte besteht aus Knochensubstanz, die nahtlos in Dentin übergeht. Den Fischschmelz sezernieren ektodermale Zellen des Stratum basale in einem kegelmantelförmigen Schmelzorgan innerhalb der lokal verdickten Epidermis. Bei Rochen sind die Plakoidschuppen auf Gruppen (Nagelrochen) oder einzelne Dornen (Stechrochen) reduziert.

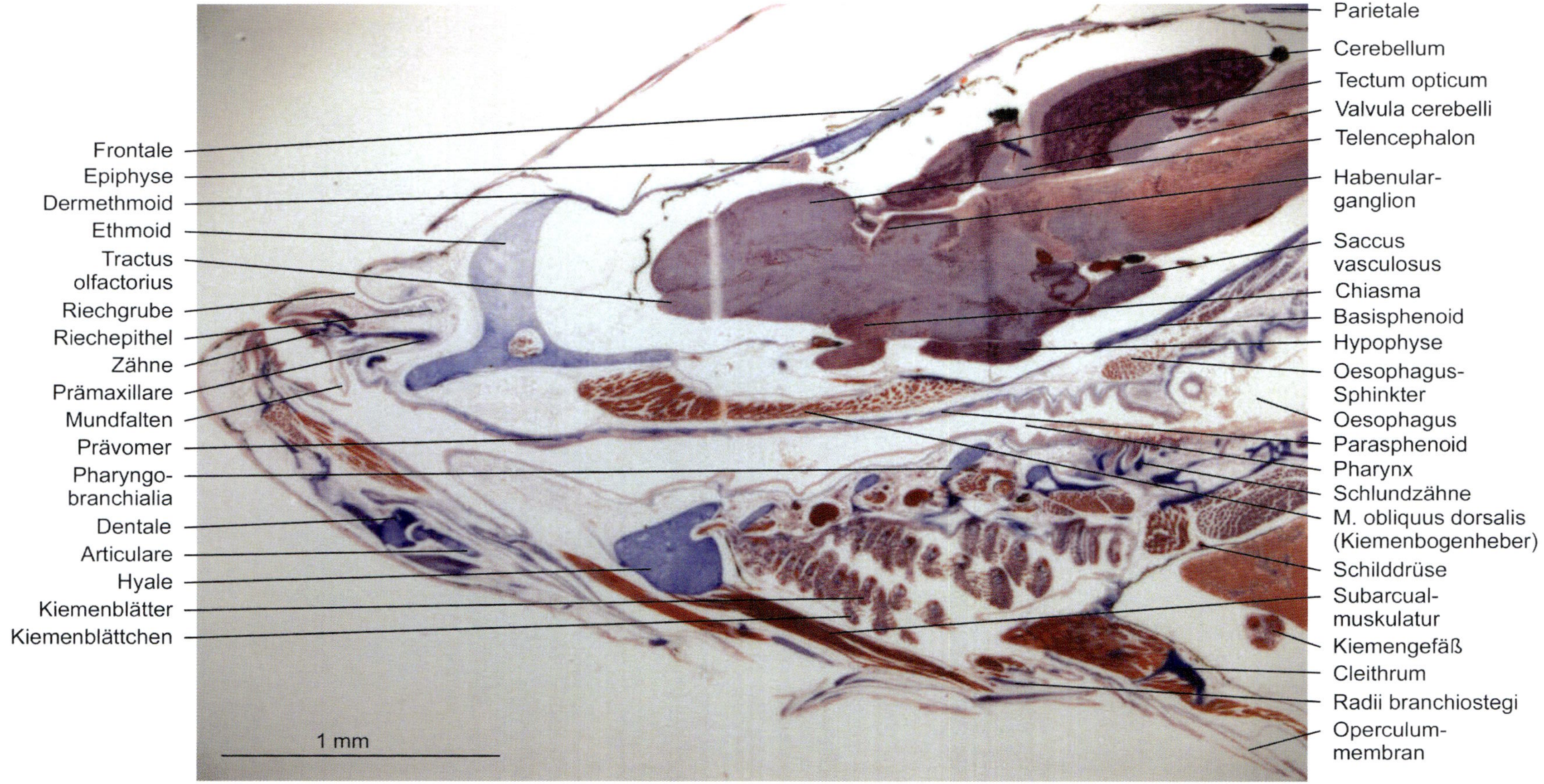
Frontale
Epiphyse
Dermethmoid
Ethmoid
Tractus olfactorius
Riechgrube
Riechepithel
Zähne
Prämaxillare
Mundfalten
Prävomer
Pharyngobranchialia
Dentale
Articulare
Hyale
Kiemenblätter
Kiemenblättchen
1 mm
Parietale
Cerebellum
Tectum opticum
Valvula cerebelli
Telencephalon
Habenularganglion
Saccus vasculosus
Chiasma
Basisphenoid
Hypophyse
Oesophagus-Sphinkter
Oesophagus
Parasphenoid
Pharynx
Schlundzähne
M. obliquus dorsalis (Kiemenbogenheber)
Schilddrüse
Subarcualmuskulatur
Kiemengefäß
Cleithrum
Radii branchiostegi
Operculummembran

Abb. 272: *Poecilia reticulata*, Millionenfisch, Guppymännchen: Längsschnitt durch die Kopfregion; Übersicht. Im natürlichen Lebensraum (Barbados, Trinidad, Venezuela, Nordbrasilien) meiden Guppys offene Wasserflächen; seichte und stark verkrautete Regionen mit stehendem Wasser sind ihr Element. Stechmückenlarven und -puppen sowie Wasserflöhe und Ruderfußkrebse bilden die Hauptnahrung; Algen, Spinat, Haferflocken und Trockenfutter sind Surrogate für Tiere in Aquarien. Die Ziele der Guppyzucht sind erbfeste Stämme, bei denen alle Angehörigen weitgehend gleiches Erbgut besitzen. Standards für die Beflossung bei Männchen von Zuchtformen sind die Schwanzflossen: Doppelschwert-, Untenschwert-, Obenschwert-, Scheren-, Rund-, Fahnen-, Schleier-, Fächer-, Triangel-, Nadel-, Speer-, Spaten-, Leierschwanz. Prächtig gefleckt und gestreift sind die bis 3 cm großen Männchen; die bis 6 cm großen Weibchen bleiben gelblich bis gelblich-grün und unscheinbar. Das hoch strukturierte Dach des Mittelhirns (Tectum opticum) lässt auf ein leistungsfähiges visuelles System, das große Kleinhirn auf hochgradige Feinmotorik schließen. Frühere Bezeichnung für *Poecilia reticulata*: *Lebistes reticulatus*.

144 Fische – Pisces

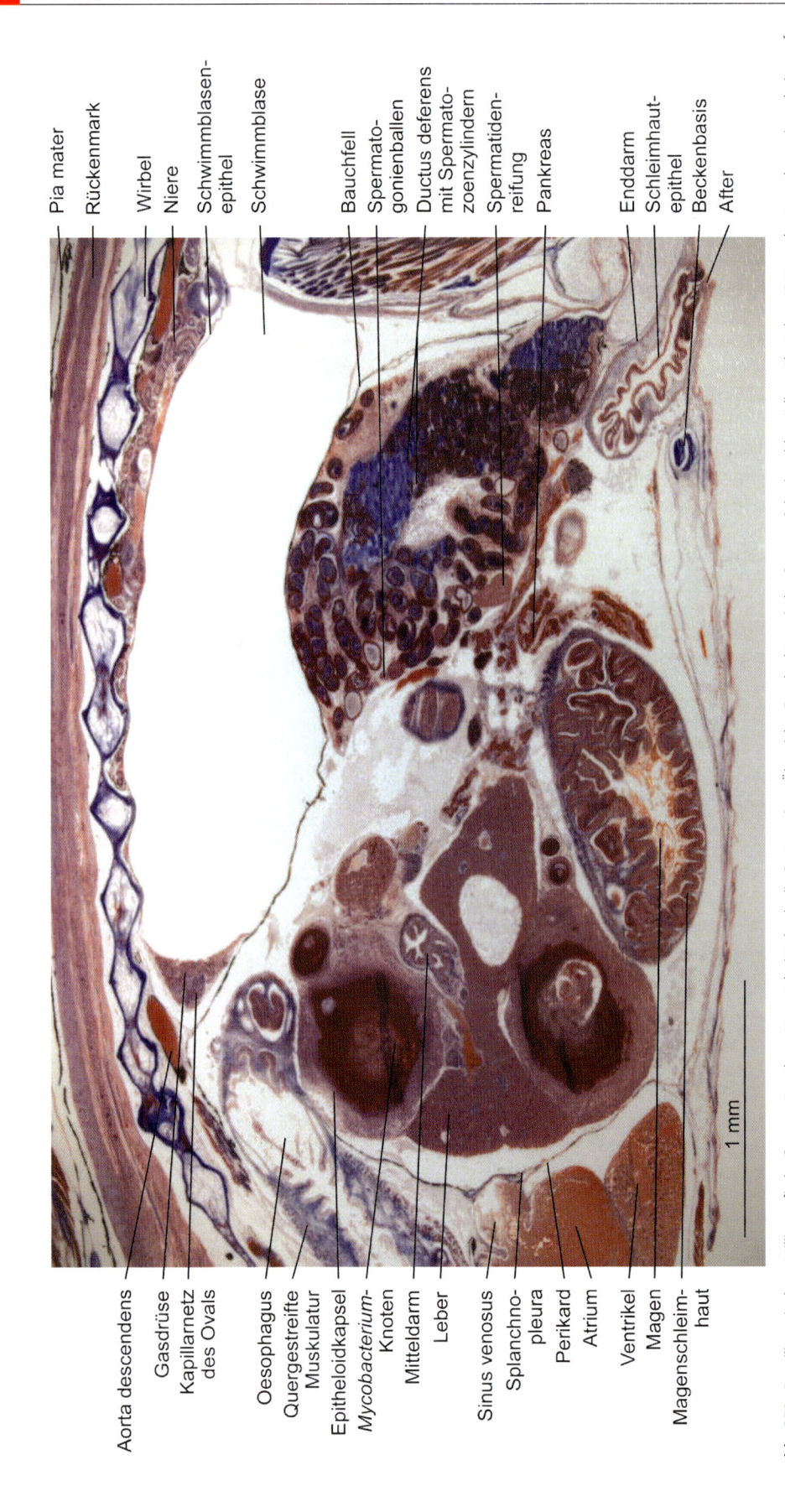

Pia mater
Rückenmark
Wirbel
Niere
Schwimmblasenepithel
Schwimmblase
Bauchfell
Spermatogonienballen
Ductus deferens mit Spermatozoenzylindern
Spermatidenreifung
Pankreas
Enddarm
Schleimhautepithel
Beckenbasis
After

Aorta descendens
Gasdrüse
Kapillarnetz des Ovals
Oesophagus
Quergestreifte Muskulatur
Epitheloidkapsel
Mycobacterium-Knoten
Mitteldarm
Leber
Sinus venosus
Splanchnopleura
Perikard
Atrium
Ventrikel
Magen
Magenschleimhaut

1 mm

Abb. 273: *Poecilia reticulata*, Millionenfisch, Guppymännchen: Längsschnitt durch die Darmregion; Übersicht. Das hydrostatische Organ „Schwimmblase" liegt über dem Körperschwerpunkt und erscheint auf medianen Schnitten sehr groß; als Volumen macht die Blase lediglich 5–7 % der Leibesfülle aus. Die bindegewebige Wand des Organs enthält kaum Muskulatur und ist mit den inneren Organen (Niere, Leber, Hoden) nicht verwachsen. Gegenüber der Luft (N_2 79 %, O_2 20,95 %, CO_2 0,03 %) liegen die Gehalte an CO_2 und O_2 in der Schwimmblase bei 1–4 % bzw. 4–9 %. Die Sekretion und Reduktion erfolgen über die Gasdrüse: ein Epithelbereich, der über ein Wundernetz aus im Gegenstrom laufenden Venulae und Arteriolen durchblutet wird. Die Aktivität der Gasdrüse wird durch den Nervus vagus (X.) reguliert. Die große Leber speichert als Reservestoffe Fett und Öle mit hohen Konzentrationen von Vitamin A und D (Calciferole). Um Lebertran zu erhalten, werden Seefischlebern z. B. mit überhitztem Wasserdampf behandelt; Zentrifugen trennen Öl aus den geplatzten Zellen von der festen Lebermasse. Als Delikatesse wird häufig die Leber der Trüsche, Rutte, Quappe (*Lota lota*) angesehen.
Mycobacterium piscium ist eine von mehreren Tuberkulose-Arten, die Aquarienfische dann befallen, wenn Licht, Wasserhärte, Temperatur, Säuregrad u. a. im Becken konstant gehalten werden. In der Leber sind Epitheloidzellenknoten mit nekrotischem Zentrum auffällig. Zentraler Kernschrott und bindegewebige Abgrenzungen gegen das intakte Gewebe charakterisieren die Tuberkel mit 2–10 µm großen aeroben, säurefesten und unbeweglichen Stäbchenbakterien im Inneren.

Fische – Pisces

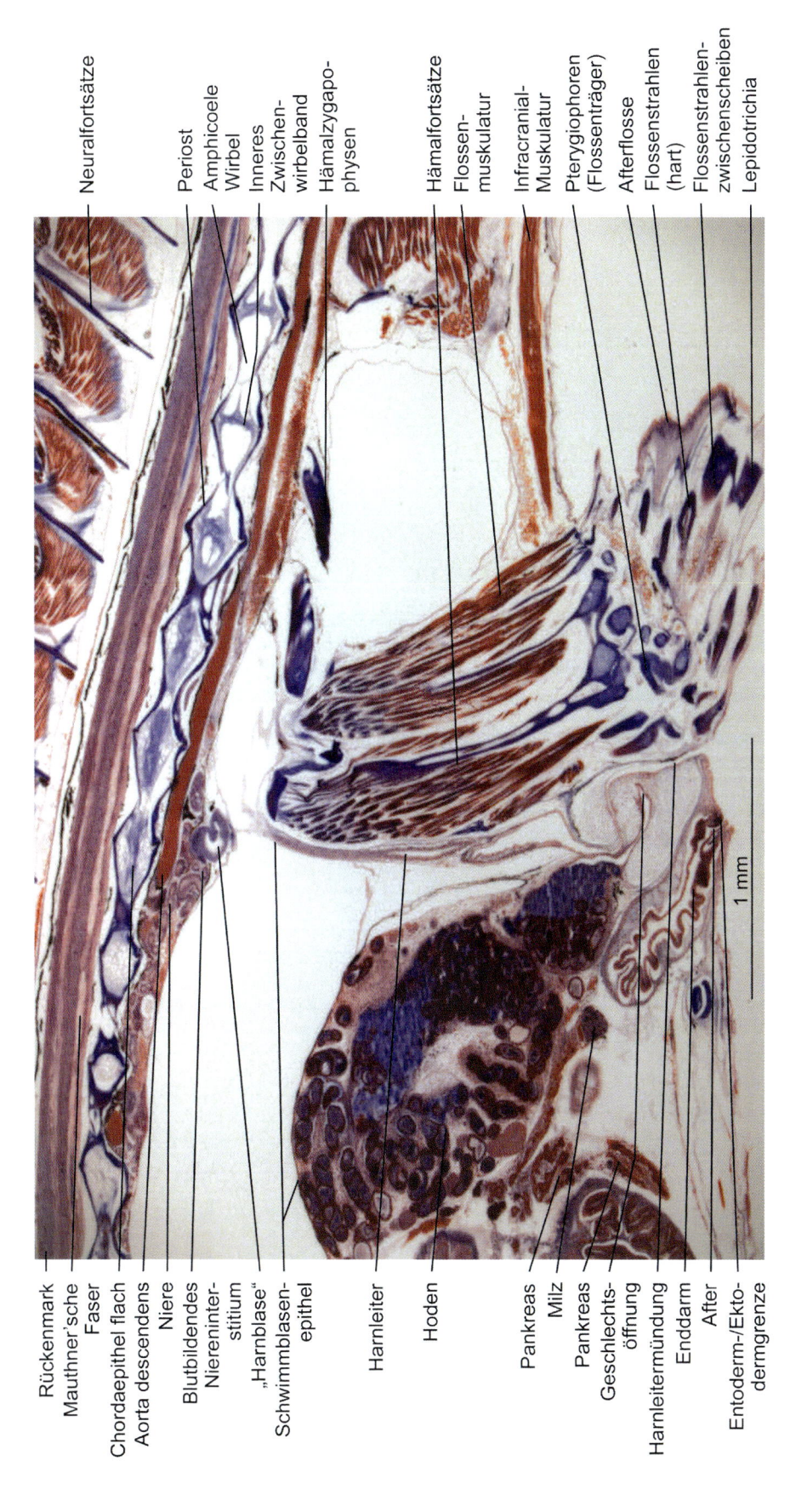

Labels (top, left to right):
Neuralfortsätze
Periost
Amphicoele Wirbel
Inneres Zwischenwirbelband
Hämalzygapophysen
Hämalfortsätze
Flossenmuskulatur
Infracranial-Muskulatur
Pterygiophoren (Flossenträger)
Afterflosse
Flossenstrahlen (hart)
Flossenstrahlenzwischenscheiben
Lepidotrichia

Labels (bottom):
Rückenmark
Mauthner'sche Faser
Chordaepithel flach
Aorta descendens
Niere
Blutbildendes Niereninterstitium
„Harnblase"
Schwimmblasenepithel
Harnleiter
Hoden
Pankreas
Milz
Pankreas
Geschlechtsöffnung
Harnleitermündung
Enddarm
After
Entoderm-/Ektodermgrenze

1 mm

Abb. 274: *Poecilia reticulata*, Millionenfisch, Guppymännchen: Längsschnitt durch die Beckenregion; Übersicht. Die Männchen der lebend gebärenden Zahnkärpflinge haben ein Pterygopodium (Gonopodium). Es entsteht nicht wie bei Haien und Rochen aus paarigen Beckenflossen, sondern aus der unpaaren Afterflosse. Die gegliederten Strahlen 3, 4 und 5 dieser Flosse sind frei beweglich; sie bilden eine Rinne oder einen Kanal; das Ende des Organs ist zur Verankerung in der weiblichen Geschlechtsöffnung mit Haken und Zähnchen versehen. Die Hämalbögen (Gonapophysen), an denen die Flossenstrahlen des Pterygopodiums befestigt sind, haben spezielle Profile zum Ansatz von Muskelbündeln. Von den basalen Knochenelementen des Gonopodiums ziehen Bindegewebsbänder spitzenwärts. In den Spermatophoren stehen in kleinen Haufen Spermienköpfe epithelartig beieinander, ihre Schwänze sind schraubenförmig eng gewunden. Diese Arrangements lösen sich nach der Begattung auf.

Fische – Pisces

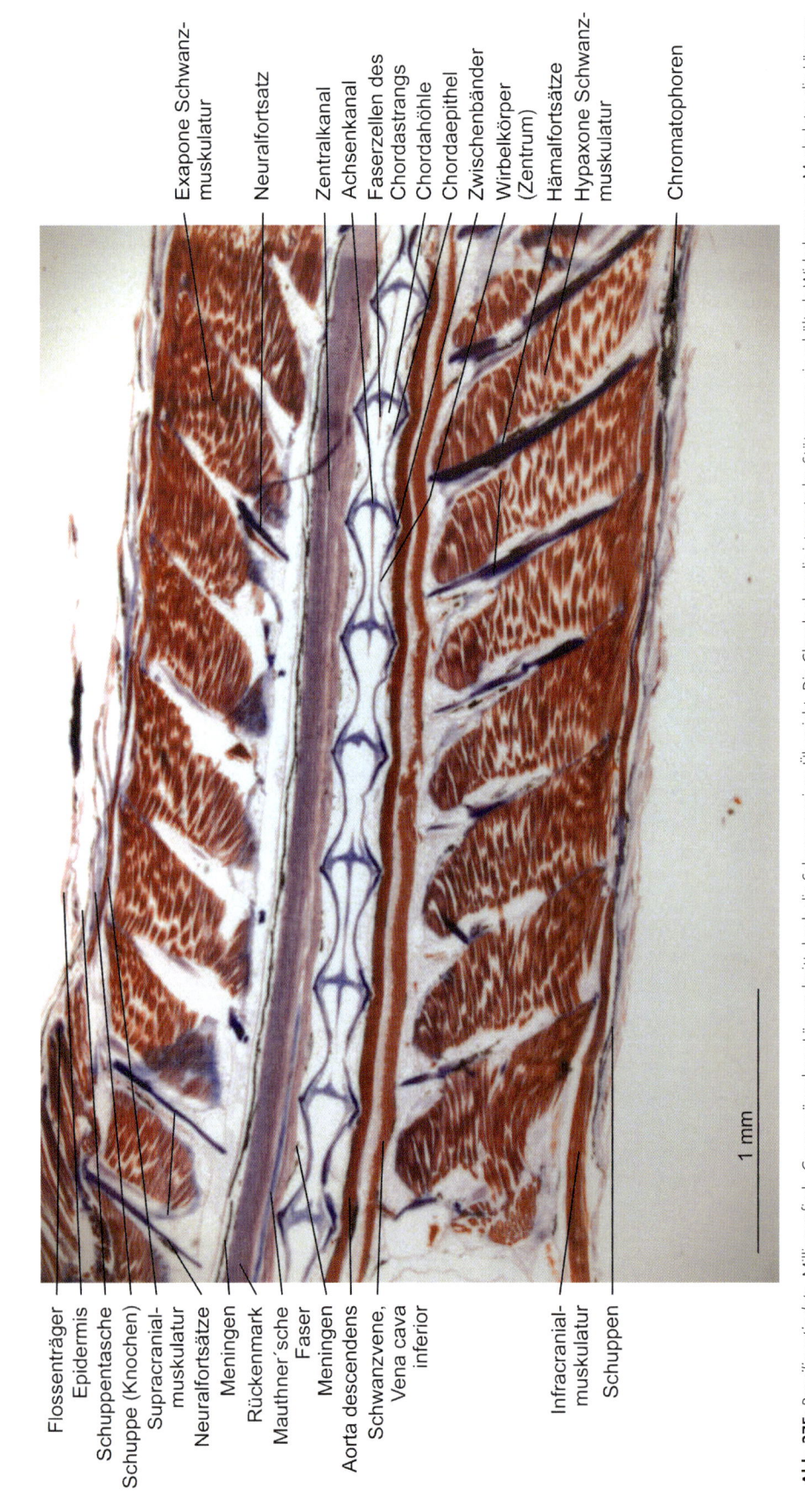

Abb. 275: *Poecilia reticulata*, Millionenfisch, Guppymännchen: Längsschnitt durch die Schwanzregion; Übersicht. Die Chorda dorsalis ist zentrales Stützorgan; sie erhält als Widerlager zur Muskulatur die Längenkonstanz des Körpers; geht im Schädel unter dem Pons fast bis zur Hypophyse. Die Taille der „Sanduhren", der amphicoelen Wirbel, ist das Wirbelzentrum. Chordascheide und Periost zusammen verknüpfen die Wirbel zur Säule; bindegewebige Querböden markieren jeweils die Wirbelgrenzen: jeweils zwischen den Myotomen. Faserzellen des vereinfachten Chordagewebes durchziehen die Wirbel der Länge nach. Die Kerne der beiden Riesen-Mauthner-Zellen liegen in der Medulla oblongata. Ihre dicken und stark myelinisierten Axone kreuzen zur Gegenseite und laufen dann seitlich unter dem Zentralkanal nach hinten. Die optischen Zentren, das Akustik-Lateralis-System und das Kleinhirn sind einerseits in Kontakt mit den zwei Mauthner-Fasern, andererseits verbinden kollaterale Fasern zur raschen Aktivierung die Myomere der weißen Muskulatur.

Fische – Pisces

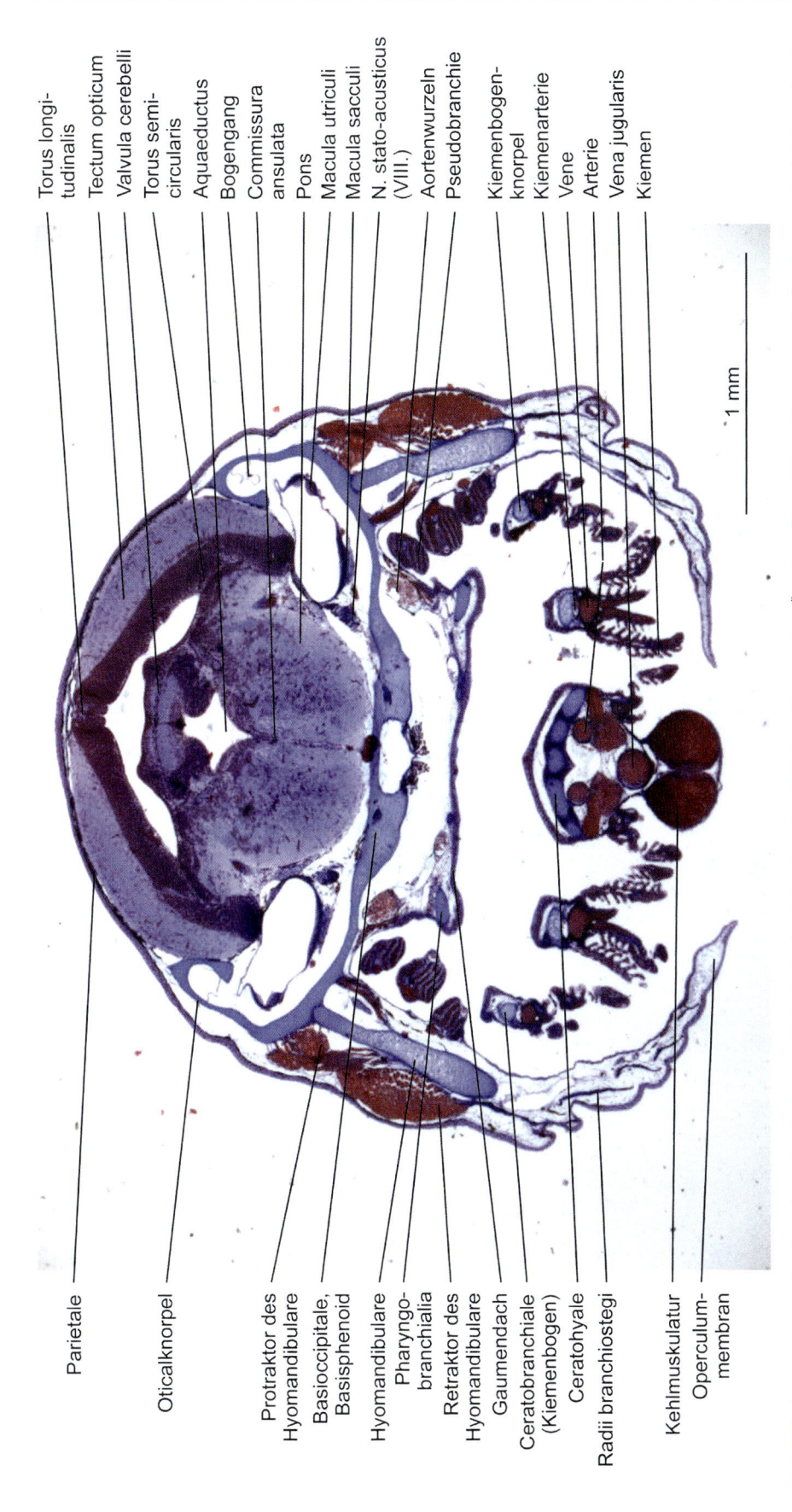

Abb. 276: *Oncorhynchus mykiss*, Regenbogenforelle: Querschnitt durch den Kopf eines Jungtiers; Mittelhirn-/Kiemenregion; Übersicht. Die Radii branchiostegi, ursprünglich Schuppen (Gularia) zwischen den Unterkiefern, stützen als lange Knochennadeln den ventralen, weichhäutigen Teil des Kiemendeckels. Das Hyomandibulare des Splanchnocraniums befestigt den vorderen Bogen aus Glosso-, Hypo-, Cerato-, Epi- und Interhyale und den Mandibularbogen um die Mundöffnung aus Praemaxillare, Maxillare, Supramaxillare, Palatinum, Pterygoide, Quadratum, Angulare, Articulare und Dentale über das Symplecticum mit dem Neurocranium. Deckknochen des Neurocraniums sind Nasale, Frontale, Parietale, Vomer, Parasphenoid und Sphenoticum; Ersatzknochen sind Basisphenoid, Orbitosphenoid, Ethmoide, alle Otica, Supraoccipitale und Basioccipitale. Als ursprüngliche Spritzlochkiemen fungieren die Pseudobranchien nicht mehr als Atemorgane. Sie erhalten sauerstoffreiches Arterienblut in ihr Kapillarsystem, und die Epithelien setzen sich aus Zellen zusammen, die den Chloridzellen gleichen: viel glattes ER und zahlreiche tubuläre Mitochondrien mit Granula im Zytoplasma. Freie Nervenendigungen versorgen das Organ intensiv. Pseudobranchien sind Chemorezeptorenorgane, die im Blut O_2- und CO_2-Partialdrucke registrieren; funktionell sind sie dem menschlichen parasynaptischen Glomus caroticum vergleichbar. Färbung: Gomori mit Anilinblau.

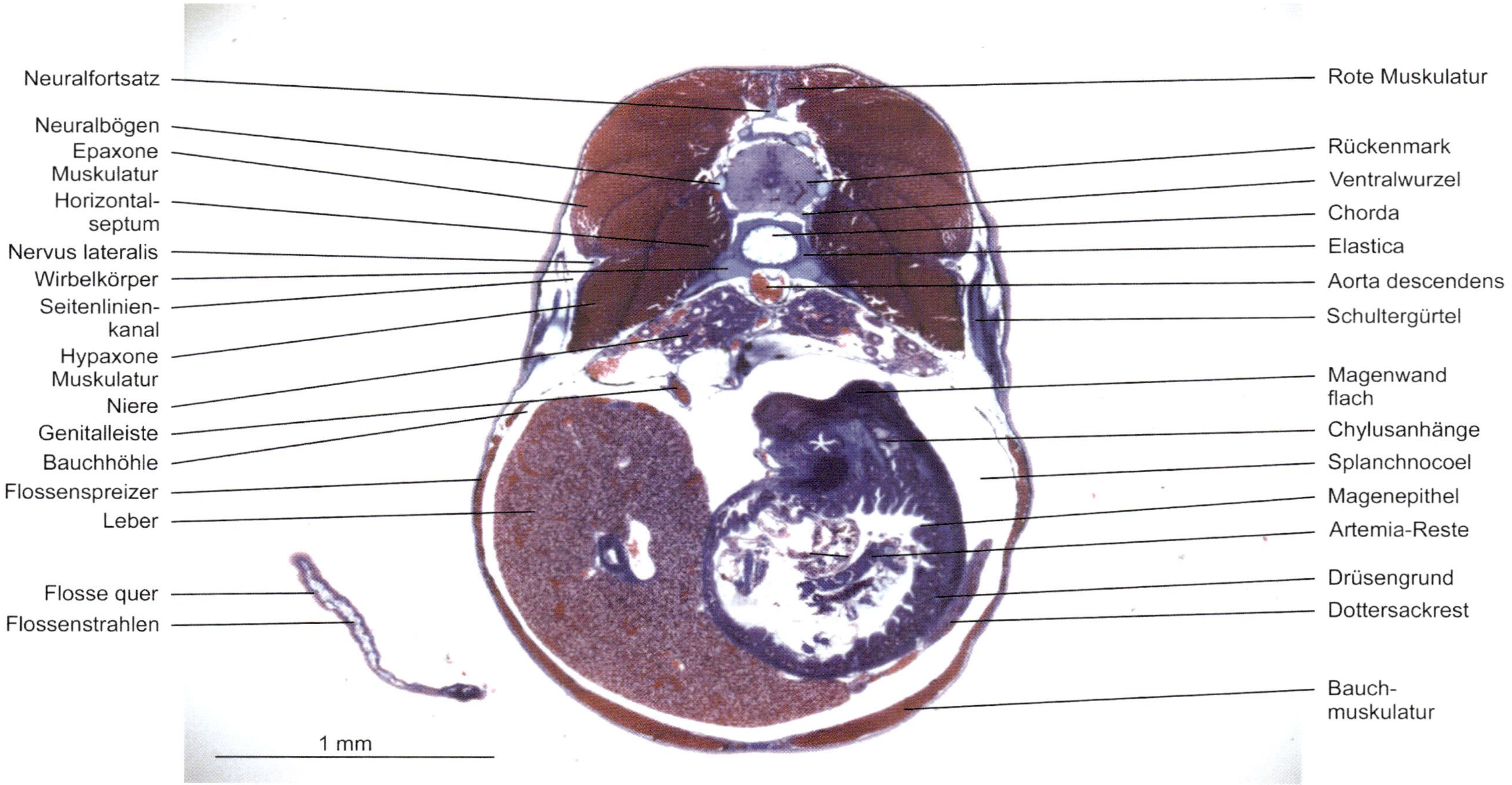
Neuralfortsatz
Neuralbögen
Epaxone Muskulatur
Horizontal-septum
Nervus lateralis
Wirbelkörper
Seitenlinien-kanal
Hypaxone Muskulatur
Niere
Genitalleiste
Bauchhöhle
Flossenspreizer
Leber
Flosse quer
Flossenstrahlen
1 mm
Rote Muskulatur
Rückenmark
Ventralwurzel
Chorda
Elastica
Aorta descendens
Schultergürtel
Magenwand flach
Chylusanhänge
Splanchnocoel
Magenepithel
Artemia-Reste
Drüsengrund
Dottersackrest
Bauch-muskulatur

Abb. 277: *Oncorhynchus mykiss*, Regenbogenforelle: Querschnitt durch die Rumpfregion eines Jungtiers; Übersicht. Auf entsprechenden Schnitten sind mit stärkeren Objektiven z. B. zu sehen: • Zylinder-, Spindel-, Platten- und Becherzellen der Epidermis; • Schuppenanlagen aus zellenfreier Knochensubstanz in der lockeren Kutis; • das subkutane lockere und fettreiche Gewebe geht nahtlos in die Myosepten über; • am Rückenmarkquerschnitt sind Zentralkanal mit Reissner'schem Faden, Mauthner-Fasern, Ventral-, Lateral- und Dorsalstränge der weißen Substanz zu sehen, Perikaryen großer Neurone bilden die graue Substanz; • Spinalganglien bleiben klein; • auffällig weite Kapillaren versorgen das Nervensystem mit Blut; • den Nervus lateralis begleiten zwei dünnere Nervenstränge; • angeschnittene Rippen sind zentral noch knorpelig; • Melanophoren liegen in der Kutis und Subkutis, im Subduralraum und im Bauchfell; • die Rückenflossen- und Seitenlinienmuskulatur ist dunkelfarbige, myoglobinreiche „rote Muskulatur"; ihre feinen Fasern haben Durchmesser von 40 µm gegenüber 70 µm der normalen Muskulatur; • Arteriae lateralis und cutanea durchbluten die rote Muskulatur intensiv (Wärmeanstieg); • die Wolff'schen Gänge und Glomeruli der Nieren sind markant; • das Niereninterstitium bildet die Blutkörperchen; • diploid sind die Urkeimzellen in den Genitalleisten; • je nach Lage im Rumpf sind Schwimmblase mit platten Epithelzellen, Schlund mit Schleimzellen, Magen mit dicker Muskulatur und Drüsenschläuchen, Mitteldarm mit Schleimhautfalten und Enddarm mit Mikrovillisäumen angeschnitten; • ein kompaktes Organ ist die Leber, ein sehr diffuses mit Inseln der Pankreas; • Blut der Vena subintestinalis läuft in Sinusoiden um den Dottersack zum Ductus Cuvieri und teilweise über die Leber; • dichte Zytoplasmastränge des Dottersacksyncytiums, die von polyploiden Kernen ausgehen, kontaktieren mikrovillireich über Lymphräume mit den Sinusoidwänden. Färbung: Gomori mit Anilinblau.

Fische – Pisces

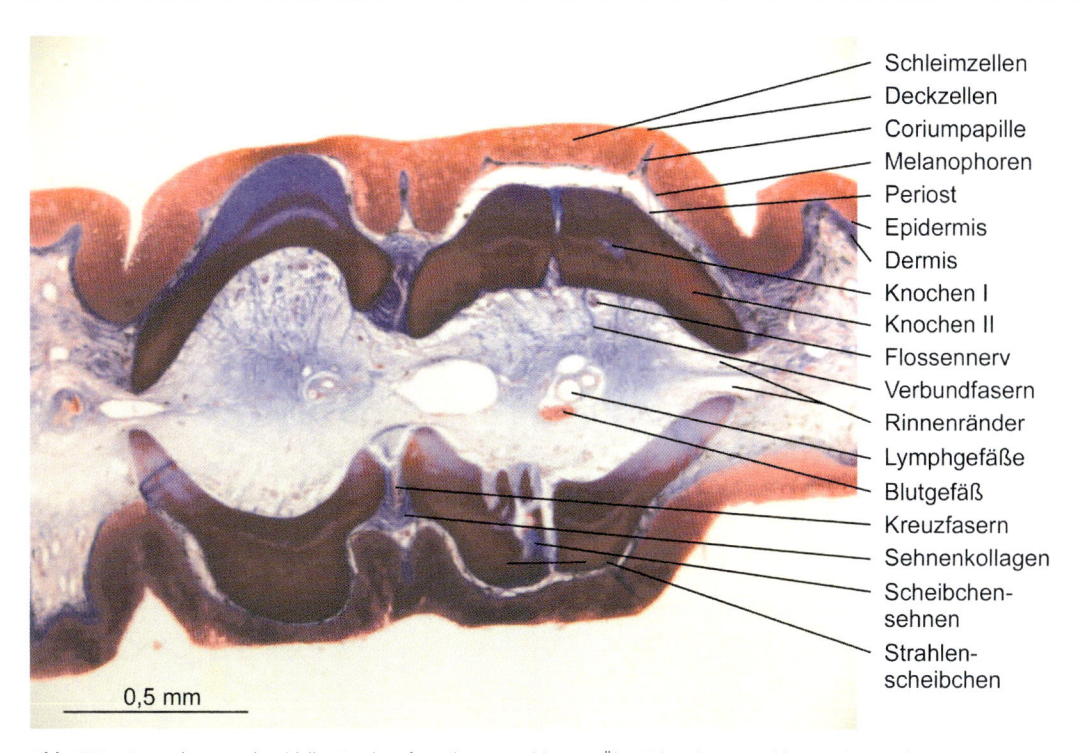

Labels (Abb. 278, top figure):
- Schleimzellen
- Deckzellen
- Coriumpapille
- Melanophoren
- Periost
- Epidermis
- Dermis
- Knochen I
- Knochen II
- Flossennerv
- Verbundfasern
- Rinnenränder
- Lymphgefäße
- Blutgefäß
- Kreuzfasern
- Sehnenkollagen
- Scheibchensehnen
- Strahlenscheibchen

0,5 mm

Abb. 278: *Ctenopharyngodon idella*, Graskarpfen: Flossenstrahl quer; Übersicht. Flossenstrahlen sind wie Schuppen Knochenteile; Knochenstäbe bilden Hartstrahlen, vis-a-vis liegende Rinnen aus üblicher Knochensubstanz (I, blau) oder aus Knochen mit sehr vielen elastischen Fasern (II, rötlich) sind die Elemente der Weichstrahlen (Lepidotrichia). Ihre Schmiegsamkeit erhalten diese Strahlen durch den Aufbau aus Segmenten (Scheibchen). Sehnenkollagen verbindet die Segmente untereinander, die Rinnen an der Basis einer Verzweigung (Abb.) und die Rinnenränder mit der Dermis. Fasern verbinden die Rinnen eines Strahls, Lymphpolster distanzieren sie.

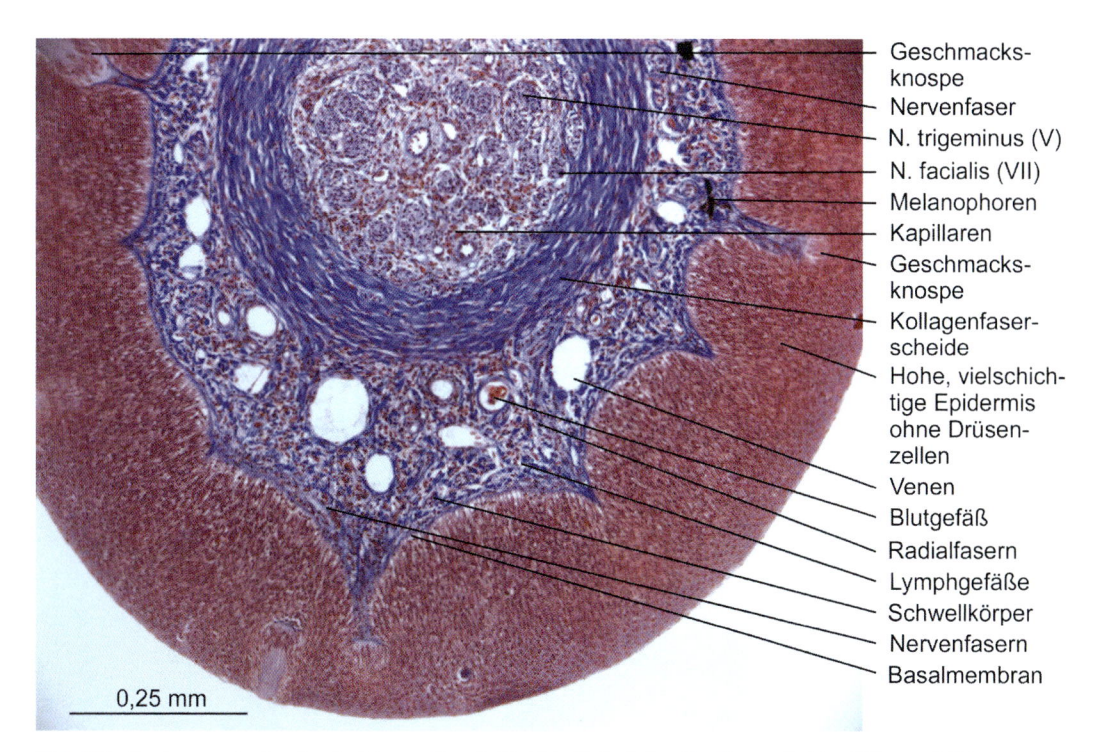

Labels (Abb. 279, bottom figure):
- Geschmacksknospe
- Nervenfaser
- N. trigeminus (V)
- N. facialis (VII)
- Melanophoren
- Kapillaren
- Geschmacksknospe
- Kollagenfaserscheide
- Hohe, vielschichtige Epidermis ohne Drüsenzellen
- Venen
- Blutgefäß
- Radialfasern
- Lymphgefäße
- Schwellkörper
- Nervenfasern
- Basalmembran

0,25 mm

Abb. 279: *Cyprinus carpio*, Karpfen: Bartel quer; Ausschnitt. Viele Fische haben Barteln um die Mundöffnung als Träger von Geschmacksknospen und freien Nervenendigungen; hierzu einige Zahlen: eine Bartel beim Kabeljau, Leng und bei der Trüsche, zwei Barteln beim Gründling, vier beim Karpfen und bei Barben, fünf bei Seequappen, sechs bei der Schmerle, acht bei Welsen, zehn beim Schlammpeitzger, viele beim Steinpicker und bei der Seezunge. Zentrale Knorpelsäulen als Stützen sind üblich, die Karpfen dagegen haben zur Versteifung einen dickwandigen Faserzylinder und Sperrvenen zur Drosselung des abfließenden Blutstroms. Auffällig ist die hohe Epidermis ohne Schleim- und Alarmstoffzellen.

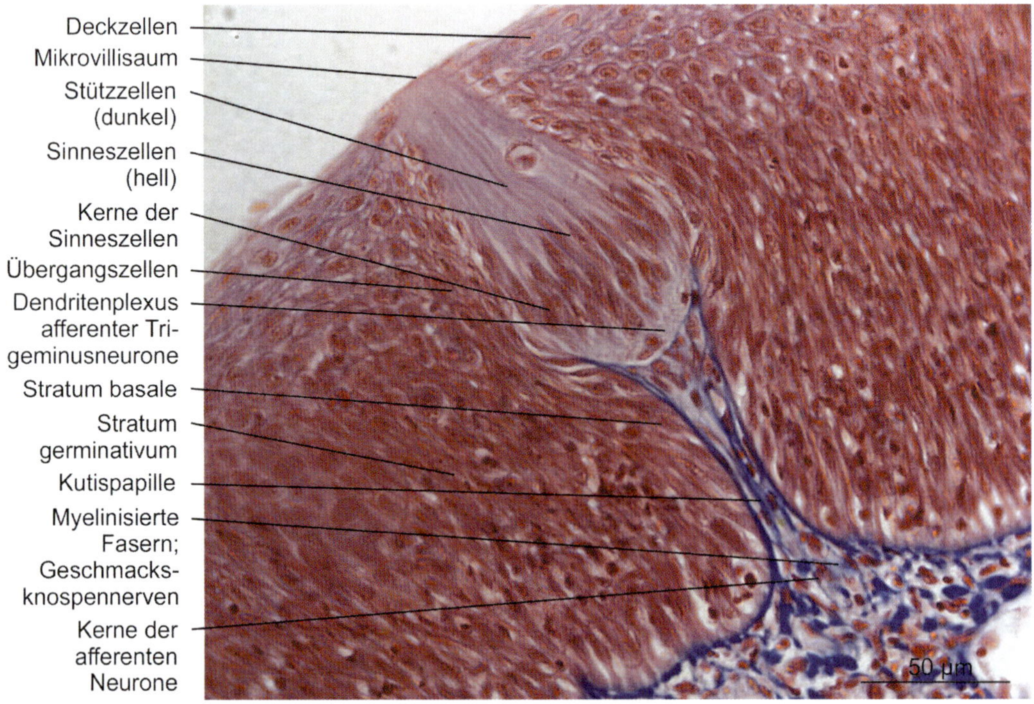
Deckzellen
Mikrovillisaum
Stützzellen (dunkel)
Sinneszellen (hell)
Kerne der Sinneszellen
Übergangszellen
Dendritenplexus afferenter Trigeminusneurone
Stratum basale
Stratum germinativum
Kutispapille
Myelinisierte Fasern; Geschmacksknospennerven
Kerne der afferenten Neurone
50 µm

Abb. 280: *Cyprinus carpio*, Karpfen: Sinnesknospe einer Bartel längs; Übersicht. Geschmacksknospen sind Chemorezeptoren, Nahsinnesorgane mit der Potenz, vier Qualitäten im Wasser unterscheiden zu können: bitter, süß, sauer und salzig; damit kann der Fisch potentielles Futter aufspüren und überprüfen. Die Geschmacksknospen leben nur wenige Tage; durch Neubildungen werden sie laufend ersetzt; Ersatzzellenlager sind die Übergangszellen. Knospen sitzen generell am Mund, in der Mundhöhle, am Boden der Kiemenhöhle; Karpfen und Welse haben Knospen in der Epidermis des ganzen Körpers, Knurrhähne sehr dicht in den freien Strahlen der Brustflossen.

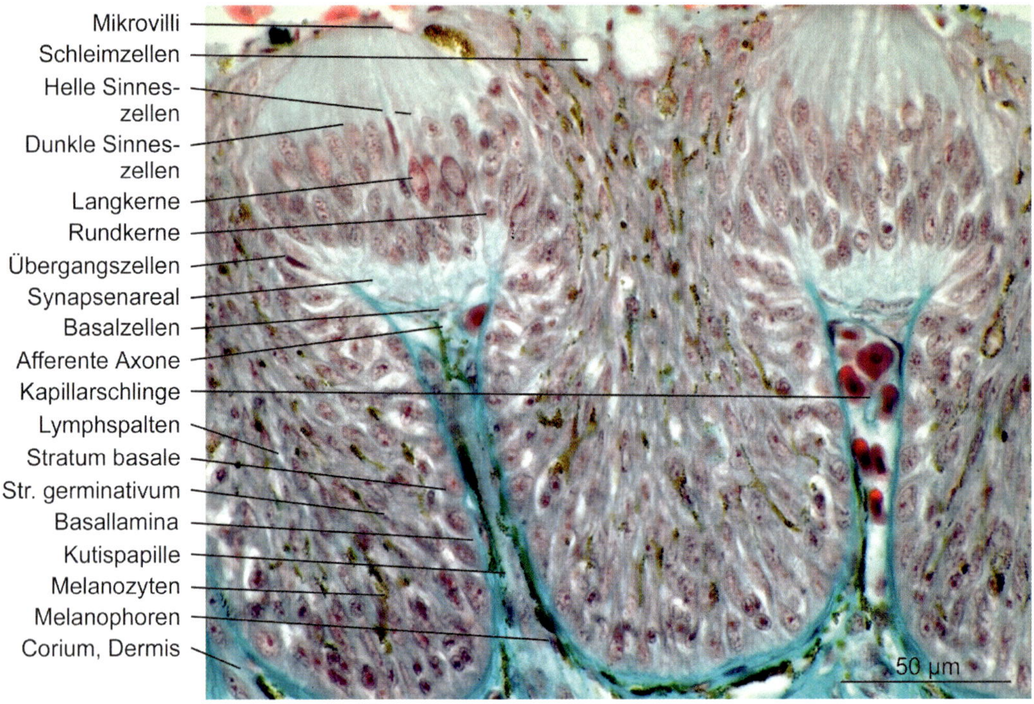
Mikrovilli
Schleimzellen
Helle Sinneszellen
Dunkle Sinneszellen
Langkerne
Rundkerne
Übergangszellen
Synapsenareal
Basalzellen
Afferente Axone
Kapillarschlinge
Lymphspalten
Stratum basale
Str. germinativum
Basallamina
Kutispapille
Melanozyten
Melanophoren
Corium, Dermis
50 µm

Abb. 281: *Ictalurus nebulosus*, Zwerg-, Katzenwels: Sinnesknospen einer Bartel längs; Übersicht. In den dunkel pigmentierten Kutispapillen der Geschmacksknospen laufen Kapillaren mit kernhaltigen Erythrozyten und myelinisierte Axone der Knospennerven. In einer flachen Einsenkung der Papillen liegen ein bis vier Basalzellen mit platten, großen Zellkernen und Plexuskontakten. Helle Zellen mit runden Kernen, vielen Mikrotubuli und wenigen apikalen Mikrovilli sowie dunklere Zellen mit länglichen Kernen, Sekretgranula und vielen Mikrovilli liegen eng zusammen. Voll funktionsfähig sind nur die zentralen Zellen einer Knospe. Die Melanozyten strecken sich in die lymphgefüllten Interzellularräume. Gom.

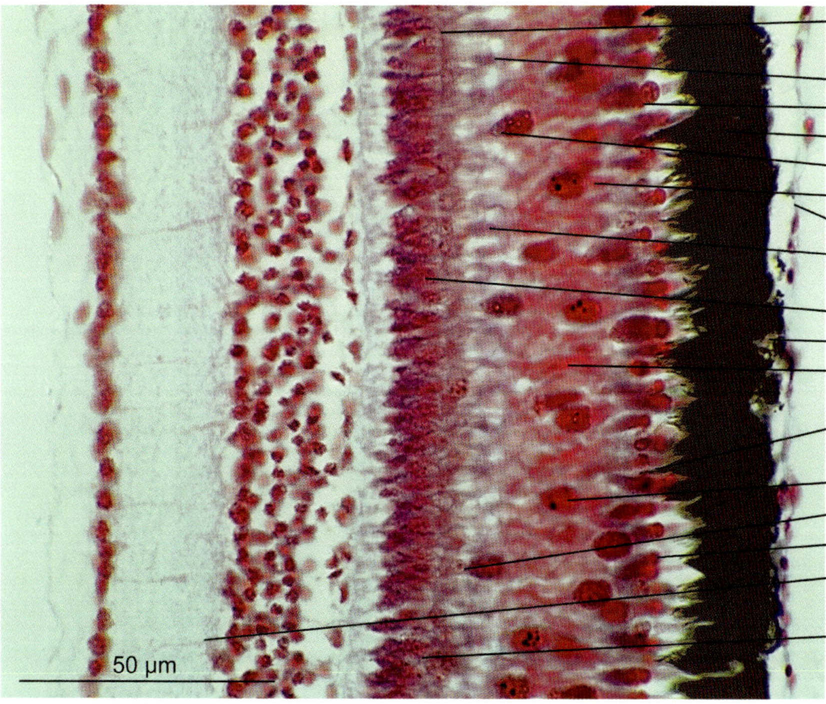

Limitans externa (Zellverbindungen)
Stäbchenellipsoid
Langzapfen (B)
Pigmentepithel
Kurzzapfen (A)
Zapfenaußenglied
Chorioidea
Myoid-Innengliedzone
Stäbchenkerne
Pigmentzellenkern
Außenglieder der Stäbchen
Pigmentzellenausläufer
Ellipsoide
Zapfenkerne
Doppelzapfen (C)
Müller'sche Stützzelle
Sehzellenperikaryen: äußere Körnerschicht
50 µm

Abb. 282: *Poecilia reticulata*, Guppy: Retina bei schwacher Beleuchtung, Dunkelstellung; Ausschnitt. Besonderheiten des Mikrokosmos Retina bei Fischen sind die Abschirmung vom Licht durch Melaninpigmentverschiebungen, die um 50 µm variablen Längen der Myoid-Innenglieder von Hell/Dunkel registrierenden Stäbchen und Farbzapfen sowie die Existenz von drei Zapfentypen mit Ellipsoiden in drei Etagen: Kurzzapfen (A), Langzapfen (B), Doppelzapfen (C). Tiefseefische brauchen und haben keine kontraktilen Myoide. Ellipsoide sind mit Mitochondrien, Öl- und Proteinkristallen vollgepfropfte Organellen (Farbfilter). Drei Sehfarbstoffe der Zapfentypen machen Farbsehen möglich.

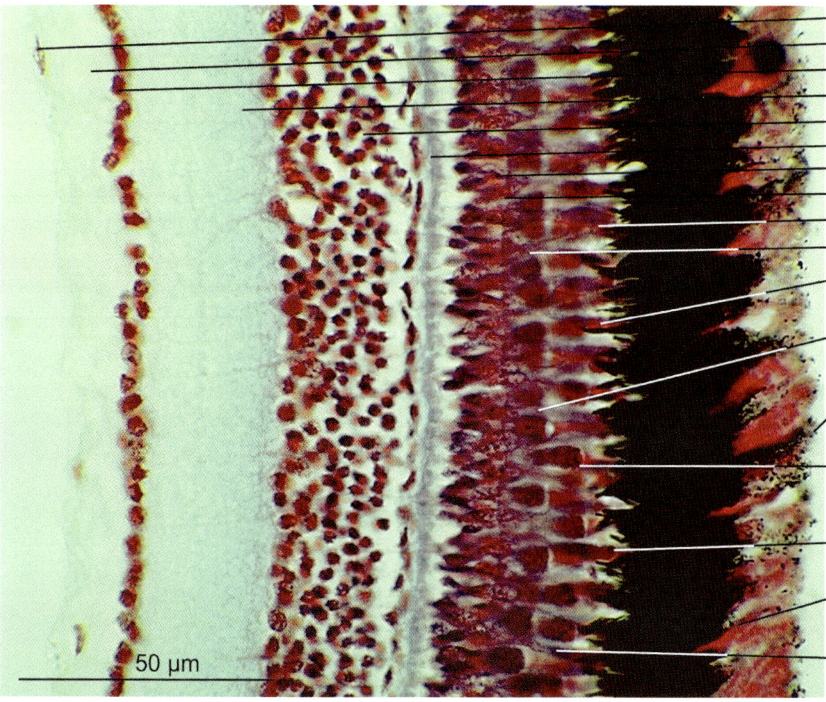

9
8
7
6
5
4
3
2
1
Stäbchenellipsoid
Zapfenaußenglied
Zapfenmyoid
Bruchs Basalmembran
Ellipsoid
Doppelzapfen
Stäbchenaußenglied
Stäbchenmyoid
50 µm

Abb. 283: *Poecilia reticulata*, Guppy: Retina bei Tageslicht, Hellstellung; Ausschnitt. Im Hellen sind nur noch die Außenglieder der Zapfen partiell im Einsatz; die Fortsätze der Pigmentzellen sind um 25 µm vorgerückt. Die Zellen des Pigmentepithels ernähren Stäbchen und Zapfen, bilden Melanin, verestern Vitamin A zum Sehpurpur Rhodopsin, phagozytieren die ständig nachwachsenden Außenglieder auf konstante Längen und bilden hier Guaninkristalle als Tapetumpartikel. Weitere Stichworte zum Schichtenbau der Retina: ▶ S. 178

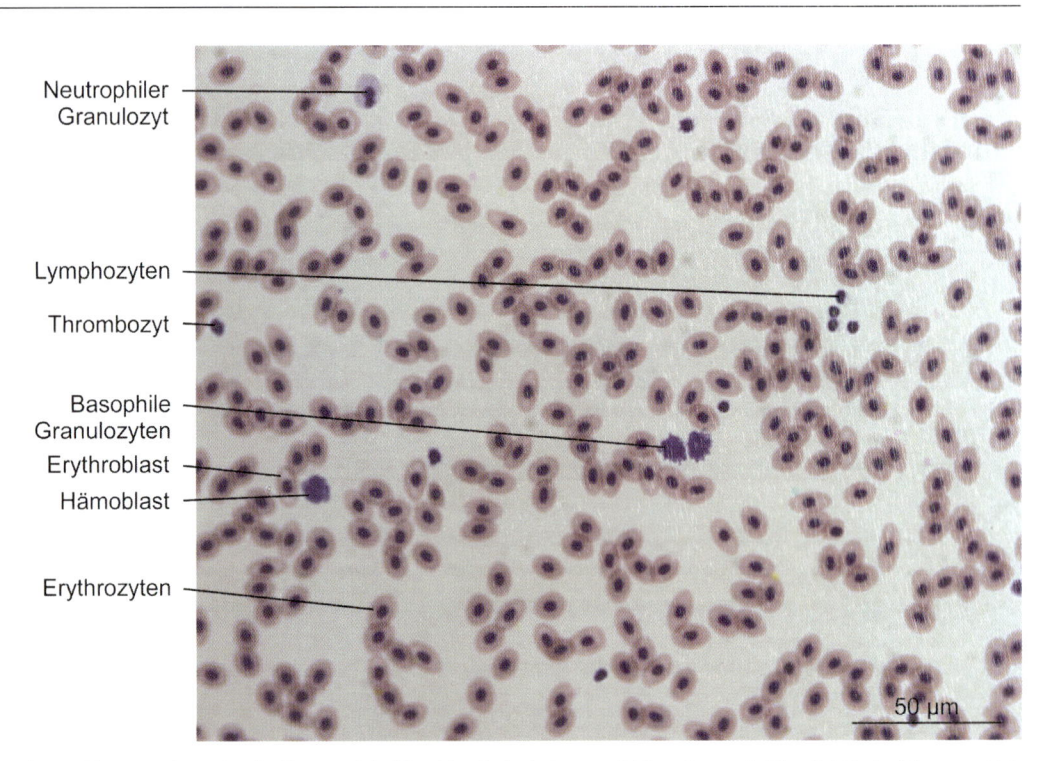

Abb. 284: *Oncorhynchus mykiss*, Regenbogenforelle: Blutausstrich; Übersicht. Fische haben vergleichsweise wenig Blut: 2,8 % des Körpergewichts gegenüber ca. 7,5 % bei Vögeln und bei Menschen oder 13 % gar bei Fledermäusen. Abb.: Erythrozyten sind 12 x 7,5 µm groß und 5 µm dick; sie enthalten Zellkerne und entstehen aus Erythroblasten. Unreife Erythrozyten sind im Fischblut normal, beim Menschen wären sie Anzeiger von Erythrämie. Aus großen Hämoblasten können sich sowohl Erythrozyten sowie Leukozyten und Makrophagen differenzieren. Große und kleine Lymphozyten haben wenig pseudopodienreiches Zytoplasma. Thrombozyten, Blutplättchen, sind erstaunlich groß. Giemsa-Färbung.

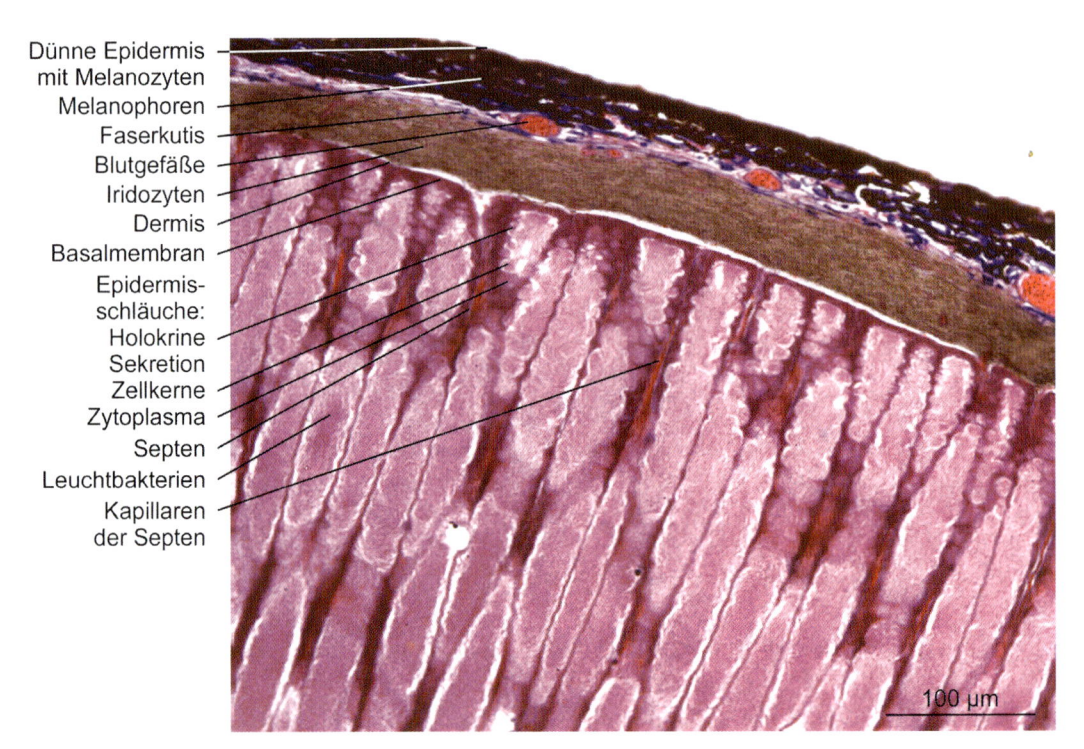

Abb. 285: *Photoblepharon palpebratus*, Laternenfisch: Leuchtorgan quer; Ausschnitt. Die Leuchtorgane der Laternenfische sind große, bohnenförmige Drüsenorgane unterhalb der Augen; symbiontische Leuchtbakterien im Schleim holokriner Epidermiszellen erbringen eine chronische Lumineszenz, zum Abdunkeln zieht *Photoblepharon* einen schwarzen Liddeckel über das Leuchtorgan, *Anomalops* dreht mit Muskeln das ganze Organ um, die starke Leuchtkraft dann nach innen. Abgetrennte Leuchtorgane scheinen noch einen halben Tag, sie sollen als Angelköder genutzt werden. Die Fische leben im Flachwasser abgetauchter und mit Meerwasser vollgelaufener Krater ohne Feinde.

Lurche – Amphibia

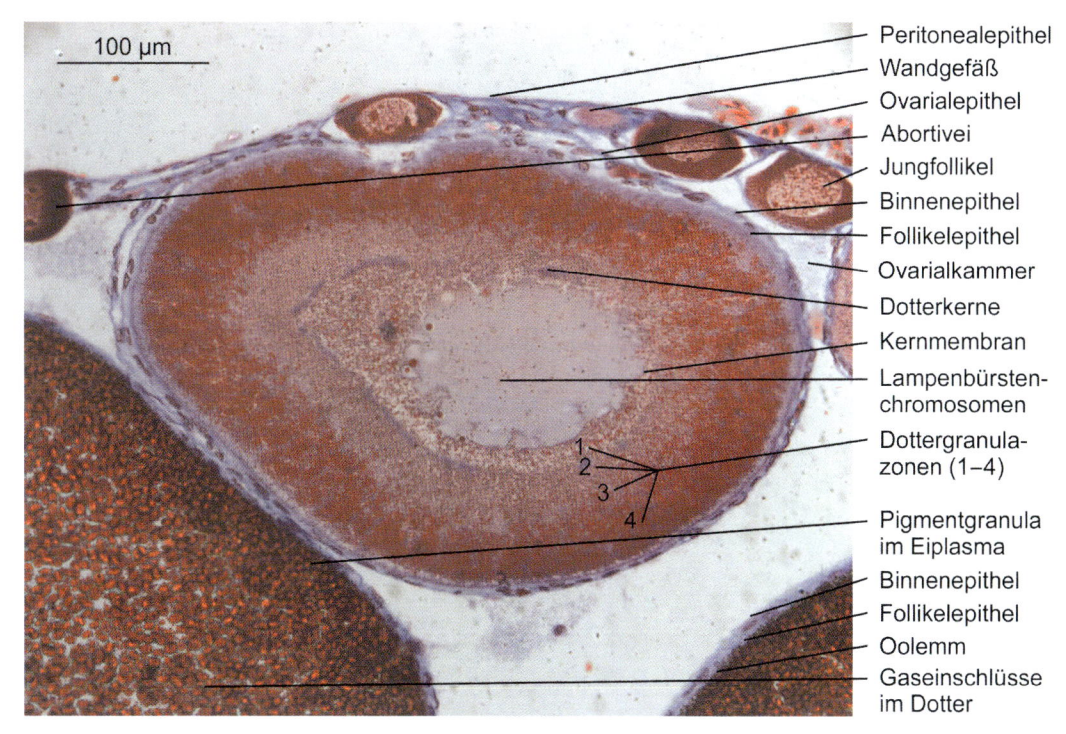

Peritonealepithel
Wandgefäß
Ovarialepithel
Abortivei
Jungfollikel
Binnenepithel
Follikelepithel
Ovarialkammer
Dotterkerne
Kernmembran
Lampenbürstenchromosomen
Dottergranulazonen (1–4)
Pigmentgranula im Eiplasma
Binnenepithel
Follikelepithel
Oolemm
Gaseinschlüsse im Dotter

Abb. 286: *Rana esculenta*, Wasserfrosch: Oozyten im Ovar; Ausschnitt. In den dotterreichen, polylecithalen Eiern sind die großen Dotterschollen des vegetativen Teils eng gepackt, in der animalen Partie sind die Dottergranula kleiner und lockerer. Während des Eizellenwachstums wird der Dotter auffällig bilateral-symmetrisch verteilt. In reiferen Winter- und Frühjahrseiern färben sich die animalen Pole durch feinste Pigmentkörnchen im peripheren Eiplasma dunkel. Bei heranwachsenden Eiern vergrößern sich die Kerne grotesk; in den Ausbuchtungen der Kernmembranen liegen kugelige Keimflecken. Die Ovarien sind gelappte Säcke mit Mesenterien; Scheidewände untergliedern das Lumen in dünnwandige Kammern.

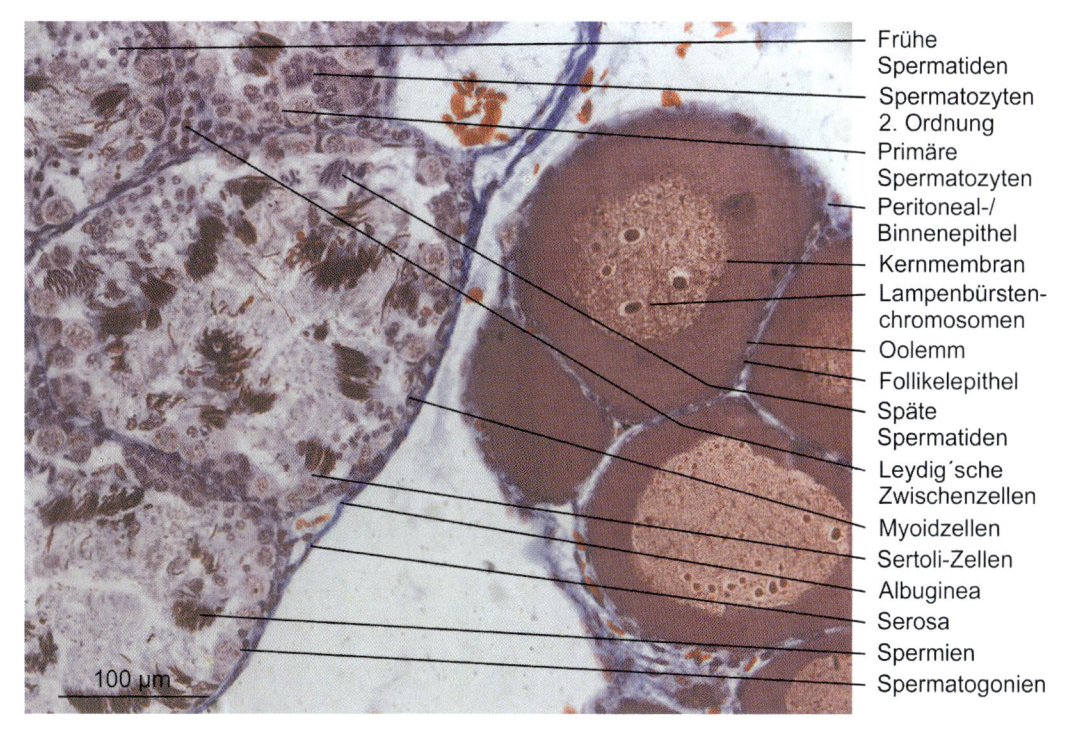

Frühe Spermatiden
Spermatozyten 2. Ordnung
Primäre Spermatozyten
Peritoneal-/Binnenepithel
Kernmembran
Lampenbürstenchromosomen
Oolemm
Follikelepithel
Späte Spermatiden
Leydig'sche Zwischenzellen
Myoidzellen
Sertoli-Zellen
Albuginea
Serosa
Spermien
Spermatogonien

Abb. 287: *Bufo bufo*, Erdkrötenmännchen: Hoden und Bidder'sches Organ; Ausschnitt. Aus den Genitalleisten gehen bei Amphibien ein vorderer, vielfingeriger Fettkörper und dahinter die Gonaden hervor sowie im Bereich zwischen beiden bei Kröten aus embryonalen Resten der indifferenten Keimanlagen das Bidder'sche Organ als rudimentäres Ovar und Hormonorgan. Nach Sprossung der Hinterbeine und mit der phänotypischen Geschlechtsdifferenzierung werden die Urkeimzellen des Bidder'schen Organs in beiden Geschlechtern zu Bidder'schen Oozyten (Abb.), die sich nur amitotisch vermehren, keinen Dotter einlagern, Keimflecken im Kerninneren haben und dann bei Männchen und Weibchen degenerieren.

Lurche – Amphibia

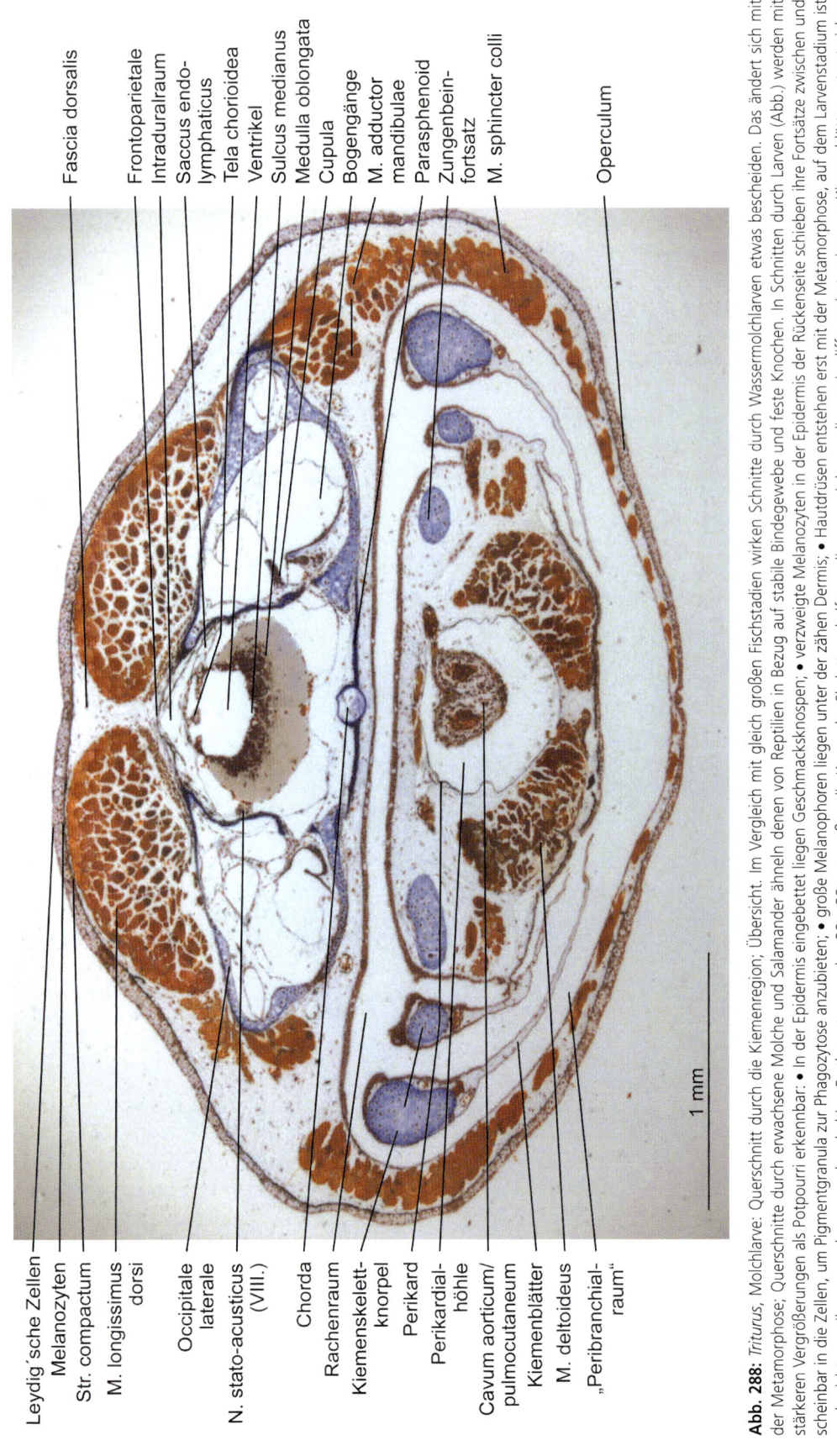

Labels (around figure):
- Fascia dorsalis
- Frontoparietale
- Intraduralraum
- Saccus endolymphaticus
- Tela chorioidea
- Ventrikel
- Sulcus medianus
- Medulla oblongata
- Cupula
- Bogengänge
- M. adductor mandibulae
- Parasphenoid
- Zungenbeinfortsatz
- M. sphincter colli
- Operculum
- Leydig'sche Zellen
- Melanozyten
- Str. compactum
- M. longissimus dorsi
- Occipitale laterale
- N. stato-acusticus (VIII.)
- Chorda
- Rachenraum
- Kiemenskelettknorpel
- Perikard
- Perikardialhöhle
- Cavum aorticum/pulmocutaneum
- Kiemenblätter
- M. deltoideus
- „Peribranchialraum"

1 mm

Abb. 288: *Triturus*, Molchlarve: Querschnitt durch die Kiemenregion; Übersicht. Im Vergleich mit gleich großen Fischstadien wirken Schnitte durch Wassermolchlarven etwas bescheiden. Das ändert sich mit der Metamorphose; Querschnitte durch erwachsene Molche und Salamander ähneln in denen von Reptilien in Bezug auf stabile Bindegewebe und feste Knochen. In Schnitten durch Larven (Abb.) werden mit stärkeren Vergrößerungen als Potpourri erkennbar: • In der Epidermis eingebettet liegen Geschmacksknospen; • verzweigte Melanozyten in der Epidermis der Rückenseite schieben ihre Fortsätze zwischen und scheinbar in die Zellen, um Pigmentgranula zur Phagozytose anzubieten; • große Melanophoren liegen unter der zähen Dermis; • Hautdrüsen entstehen erst mit der Metamorphose, auf dem Larvenstadium ist noch nichts von ihnen zu erkennen; • kernhaltige Erythrozyten werden 22 x 33 μm groß; • die Kerne der Skelettmuskelfasern liegen peripher; • die wenig differenzierten inneren Kiemenblätter unterstreichen die Bedeutung der äußeren Kiemen und der Hautatmung; • viele Becherzellen im Gaumenepithel liefern Schleim; • winzige Zähnchen um die Kiemenknorpel verhindern das Entkommen sauggeschnappter Daphnien und Wasseroligochaeten; • allenthalben in den Epithelien sind Mitosechromosomen zu sehen (Kammmolche und Feuersalamander haben je 24 Chromosomen im diploiden Satz); • aus klebrigen Einzeleiern schlüpfen nach 1–2 Wochen die Larven; • nach 4–6 Wochen und noch im gleichen Sommer metamorphosieren die Tiere zu 2–4 cm großen Jungmolchen; • bis zur Geschlechtsreife nach 2–5 Jahren leben die Molche meist außerhalb des Wassers.

Lurche – Amphibia

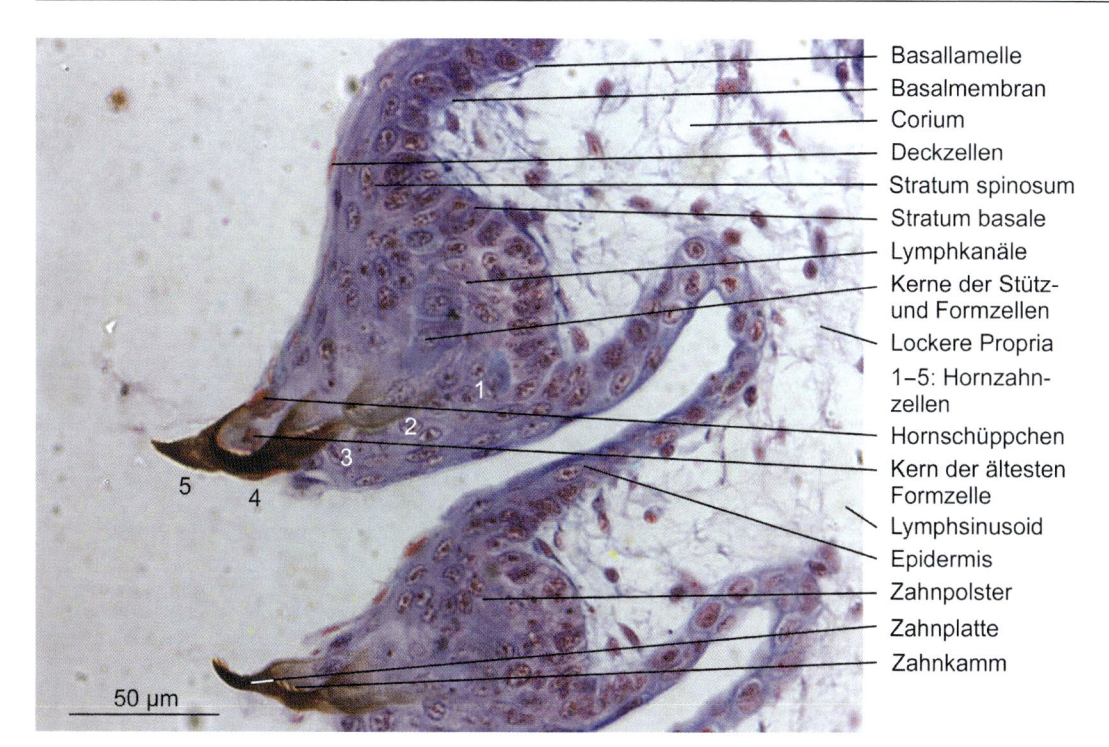

Bildbeschriftung Abb. 289 (von oben nach unten):
- Basallamelle
- Basalmembran
- Corium
- Deckzellen
- Stratum spinosum
- Stratum basale
- Lymphkanäle
- Kerne der Stütz- und Formzellen
- Lockere Propria
- 1–5: Hornzahnzellen
- Hornschüppchen
- Kern der ältesten Formzelle
- Lymphsinusoid
- Epidermis
- Zahnpolster
- Zahnplatte
- Zahnkamm

50 µm

Abb. 289: *Rana temporaria*, Grasfrosch: Querschnitte durch zwei Zahnreihen einer Kaulquappe; Übersicht. Urodelenlarven haben einen breiten Mund mit echten Zähnen, Anurenlarven ein rundliches Saugmäulchen mit Hornzähnchen. Verhornende Zellen der Epidermis mit je einer Formzelle machen die drei bis fünf Zahnreihen der Ober- und Unterlippe aus, viele an einem Hornzahn beteiligten Zellbänder die beiden Kiefer, Hornkiefer. Zahl (3–5) und Ausdehnung der Zahnreihen sind für Kaulquappen charakteristisch. In zwei Zellbändern vom Stratum basale her werden paarweise die Formzellen letztlich zu einem Hornschüppchen, die Partner zu Zähnchen mit harter Hornscheide, Häkchenkämmen, Zahnplatte und Sockel.

Bildbeschriftung Abb. 290 (von oben nach unten):
- Deckzelle mit Kernrest
- Unterkieferknorpel
- Epidermis
- Perichondrium
- Gaumen-, Innenplättchen, flach
- Keratinrinde
- Keratinmark
- Differenzierung der Kieferinnenplättchen:
- I
- II
- III
- Differenzierung der Spitzenzähne
- Corium
- Basallamina
- Lymphspalten im Stratum spinosum
- Hornstreifen der Kieferaußenfläche

50 µm

Abb. 290: *Rana temporaria*, Grasfrosch: Querschnitt durch den Hornkiefer einer Kaulquappe; Übersicht. Der im Querschnitt asymmetrische Hornkiefer des Unterkiefers (Abb.) arbeitet gegen den weitgehend symmetrischen des Oberkiefers. Kiefer und Hornzähnchen benagen Pflanzen, Aufwuchs, Holz und verschlucken die herausgerissenen kleinen Fetzen dann sofort. Alle verhornten Kieferteile und Zähnchen werden laufend durch Nachfolger ersetzt. Für alle sieben bis elf Zellreihen der Kiefer – Streifen der Kieferaußenfläche, am Ende ineinander geschachtelte Spitzenzähne und Kieferinnenplättchen mit verfilztem Keratinmark und homogener, harter Rinde – gelten dieselben Stadien der Keratinisierung.

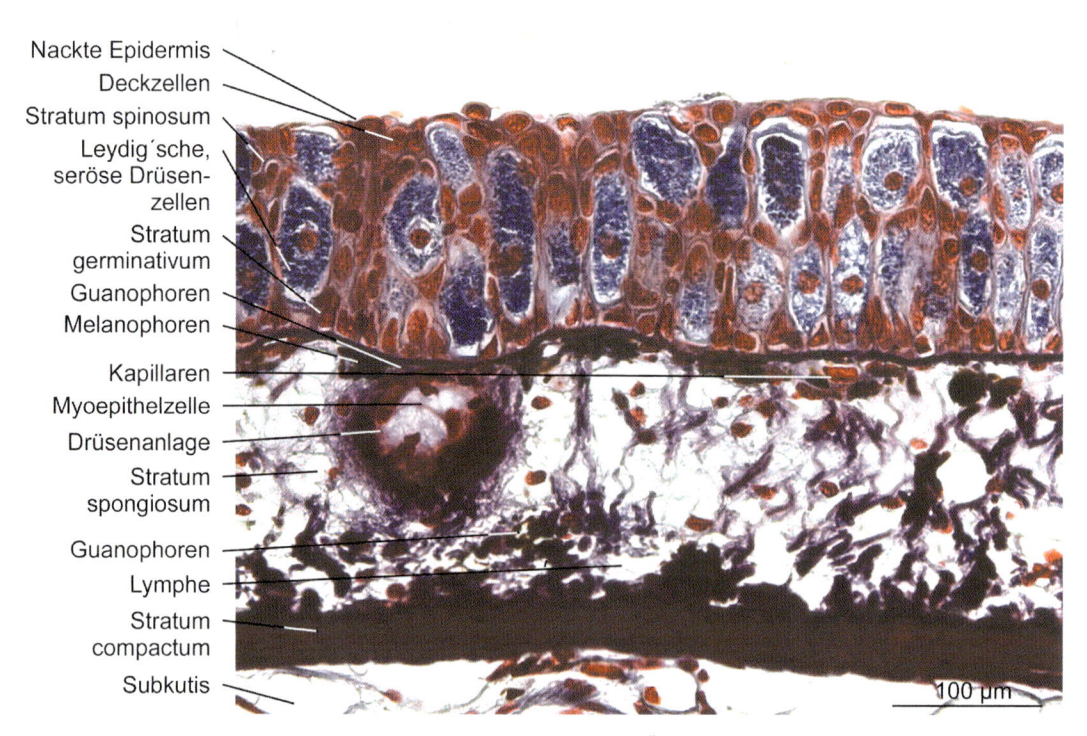

Abb. 291: *Ambystoma mexicanum*, Axolotl, „Wassermonstrum": Querschnitt durch die Haut; Übersicht. Unterhalb der Basalmembran ist die Haut dunkelfarbiger Wildformenabkömmlinge mit Subkutis, Stratum compactum und Stratum spongiosum anurenähnlich. Die fischähnliche Epidermis dagegen enthält viele Leydig'sche Drüsenzellen, Kolbenzellen, die ihr Sekret an die Oberfläche abgeben; ihre kugeligen Kerne liegen inmitten des Eiweißsekrets. Becherzellen (nicht in der Abb.) haben flache, periphere Kerne. Die basalen Epidermiszellen enthalten sehr viel mehr Filamente als die oberen; Desmosomen verbinden die Zellen. ▶ S. 178

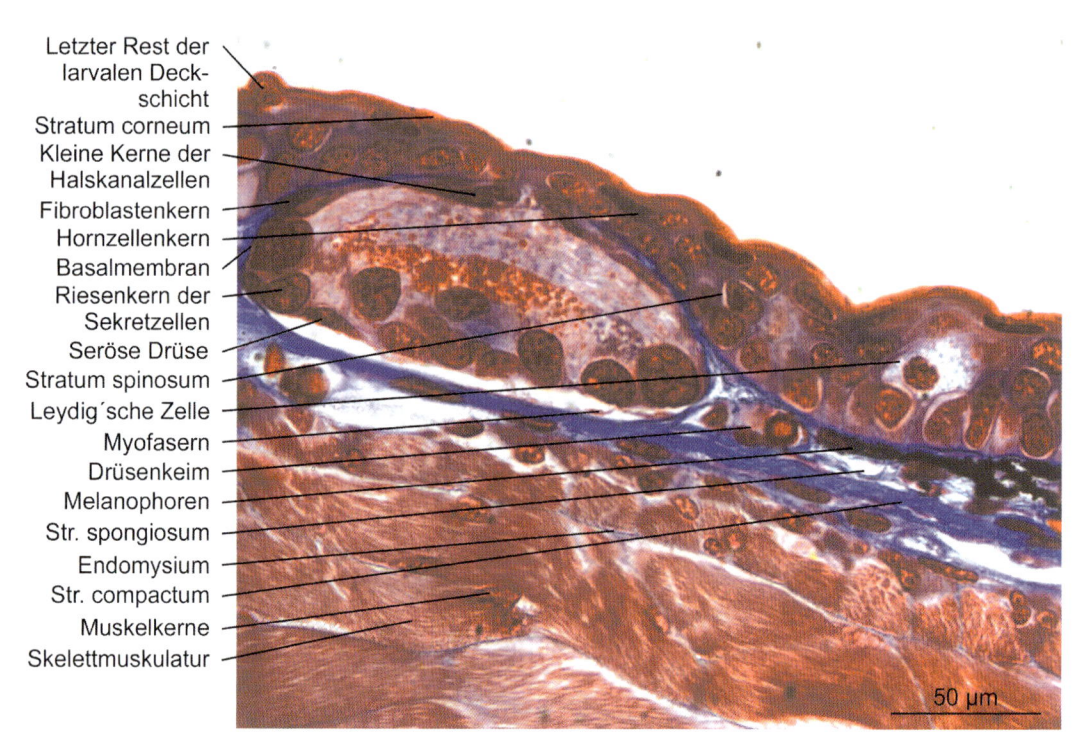

Abb. 292: *Rana esculenta*, Wasserfrosch: Metamorphose der Haut; Ausschnitt. In der Kaulquappenhaut sind die Interzellularräume des Stratum spinosum in der Nähe der Oberfläche durch *tight junctions* verschlossen. Im Unterschied zu Fischen treten kurz vor und mit der Metamorphose Drüsen im Stratum spongiosum der Dermis auf. Die Anlagen der Drüsen und Halskanalzellen liegen in der Epidermis. Mit der Umbildung verhornen eine oder mehrere Zellschichten; in ihren Zellen liegen dicht gepackte Filamente in einer hellen Matrix, der Zellkern bleibt oft noch erkennbar. ▶ S. 178

Lurche – Amphibia

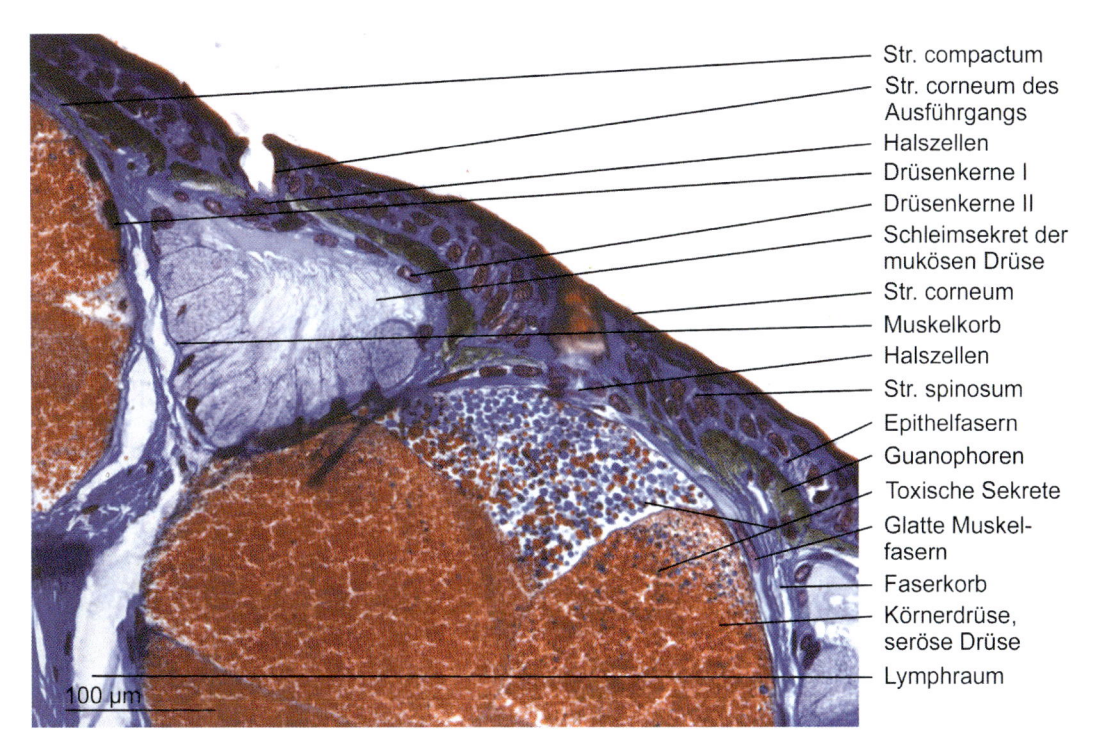

- Str. compactum
- Str. corneum des Ausführgangs
- Halszellen
- Drüsenkerne I
- Drüsenkerne II
- Schleimsekret der mukösen Drüse
- Str. corneum
- Muskelkorb
- Halszellen
- Str. spinosum
- Epithelfasern
- Guanophoren
- Toxische Sekrete
- Glatte Muskelfasern
- Faserkorb
- Körnerdrüse, seröse Drüse
- Lymphraum

Abb. 293: *Salamandra salamandra*, Feuersalamander: Kopfhaut im Querschnitt; Ausschnitt. Stratum spongiosum: Sein Raum ist weitgehend verdrängt bzw. ausgefüllt von Körnerdrüsen (serösen Drüsen) mit holokriner Sekretion und von Schleimdrüsen (mukösen Drüsen) mit merokriner Sekretion. Am Kopf sind die Drüsen als „Parotis"pakete konzentriert. Fressfeinde der Salamander sind Igel und Vögel, andere Tiere fürchten die stark reizenden und giftigen Sekrete. ▶ S. 178

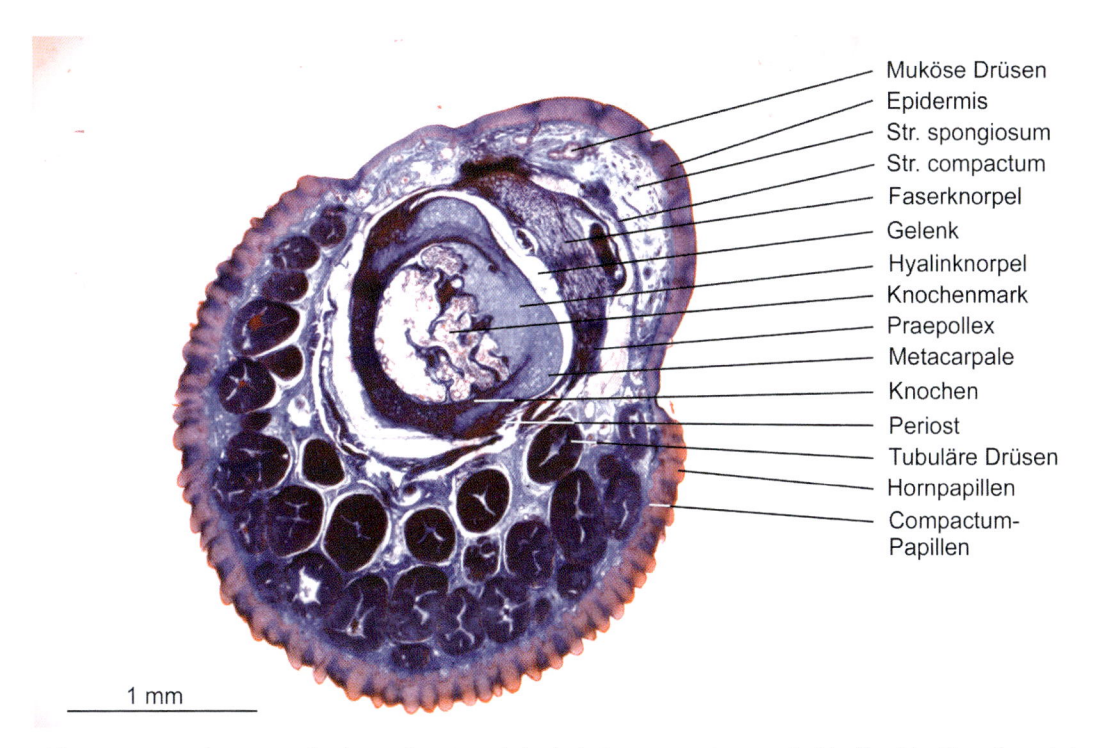

- Muköse Drüsen
- Epidermis
- Str. spongiosum
- Str. compactum
- Faserknorpel
- Gelenk
- Hyalinknorpel
- Knochenmark
- Praepollex
- Metacarpale
- Knochen
- Periost
- Tubuläre Drüsen
- Hornpapillen
- Compactum-Papillen

Abb. 294: *Rana esculenta*, Wasserfroschmännchen: Querschnitt durch den Daumen, Daumenschwiele; Übersicht. Die großen, tubulären Drüsen der Daumenschwiele lassen sich von Schleimdrüsen ableiten. Sonderfunktionen der Sekrete dieser Drüsenschläuche sind Anlockung der Weibchen und Haften am Partner. Der Praepollex ist ein zusätzliches Skelettelement der Mittelhandknochen, das mit dem Daumenfinger nichts zu tun hat. ▶ S. 178

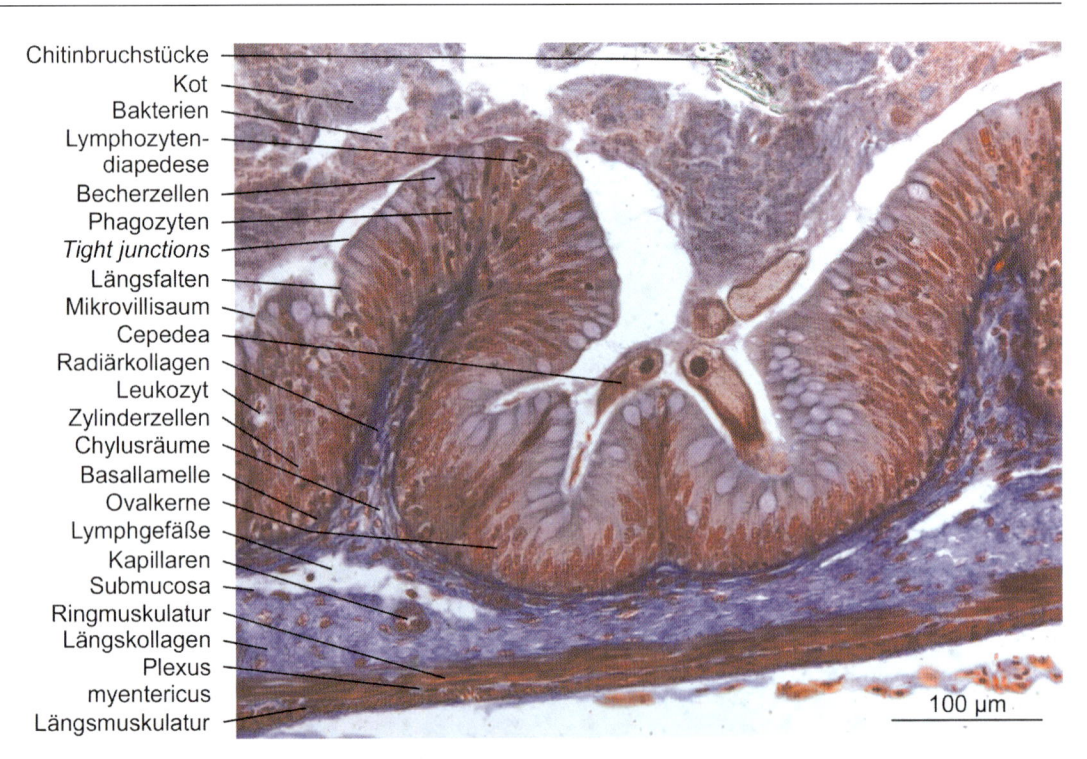

Labels (Abb. 295):
Chitinbruchstücke, Kot, Bakterien, Lymphozytendiapedese, Becherzellen, Phagozyten, *Tight junctions*, Längsfalten, Mikrovillisaum, Cepedea, Radiärkollagen, Leukozyt, Zylinderzellen, Chylusräume, Basallamelle, Ovalkerne, Lymphgefäße, Kapillaren, Submucosa, Ringmuskulatur, Längskollagen, Plexus myentericus, Längsmuskulatur

Abb. 295: *Bufo bufo*, Erdkröte: Enddarm quer; Ausschnitt. Den Übergang des 20 cm langen Dünndarms in den Enddarm markiert eine abrupte Erweiterung; dann geht das Rektum allmählich in die Kloake über. Die hohen Taschenfalten und Sekundärfalten des Dünndarms, die durch niedere Längsfalten miteinander verbunden sind, gehen im Enddarm in plumpe Längsfalten über; Schrägfalten verbinden die Hauptfalten. Zwischen den langen Zylinderzellen des entodermalen Epithels wandern Phagozyten, Leukozyten und Lymphozyten lumenwärts. Schmal bleibt die Enddarmmuskulatur, und eine Muscularis mucosae fehlt. Von *Opalinida*-Protozoen lebt *Opalina ranarum* in Fröschen, *Cepedea* in Kröten.

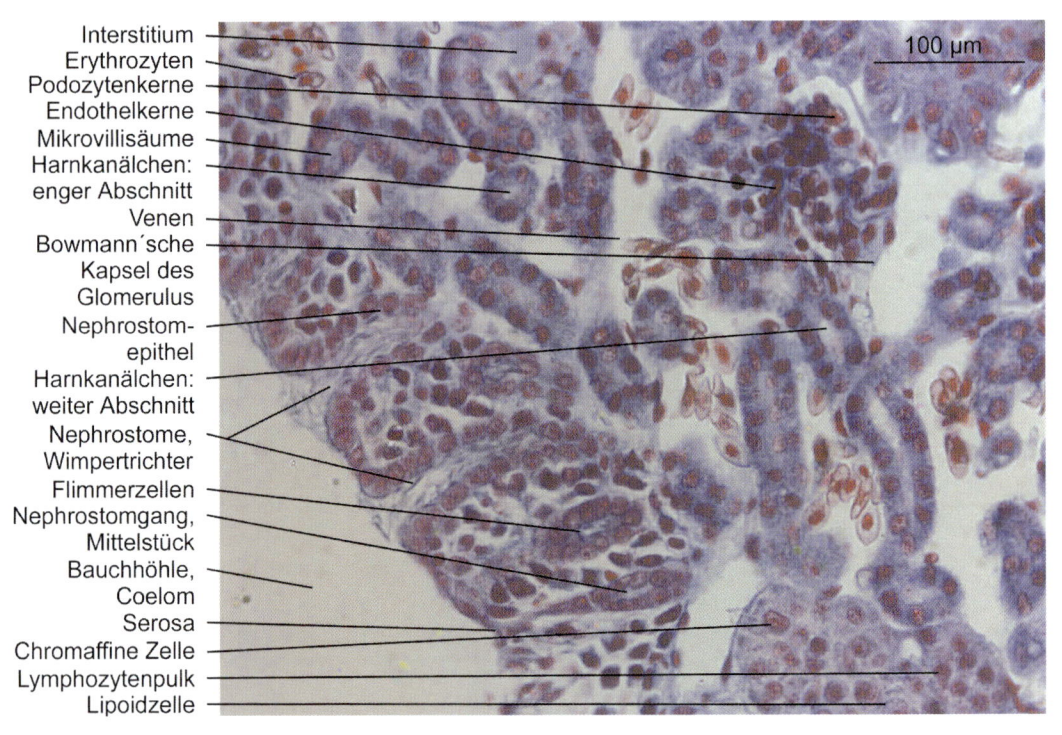

Labels (Abb. 296):
Interstitium, Erythrozyten, Podozytenkerne, Endothelkerne, Mikrovillisäume, Harnkanälchen: enger Abschnitt, Venen, Bowmann'sche Kapsel des Glomerulus, Nephrostomepithel, Harnkanälchen: weiter Abschnitt, Nephrostome, Wimpertrichter, Flimmerzellen, Nephrostomgang, Mittelstück, Bauchhöhle, Coelom, Serosa, Chromaffine Zelle, Lymphozytenpulk, Lipoidzelle

Abb. 296: *Xenopus laevis*, Krallenfrosch: Nierenquerschnitt; Ausschnitt. Der vordere Teil der embryonalen Nierenanlagen (Pronephros) bleibt bei einigen Amphibienlarven und Adulten erhalten – als Wimpertrichter, die an der Leibeshöhle beginnen. Diese Nephrostome liegen an den ventralen Außenkanten der bandförmigen Nieren. Die gewundenen, beflimmerten Rohre der Wimpertrichter münden in die Venae renales revehentes. Die von den Glomeruli ableitenden Harnkanälchen gehen zum Wolff'schen Gang, dem primären Harnleiter des Opistonephros. Die Lipoidzellen der Nebenniere entstammen der Genitalleiste, die chromaffinen Zellen der Neuralleiste.

Lurche – Amphibia

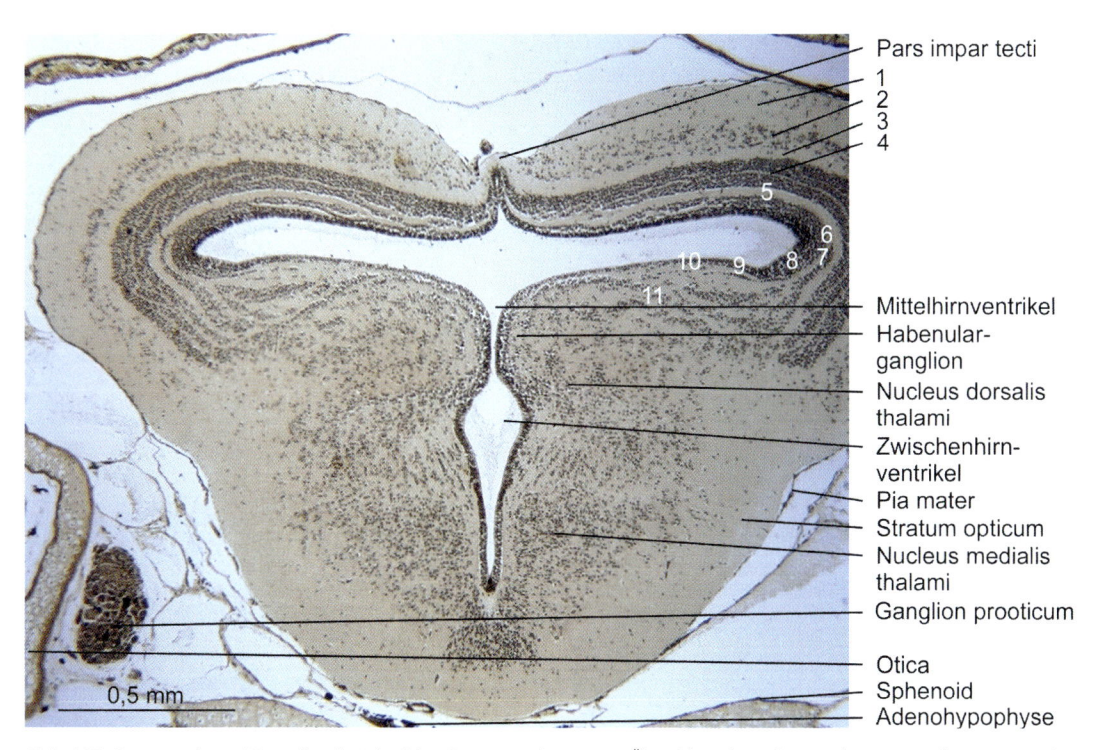

Pars impar tecti
1
2
3
4
5
6
7
8
9
10
11
Mittelhirnventrikel
Habenular-
ganglion
Nucleus dorsalis
thalami
Zwischenhirn-
ventrikel
Pia mater
Stratum opticum
Nucleus medialis
thalami
Ganglion prooticum
Otica
Sphenoid
Adenohypophyse

Abb. 297: *Rana esculenta*, Wasserfrosch: Mittelhirn, Tectum opticum quer; Übersicht. Die Perikaryen der Nervenzellen im Zentralnervensystem der Amphibien sind hauptsächlich um das Ventrikelsystem angesiedelt; in der Peripherie bilden die Zellen Schichten. Zum Dach des Mesencephalons, zum Tectum opticum ▶ S. 178

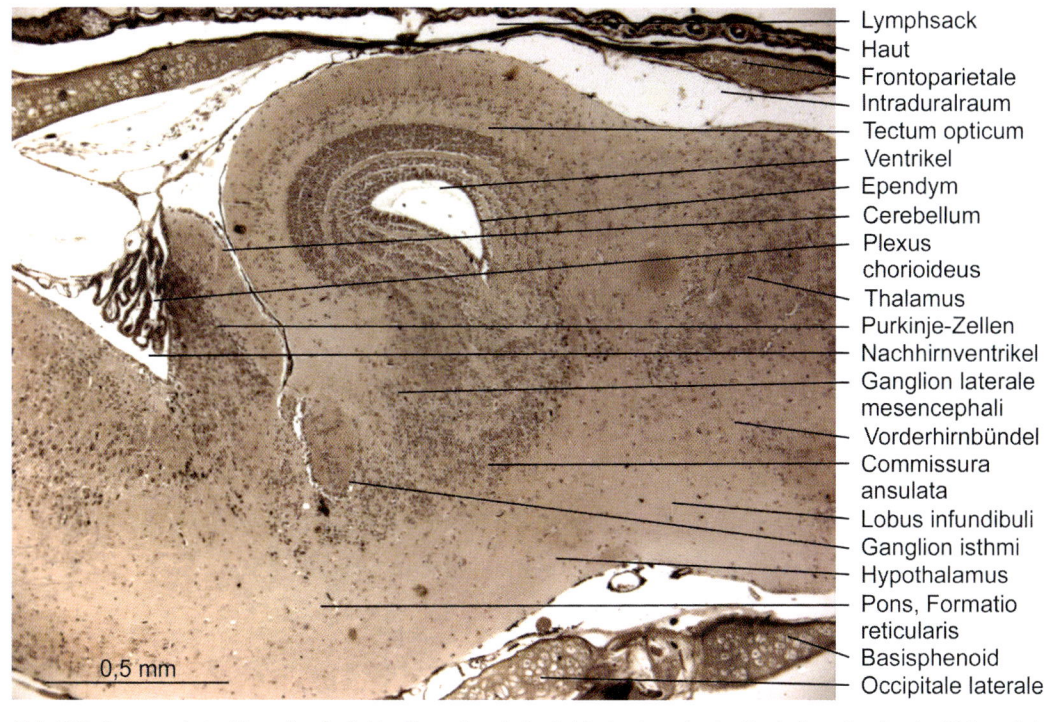

Lymphsack
Haut
Frontoparietale
Intraduralraum
Tectum opticum
Ventrikel
Ependym
Cerebellum
Plexus
chorioideus
Thalamus
Purkinje-Zellen
Nachhirnventrikel
Ganglion laterale
mesencephali
Vorderhirnbündel
Commissura
ansulata
Lobus infundibuli
Ganglion isthmi
Hypothalamus
Pons, Formatio
reticularis
Basisphenoid
Occipitale laterale

Abb. 298: *Rana esculenta*, Wasserfrosch: Gehirn längs; Ausschnitt. Bei Bodentieren ist das Cerebellum ein schmaler Wulst zwischen Nachhirn und Mittelhirn über dem Tegmentum; bei Laubfröschen, die am liebsten erhöht (gerne an Brombeersträuchern) sitzen, wird das Kleinhirn weit größer und hat mehr Purkinj-Zellen mit Spalierbaumdendriten. Ependymzellen kleiden als einschichtiges Epithel, oft mit Kinocilien und Mikrovilli, die Ventrikel des zentralen Nervensystems und den Zentralkanal des Rückenmarks aus. Von den Basen der Ependymzellen aus verzweigen sich ganz unterschiedlich lange Fortsätze, die sich funktionsaktiv als Schranke, Transportlinie, Gerüstsystem zwischen Liquor und Nervensystem den Neuronen anlegen.

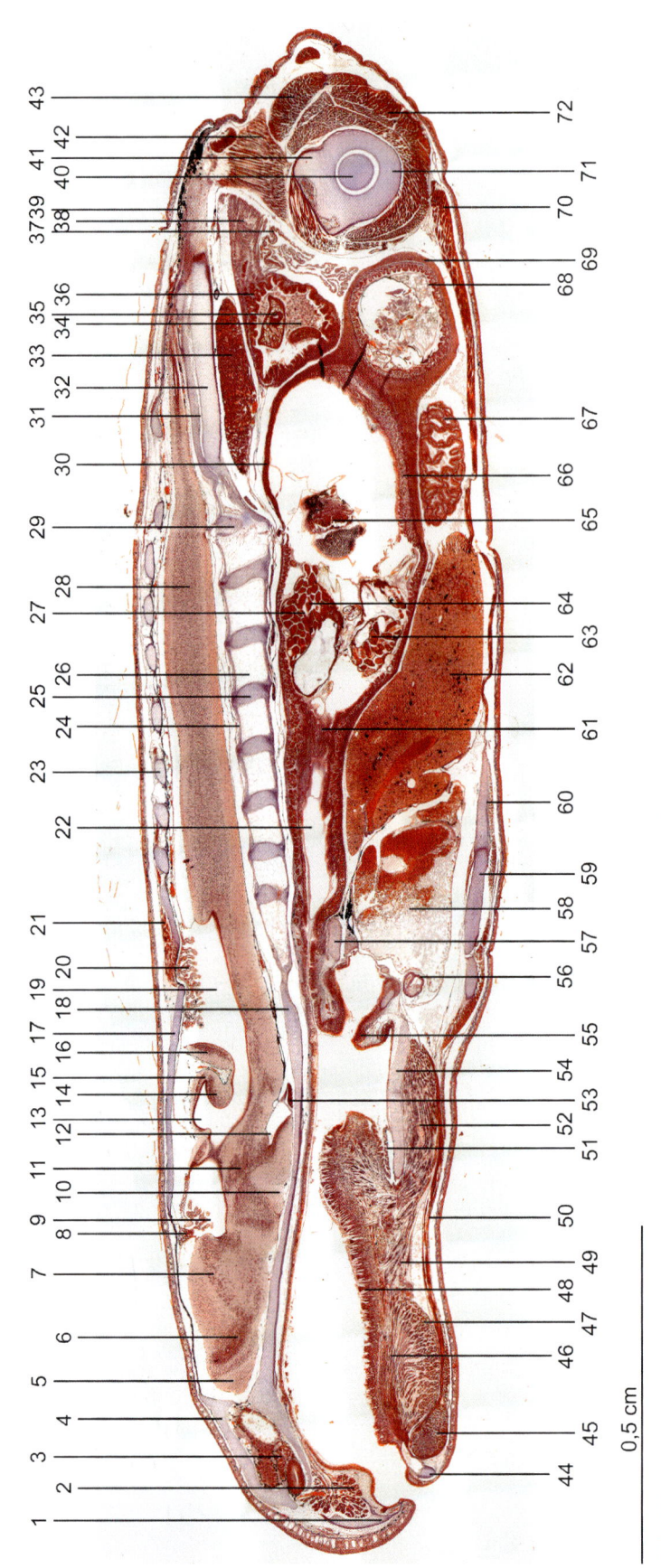

Abb. 299: *Rana temporaria*, Grasfrosch: Medianer Längsschnitt durch einen Jungfrosch; Übersicht. Zwei bis vier Monate nach der im Jahr sehr zeitigen Eiablage beginnt die Metamorphose der 4,5 cm großen Kaulquappen/Larven. Die frisch verwandelten Jungfrösche sind nurmehr 1–1,5 cm lang. Mit stärkeren Objektiven wird in einem „Glückspräparat" wie dem hier abgebildeten die komplette Froschhistologie sichtbar, und aus einer Schnittserie ist die mikroskopische Anatomie des Froschs rekonstruierbar.

1. Intermaxillare; 2. Intermaxillardrüse; 3. Bowman'sche Drüsen, Nasendrüse; 4. Tectum nasi, Septum narium; 5. Tractus olfactorius; 6. Lobus olfactorius; 7. Vorderhirnhemisphären; 8. Epiphyse, Dorsalsack, Paraphyse und Plexus chorioideus; 9. Zwischenhirnventrikel; 10. Chiasma; 11. Commissura ansulata; 12. Infundibulum; 13. Mittelhirnventrikel; 14. Ganglion laterale mesencephali; 15. Tectum opticum; 16. Kleinhirn; 17. Frontoparietale; 18. Parabasale; 19. Nachhirnventrikel; 20. Tela chorioidea des Nachhirns; 21. M. longissimus dorsi; 22. Oesophagus; 23. Dornfortsätze; 24. Chordaepithel, Perichondrium und Periost; 25. knorpeliges Wirbelzentrum; 26. Chordagewebe; 27. Eizellen einer Zuckmücke, Chironomide; 28. Rückenmark; 29. 9. Wirbel, Sakralwirbel; 30. Magenschleimhaut; 31. Carina des Steißbeins; 32. Os coccygis, Corpus des Steißbeins; 33. Niere; 34. Ciliaten, Endosymbionten; 35. parasitischer Trematode; 36. Enddarmwand; 37. Harnblase; 38. Kloakenwand; 39. Melanophorenanhäufung; 40. Hyalinknorpel des Femurkopfs und Synovia der Synovialis; 41. Illum-Ischium-Pubis-Bezirk; 42. M. pyriformis; 43. M. semimenbranosus; 44. Dentale, Meckel'scher Knorpel; 45. M. submentalis; 46. M. genioglossus; 47. M. genioglossus; 48. Zungenoberfläche mit Faden- und Pilzpapillen; 49. M.-hyoglossus-Wurzel; 50. M. geniohyoideus, darüber Sinus basihyoideus; 51. lose Schleimhaut und Sinus basihyoideus; 52. M. hyoglossus; 53. Hypophyse; 54. Zungenbeinknorpel; 55. Kehlkopfeingang; 56. Truncus arteriosus: Arteria carotis, A. communis, A. pulmocutanea; 57. Cricotrachealknorpel; 58. Herz; 59. Episternum; 60. Sternum; 61. Oesophaguswand flach; 62. Leberlappen; 63. Abdomen einer Chironomide I; 64. Abdomen einer Chironomide II; 65. Bernsteinschneckenanschnitt; 66. Magenwand; 67. Dünndarm; 68. Fliegenteile; 69. Magen: Pylorusteil; 70. M. rectus abdominalis; 71. Acetabulumknorpel; 72. Musculus gracilis u. a.

Lurche – Amphibia

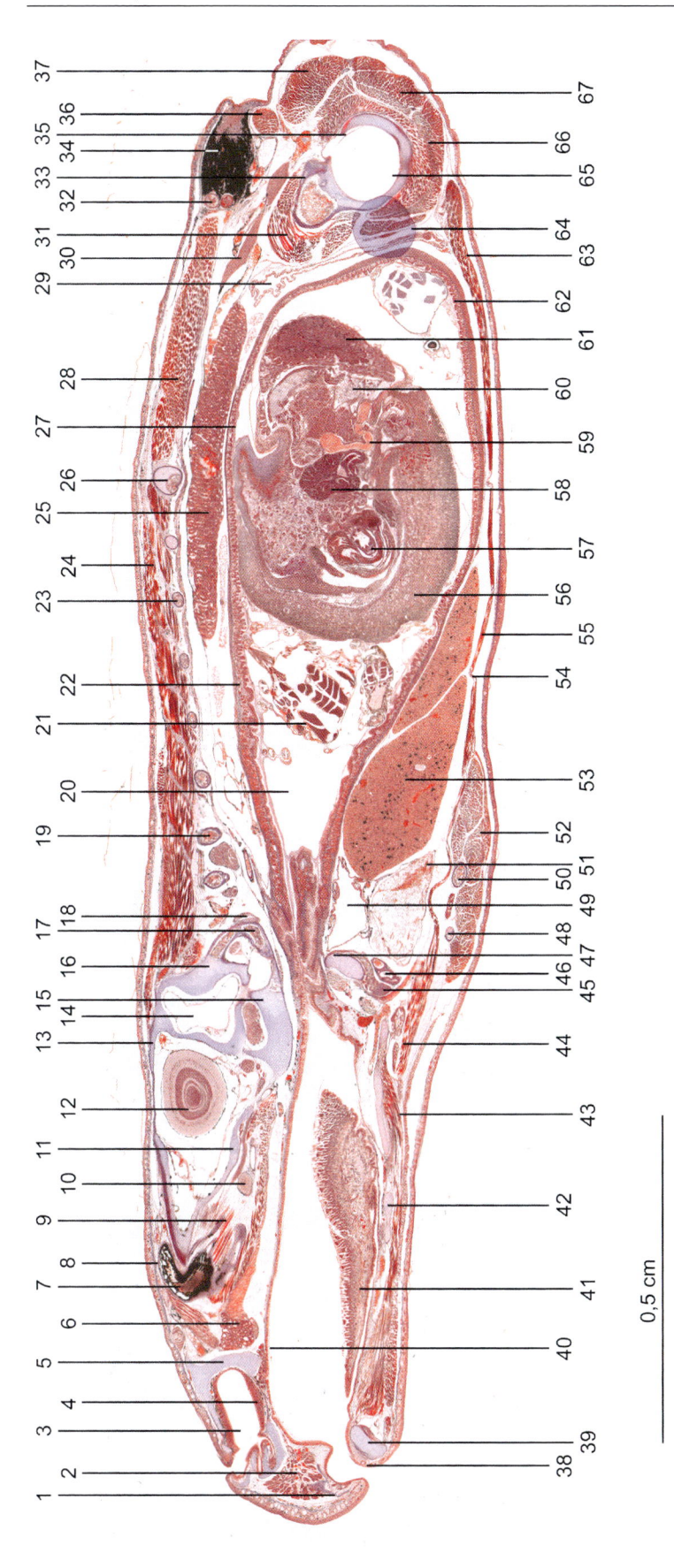

Abb. 300: *Rana temporaria*, Grasfrosch: Parasagittaler Längsschnitt durch einen Jungfrosch: Übersicht. Auffällig ist über dem After die Vollversammlung der Melanophoren aus dem Kaulquappenschwanz; während der Metamorphose werden alle Zellen des Schwanzes abgebaut, eingeschmolzen, unangetastet bleiben die Pigmentzellen. Im relativ sehr großen Magen liegt eine Bernsteinschnecke, *Succinea putris*: Die Nahrung besteht nicht nur aus Mücken, sondern auch aus gehaltvoller Beute.
1. Intermaxillare; 2. Intermaxillardrüse; 3. Cavum principale mit Nasenloch; 4. Riechepithel; 5. Ethmoid; 6. Nasendrüse; 7. Retina, Stäbchen und Zapfen quer; 8. Chorioidea und Sklera; 9. Augenmuskulatur; 10. Sehnerv quer; 11. Parasphenoid, darunter M. masseter und M. temporalis; 12. Mittelhirnhemisphäre; 13. Frontoparietale; 14. Utriculus und Sacculus; 15. Prooticum I; 16. Prooticum II; 17. Occipitale laterale; 18. Atlas; 19. Querfortsätze der Wirbel 2–4; 20. Oesophagus; 21. Thorakalmuskulatur einer Büschelmücke; 22. Oesophagus-Magen-Grenze; 23. Querfortsätze der Wirbel 5–8; 24. M. longissimus dorsalis; 25. Niere mit Glomeruli; 26. Querfortsatz des Sakralwirbels (9); 27. Magen; 28. M. coccygeo-iliacus; 29. Chiasnerv; 31. M. gluteaus magnus; 32. enzystierte Metazerkarien; 33. Schambein-Sitzbein-Bezirk, Ischiopubis; 34. Melanophorenfleck; 35. Acetabulum; 36. M. semimembranosus; 37. M. pyriformis; 38. Ektoderm-Entoderm-Grenze; 39. Dentale; 40. Gaumendach; 41. Zunge; 42. Zungenbeinknorpel, Hyoid; darunter M. submaxillaris; 43. M. subhyoideus; 44. M. sternohyoideus; 45. Schilddrüse; 46. Truncus arteriosus; 47. Cricotrachealknorpel, Ringknorpel; 48. Schlüsselbein quer, Clavicula; 49. Lunge; 50. Rabenbein quer, Coracoid; 51. Herz; 52. M. pectoralis; 53. Leber; 54. Inscriptiones tendinae; 55. M. transversus und M. rectus; 56. Fuß; 57. Schlundkopf und Radula; 58. Eiweißdrüse, 59. Spermovidukt; 60. Mitteldarmdrüse, 61. Zwitterdrüse einer Bernsteinschnecke; 62. Magenwand; 63. M. rectus abdomis; 64. verrutschter Knorpel des Femurkopfs; 65. Gelenkpfanne im Acetabulum; 66. M. sartorius; 67. M. gracilis und weitere Adduktormuskeln des Oberschenkels.

Kriechtiere – Reptilia

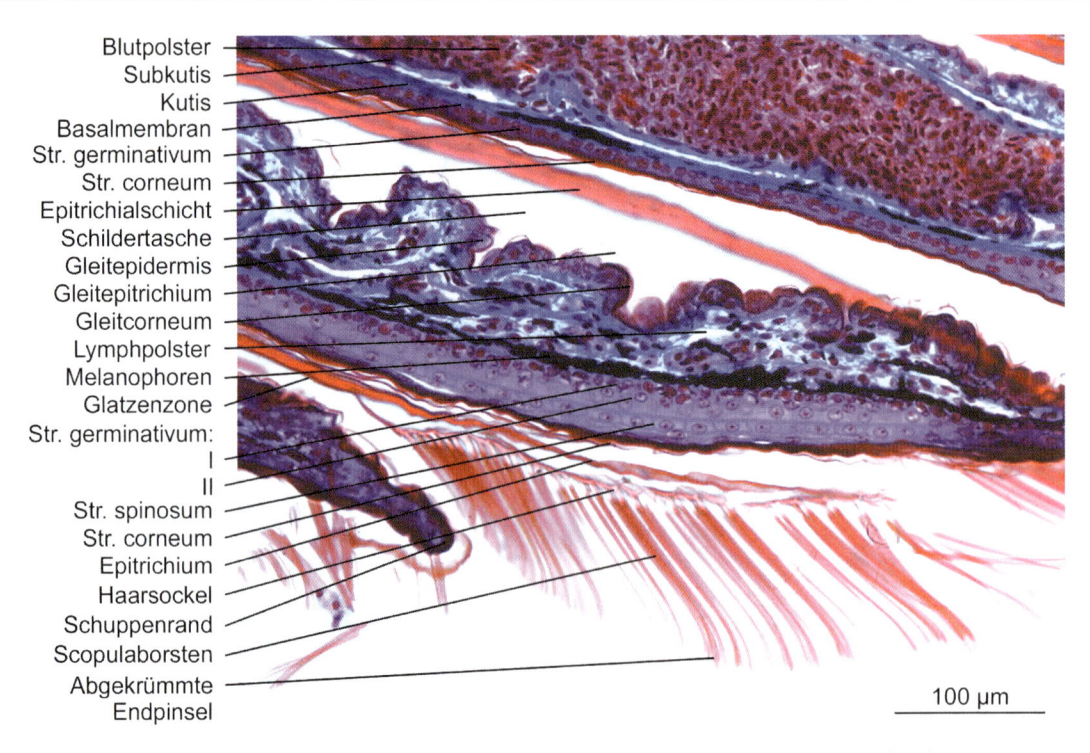

Abb. 301: *Phelsuma madagascariensis*, Madagassischer Taggecko: Zehe längs; Ausschnitt. Die Tiere lauern in Kokospalmen auf Insekten. 80–100 µm lange Scopulahaare an den Unterseiten von Fingern und Zehen ermöglichen das Klettern auf glatten Blattoberflächen und an Terrarienscheiben. Jede Borste besteht aus den Keratinfilamenten einer Zelle; in Vierergruppen spalten sich jeweils die Filamente immer weiter auf; die abgekrümmten Endfäserchen liegen mit ihren Dicken weit unter der Auflösungsgrenze (bei 0,2 µm) des Lichtmikroskops. ▶ S. 178

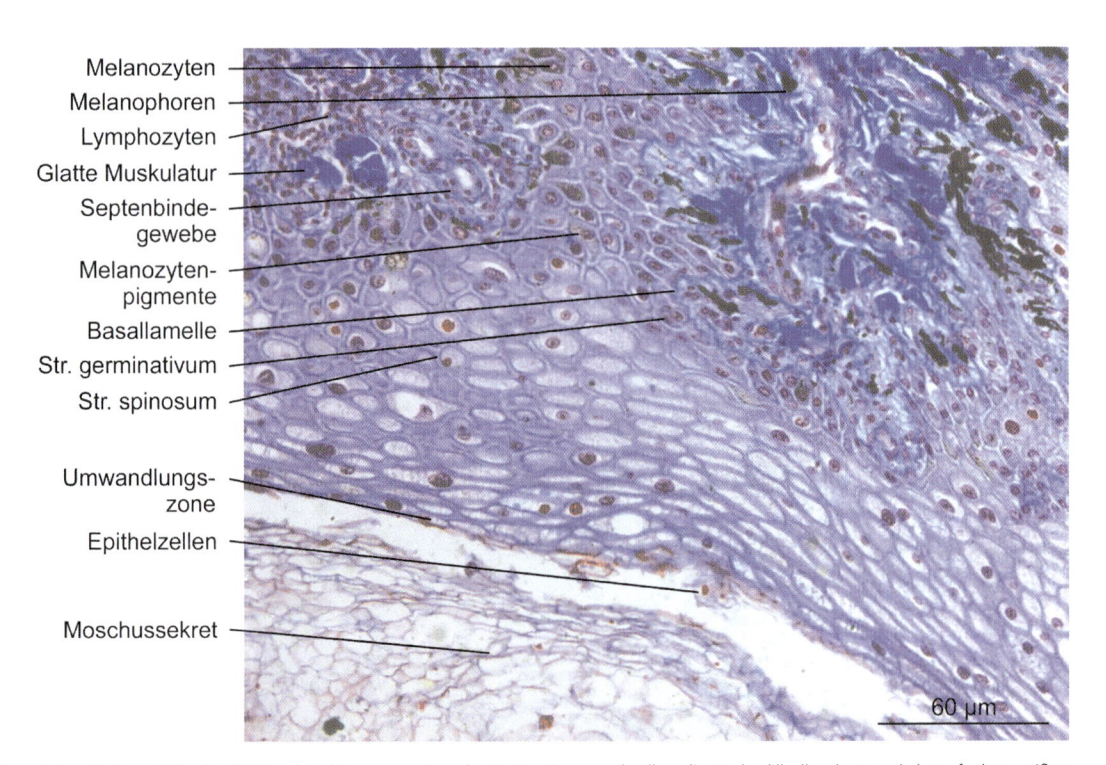

Abb. 302: *Crocodylus niloticus*, Nilkrokodil: Moschusdrüse quer; Ausschnitt. Zur Paarung brüllen die Krokodilbullen laut und dumpf, dazu reißen sie das Maul weit auf und heben den Kopf hoch. Während dieser Zeit riechen sie stark nach Moschus: Zwei Drüsenpaare hinter den Kinnladen und am After sondern das Duftsekret ab. Diese Lockdrüsen zur Paarung, die Schenkeldrüsen der Eidechsen, Schwanzdrüsen mit Wehrsekret bei einigen Geckos sind holokrine ektodermale Drüsen, Speichel- und Giftdrüsen dagegen entodermale. Den Moschusdrüsen parallel sind Talgdrüsen: Die gesamten Zellen füllen sich mit Sekretvorstufen und Sekret, sie werden aus dem Epithelverband ausgestoßen.

Kriechtiere – Reptilia

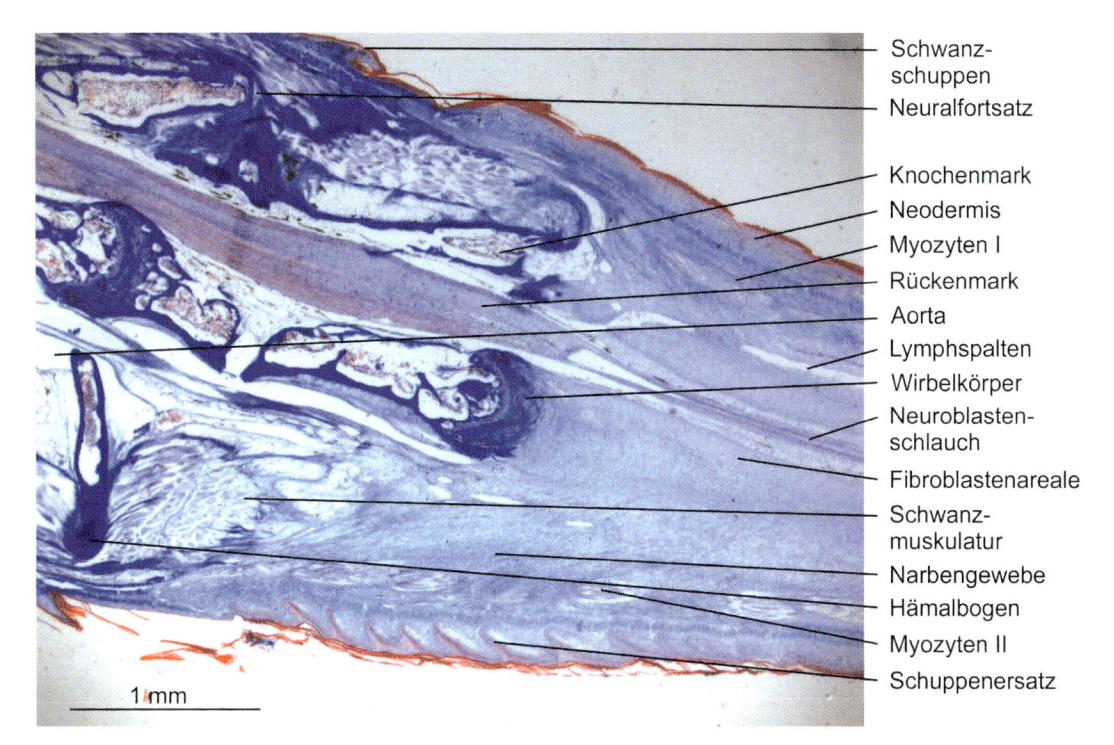

- Schwanzschuppen
- Neuralfortsatz
- Knochenmark
- Neodermis
- Myozyten I
- Rückenmark
- Aorta
- Lymphspalten
- Wirbelkörper
- Neuroblastenschlauch
- Fibroblastenareale
- Schwanzmuskulatur
- Narbengewebe
- Hämalbogen
- Myozyten II
- Schuppenersatz

1 mm

Abb. 303: *Tarentola mauretanica*, Mauergecko: Schwanzregenerat längs; Ausschnitt; Übersicht. Geckos werfen bei Behelligung rasch den Schwanz ab: Autotomie. In vielen Populationen hat der größte Teil der Tiere rübenförmige Ersatzschwänze mit homogenen und einfachen Schüppchen. Regeneration wäre Wiederherstellung, was allenfalls äußerlich gelingt; unter der neuen Haut sind die Regenerate „nur" Reparate aus vernarbenden Granulationsgeweben. Auffällig an den Neubildungen sind der Mangel an Blutgefäßen und Kapillaren, die ohne Sinn erscheinende Bildung von Myozyten aus Myoblasten, aussprossende Amputationsaxone sind nirgendwo angeschlossen, da neue Endorgane fehlen.

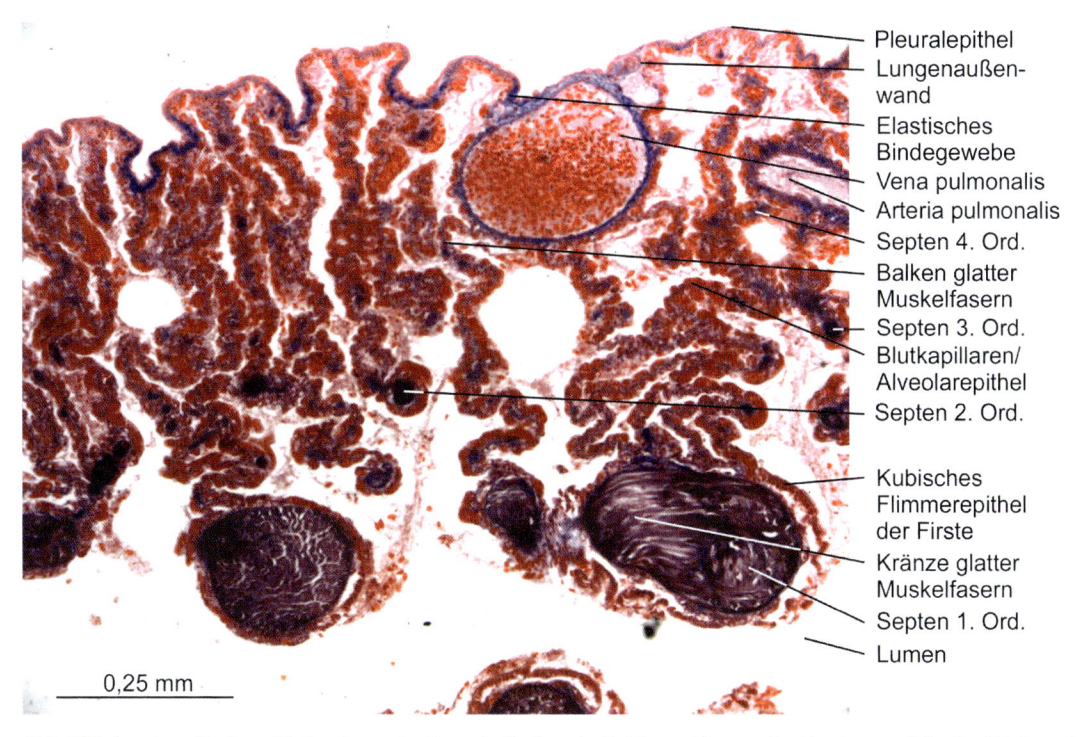

- Pleuralepithel
- Lungenaußenwand
- Elastisches Bindegewebe
- Vena pulmonalis
- Arteria pulmonalis
- Septen 4. Ord.
- Balken glatter Muskelfasern
- Septen 3. Ord.
- Blutkapillaren/Alveolarepithel
- Septen 2. Ord.
- Kubisches Flimmerepithel der Firste
- Kränze glatter Muskelfasern
- Septen 1. Ord.
- Lumen

0,25 mm

Abb. 304: *Lacerta agilis*, Zauneidechse: Lunge im Querschnitt; Ausschnitt. Die zwei lang gestreckten Lungensäcke der Eidechsen sind 20–22 mm lang, voll gepumpt erreichen sie 8–10 mm im Durchmesser. Die Septen erster Ordnung sind netzförmig miteinander verbunden und umgrenzen zahlreiche Buchten, die Großalveolen. Ebenfalls netzartig, aber niedriger vergrößern Alveolen zweiter Ordnung vom Boden und den Seitenwänden der Großalveolen her die atmende Oberfläche aus Surfactant, Pneumozytenepithel, Basalmembran des Alveolarepithels, Basalmembran der Kapillarwand und Kapillarendothel – zusammen 0,6 µm „dick".

Kriechtiere – Reptilia

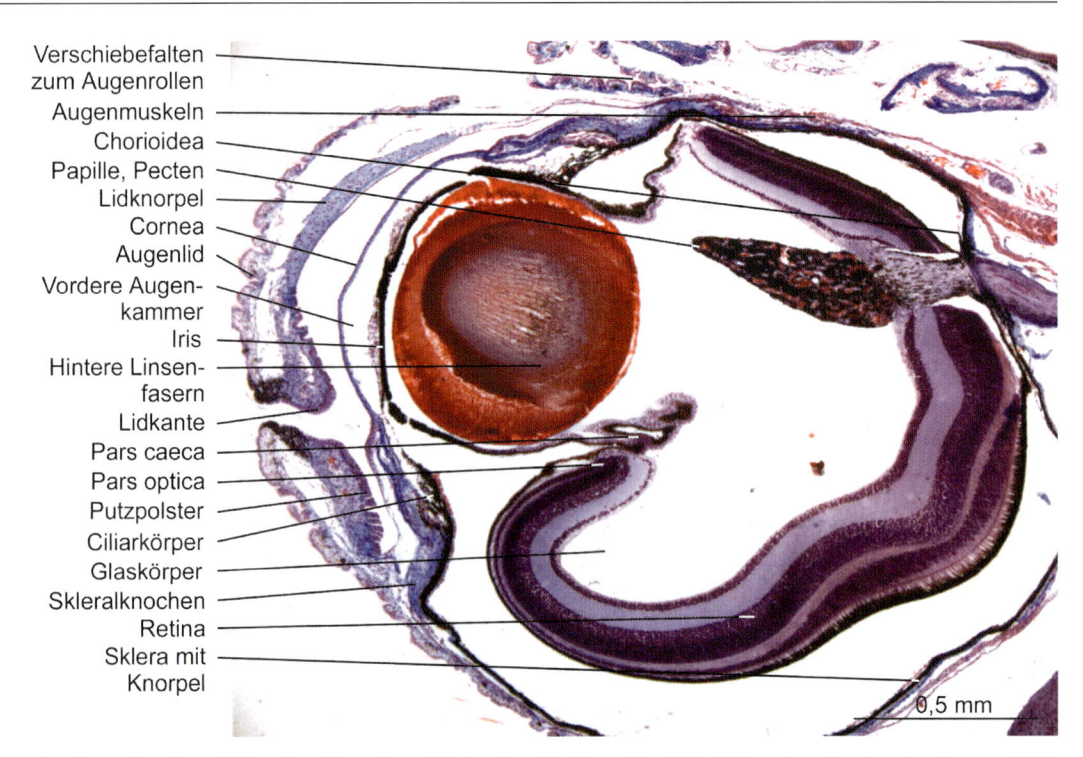

Verschiebefalten zum Augenrollen
Augenmuskeln
Chorioidea
Papille, Pecten
Lidknorpel
Cornea
Augenlid
Vordere Augenkammer
Iris
Hintere Linsenfasern
Lidkante
Pars caeca
Pars optica
Putzpolster
Ciliarkörper
Glaskörper
Skleralknochen
Retina
Sklera mit Knorpel

0,5 mm

Abb. 305: *Chamaeleo chamaeleon*, Europäisches Chamäleon: Augapfel eines Jungtiers längs; Übersicht. Die kugeligen, beschuppten Augen mit kleinem Sehschlitz können, um die Umgebung abzusuchen, unabhängig voneinander in alle Richtungen gedreht werden. Diese irritierende Funktionsweise ermöglicht den Tieren stereoskopisches Sehen und zielgenaues Einholen von Spinnen und Insekten. Die Augen sind auf Fernsicht eingestellt; zur Nahakkommodation formt die rasche Kontraktion quergestreifter Muskelfasern des Ciliarkörpers die weiche Linse zur Kugel um. ▶ S. 178

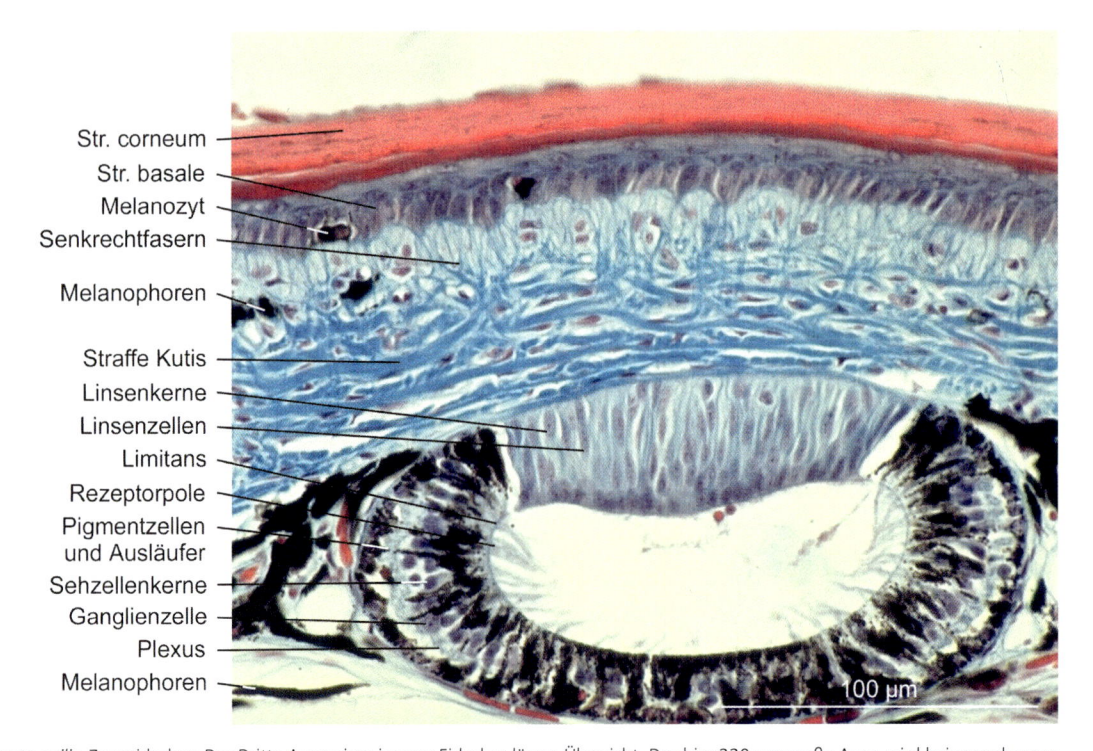

Str. corneum
Str. basale
Melanozyt
Senkrechtfasern
Melanophoren
Straffe Kutis
Linsenkerne
Linsenzellen
Limitans
Rezeptorpole
Pigmentzellen und Ausläufer
Sehzellenkerne
Ganglienzelle
Plexus
Melanophoren

100 µm

Abb. 306: *Lacerta agilis*, Zauneidechse: Das Dritte Auge einer jungen Eidechse längs; Übersicht. Das hier 220 µm große Auge wird bei erwachsenen Tieren 0,4–0,5 mm groß; es liegt in einer Öffnung des Scheitelbeins, dem Foramen parietale, über dem Vorderhirn. Über dem Blasenauge ist das Stratum corneum glasklar, Epidermis- und Kutispigmente fehlen völlig, und die senkrecht laufenden Bindegewebsbündel sind Lichtleiter. Die Kerne der langen Linsenzylinderzellen liegen auf unterschiedlichen Niveaus. In der Retina schieben Pigmentzellen mit basalen Kernen in Zellfortsätzen bis zum Glaskörper im Hellen Pigmente zwischen die Sehzellen. Gom.

Kriechtiere – Reptilia 165

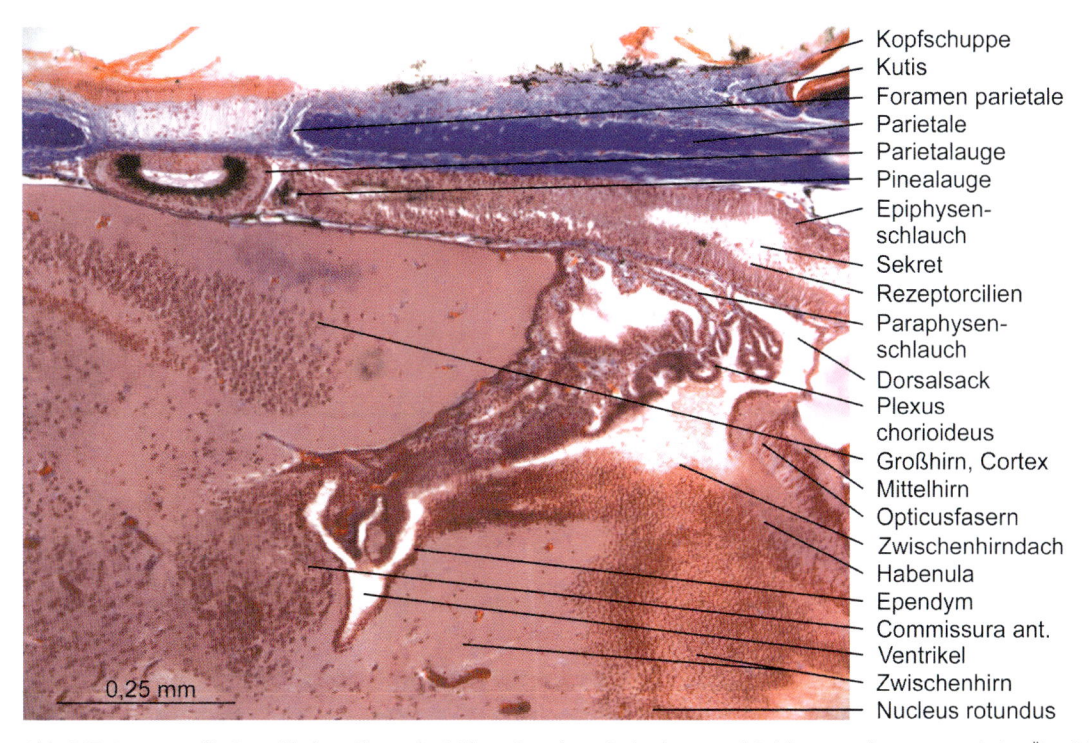

Abb. 307: *Lacerta agilis*, Zauneidechse: Plexus chorioideus, Paraphyse, Parietalauge und Epiphyse; medianer Längsschnitt; Übersicht. Im Plexus wird der Liquor cerebrospinalis gebildet – zum Stoffwechsel und mechanischen Schutz des Zentralnervensystems. Von den vier Aussackungen des Zwischenhirndachs bleiben die erste (Paraphyse) und die zweite (Dorsalsack) epithelial und z. B. bei Echsen auch adult erhalten. Photorezeptoren charakterisieren die beiden hinteren Ausstülpungen: Nr. 3 bildet bei etlichen Schuppentieren das Parietalauge, Nr. 4 das Pinealorgan (Epiphyse, Zirbeldrüse plus eventuell ein Pinealauge (Abb.)). Einige Agamen, Geckos, Skinke und Schlangen legen kein Drittes Auge mehr an.

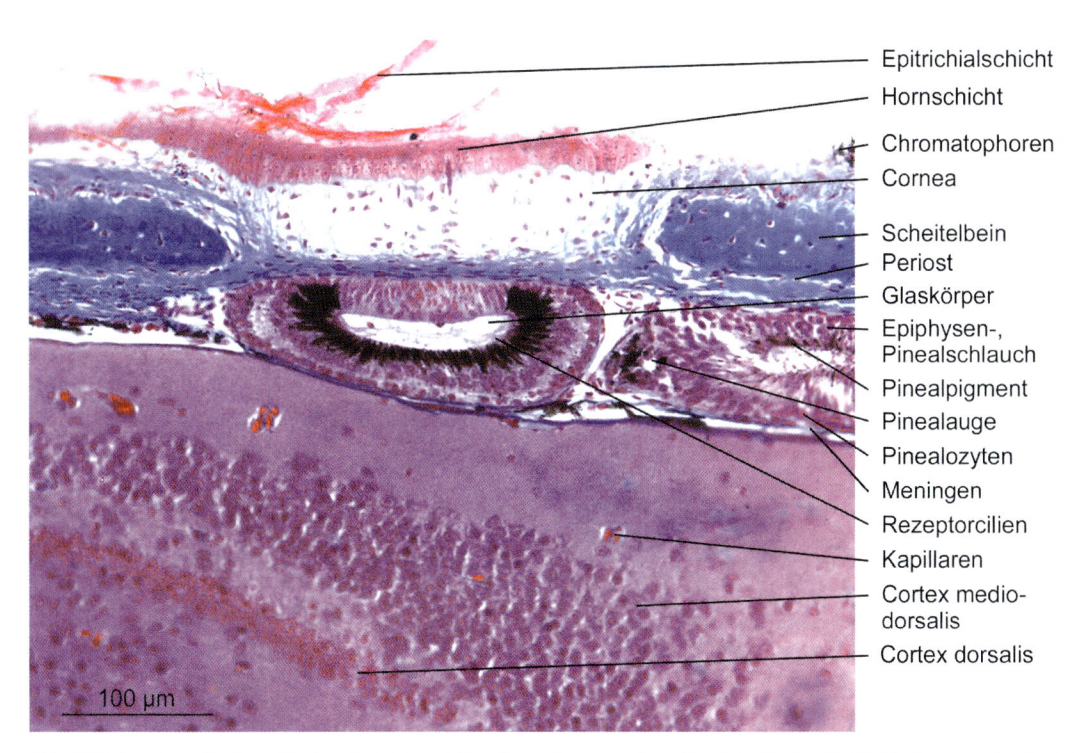

Abb. 308: *Lacerta agilis*, Zauneidechse: Parietal- und Pinealauge längs, medianer Kopfschnitt; Ausschnitt. Ein Nervus parietalis als Verbindung des Parietalauges mit dem Zwischenhirn ist oft nicht vorhanden; die Zone ist variabel: Das Dritte Auge kann eine Abschnürung des Epiphysenschlauchs und damit ein Pinealauge sein. Im hellen Tageslicht umhüllen die Pigmente in den Ausläufern der Stütz-, Pigmentzellen die glaskörpernahen Teile der Sehzellen; im Dunkeln wandert die Pigmentgranula zur Retinamitte und -peripherie. Pinealozyten stehen mit Kapillaren und adrenergen Nervenfasern in Kontakt; Endbäume von Zytoplasmafortsätzen haben *synaptic ribbons*, die methyliertes Serotonin (Melatonin) in Tag-Nacht-Zyklen freisetzen.

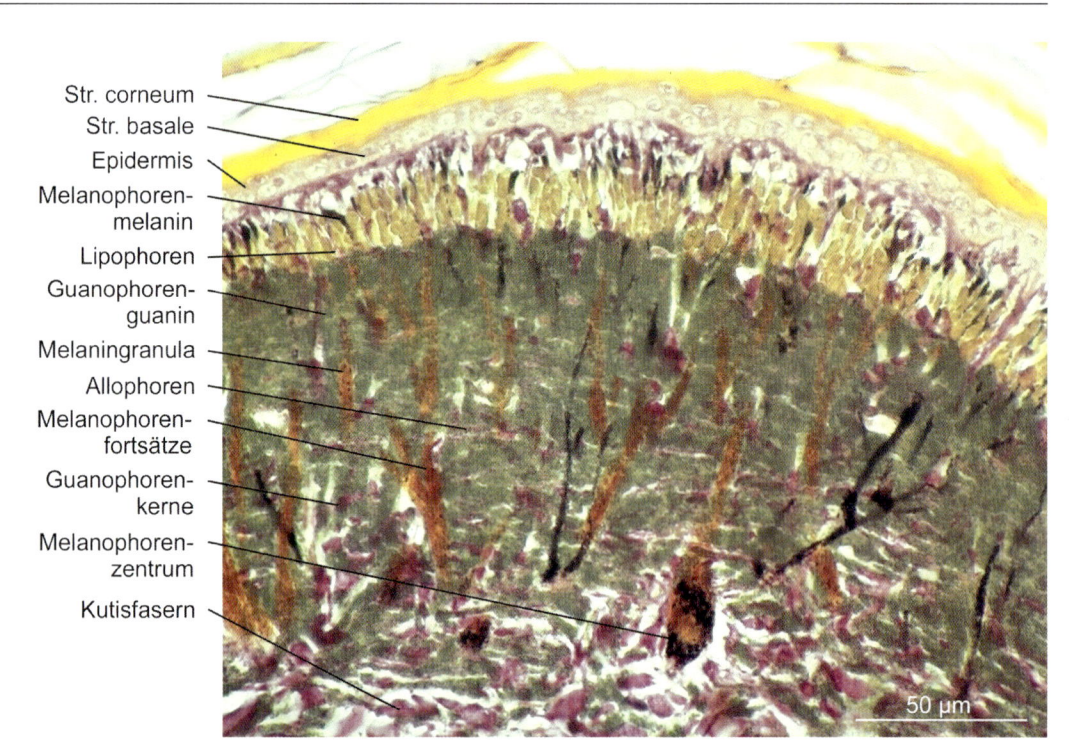

Str. corneum
Str. basale
Epidermis
Melanophoren-
melanin
Lipophoren
Guanophoren-
guanin
Melaningranula
Allophoren
Melanophoren-
fortsätze
Guanophoren-
kerne
Melanophoren-
zentrum
Kutisfasern

50 µm

Abb. 309: *Chamaeleo chamaeleon*, Chamäleon: Chromatophoren der Haut; Ausschnitt. Gestaffelt in unterschiedlichen Tiefen der Kutis liegen die Farbzellen; Nerven und Hormone steuern das Ausbreiten oder Zusammenziehen der Pigmente in den Chromatophoren zur Tarnung, innerartlichen Auseinandersetzung, Befindlichkeit und Regsamkeit. Bei Echsen, Schlangen, Krokodilen und Schildkröten ist der Farbwechsel weniger auffällig; Chamäleons können ihre Stimmung zeigen: durch gelbe und braune Streifen, Verblassen, Vergrünen und Erröten. Melanophoren senden Fortsätze zur Epidermis, sie verschieben Melaningranula. Allophoren enthalten rot-violette, unlösliche Pigmente; mit Melano- und Guanophoren zusammen sind sie Partner roter Färbungen. Die Guanophoren enthalten hier so viele Kristallplättchen, dass das Kalialaun der K.-K.-Färbung nicht alle herausgelöst hat, im Auflicht leuchtet die Schicht. Die Lysosomen der Lipophoren sind durch die Präparation verschwunden; im Leben sind die Farbzellen Gelbfilter und mit Tyndallblau aus Guanophoren zusammen Grünmacher.

Vögel – Aves

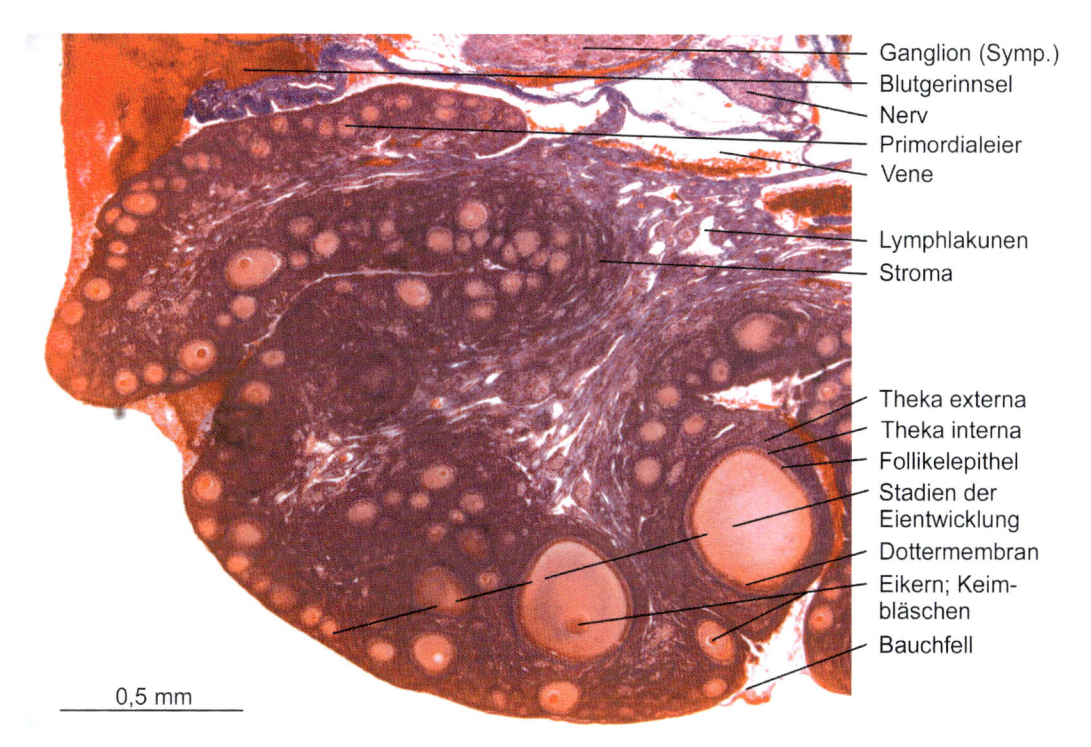

Abb. 310: *Gallus gallus gallus*, Haushuhn: Ovar eines Kükens quer; Übersicht. Im linksseitigen, bandförmigen und hochgradig durchbluteten Stroma werden mehrere Millionen Primordialeier in kleinen Haufen und von zahlreichen Follikelzellen umgeben angelegt. Bis zum Eintritt der Geschlechtsreife nach 1–2 Jahren bleiben 1100–1600 Eizellen erhalten. Haben Eizellen eine Größe von 50 μm erreicht, ordnen sich Follikelzellen zum Follikelepithel und Bindegewebszellen zu Theken (Östrogene und Progesteron). Über Zytoplasmafortsätze der bei größeren Eiern mehrschichtigen Follikelepithelien wird durch die Zona pellucida (Dottermembran) und den perivitellinen Raum hindurch u. a. schichtweise Dotter in die Eizelle eingelagert. ▶ S. 178

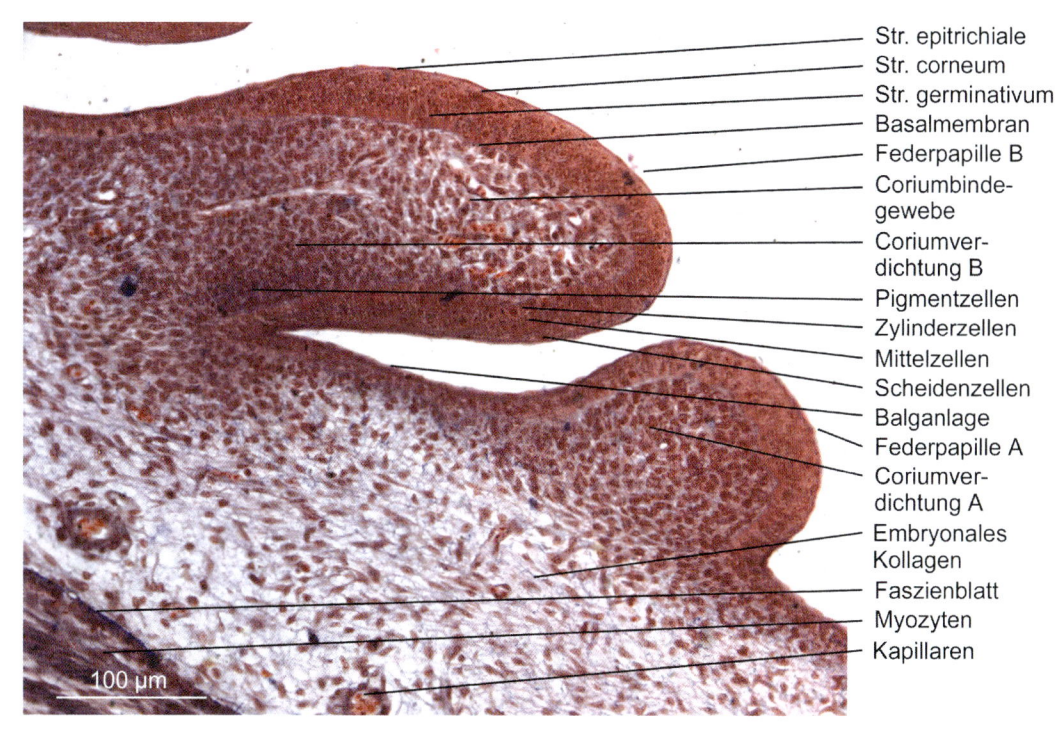

Abb. 311: *Columba livia domestica*, Haustaube: Federanlagen längs; Übersicht. Federn entstehen aus Epidermispapillen, die sich später einsenken und in die eine gefäßreiche Bindegewebspulpa hineinragt. Die Anlagen entstehen am 7.–8. Bebrütungstag; durch radiär gestellte Pulpaleisten wird die Epidermishülle in Längsleisten aufgeteilt. Jede Federpapille bleibt zeitlebens und lässt die Adultfedergenerationen aus sich hervorgehen. Ins Corium gelangte Epidermisstücke verhornen und färben sich streng herkunftsgemäß, obwohl sie dann von Coriumzellen nicht unterlagert, sondern umgeben sind. Die heranwachsenden Anlagen senken sich in die Haut ein und bekommen Verbindung zu ihren bis 28 Federmuskeln.

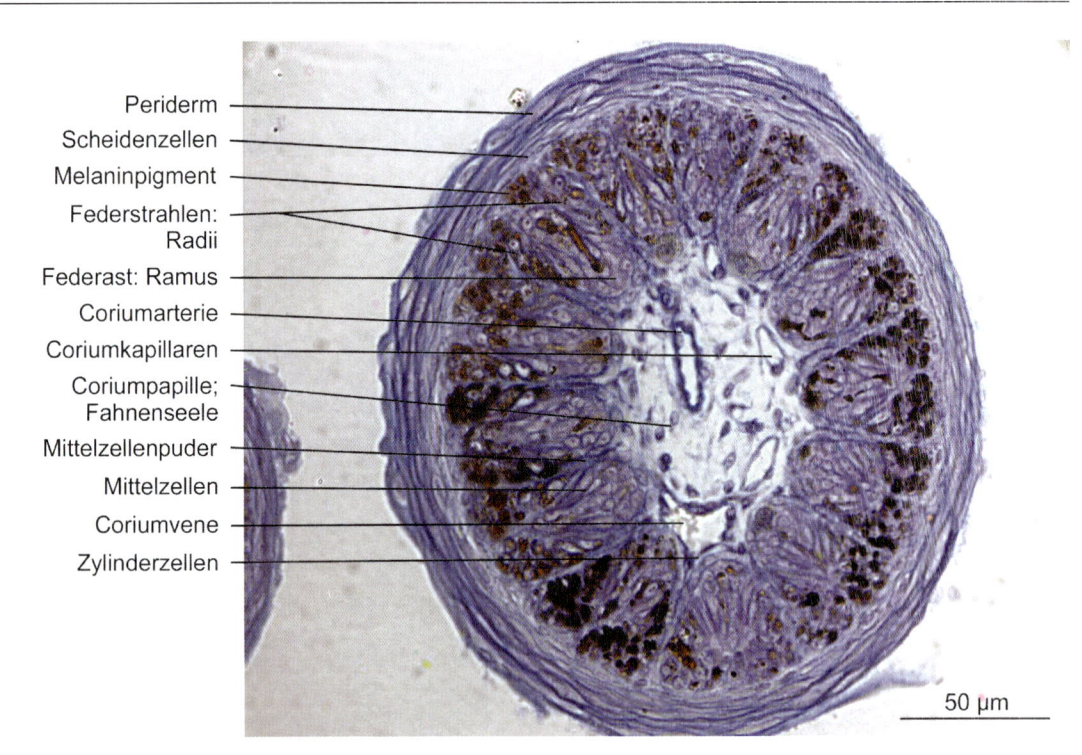

Periderm
Scheidenzellen
Melaninpigment
Federstrahlen: Radii
Federast: Ramus
Coriumarterie
Coriumkapillaren
Coriumpapille; Fahnenseele
Mittelzellenpuder
Mittelzellen
Coriumvene
Zylinderzellen

50 µm

Abb. 312: *Gallus gallus gallus*, Haushuhn: Nestlingsdune quer; Übersicht. Gegenüber Deck-, Kontur- oder Schwungfedern haben Nestlingsdunen des ersten Federkleids keinen Federschaft; ihre Federäste (Rami) gehen vom Spulenende aus. Die Federschäfte von spezialisierten Wärme-, Pelzdunen der späteren Kleider sind schwach entwickelt, und die Federstrahlen (Radii) verhaken sich nicht zu Fahnen. Keratinpartikel aus Puderdunen helfen mit, das Gefieder unbenetzbar zu machen. Hornstrahlen mit Knoten aus keratinisierten Zellen bilden im unteren Teil jeder Feder den Wärme-, Flausch-, Dunenbereich. Solche Strahlen tauchen oft in Planktonproben aus flachen, entenreichen Gewässern auf.

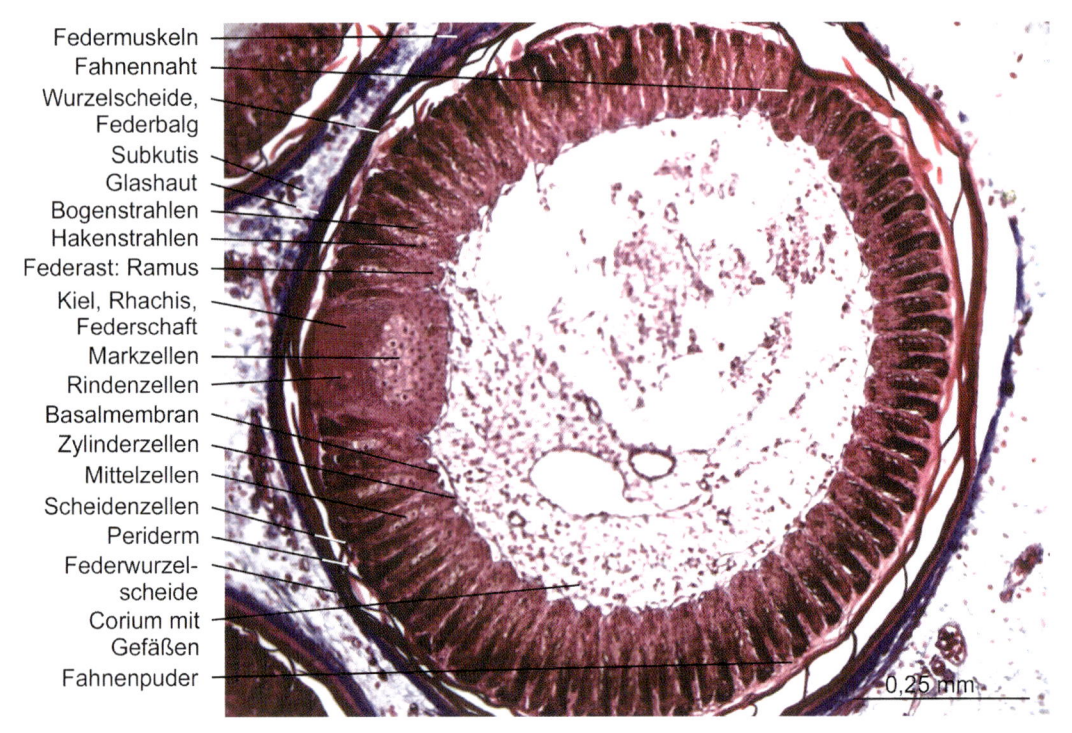

Federmuskeln
Fahnennaht
Wurzelscheide, Federbalg
Subkutis
Glashaut
Bogenstrahlen
Hakenstrahlen
Federast: Ramus
Kiel, Rhachis, Federschaft
Markzellen
Rindenzellen
Basalmembran
Zylinderzellen
Mittelzellen
Scheidenzellen
Periderm
Federwurzelscheide
Corium mit Gefäßen
Fahnenpuder

0,25 mm

Abb. 313: *Columba livia domestica*, Haustaube: Konturfeder im Querschnitt; Übersicht. Die beiden Fahnenpartien links und rechts der Rhachis, hier zwischen Kiel und Kantennaht, sind ungleich: Schmäler ist bei Schwung- und Steuerfedern immer die Außenfahne, breiter und weicher die Innenfahne. Die Rami sind nicht rundlich-eckig wie die Rhachis, sondern stehen wie Bretter vom Kiel nach beiden Seiten ab. An den Unterseiten der Federäste gehen – weg von der Rhachis – die bandartigen Bogenstrahlen ab; hin zur Rhachis sind die höher liegenden Hakenstrahlen gerichtet. Nach einem sanften Knick laufen alle Bogenstrahlbänder parallel zu ihrem Ast, und ihre oberen Ränder machen die Grate aus. Siehe Abb. **324**.

Vögel – Aves

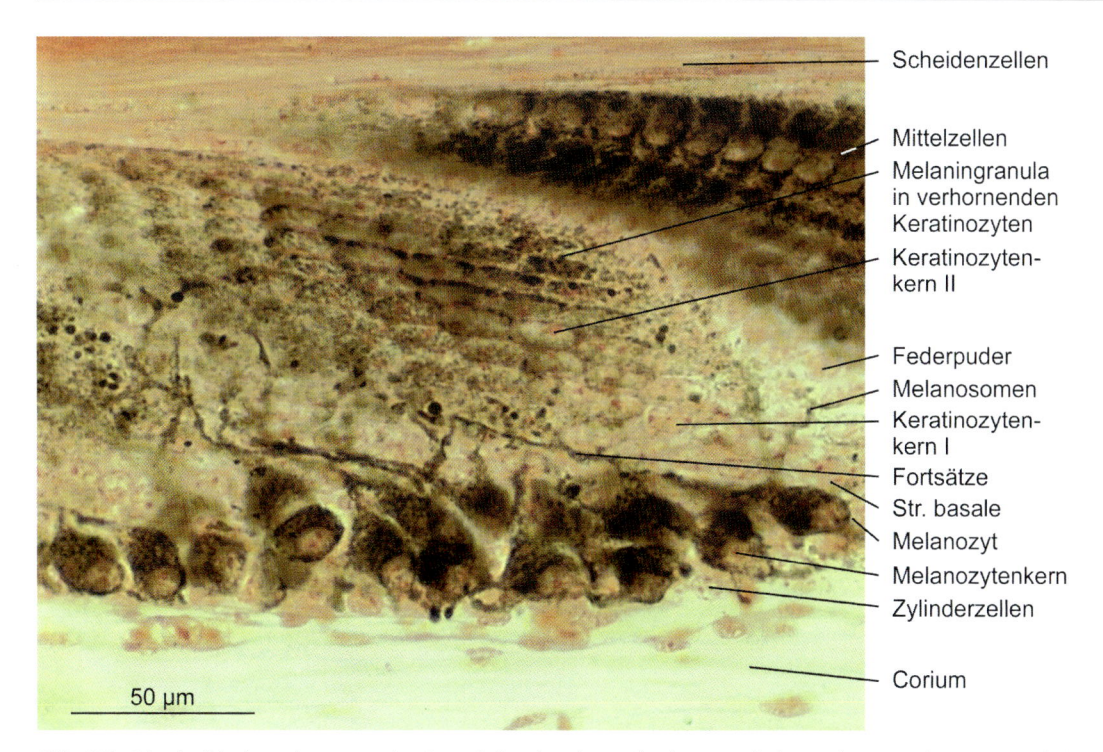

Abb. 314: *Columba livia domestica*, Haustaube: Konturfederanlage längs, Abgabe von Melaningranula an Keratinozyten; Ausschnitt. Von den Zellen des Stratum basale setzen sich die Melanozyten deutlich ab; mit der Basalmembran sind sie nicht durch Halbdesmosomen verbunden. In den Zellen vom Golgi-Apparat abgeschnürte Vesikel werden tyrosinaseaktiv, länglich und bilden sich zu Melanosomen um; diese sind die Syntheseorte für Melanin. Angereichertes Melanin verdeckt die lamelläre Binnenstruktur der Melanosomen. Lange, knospende Fortsätze der Melanozyten zwischen den verhornenden Zellen (Abb.) geben Melaningranula an die Keratinozyten ab. Beim Vorgang der Zytokrinie wird auch ein wenig Zytoplasma um die Granula überimpft. Im Zuge der Verhornungsprozesse werden die Zellkerne der Keratinozyten vor dem völligen Verschwinden ständig kleiner.

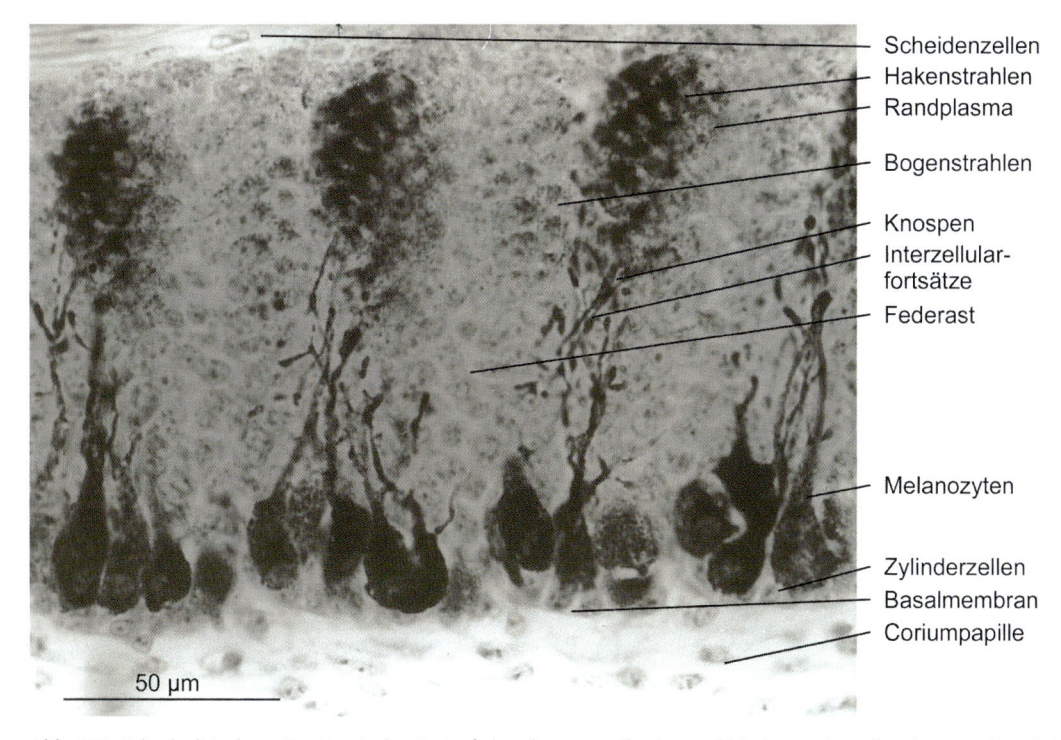

Abb. 315: *Columba livia domestica*, Haustaube: Konturfederanlage quer, Abgabe von Melaningranula an Keratinozyten; Ausschnitt. Das stark vakuolisierte Randplasma der Keratinozyten übernimmt die Knospen der Melanozyten. Die Granula der Knospen verteilen sich plus/minus regellos oder – bei schillernden Fahnenteilen – streng orientiert im Plasma der Mittelschichtzellen. Im Querschnittsbild erscheinen die teilungsfähigen Melanozyten gruppenweise in den primären Epithelleisten der Federanlage. Die hier jeweils rechte Radiogenplatte erhält wesentlich mehr Melanin: Die breiten Basiszellen der Hakenstrahlen sind intensiv gefärbt, die Bogenstrahlen kaum. SW-Bild.

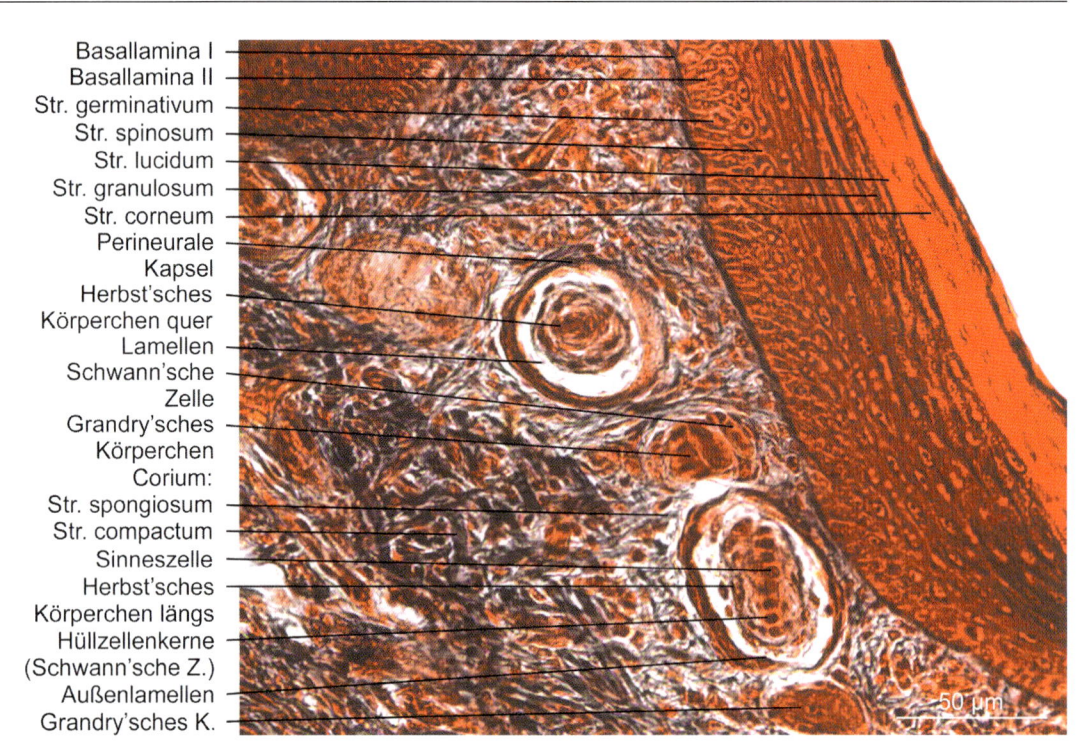

Abb. 316: *Anas platyrhynchos*, Stockente: Oberschnabel mit Rezeptoren quer; Ausschnitt. Leistungsfähige Tastorgane im Corium an den Schnabelspitzen und -rändern sind Grandry'sche Körperchen (sie sind den Merkel'schen Tastkörperchen ähnlich) und Herbst'sche Körperchen (sie sind Taschenausgaben Vater-Pacinischer Lamellenkörperchen). Grandry'sche Körperchen adaptieren langsam und arbeiten als Druckrezeptoren; von Zellen mit stark gelappten Kernen gehen schüsselförmig beginnende, unmyelinisierte und glykogenreiche afferente Fasern ab. Herbst'sche Körperchen sind aus Lamellen aufgebaut; Fibrozyten und Lymphe in weiten Spalträumen mit Mikrofibrillen machen die Lamellen aus.

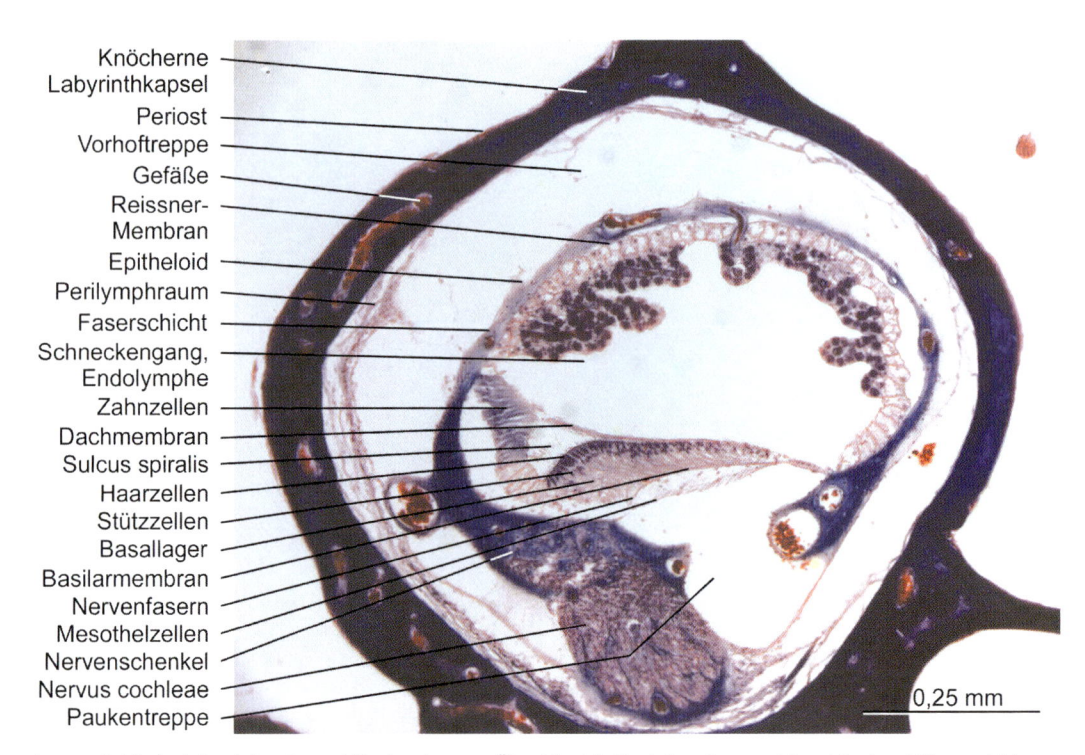

Abb. 317: *Coturnix coturnix*, Wachtel: Cortisches Organ, Hörschnecke quer; Übersicht. Mit Cortischen Organen hören Vögel und Säuger gleich gut. Einige anatomische Unterschiede zum Cortischen Organ von Säugern: Bei den 4 mm langen Röhrchen hier sind die Dachmembran dünner, Pfeiler- und Phalangenzellen weniger differenziert, Cortischer Tunnel und Nuel'sche Räume fehlen, die Zahl der Hörhaarreihen ist mit ca. 25 viel höher, weit markanter ist das Tegmentum zwischen Zahnzellen und Übergangszellen mit Falten, Kapillaren, Epithelzellen und Endolymphe sezernierenden Körnerzellen. ▶ S. 178

Vögel – Aves

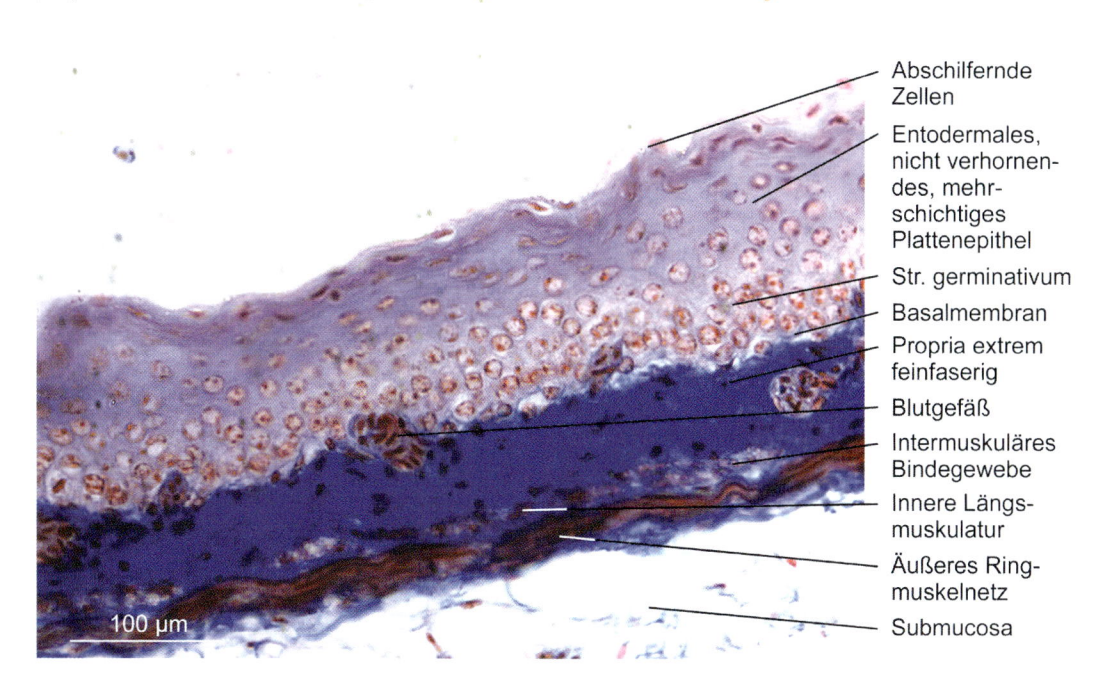

Abb. 318: *Columba livia domestica*, Haustaube: Querschnitt durch die Wand des Kropfs; Ausschnitt. Zwischen Schlund und Drüsenmagen erweitert sich der Oesophagus zum großen, häutigen Kropfsack. Im Kropf der hastig fressenden Tiere wird Nahrung gespeichert, Körner quellen an und werden vorverdaut. Das mehrschichtige Plattenepithel hat eine auffällig glatte Unterfläche ohne Epithelzapfen in die Propria. Dicht verwobene kollagene und elastische Fasern machen die hohe Festigkeit und Dehnbarkeit der Kropfwand aus. Im Kropf münden keinerlei Drüsen, und Lymphfollikel in der Wand sind spärlich. Das Aussehen der Kropfwand ändert sich im Rahmen der Brutpflege bei Männchen und Weibchen beträchtlich (s. Abb. **319**).

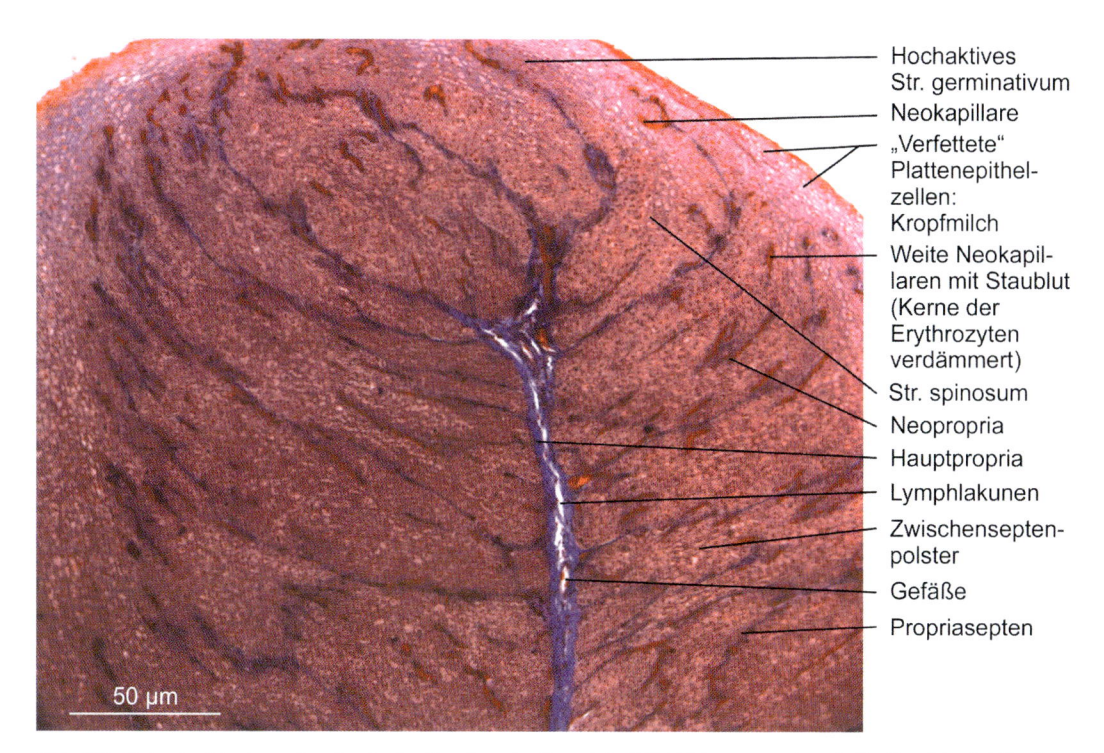

Abb. 319: *Columba livia domestica*, Haustaube: Kropfwand während der Milchbildung quer; Ausschnitt; Übersicht. Bei Flamingos, Pinguinen und Taubenvögeln hyperplasiert das Kropfepithel und proliferiert die Propria mit Kapillaren reversibel zu Beginn des Brütens. Die gesprosste Propria (Lamina propria mucosae) ist die Basis für ständige Mitosen im Stratum germinativum und holokrine Sekretion: Zellen mit Lipid- und Proteingranula werden hochgewürgt und als krümelig-käsige Kropfmilch zusammen mit Mageninhalt an die Jungtiere verfüttert – bei Tauben dauert die Fütterung der jungen Nesthocker 2 Wochen. Prolaktin aus dem Hypophysenvorderlappen löst Bruttrieb und Kropfmilchbildung aus.

Sekundärfalten
Zentralkanal
Schleimhaut-
epithel
Schleimhautfalten
Schleimsekret

Propria
Interglanduläres
Bindegewebe
Nervenfasern
Kapillarenplexus
Pepsinzellen-
epithel
Sekret
Zusammenge-
setzte Drüsen
Mündung eines
Drüsenschlauchs
Septen der
Drüsenschläuche
Schaltepithel

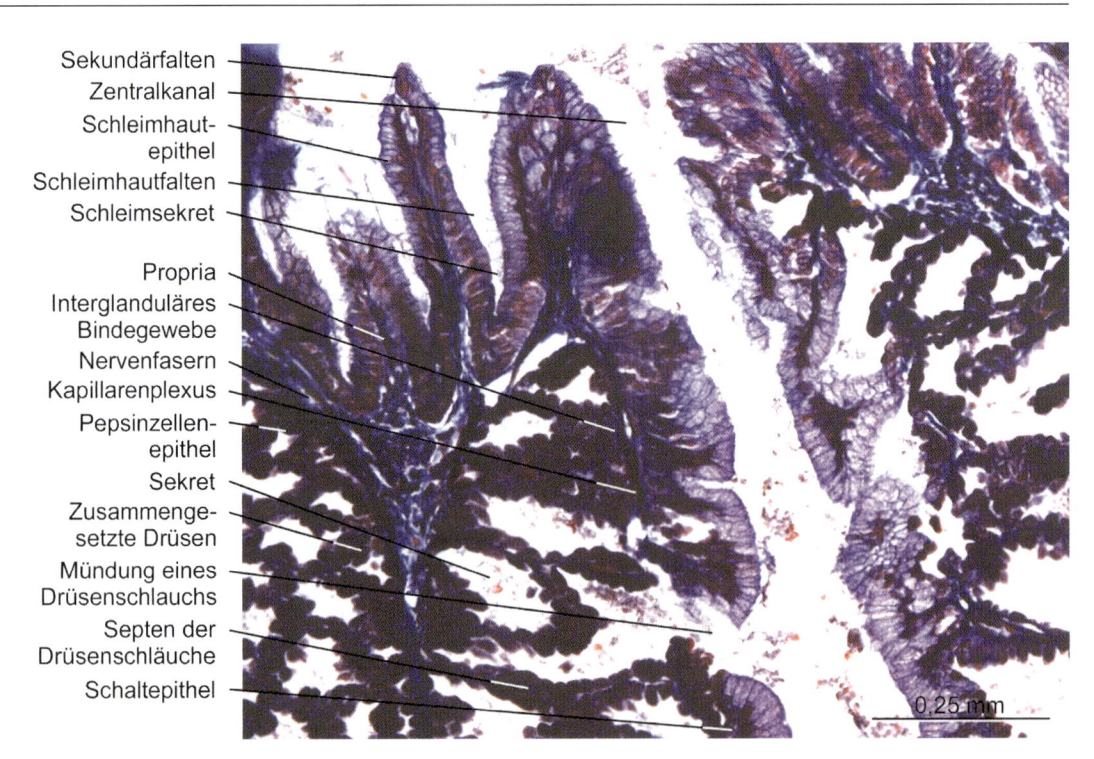

Abb. 320: *Columba livia domestica*, Haustaube: Drüsenmagenwand quer; Ausschnitt. Der dünnwandige Drüsenmagen (Pars glandularis, Proventrikulus) enthält alle Magendrüsen und wenig Muskulatur. Bei Fischfressern und Greifvögeln mit hoch entwickelten Drüsenmägen lösen Enzyme und die Magensäure große Nahrungsbrocken, Knochen und ganze Beutetiere rasch auf. Die Epithelien der zusammengesetzten Drüsenschläuche sind einschichtig; dunklere Zellen des Epithelverbands sezernieren als Hauptzellen Pepsinogen und Lipasen, hellere Zellen mit Canaliculi als Belegzellen Salzsäure und einen Intrinsic-Faktor. Schleimschichten unterschiedlicher Viskosität wirken durch Abpuffern freier H$^+$-Ionen protektiv.

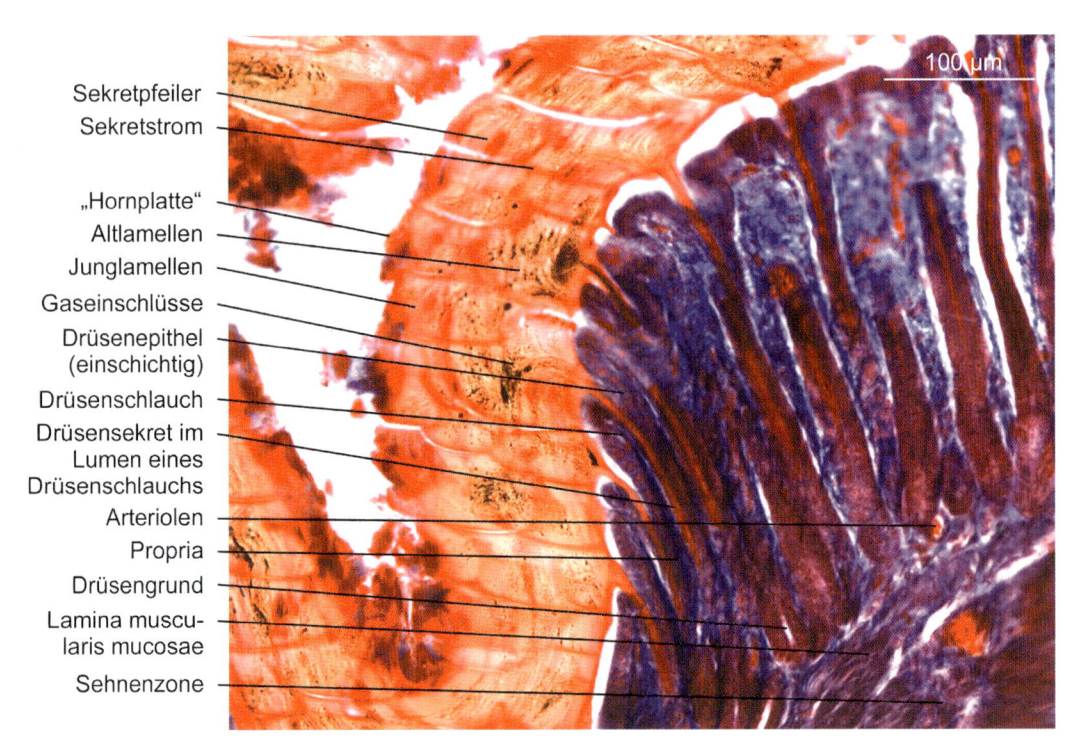

Sekretpfeiler
Sekretstrom

„Hornplatte"
Altlamellen
Junglamellen
Gaseinschlüsse
Drüsenepithel
(einschichtig)
Drüsenschlauch
Drüsensekret im
Lumen eines
Drüsenschlauchs
Arteriolen
Propria
Drüsengrund
Lamina muscu-
laris mucosae
Sehnenzone

Abb. 321: *Passer domesticus*, Haussperling: Muskelmagenwand quer; Ausschnitt. Die Auskleidung des Muskelmagens ist sehr gleichmäßig dick; ihre Oberfläche hat zahlreiche Höcker und Zähnchen. Zur Drüsenoberfläche parallele Schichtungen lassen die rhythmische Sekretion erahnen. Die Drüsenschläuche liefern Schleime aus keratohyalin-analogen Proteinen; die Sekretströme durchziehen die schon vorhandenen Lamellenstreifungen und lagern lumenseitig neue Schichten an. Beim Zerdrücken und Zermahlen von harten Blättern, Gräsern, Körnern, Insekten werden so die jüngsten Magenschutzlagen zuerst abgenutzt. Gaseinschlüsse im „Horn" sind Anzeiger für extrem undurchlässige, harte Bezirke.

Vögel – Aves 173

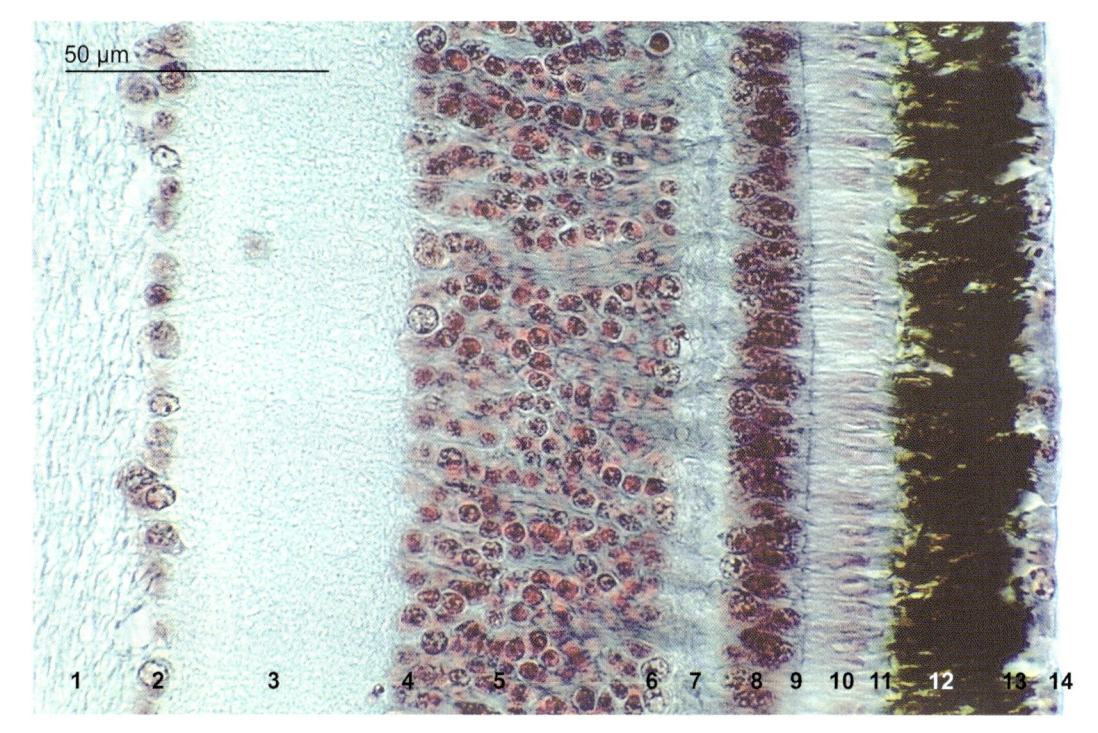

Abb. 322: *Garrulus glandarius*, Eichelhäher: Retina des Auges quer; Ausschnitt. 1. Nervenfaserschicht, Sehnervaxone mit Ranvier-Schnürringen; 2. Ganglienzellschicht; 3. innere plexiforme Schicht; 4. Amakrine, Interneurone als Modulatoren; 5. innere Körnerschicht; 6. Horizontalzellen, Kontrastverstärkung; 7. äußere plexiforme Schicht, 1 : 1-Verknüpfung von Sinneszellen zu Bipolaren; 8. äußere Körnerschicht; 9. Limitans externa; 10. Zapfenaußenglieder; 11. Stäbchenaußenglieder; 12. Pigmentepithel; 13. Kerne der Pigmentepithelzellen; 14. Basalmembran.   ▶ S. 178

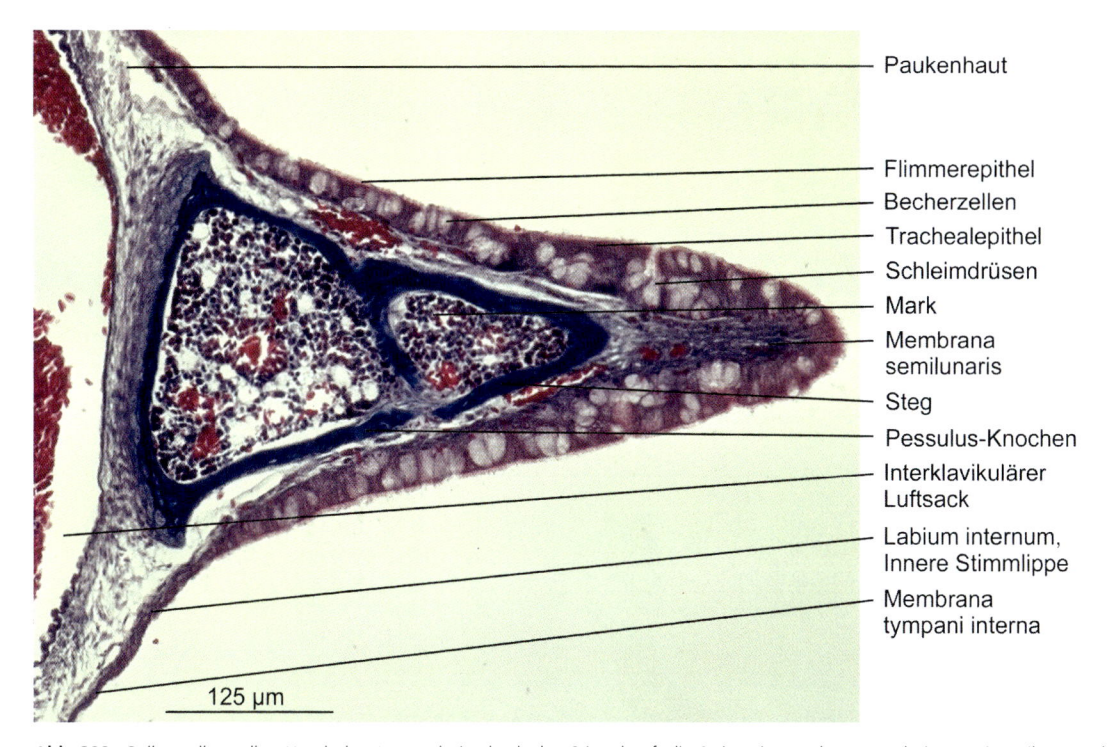

Abb. 323: *Gallus gallus gallus*, Haushuhn: Längsschnitt durch den Stimmkopf, die Syrinx eines Hahns; Ausschnitt. Der im Teilungswinkel zwischen dem Tracheaende und der Bifurkation in die beiden Hauptbronchien stehende Steg ist knorpel- oder knochengestützt (Abb.). Der Steg funktioniert nicht wie die Zungen etwa in Mundharmonikas, Stimmbänder sind vielmehr dünnwandige, knorpellose Paukenhäute aus elastischen Membranen mit nur einschichtigem Epithel. Äußere Stimmbänder kleiden den Endabschnitt der Luftröhre aus, innere schwingen am Stegfuß.   ▶ S. 178

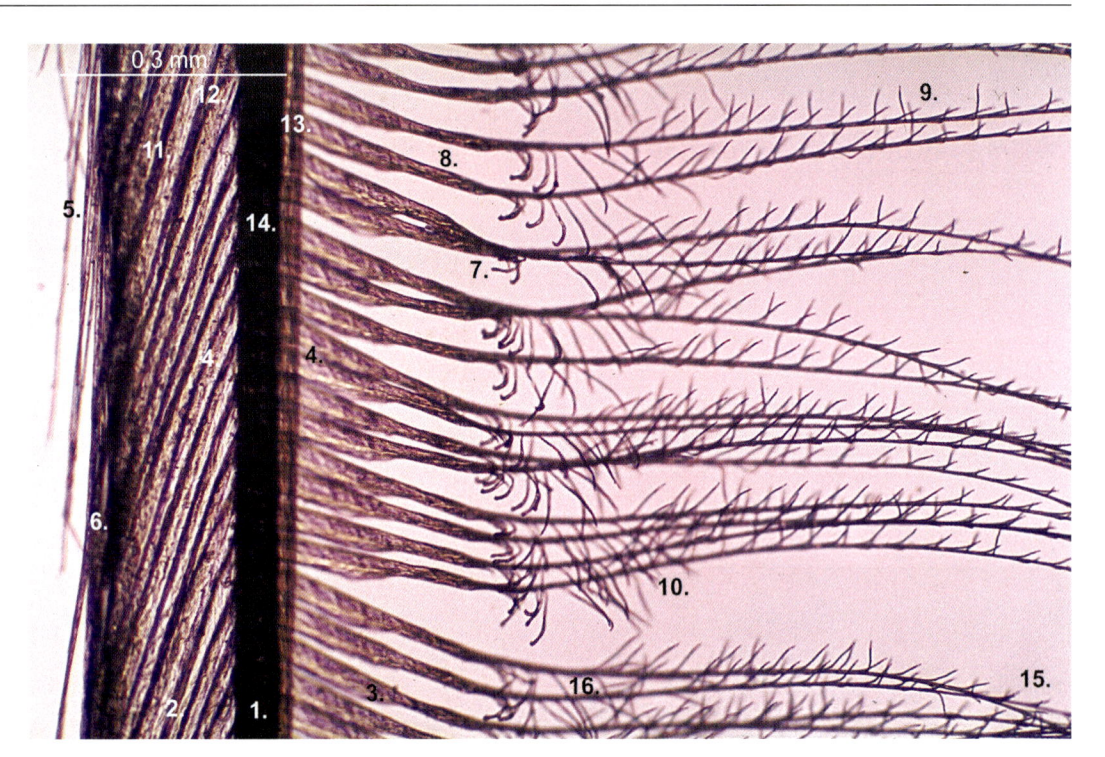

Abb. 324: *Strix aluco*, Waldkauz: Totalpräparat, Schwungfederausschnitt. 1. Federast, Ramus; 2. Bogenstrahlen; 3. Hakenstrahlen; 4. Basallamellen; 5. glatte Langpennula; 6. obere Grate; 7. Häkchen, Hamuli; 8. Schmalbereich der Lamellen und Distalmodifikation der Hakenstrahlen um 90 Winkelgrade; 9. dorsale Bartzellen; 10. ventrale Fortsätze; 11. dorsale Sporne, Widerhaken; 12. Krempen; 13. Rinde; 14. Mark; 15. Pennula der Hakenstrahlen; 16. ab hier nach rechts die eulenspezifischen, verlängerten Pennula, Außenteile der Hakenstrahlen.

In den Fahnenteilen von Federn haken die Hamuli und ventralen Fortsätze an den rechtwinklig queren Krempen und parallelen Graten der unter ihnen liegenden Bogenstrahlen des jeweils nächsten Federastes ein: Bindung ohne Passung. Widerhaken erschweren das seitliche Abgleiten der Häkchen. Durch die Verzahnung der fein ziselierten Federstrahlen sind die Fahnenflächen glatt und verschieblich, zerzauste Partien rasch heilbar. Über die Fahnenteile aller Eulenfedern legen stark verlängerte und feinstbehaarte Pennula der Hakenstrahlen einen dicken, weichen, samtenen Überzug. Der Flaum und ausgefransten Ränder der Federn verhindern Kippschwingungen und Flattergeräusche; sie ermöglichen den unhörbaren Flug der meist dämmerungs- und nachtaktiven Eulen. Glatte Federn ohne Flaum haben die krabben-, frösche- und fischfressenden Fischuhus der Gattung *Ketupa*.

Säuger – Mammalia

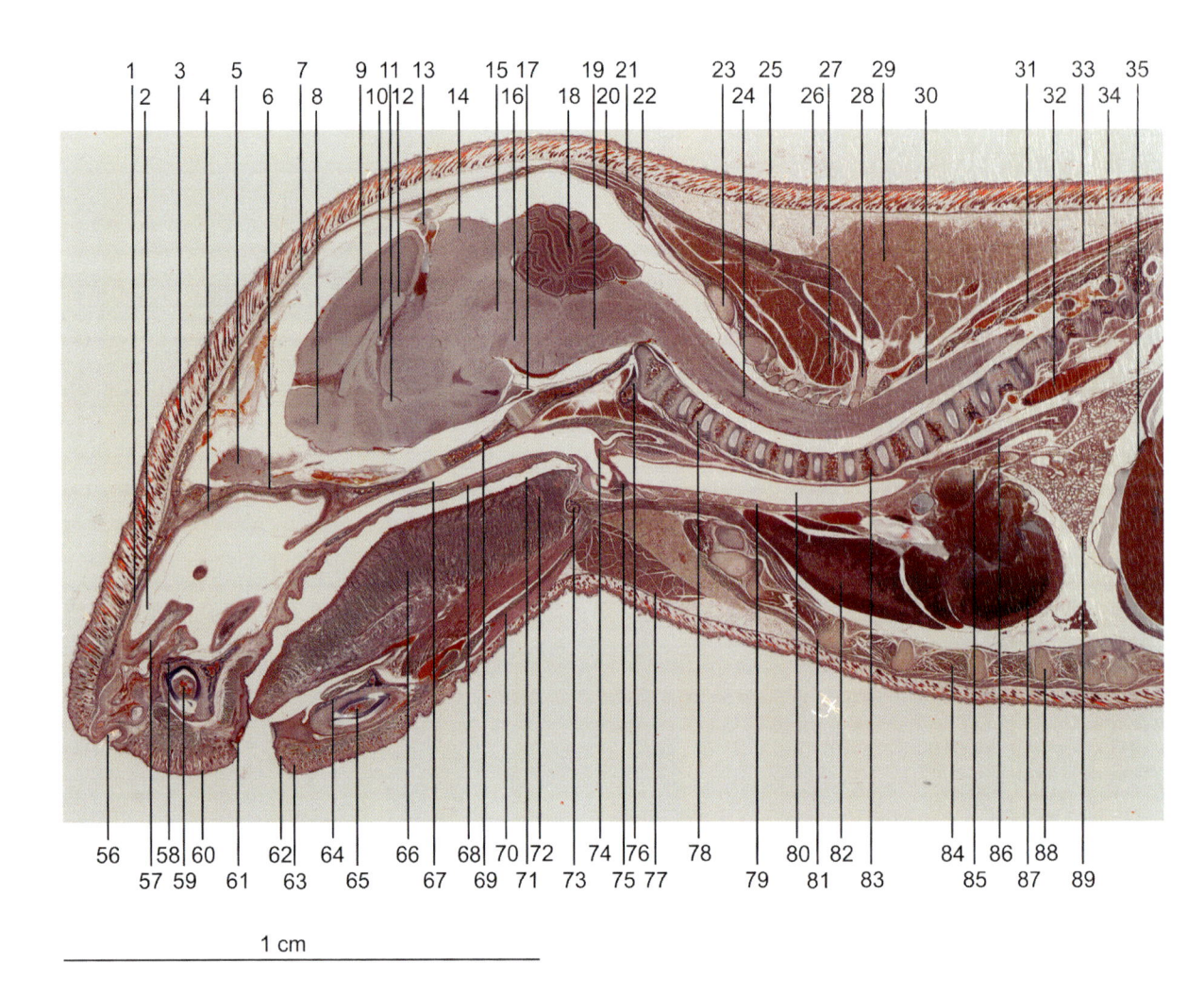

Abb. 325: *Mus musculus*, Längsschnitt durch eine 6 Tage alte Maus. Eine Übersicht ist mit vielen Bezeichnungen belegbar. Die Durchmusterung des Präparats mit einem 40/0,65-Objektiv und 10x-Okular umfasst eine optische Fläche von 62 m². Eindrucksvoll sind dann z. B. zu sehen: Unterschiede zwischen weißem und braunem Fett, die Elemente von Zahnanlagen und die Verankerung der Zähne in den Kieferknochen, Querstreifung der Zungenmuskulatur, Sehnengewebe, Knochenbildung auf knorpeliger Grundlage, Blutbildung und Megakaryozyten in der juvenilen Leber.
1. Nasale, Nasenbein; 2. Nasenhöhle; 3. Haut mit Epitrichium, Ober-, Leder-, Unterhaut, Härchenanlagen; 4. Riechschleimhaut; 5. Fila terminalia; 6. Os ethmoidale, Siebbein; 7. Frontale, Stirnbein; 8. Bulbus olfactorius; 9. Cortex, Großhirnrinde; 10. Septum pellucidum; 11. Commissura anterior; 12. Ammonshorn und Corpus callosum; 13. Epiphysenbereich; 14. Vierhügelregion; 15. Okulomotoriuskern (III); 16. Trochleariskern (IV); 17. Hypophyse; 18. Cerebellum, Kleinhirn; 19. Pons, Brücke; 20. Spatium subarachnoidale; 21. Ligamentum nuchae, Nackenband; 22. Parietale, Scheitelbein; 23. Atlas, erster Halswirbel; 24. Zentralkanal des Rückenmarks; 25. M. serratus dorsalis; 26. weißes Fett; 27. braunes Fett; 28. Dornfortsatz des vierten Brustwirbels; 29. braunes Fett; 30. Rückenmark; 31. Wirbelzwischenmuskulatur, M. interspinales; 32. Hauptschlagader, Aorta pars descendens; 33. M. spinalis, M. longissimus dorsi; 34. Spinalganglion; 35. Sehnenplatte des Zwerchfells mit Brust- und Bauchfell; 36. Zwerchfellpfeiler; 37. Dornfortsatz eines Lendenwirbels; 38. Kardiateil des Magens; 39. Nebenniere; 40. Nierenfett; 41. Pankreas, Bauchspeicheldrüse; 42. Niere; 43. M. longissimus

Säuger – Mammalia 177

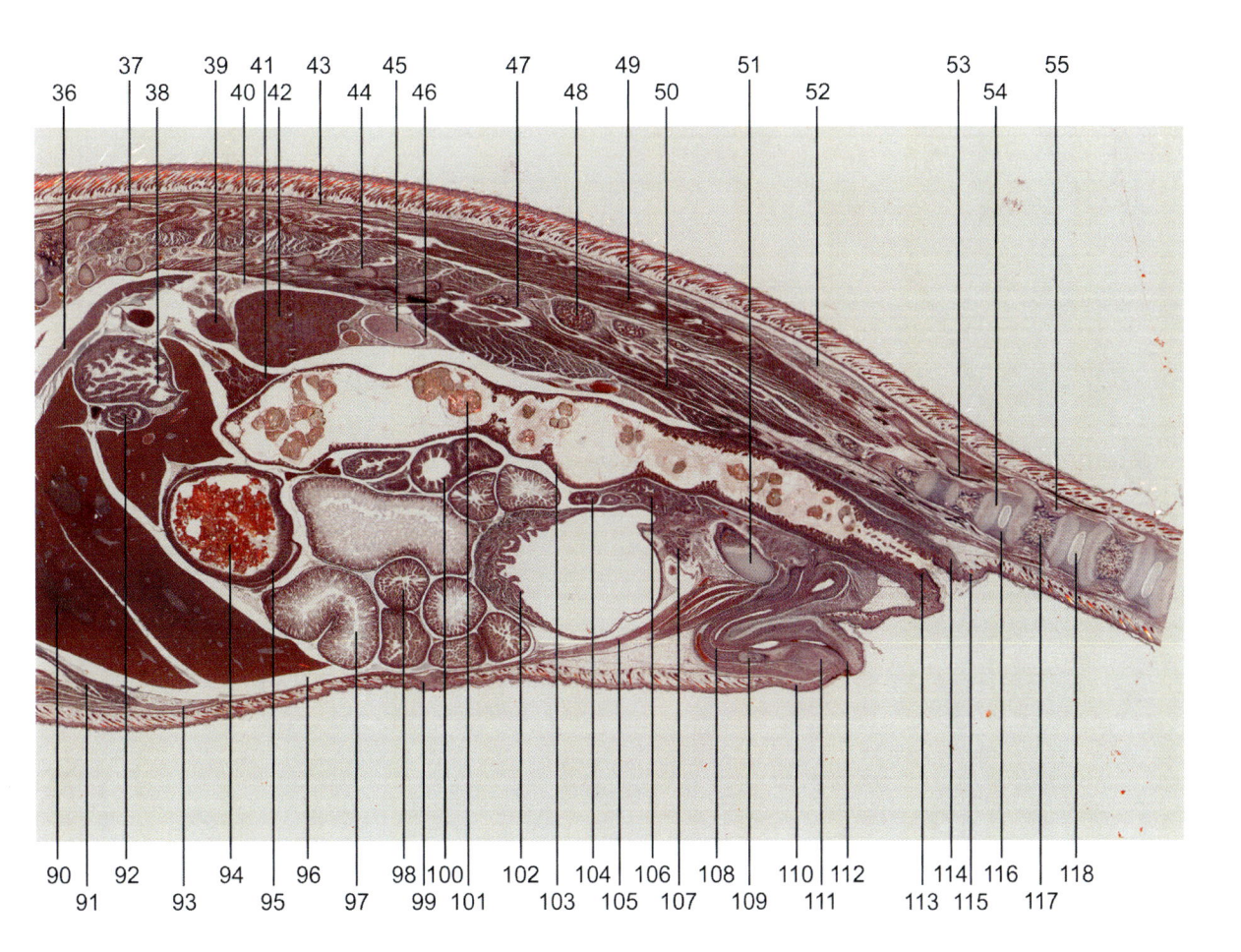

dorsi; 44. Lendenwirbel; 45. Nierenpapille; 46. Nierenbecken; 47. M. iliocostalis; 48. Kreuzbeinwirbel; 49. M. iliacus und M. psoas; 50. M. iliacus; 51. Beckenknochen quer; 52. Muskelfaszien; 53. Schwanzsehnen; 54. Schwanzwirbel; 55. Segmentalmuskulatur; 56. Nasenöffnung; 57. Nasoturbinale; 58. Prämaxillare, Maxillare-Incisivum; 59. Zahnanlage; 60. Sinus-, Schnurrhaare längs; 61. Ektoderm-Entoderm-Naht vorne; 62. Unterlippe; 63. Sinus-, Schnurrhaare quer; 64. Dentale; 65. Zahnanlage; 66. Zungenmuskel; 67. Choane, Nasenrachenraum; 68. Palatinum, Gaumenbein; 69. Sphenoid, Keilbein; 70. M. sternocleidomastoideus; 71. Rachenraum; 72. Spüldrüsen der Zunge; 73. Zungenbein; 74. Epiglottis, Kehldeckel; 75. Schildknorpel; 76. Hinterhauptsbein; 77. Parotis, Ohrspeicheldrüse; 78. Halswirbel; 79. Trachealspangen; 80. Trachea, Luftröhre; 81. M. sternocleidomastoideus: Pars clavicularis; 82. Thymusdrüse; 83. Brustwirbel; 84. M. intercostales, Zwischenrippenmuskulatur; 85. Atrium, Sinus; 86. Oesophagus längs; 87. Ventrikelwand und Blut; 88. Rippen quer; 89. Lungengewebe; 90. Leberlappen; 91. Muskelzacken des Zwerchfells; 92. Oesophagus quer; 93. Sternum, Processus xiphoideus; 94. geronnene Milch; 95. Magenwand, Fundusteil; 96. Bauchhöhle; 97. Dünndarm; 98. Dickdarm; 99. Nabel; 100. Mastdarm quer; 101. Kot; 102. Harnblasenwand; 103. Mastdarm längs; 104. Ureter quer; 105. M. rectus abdominis; 106. Vas deferens; 107. Prostata; 108. Schwellkörper; 109. Eichelknochen; 110. Penis; 111. Glans, Eichel; 112. epitheliale Verklebung zwischen Eichel und Vorhaut; 113. Ektoderm-Entoderm-Naht hinten; 114. Schließmuskel; 115. Afterdrüsen; 116. Intervertebralscheiben; 117. Wirbelkörper: Verknöcherungszentrum; 118. Nucleus pulposus.

Abb. 181: Die Schleifenbildungen der Lampenbürstenchromosomen und Genamplifikationen stehen in funktionellem Zusammenhang: mRNA wird transkribiert und durch Proteinkomplexe zu RNP-Partikeln bis in die frühen Furchungsstadien inaktiviert.

Abb. 283: 1) Außenglieder u. a. der Rezeptoren; 2) Limitans externa, *junctions* zwischen Müller-Stützzellen und den Innengliedern/Perikaryen von Stäbchen und Zapfen; 3) äußere Körnerschicht, Perikaryen der Sehzellen: größere Stäbchen-, kleinere Zapfenkerne; 4) äußere plexiforme Schicht, Synapsen zwischen Horizontalzellen, Bipolaren und Sehzellen; 5) innere Körnerschicht, bipolare Neurone und Horizontalzellen; 6) innere plexiforme Schicht, Synapsen zwischen Bipolaren der zweiten Neuronenschicht, Amakrinen und Ganglienzellen; 7) Ganglienzellschicht; 8) myelinisierte Axone der Ganglienzellen zum Nervus opticus und Gehirn; 9) innere Grenzmembran, Limitans interna: eine, die Basalmembran. Lokale Signalmoleküle und evtl. efferente Fasern steuern die Retinomotorik.

Abb. 291: Die bis 29 cm langen Tiere durchlaufen keine Metamorphose, behalten äußere Kiemen und werden als Larven geschlechtsreif. Basis dafür ist eine erbliche Unterfunktion der Schilddrüse, primär liefert die Hypophyse zu wenig thyreotropes Hormon. Bei weißen neotenen Axolotl-Albinos ist zudem die Ausbildung von Pigmenten und Farbstoffen in den Chromatophoren gestört.

Abb. 292: Noch ehe der Halskanal durchgebrochen ist, beginnen große polyploidkernige Körnerdrüsen-Initialen mit der Produktion von ätzendem, milchigem Schleim mit Adrenalin- und Tryptaminderivaten. Eingeleitet und gelenkt werden die komplexen, alles umfassenden Prozesse der Metamorphose durch die Schilddrüse. Ohne T3 und T4 keine Umgestaltung, Umwandlung. Thyreostatika (Kaliumperchlorat, Thioharnstoffderivate) unterdrücken die Metamorphose völlig.

Abb. 293: Melanozyten und Melanoproteingranula in der Epidermis sowie Melanophoren im Corium sind die Basis der Schwarzfärbung. Über den Guanophorengruppen mit reflektierenden Mikrokristallplättchen aus Guanin und Hypoxantin fehlen Melanine komplett: Über den Guanophoren liegen als Lichtfilter gelbe Xanthophoren, Lipophoren, mit Carotinoidvesikeln und Pteridinen in Lamellenlysosomen zur Gelbfärbung.

Abb. 294: Zusätzliche Anmerkung: Bei himmelblauen Laubfröschen sind die Guanophoren abgeflacht, Blauanteile des Lichts werden reflektiert, Rotanteile durch darunter liegende Melanophoren resorbiert. Gelbe Vesikel der Lipophoren machen aus dieser Konstellation die Farbe grüner Frösche. Kugelige Guanophoren reflektieren alle Wellenlängen: weiße Farbe. Oxidierte Formen der Melanoproteine sind schwarz, reduzierte braun. Lichtstreuung = K x 1/Wellenlänge^4.

Abb. 297: 1) Mehrschichtige Sehfasern-, Opticusschicht; Axone mit Myelinscheiden und Ranvier-Schnürringen 2) Intermediärschicht; multipolare Zellen mit Dendriten nach oben und Axonen ventrikelwärts. 3) Tiefe Markschicht, Stratum medullare profundum; markhaltige afferente Fasern kommen vom Rückenmark, Pons, Trigeminus und Kleinhirn, efferente laufen zum Zwischenhirn. 4) Äußere Körnerschicht; die Zellen der Körnerschichten senden ihre Axone in Richtung der Sehfasern, ihre Dendritenverzweigungen und Synapsenareale formieren die Plexusschichten. 5) Äußere Plexusschicht. 6) Mittlere Körner-, Perikaryenschicht. 7) Mittlere Plexus-, Molekularschicht. 8) Innere Körnerschicht. 9) Innere Plexus-, Molekularschicht. 10) Ependym. 11) Ganglion mesencephali laterale. Färbung: Eisenhämatoxylin nach Heidenhain.

Abb. 301: Belastet liegen die Borsten parallel zur Oberfläche, die Endpinsel senkrecht dazu. Beim Loslösen durch Hochheben der Finger und Zehen von ihren Spitzen her drehen sich die Verhältnisse um: Die Endpinsel der Scopulahaare lösen sich von der Unterlage. Zur Feinstadhäsion kommt die Saugnapfwirkung der Borstenzwischenräume; sie ist weit geringer bei senkrecht gestellten als bei niedergedrückten Haftborsten.

Abb. 305: Das Kapillarendothel der Papille gehört zur Blut-Hirn-Schranke und fungiert zusammen mit den Elementarmembranen von Gliazellen als strenge Stoffwechselbarriere. Zum einen versorgt die Papille die Retina von innen, zum anderen wirft sie Schatten und optimiert das Erkennen von Objekten, die entlang der Schattengrenze vom Dunkel in das Helle kommen.

Abb. 310: Reife Rieseneizellen werden vom Stroma entlassen und kurz hinter dem Eitrichter besamt. Drüsenschläuche des Eileiters liefern in 4 Stunden den Eiweißmantel, die dünne Schalenhaut und die Chalazen. Innerhalb 20 Stunden erhält das Ei im Uterus die äußere Kalkschale. 20 Minuten nach der Ablage eines Eis findet der Follikelsprung eines nächsten statt; ein Gelbkörper wird dabei nicht gebildet. Die Legeleistung eines Huhns in der Legebatterie liegt zurzeit bei 265–300 Eiern pro Jahr.

Abb. 317: Synonyme: Vorhoftreppe – Scala vestibuli; Reissner-Membran – Tegmentum vasculosum; Schneckengang – Ductus cochlearis; Dachmembran – Membrana tectoria; innerer Spiraltunnel – Sulcus spiralis; Basallager – Papilla basilaris; Paukentreppe – Scala tympani. Die Cortischen Organe gehen bei Vögeln fast waagerecht in den Kopf hinein; für die Abbildung wäre links die Schnabelspitze zu denken; Schleiereulen orten nachts raschelnde Mäuse mit unterschiedlich hoch im Schädel sitzenden akustischen Organen.

Abb. 322: Gegenüber der Retina z. B. eines Rindes sind hier die innere Körnerschicht dreimal dicker, die äußere Körnerschicht viermal schmächtiger, Zapfen und Stäbchen eindeutig untergliedert; dichte Pigmentgranula in den Zellen des Pigmentepithels und ein Tapetum lucidum aus dicht verwobenen und geschichteten Kollagenfasern fehlen völlig. Die Vögel sehen pentachromatisch, farbiger als Menschen; die Zapfen der Vogelretina haben Absorptionsmaxima bei Rot, Grün, Blaugrün, Blau und UV.

Abb. 323: In der nur den Vögeln eigenen Syrinx geht die Bildung von Tönen beim Ausatmen: Die Paukenhäute vibrieren dann im Luftstrom, wenn sie durch „Druckluft" aus den Luftsäcken zwischen den Schlüsselbeinen etwas gespannt sind. Muskelpaare außen an der Syrinx (z. B. M. sternotrachealis, M. ypsilotrachealis) variieren Gezwitscher und Gesang.

Literatur

Literatur – Lehrbücher, Handbücher und Monographien
(Mündliche Mitteilungen, Sonderdrucke, Internet-Recherchen und Literaturhinweise in den Lehrbüchern sind nicht aufgeführt.)

Anken, R.H., Kappel, Th.: Die Kernechtrot-Kombinationsfärbung in der Neuroanatomie. In: Mikrokosmos 81, Heft 2. Franckh-Kosmos Verlag, Stuttgart. 1992
Bullock, T.H., Horridge, G.A.: Structure and Function in the Nervous Systems of Invertebrates. W.H. Freeman and Company, San Francisco, London. 1965
Dettner, K., Peters, W. (Hrsg.): Lehrbuch der Entomologie. 924 Seiten. Gustav Fischer Verlag, Stuttgart, Jena, Lübeck, Ulm. 1999
Engelmann, W.-E.: Lurche und Reptilien Europas. Deutscher Taschenbuch Verlag, München. 1986
Fiedler, K., Lieder, J.: Mikroskopische Anatomie der Wirbellosen; ein Farbatlas. Gustav Fischer Verlag, Stuttgart, Jena, New York. 1994
Flindt, R.: Biologie in Zahlen, 6. Auflage. Elsevier / Spektrum Akademischer Verlag, Heidelberg. 2002
Frank, W.: Parasitologie. Verlag Eugen Ulmer, Stuttgart. 1976
Gaupp, E.: Anatomie des Frosches. Vieweg & Sohn, Braunschweig. 1904
Grassé, P.-P.: Traité de Zoologie; Anatomie, Systématique, Biologie. Masson et Cie. 1959
Grizzle, J.M.: Anatomy and Histology of the Channel Catfish. Auburn University Alabama. 1976
Grzimeks Tierleben. Enzyklopädie des Tierreiches. Kindlerverlag, Zürich 1971
Harder, W.: Anatomy of Fishes. Part I: Text; Part II: Figures and Plates. Schweizerbart'sche Verlagsbuchhandlung, Stuttgart. 1975
Hausmann, K., Hülsmann, N., Radek, R.: Protistology, 3. Auflage. E. Schweizerbart'sche Verlagsbuchhandlung, Stuttgart, Berlin. 2003
Hayward, P.J., Ryland, J.S.: Handbook of the Marine Fauna of North-West Europe. Oxford University Press. 1998
Heldmaier, G., Neuweiler, B., Rössler, W.: Vergleichende Tierphysiologie. Springer, Berlin, Heidelberg. 2013
Hibiya, T.: An Atlas of Fish Histology. Gustav Fischer Verlag, Stuttgart, New York. 1982
Hoffmann, H.: Leitfaden für Histologische Untersuchungen. Gustav Fischer Verlag, Jena. 1931
Jacobs W., Renner, M.: Biologie und Ökologie der Insekten. 4. Auflage. Spektrum Akademischer Verlag, Heidelberg. 2007
Krause, R.: Mikroskopische Anatomie der Wirbeltiere. II: Vögel und Reptilien; III: Amphibien; IV: Teleosteer – Leptokardier. W. de Gruyter & Co., Berlin, Leipzig. 1923
Kremer, B.P.: Das große Kosmos-Buch der Mikroskopie. Franckh-Kosmos Verlag, Stuttgart. 2002
Krstic, R.V.: Illustrated Encyclopedia of Human Histology. Springer-Verlag, Berlin, Heidelberg, New York, Tokyo. 1984
Kühnel, W.: Taschenatlas der Zytologie, Histologie und mikroskopischen Anatomie, 10. Auflage. Georg Thieme Verlag, Stuttgart, New York. 1999
Larink, O., Westheide, W.: Coastal Plankton: Photo Guide for European Seas. Verlag Dr. F. Pfeil, München. 2006
Liebich, H.-G.: Funktionelle Histologie der Haussäugetiere. Lehrbuch und Farbatlas für Studium und Praxis, 4. Auflage. Schattauer, Stuttgart, New York. 2004
Meckes, O., Ottawa, N.: Die fantastische Welt des Unsichtbaren. GEO im Verlag Gruner und Jahr, Hamburg. 2002
Mikrokosmos, Zeitschrift für die Mikroskopie. Hrsg. Hausmann, K. Berlin. Elsevier / Urban & Fischer.
Mims, C., Playfair, J., Roitt, I., Wakelin, D., Williams, R.: Medizinische Mikrobiologie. Ullstein Mosby, Berlin, Wiesbaden. 1996
Muus, B.J., Dahlström, P.: Meeresfische. BLV, München. 1991
Muus, B.J., Dahlström, P.: Süßwasserfische. BLV, München. 1998
Peters, W., Walldorf, V.: Der Regenwurm *Lumbricus terrestris L.* Eine Praktikumsanleitung. Quelle und Meyer Verlag, Heidelberg, Wiesbaden. 1986
Pflugfelder, O.: Wirtsreaktionen auf Zooparasiten. VEB Gustav Fischer Verlag, Jena. 1977
Porter, K.R., Bonneville, M.A.: Einführung in die Feinstruktur von Zellen und Geweben. Springer-Verlag, Berlin, Heidelberg, New York. 1965
Pschyrembel: Klinisches Wörterbuch. Walter de Gruyter, Berlin, New York. 2015
Purves, W.K. et al.: Biologie, 9. Auflage. Spektrum Akademischer Verlag, Heidelberg. 2012
Schaefer, M.: Brohmer, Fauna von Deutschland, 23. Auflage. Quelle und Meyer Verlag, Heidelberg, Wiesbaden. 2009
Scholtyssek, S., Doll, P.: Nutz- und Ziergeflügel. Verlag Eugen Ulmer, Stuttgart. 1978
Seifert, G.: Entomologisches Praktikum, 2. Auflage. Georg Thieme Verlag, Stuttgart. 1975
Starck, D.: Embryologie. Georg Thieme Verlag, Stuttgart. 1975
Storch, V., Welsch, U.: Kükenthal Zoologisches Praktikum, 25. Auflage. Elsevier / Spektrum Akademischer Verlag, Heidelberg. 2005
Storch, V., Welsch, U.: Systematische Zoologie, 6. Auflage. Elsevier / Spektrum Akademischer Verlag, Heidelberg. 2004
Streble, H.: Frisch- und Dauerpräparate zum Mikroskopieren; Präparationstechniken. In: Praxis der Naturwissenschaften; Biologie in der Schule. Heft 8/53. Aulis Verlag Deubner, Köln, Leipzig. 1. Dez. 2004
Weber, H., Weidner, H.: Grundriß der Insektenkunde. 640 Seiten. Gustav Fischer Verlag, Stuttgart. 1974
Welsch, U.: Lehrbuch Histologie. Elsevier / Urban & Fischer, München, Jena. 2. Auflage. 2006
Welsch, U., Storch, V.: Einführung in Cytologie und Histologie der Tiere. Gustav Fischer Verlag, Stuttgart. 1973
Wesenberg-Lund, C.: Biologie der Süßwasserinsekten. 682 Seiten. Verlag J. Springer, Berlin, Wien. 1943
Westheide, W., Rieger, R. (Hrsg.): Spezielle Zoologie, Teil 1: Einzeller und Wirbellose Tiere, 2. Auflage. Elsevier / Spektrum Akademischer Verlag, Heidelberg. 2007
Westheide, W., Rieger, R. (Hrsg.): Spezielle Zoologie, Teil 2: Wirbel- oder Schädeltiere. Elsevier / Spektrum Akademischer Verlag. Heidelberg, 2004

Index

A
Abdomen 110
Acanthocephalus 38
Acari 81
Acrania 136
Actinia 18
Adamantoblasten 44
Alcyonium 20f
Alloteuthis 58f
Amastigote 3
Ambystoma 156
Ameisensäure 81
Amphibia 153
Anas 170
Anemonia 19
Annelida 60
Anodonta 52f
Apis 113, 117f, 121, 123
Aplidium 134
Apterygota 99
Arachnactis-Larve 22
Arachnida 73
Araneidae 73f
Araneus 75
Arca 54
Archenmuschel 54
Argas 88
Armspitze 130
Artemisinin 12
Ascaris 35
Aschelminthes 35
Ascidiae 134
Astacus 91, 93–96
Astraea 46
Astropecten 130
Aurelia 18
Aves 167
Axolotl 156

B
Balanoglossus 131–133
Balanus 89
Bartel 149
Bauchdrüse 60
Bauchmarkkonnektiv 71
Bernsteinschnecke 161
Beulenkrankheit 13
Bidder'sches Organ 153
Bienengehirn 117f
Bienenmilbe 81
Bipalium 24
Bivalvia 52
Blasenauge 43
Blasengewebe 39
Blastomeren-Anarchie 16
Blastomerengrenzen 96
Blatta 102, 115, 119f
Blattbein 89
Blattlaus 121
Blumenkohlschwamm 14
Blutausstrich 152
Blutegel 69–72
Blutkot 100
Bogenstrahlen 174

Borstenbildungszelle 60
Bothridium 32
Bothryoidgewebe 71
Branchiomma 63
Branchiostoma 136–138
Brutknoten 37
Bryozoa 126
Bücherskorpion 73
Bufo 153, 158
Byssusstamm 52

C
Carapax 93
Carausius 110, 116
Cavia 3
Cephalopoda 56
Cerebralganglion 42
Cerianthus 22
Chaetoblast 60
Chagas-Krankheit 2
Chamaeleo 164, 166
Chamäleon 164, 166
Chamäleon-Shrimp 96, 98
Chaoborus 103
Chelae 73
Chelicere 73
Chelifer 73
Chilopoda 99
Chitinperiderm 17
Chiton 48
Chondrichthyes 141
Chromatophoren 57
Chylusdarm 120
Ciliarorgan 72
Cirripedier 89
Cirrus 30
Clitellumregion 64
Cloeon 114
Cnidaria 17
Columba 167–169, 171f
Conchiolin-Chitinring 56
Corpora
  allata 116
  cardiaca 116
  pedunculata 61, 115, 117f
Cortisches Organ 170
Corynebacterium 72
Coturnix 170
Crocodylus 162
Crustacea 89
Ctenocephalides 100
Ctenopharyngodon 149
Ctenophora 23
Culex 106, 112
Cuticulin 35
Cyanea 22
Cyprinus 149f

D
Darmschleim 4
Daumenschwiele 157
Deckknochen 147
Dermatophagoides 82f

Dinoflagellaten 1, 18f
Doppelte Netzhaut 55
Dornen-Schwebegarnele 97
Dornhai 141
Dorvillea 62
Dotterkern 77
Dottersack 141, 148
Drehkrankheit 13
Dreieckskopf-Strudelwurm 24–27
Drüsenmagen 172
Dugesia 24–27
Dune 168
Dysidea 16
Dytiscus 120, 122

E
Echinococcus 32
Echinodermata 128
Eichel 131
Eichelhäher 173
Eichelskelett 131
Eichelwürmer 131–133
Eimeria
  stiedae 7f
  tenella 9f
Eingeweideleishmaniase 3, 13
Eingeweidesack 42
Einzeller 2
Eiweißdotter 78
Enddarm 94, 158
Endodyogenie 12
Endostyl 135f, 138f
Entamöbiasis 5
Entamoeba 4f
Entenmuschel 52f
Enteropneusta 131
Ephyra 18
Epibranchialrinne 138
Erdkröte 153, 158
Ersatzknochen 147
Etmopterus 141
Externa 90

F
Facettenauge 91f, 113
Fangschreckenkrebs 92
Fasciola 28–30
Federanlagen 167
Feuersalamander 157
Filzlaus 100
Finne 32
Fische 143
Fleischbeschau 36
Fleischfliege 107
Fliegenhaft 114
Flossenstrahl 149
Flunder 1
Flusskrebs 91, 93–96
Fuchs 85
Fuchsbandwurm 32
Fuchskot 32

G
Gallengangsepithel 8
Gallus 167f, 173
Gamonten 6
Garrulus 173
Gartenkreuzspinne 75
Gasteracantha 78f
Gastropoda 39
Gastrosaccus 97
Geflügelkokzidiose 9f
Gelbrandkäfer 120, 122
Gemmulae 14
Genitalleiste 148
Genitalsegmente 67
Geodia 14
Geröll-Felsenspringer 99
Gesägter Bandwurm 33
Geschlossenes Blasenauge 43
Gewächshausplanarie 24
Globuli 61, 79
Glochidien 53
Glühwürmchen 124
Gordius 38
Grandry'sche Körperchen 170
Grasfrosch 155, 160f
Graskarpfen 149
Gregarinen 6
Großer Leberegel 28–30
Großschmetterling 101
Grubenauge 62
Grüne Drüse 95
Guanophore 166
Guppy 143–146, 151
Guppyzucht 143

H
Haarqualle 22
Haematopoda 105
Haftborsten 162
Hakenstrahlen 174
Haliotis 43, 46
Häubchenmuschel 53
Haushuhn 167f, 173
Haussperling 172
Hausstaubmilbe 82f
Haustaube 167–169, 171f
Hauswinkelspinne 74, 77
Hautdrüsen 34
Häutung 94, 125
Hediste 61
Helix 39–45, 48–51
Hepatopankreas 49
Herbst'sche Körperchen 170
Herzvorhof 2
Heupferd 112
Hexapoda 100
Hirudo 69–72
Holzbock 81, 86–88
Honigbiene 113, 117f, 121, 123
Hornkiefer 155
Hundefloh 100
Hunderäude 85
Hundertfüßer 99

Index

Hypobranchialrinne 135f, 138f
Hypostom 86

I
Ictalurus 150
Indische Stabheuschrecke 110, 116
Insecta 100
Insekten 100
Ixodes 81, 86–88
Ixodes-Larve 81

J
Johanniswürmchen 124
Johnston'sches Organ 112
Jungfrosch 160f
Jungmaus längs 176f
Jungtier 53

K
Käferschnecke 48
Kakerlake 102, 115, 119f
Kalkdrüsen 40
Kalmar 57
Kammseestern 130
Kaninchenkokzidiose 7f
Kaninchenleber 7f
Kapsel 36
Karpfen 149f
Katzenhai 142
Katzenwels 150
Kaumagen 120
Keimstöcke 25
Keratin 139
Kiefer 44
Kieferquerschnitt 70
Kieferspeicheldrüse 69
Kiemenfuß 89
Kiemenlamelle 95
Kiemenregion 133f, 136f
Klammerfuß 101
Kleinschmetterling 101
Klumpen-Moostierchen 126f
Knorpelfische 141
Kokzidiostatika 10
Konkrementdrüsen 23
Konturfeder 168
Konturfederanlage 169
Kopfniere 99
Krallenfrosch 158
Kranzfuß 101
Krätzemilbe 84
Kratzer 38
Krebse 89
Kriechtiere 162
Kropf 119, 171
Kropfmilch 171
Krötendarm 38, 158
Küchenschabe 102, 115, 119f

L
Labellen 107–109
Lacerta 163–165
Lampyris 124

Lanzettfischchen 136–138
Laterne des Aristoteles 129
Laternenfisch 152
Leber 5
Lederzecke 88
Leishmania 3
Lepidoptera 105
Lepidurus 89
Lepismachilis 99
Leuchtkäfer 124
Leuchtorgan 124, 152
Leydig'sche Drüsenzelle 156
Lidmücken-Larve 111
Liebespfeilsack 51
Ligusterschwärmer 125
Lineus 34
Liponeura 111
Loligo 57
Lorenzinische Ampullen 141
Lumbricus 63–68
Lunge 41, 76, 163
Lungenwurm 37
Lurche 153
Lymphozystisknoten 1

M
Maikäfer 113
Malaria 13
Mammalia 176
Mantelauge 54f
Mantelhöhle 41
Mantelrandauge 54
Mantelrandrinne 41
Mantelwulstrinne 52
Mauergecko 163
Maus 176f
Medusen 17
Meeresleucht „tierchen" 1
Meerneunauge 139f
Melolontha 113
Merozoiten 7
Mesenterialfilament 18
Metamorphose 123, 156
Microcosmus 135
Miescher'scher Schlauch 11f
Miesmuschel 52
Mikrokosmos-Ascidie 135
Milben 81
Millionenfisch 143–146, 151
Milz 3, 13
Miracidium 30f
Mitteltaugen 80
Mitteldarmdrüse 49
Mittelmeerschwamm 16
Molchlarve 154
Monocystis 6
Moostierchen 126
Moschusdrüse 162
Muellerius 37
Mukokutane Leishmaniase 3
Multiple Teilungen 2
Mundwerkzeuge 102f, 105–107
Mus 176f

Musca 107–109
Muscheln 52
Musculium 53
Muskelmagen 172
Muskeltrichine 36
Myoglobin 140
Mytilus 52
Myxobolus 13
Myxozoa 13
Myzetozyten 121

N
Nanoplankton 134
Napfschnecke 47
Nemertini 34
Neodermisstachel 28
Nephrozyten 50
Nesseltiere 17
Neunaugen 139
Neuraldrüse 135
Nilkrokodil 162
Nissen 100
Noctiluca 1
Notonecta 103f

O
Obelia 17
Odontoblasten 44
Ohrenqualle 18
Oktopolyp 20
Öldrüsen 83
Ommatidien 92
Oncorhynchus 147f, 152
Ophiura 129
Optische Loben 57
Orangenschwamm 14
Ovar 25, 27, 66, 77f, 96, 122, 128, 136, 153, 167
Ovariolen 122

P
Papille 164
Paracentrotus 129
Pärchenegel 31
Pardosa 76–80
Parietalauge 164f
Parotis 157
Passer 172
Patella 47
Pecten 164
Pecten 54f
Pedipalpentarsus 74
Pemphigus 121
Peritrophische Membran 94
Petiolusstiel 76
Petromyzon 139f
Petromyzonta 139
Pfauenfederwurm 60, 62
Phallusia 135
Phaosomauge 63, 70
Pharynx 27
Phelsuma 162
Photoblepharon 152
Phthirus 100

Pigmentbecherocellen 24
Pilgermuschel 54f
Pinealauge 165
Pisces 143
Plakoidschuppe 142
Planula-Larve 22
Plasmodium 12
Plathelminthes 24
Platichthys 1
Plattenauge 62
Plattwürmer 24
Pleurobrachia 23
Plumatella 126f
Poecilia 143–146, 151
Polkörper 128
Polychromatische Chromatophoren 98
Polyodontes 60
Porifera 14
Praunus 96, 98
Pronephros 158
Protozoa 2
Pseudobranchie 147
Puppe 123

R
Radnetzspinnen 73f
Radula 45–48
Radulaknorpel 45
Rajidae 141
Rana
  esculenta 153, 156f, 159
  temporaria 155, 160f
Räudemilbe 84f
Regenbogenforelle 147f, 152
Regenbremse 105
Rehlunge 37
Rektalampulle 121
Reptilia 162
Retina 55, 59, 151, 173
Rhabditen 24
Rhamniten 24
Rhynchocoel 34
Riesenfaser 15, 65
Riesenschlangenbandwurm 32
Ringelwürmer 60
Rippenquallen 23
Rochen 141
Roter Schnurwurm 34
Rückenmark 140, 143–146, 148
Rückenschwimmer 103f
Ruhramöbe 4f
Rundwürmer 35
Rüssel 34

S
Sabella 60, 62
Sacculina 90
Saitenwurm 38
Salamandra 157
Salticus 80
Samenblase 67

Samentrichter 66
Sarcocystis 11f
Sarcophaga 107
Sarcoptes 84f
Säuger 176
Saugnapf 56, 111
Saugnapfwirkung 39
Schamlaus 100
Schere 93
Schilddrüsenanlage 139
Schistomysis 97
Schistosoma 31
Schizogonie 9
Schlangenstern 129
Schleim 40
Schmetterlinge 105
Schnecken 39
Schnurwürmer 34
Schwämme 14
Schwanzregenerat 163
Schwebegarnele 97
Schwefelschwamm 15f
Schweinespulwurm 35
Scutigera 99
Scyliorhinus 142
Seemäuse 60
Seeohr 43, 46
Seepocke 89
Seerose 18
Seescheiden 134
Sepia 56f, 59
Sepia 56f, 59
Sinnesknospe 150
Siphonoglyphe 20
Siphonozooide 21
Skolex 33
Solitäre Eibildung 128
Spanische Tänzerin 27
Speicheldrüse 49

Spermatophore 87
Sphaerechinus 128
Sphinx 125
Spinndrüsenzelle 79
Spinnenassel 99
Spinnentiere 73
Spinnspulen 78
Spinnwarzen 74
Spongin 14
Sporozysten 6
Squilla 92
Stachelbeerqualle 23
Stachelhäuter 128
Stachelleib-Radnetzspinne 78f
Statolith 23, 96f
Statozyste 97
Stechborsten 104, 106
Stechmücke 106, 112
Steinseeigel 129
Sternschnecke 46
Stockente 170
Streckmade 123
Strix 174
Strobilationszone 32
Strudler 15
Stubenfliege 107–109
Superfizielle Furchung 96
Symbiodinium 19
Symbionten 16
Syrinx 173

T
Taenia 33
Taggecko 162
Tarentola 163
Tarsusspitze 75
Taubenzecke 88
Tauwurm 63–68

Tectum opticum 143, 147, 159
Tegenaria 74, 77
Teleonymphe 84
Tentakel 19
Tentakelkrone 126
Tentorium 115
Tethya 14
Tettigonia 112
Thysanozoon 27
Tintenfisch
 -Auge 58f
 -Retina 59
Tintenfische 56
Tote Mannshand 20f
Toxoplasma 11
Toxoplasmose 11
Transsekt 26
Trichine 35f
Trichinella 35f
Trichogene Zelle 125
Triturus 154
Trypanosoma 2
Trypomastigote 2
Turbanauge 114
Tympanalorgan 112

U
Ulkus 4
Urinsekten 99
Uropoden 96

V
Varroa 81
Vas deferens 25
Verongia 15f
Vierfühlerpolychaet 62
Violetter Seeigel 128
Viren 1

Virosen 10
Vitellogenin 88
Vitellozyten 29
Vögel 167

W
Wachsrose 19
Wachtel 170
Waldkauz 174
Waran 86f
Warzenseescheide 135
Wasserfrosch 153, 156f, 159
Wasserkalb 38
Wattringelwurm 61
Weinbergschnecke 39–45, 48–51
Winterniere 50
Wolfspinne 76–80
Wurzelkrebs 90

X
Xenopus 158

Z
Zahnleiste 142
Zahnreihe 155
Zauneidechse 163–165
Zebraspringspinne 80
Zellulase 49
Zentrosphäre 27
Zooide 126f
Zuckerrüben-Synascidien 134
Zusammengesetzte Eier 29
Zwergkalmar 58f
Zwergmännchen 90
Zwerg-Sabelle 63
Zygoten 8
Zylinderrose 22

Printed by Printforce, the Netherlands